21世纪本科院校土木建筑类创新型应用人才培养规划教材

土木工程项目管理

主　编　郑文新

副主编　马　静

参　编　王　健　尹明亮　张卫东

主　审　汪　霄

内容简介

本书以工程项目整个生命期为主线，全面论述了工程项目的前期策划、系统分析、组织、协调和信息等管理方法。以土木工程项目建设活动为对象，阐述为达到项目建设目标，参与工程建设活动各主体(业主、承包商、监理)，在工程建设中的地位、作用及相应的工程项目管理问题，以及政府在项目建设活动中的监督保障保证作用问题。本书共分为3大部分11章。第1部分为工程项目管理总论(第1～3章)，包括工程项目管理概论、工程项目策划与决策、工程项目组织管理；第2部分为工程项目管理实务(第4～9章)，包括工程项目进度管理、工程项目的费用管理、工程项目质量管理、工程项目合同管理、工程项目安全与环境管理、工程项目全面风险管理；第3部分为工程项目管理总结(第10～11章)，包括组织协调与信息管理、工程项目验收与后评价。

本书注重项目管理理论和工程实践相结合，可作为高等院校工程管理专业和土木工程专业的教科书，也可作为在实际工程项目中从事工程技术和工程管理工作的专业人员学习和工作的参考书。

图书在版编目(CIP)数据

土木工程项目管理/郑文新主编．—北京：北京大学出版社，2011.9
(21世纪本科院校土木建筑类创新型应用人才培养规划教材)
ISBN 978-7-301-19220-7

Ⅰ.①土…　Ⅱ.①郑…　Ⅲ.①土木工程—项目管理—高等学校—教材　Ⅳ.①TU71

中国版本图书馆CIP数据核字(2011)第133214号

书　　名：土木工程项目管理
著作责任者：郑文新　主编
策划编辑：赖　青　杨星璐
责任编辑：李　辉
标准书号：ISBN 978-7-301-19220-7/TU・0161
出　版　者：北京大学出版社
地　　址：北京市海淀区成府路205号　100871
网　　址：http://www.pup.cn
电　　话：邮购部 010-62752015　发行部 010-62750672　编辑部 010-62750667
编辑部邮箱：pup6@pup.cn
总编室邮箱：zpup@pup.cn
印　刷　者：北京虎彩文化传播有限公司
发　行　者：北京大学出版社
经　销　者：新华书店
787毫米×1092毫米　16开本　21.5印张　504千字
2011年9月第1版　2023年7月第6次印刷
定　　价：41.00元

前　　言

土木工程项目管理越来越受到人们的重视，其研究与实践越来越广泛，已成为管理领域的一大热点。土木工程项目管理课程不仅是高等院校土木工程专业的必修课，而且还是工程管理、交通工程、市政工程和桥隧工程等专业的主要课程之一。

本书主要反映土木工程项目管理实务，侧重实用性和可操作性，注重土木工程项目管理知识体系的系统性和完备性。力求将管理学的基本原理、项目管理的基本方法与土木工程项目管理的实际相结合，从而使读者通过对本书的阅读，能对土木工程项目管理的特殊性有比较全面深刻的认识；能对常用的项目管理理论和方法进行应用，能对国内外土木工程项目管理的先进成果有所了解。

本书本着系统管理的原则，以土木工程项目建设活动为对象，以工程项目整个生命期为主线，全面论述了工程项目的前期策划、系统分析、组织、协调和信息等管理方法。力求使读者通过对本书的阅读，能对工程项目管理的特殊性有深刻的认识，能对工程项目形成一种系统的、全面的、整体优化的管理观念，掌握常用的项目管理方法和技术。

本书由宿迁学院郑文新副教授主编，宿迁学院马静讲师担任副主编，南京工业大学土木工程学院汪霄副院长担任主审。各章编写分工为：第1、2、3章、综合案例分析由郑文新编写；第4、6、7章由马静编写；第5章由宿迁学院张卫东讲师编写；第8、9章由宿迁学院王健讲师编写；第10、11章由江苏省骆运水利工程管理处尹明亮编写。

本书在编写过程中，得到宿迁学院、南京工业大学等高校教师的大力支持与帮助，并参考了许多学者的有关研究成果及文献资料，在此一并表示衷心的感谢。

土木工程项目管理尚处于发展阶段，其理论体系还不完备，许多问题还需进一步研究与探讨。由于笔者学术水平有限，本书难免有不足及疏漏之处，敬请各位读者及同行批评指正。

编　者

2011年6月

目　　录

第1章 工程项目管理概论

教学目标

在工程项目建设中，真正了解工程项目管理的相关概念和意义，并贯彻在自己的实践工作中。

教学要求

能力目标	知识要点	权重
了解相关知识	(1) 工程项目的生命周期 (2) 工程项目的主要参与方 (3) 项目管理知识体系 (4) 工程管理的历史发展	25%
熟练掌握知识点	(1) 项目和工程项目的概念和特征 (2) 项目管理和工程项目管理的概念 (3) 工程项目的建设程序	55%
运用知识分析案例	工程项目的分解、基本建设程序、周期、参建各方	20%

引例

三峡工程建设过程

1. 三峡工程的策划过程

长江三峡工程的建设是我国事关千秋万代国计民生的大事。它的立项经过十分复杂的过程。最早提出建设三峡工程构思的是1919年孙中山先生在《建国方略之二——实业计划》中对长江上游水路的设想：“改良此上游一段，当以水闸堰其水，使舟得溯流以行，而又可资其水力。”

1932年，国民政府建设委员会派出一支长江上游水力发电勘测队，在三峡进行了为期约两个月的勘查和测量，编写了《扬子江上游水力发电测勘报告》，拟定了葛洲坝、黄陵庙两处低坝方案。这是我国专为开发三峡水力资源进行的第一次勘测和设计工作。

1944年，在当时的中国战时生产局内任专家的美国人潘绥，写了一份《利用美贷款筹建中国水力发电厂与清偿贷款方法》的报告。同年美国垦务局设计总工程师萨凡奇到三峡实地勘查后，提出了《扬子江三峡计划初步报告》。

1945年，国民政府资源委员会成立了三峡水力发电计划技术研究委员会、全国水力发电工程总处及三峡勘测处。1946年，国民政府资源委员会与美国垦务局正式签订合约，由该局代为进行三峡大坝的设计；中国派遣技术人员前往美国参加设计工作。并初步进行了坝址及库区测量、地质调查与钻探、经济调查、规划及设计工作等。

1947年5月，由于战争中止了三峡水力发电工程计划，美国撤回在中国的全部技术人员。

1950年初，国务院长江水利委员会正式在武汉成立。1953年，毛泽东主席在听取长江干流及主要支流修建水库规划的介绍时，希望在三峡修建水库，以“毕其功于一役”。

1955年起，我国全面开展长江流域规划和三峡工程勘测、科研、设计与论证工作。并与当时的苏联政府签订了技术援助合同，由苏联专家帮助工作。

1958年3月，中共中央成都会议上通过了《中共中央关于三峡水利枢纽和长江流域规划的意见》，提出：“从国家长远的经济发展和技术条件两个方面考虑，三峡水利枢纽是需要修建而且可能修建的”。1958年6月，长江三峡水利枢纽第一次科研会议在武汉召开，会后向中央报送了《关于三峡水利枢纽科学技术研究会议的报告》。1958年8月，周恩来总理主持了北戴河的长江三峡会议，要求1958年底完成三峡工程初步设计要点报告。

1960年4月，水电部组织了水电系统的苏联专家及国内有关单位的专家在三峡勘查，研究选择坝址。同月，中共中央中南局在广州召开经济协作会，讨论了在“二五”期间投资4亿元，准备在1961年三峡工程开工建设。后来由于国家经济困难和国际形势的影响，三峡建设计划暂停。同年8月，苏联政府撤回了有关技术专家。

1970年，中央决定建设作为三峡总体工程一部分的葛洲坝工程：一方面解决华中用电供应问题；另一方面为三峡工程作准备。葛洲坝工程于1970年12月30日开工；1981年1月4日，葛洲坝工程大江截流胜利合拢；1981年12月，葛洲坝水利枢纽二江电站一二号机组通过国家验收正式投产；1989年年底葛洲坝工程全面竣工，通过国家验收。

1979年，水利部向国务院报告关于建设三峡水利枢纽工程的建议书。

1984年4月，国务院原则批准由长江流域规划办公室组织编制的《三峡水利枢纽可行性研究报告》，初步确定三峡工程实施蓄水位为150m的低坝方案。

1986年6月，中央和国务院决定进一步扩大论证，责成水利部重新提出三峡工程可行性报告，三峡工程论证领导小组成立了14个专家组，进行了长达两年8个月的论证。

1989年，长江流域规划办公室重新编制了《长江三峡水利枢纽可行性研究报告》，认为建比不建好，早建比晚建有利。

1990年7月，国务院三峡工程审查委员会成立；1991年8月，委员会通过了可行性研究报告，报请国务院审批，并提请第七届全国人大审议。

1992年4月3日，七届全国人大第五次会议以1767票赞成、177票反对、664票弃权、25人未按表决器通过《关于兴建长江三峡工程的决议》，决定将兴建三峡工程列入国民经济和社会发展十年规划。

1993年1月，国务院三峡工程建设委员会成立，李鹏总理兼任建设委员会主任。建设委员会下设3个机构：办公室、移民开发局和中国长江三峡工程开发总公司。

1993年7月26日，国务院三峡工程建设委员会第二次会议审查批准了长江三峡水利枢纽工程初步设计报告，标志着三峡工程建设进入正式施工准备阶段。

1994年12月14日国务院总理李鹏宣布：三峡工程正式开工。

2. 建设过程

三峡工程分三期建设，总工期17年。

一期5年(1992—1997年)。除施工准备工程外，主要进行一期围堰填筑，导流明渠开挖。修筑混凝土纵向围堰，修建左岸临时船闸(120m高)；并开始修建左岸永久船闸、升船机及左岸部分石坝段的施工。以实现大江截流为标志。

二期工程6年(1998—2003年)。工程主要任务是修筑二期围堰，左岸大坝的电站设施建设及机组安装；同时继续进行并完成永久特级船闸、升船机的施工。以实现水库初期蓄水、第一批机组发电和永久船闸通航为标志。

三期工程6年(2003—2009年)。本期进行右岸大坝和电站的施工，并继续完成全部机组安装。

1.1 工程项目管理的基本概念

1.1.1 项目的概念和特征

1. 项目

在当前社会中，项目历史悠久，并且被广泛应用于各个方面，其中中国的万里长城和故宫、埃及的金字塔等都是早期的成功项目典范。但对“项目”的定义却有多种，典型的有以下几种。

1)《项目管理质量指南》(ISO 10006)定义项目

具有独特的过程，有开始和结束日期，由一系列相互协调和受控的活动组成。过程的实施是为了达到规定的目标，包括满足时间、费用和资源等约束条件。

2) 比较传统的是1964年Martino对项目的定义

项目为一个具有规定开始和结束时间的任务，它需要使用一种或多种资源，具有多个为完成该任务必须完成的相互独立、相互联系和相互依赖的活动。

3) 德国国家标准DIN69901对项目的定义

项目是指在总体上符合如下条件的具有唯一性的任务：具有预定的目标；具有时间、财务、人力和其他限制条件；具有专门的组织。

从最广泛的含义来讲，项目是一个特殊的将被完成的有限任务。它是在一定时间内，满足一系列特定目标的多项相关工作的总称。

2. 项目的特征

虽然人们对项目有很多种解释，但作为项目通常都具有以下特征。

1) 单件性

无论是什么样的项目，其本身的内涵和特点都与众不同。例如，一个研究项目，一条公路，一栋建筑，等等。即使两个相同的建筑，由同一个施工单位施工，其进度、质量和成本也不一样。

2) 一次性

项目的实施过程不同于其他工业品的生产过程，项目的实施过程只能一次成功。因为项目不可能像其他工业品一样，可以进行批量生产。这也就决定了项目管理也是一次性的，它完全不同于企业管理。

3) 具有一定的约束条件

任何项目的实施，都具有一定的限制、约束条件，包括时间的限制、费用的限制、质量和功能的要求以及地区、资源和环境的约束等。因此，如何协调和处理这些约束条件，是项目管理的重要内容。

4) 具有生命周期

正如项目的概念中所说：“项目为一个具有规定开始和结束时间的任务。”同生命物质一样，项目有其产生、发展、衰退和消亡的生命周期过程。而不同的项目，生命周期过程也不一样。因此对于不同的项目，根据其特点必须采用不同的项目管理方法，以确保项目的圆满完成。

3. 项目与工业企业的生产运作或营运的区别

人们的生产活动可分为两大类：一类是在相对封闭和确定的环境下所开展的重复性、持续性的活动或工作，如企业定型产品的生产与销售，铁路与公路客运系统的经营与运行，影院与宾馆的日常营业，等等，通常人们将这种活动或工作称为生产运作或营运(Operation)；另一类生产活动是在相对开放和不确定的环境下开展的，是具有独特性的、一次性的活动或工作，这就是前面讨论和定义的项目。这两种不同的生产活动或工作虽然创造的都是一定的产品和服务，但是它们之间有许多本质的不同，最主要的包括以下几个方面。

1）工作性质与内容不同

在一般生产运作或经营中存在着大量的常规性不断重复的工作或劳动，而项目中则存在许多创新性的一次性工作或劳动。因为生产运作或营运工作通常是不断重复、周而复始的，所以其工作基本上是重复进行的常规作业，但是每个项目都是独具特色的，其中有许多是开创性的工作。

2）工作环境与方式的不同

一般生产运作或营运的环境是相对封闭和确定的，而项目的环境是相对开放和不确定的。因为生产运作或营运工作的很大一部分是在组织内部开展的，所以它的营运环境是相对封闭的，如企业的生产活动主要是在企业内部完成的。同时，营运中涉及一些外部环境，也是一种相对确定的外部环境，如企业一种产品的销售多数是在一种相对确定的环境中开展的，虽然市场环境会有一些变化和竞争，但是相对而言还是比较确定的。而项目工作基本上是在组织外部环境下开展的，所以它的工作环境是相对开放的，如工程建设项目只能在外部环境中完成，新产品研制项目主要是针对外部市场的新需求开发的。

3）组织与管理上的不同

由于营运工作是重复性的和相对确定的，所以一般生产运作或营运工作的组织是相对不变和相对持久的，生产运作或营运的组织形式基本上是分部门、成体系的。由于项目是一次性和相对不确定的，所以一般项目的组织是相对变化的和相对临时性的，项目的组织形式多数是团队性的。

1.1.2 工程项目

工程项目是最常见，也是最典型的一类项目，其对象为如下建设工程实体。

(1) 建设一定生产能力的流水线。

(2) 建设一定生产能力的车间或工厂。

(3) 建设一定长度和等级的公路。

(4) 建设一定发电能力的水电站。

(5) 建设一定规模的医院。

(6) 建设一定规模的住宅小区。

1. 工程项目的特殊性

工程项目除了具有一般项目所共同拥有的整体性、目的性、一次性和被限制性等特点外，还具有它的特殊性，这种特殊性表现在工程项目实体的特殊性和工程项目建设过程的特殊性两个方面。

1）工程项目实体的特殊性

它的主要表现如下。

(1) 工程项目实体体型庞大。无论是复杂的工程项目实体，还是简单的工程产品，为满足其使用功能上的需要，并考虑到建筑材料的物理力学性能，均需要大量的物质资源，占据广阔的平面与空间，因而工程项目实体体型庞大。

(2) 工程项目在空间上的固定性。一般的工程项目实体均由自然地面以下的基础和自然地面以上的主体结构两部分组成(地下建筑则全部在自然地面以下)。基础承受主体结构的全部荷载(包括基础自重)，并传给地基，同时将主体结构固定在地球上。任何工程产品都是在选定的地点建造和使用，与选定地点的土地不可分割，从建造开始直至拆除均不能移动。所以工程项目实体的建造和使用地点在空间上是固定的。

(3) 工程项目实体的单件性。工程项目实体不仅体型庞大、结构复杂，而且由于建造时间、地点、地形和地质条件的差异，及所在地建筑材料的差异和工程项目业主对其使用要求等的不同，使得工程项目实体存在千差万别的单件性，很少或几乎不可能有完全相同的。

2）工程项目建设过程的特殊性

它的主要表现如下。

(1) 建设周期长。工程项目实体体型庞大，工程量大，需要用较长的时间才能将其建成，即建设周期长。一般工业企业是一边消耗人力、物力和资金；另一边生产出产品，并产生经济效益。工程建设则不同，它需要经长期的建设才能完工投产，开始发挥其效益，回收投资。而在建设期间内(例如一年或几年，大型工程甚至是十几年)，工程项目占用大量人力、物力和财力，但不产生效益。为了更好地发挥投资效益，在工程项目的建设管理上，应尽可能缩短建设周期，及时投产或交付使用。

(2) 建设过程的连续性和协作性。建设过程的连续性、协作性意味着建设各阶段、各环节、各协作单位、各项工作必然按照统一的建设计划有机地组织起来，在时间上不间断，在空间上不脱节，使建设工作有条不紊地进行。如果其中某个过程受到破坏或中断，就可能导致停工，造成人力、物力和财力的积压，并可能使工程延期，不能按时投产或交付使用。

(3) 建设过程的流动性。工程项目实体的固定性决定了建设过程的流动性。这种流动性表现在两个方面：一方面，一个工程项目建成后，建设者和施工机具就得转移到另一个项目的工地上去施工，这就是建设者和施工机具在工程项目间的大流动；另一方面，在同一建设工地上，一个工种(或作业)在一作业面完成后撤退下来，转移到另一作业面，同时后续工种(或作业)接上去施工，这是建设者和施工机具在同一工程项目上的局部流动。建设过程的流动性给建设者的生活安排带来了很多不便，也给工程项目的管理增加了难度。

(4) 受建设环境影响大。建设环境包括自然环境和社会环境。工程项目建设一般只能露天作业，受水文、气象等因素影响较大；工程项目建设地点的选择常受到地形、地貌、地质等多种复杂因素的制约；工程实体体型庞大、结构复杂，经常碰到地下或高空作业，施工安全是很重要的问题；建设过程所使用的建筑材料、施工机具等的价格受到工程所在地物价等因素的制约，工程项目投资控制问题也较复杂。总而言之，工程建设受到的制约因素较多。

2. 工程项目分类

同一工程项目，参与建设的各方常赋予其不同的名称。投资方或政府部门常称工程项目为建设项目；设计者称所设计的工程项目为设计项目；工程监理称所监理的工程项目为监理项目；工程咨询称所咨询的工程项目为咨询项目。

投资方或政府部门常对建设项目作下列分类。

1）按行业构成、投资用途分类

建设项目可分为生产性建设项目和非生产性建设项目。生产性建设项目是指直接用于物质生产或为了满足物质生产需要，能够形成新的生产能力的工程项目，如工业建设项目。非生产性建设项目是指用于满足人民物质生活和文化生活需要，能够形成新的效益的工程项目，如住宅、文教、卫生和公用事业建设项目等。

2）按建设项目的建设性质不同分类

建设项目可分为新建、扩建、恢复和迁建项目等。新建项目是指从无到有、“平地起家”建设的项目。扩建项目是指现有企业为扩大原有产品的生产能力或效益和为增加新的品种、生产能力而增建的项目。恢复项目是指企事业单位原有的建设项目，因自然灾害或人为原因破坏，全部或部分报废，又投资重新建设的项目。迁建项目是指现有企事业单位由于需改变生产布局，或者环境保护和安全生产以及其他特殊需要，搬迁到另外地方进行建设的项目。

3）按建设的总规模或总投资的大小分类

建设项目可分为大型、中型及小型三类。我国对生产性建设项目和非生产性建设项目的大、中、小型划分标准均有规定，中央各部对所属建设项目的大、中小型的划分也有相应的具体标准。

4）按建设项目的建设阶段分类

一般将建设项目划分为前期工作项目、预备项目、施工项目和建成投产项目。项目建议书批准后，可行性研究报告批准前的项目称前期工作项目。可行性研究报告批准后，开工前的项目称预备项目。开始施工的项目称施工项目。竣工验收后交付使用的项目称建成投产项目。

5）按建设项目的投入产出属性分类

它可分为经营性建设项目和公益性建设项目。经营性建设项目是指有明确投入，建成之后可用于生产经营，创造经济效益，回收投资，并取得利润的建设项目。如高速公路、水电站和房地产开发等。公益性建设项目是指有明确投入，建成之后能产生社会效益，但难于用于生产经营，创造经济效益的项目。如防洪工程、水土保持工程和生态环境工程等。

3. 工程项目分解

工程项目分解(Project Decomposition)是工程项目管理中一项必须的工作，通过分解得到工程项目分解结构(Project Breakdown Structure，PBS)。工程项目一般分解为单项工程、单位工程、分部工程和分项工程等。

1）单项工程

单项工程是指具有独立的设计文件，可以独立施工，建成后能独立发挥生产能力或效益的工程。生产性建设项目的单项工程，一般是指能独立生产的车间、设计规定的主要产品生产线等；非生产性建设项目的单项工程，是指工程项目中能够发挥设计规定的主要效益的各个独立工程。如办公楼、住宅、电影院和图书馆、食堂等。单项工程是工程项目的组成部分，如建筑工程、设备及安装工程和其他工程等。单项工程由若干个单位工程组成。

2）单位工程

单位工程是指具有独立设计文件，可以独立组织施工，但完成后不能独立发挥效益的工程。单位工程是单项工程的组成部分。如某车间是一个单项工程，则车间的建筑工程(即厂房建筑)就是一个单位工程。又如该车间的设备安装，也是一个单位工程。此外还有电器照明工程(包括室外照明设备安装、线路铺设、变电与配电设备安装工程)、工业管道工程(如蒸汽、压缩空气、煤气、输油管道铺设工程)等。每一个单位工程本身仍然由许多结构更小的部分组成。因此对单位工程还可以按工程结构、部件，甚至更细小的部分，进一步分解为分部工程和分项工程。

3）分部工程

分部工程是单位工程的组成部分。它是按工程部位或工种的不同而作的分类。例如，建筑工程中的一般土建工程，按照不同的部位、工种和材料结构，它大致可以分为土石方工程、基础工程、砖石工程、混凝土及钢筋混凝土工程、木结构、木装修工程等，其中的每一部分即为分部工程。在分部工程中影响工料消耗大小的因素仍然很多。例如，同样都是土石方，由于土壤类别不同(如普通土、坚土、沙砾坚土)，则每一单位土方所消耗的工料有差别。因此，还必须把分部工程按照不同的施工方法、不同的材料、不同的规格等作进一步的分解。

4）分项工程

分项工程是分部工程的组成部分。分项工程通过较为简单的施工就能生产出来，是可以用适当的计量单位，计算工料消耗的最基本构造因素。如砖石工程按工程部位划分为内墙、外墙等分项工程；钢筋混凝土工程可划分为模板、钢筋和混凝土等分项工程；一般墙基工程可划分为开挖基槽、垫层、基础灌浇混凝土和防潮等分项工程。

项目分解如图 1.1 所示。

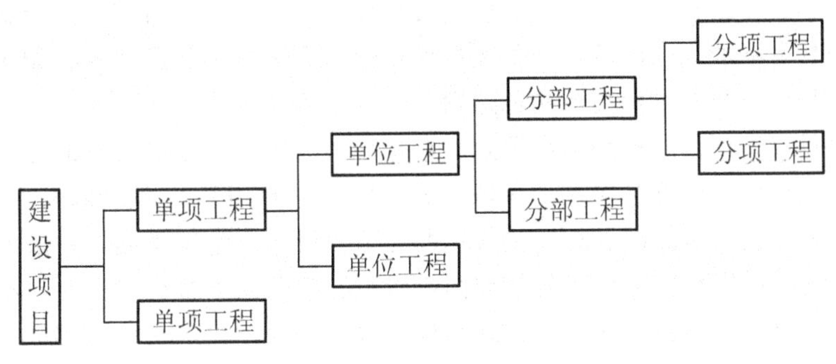

图 1.1 项目分解

案例 1.1

某水电站工程项目分解如图 1.2 所示。

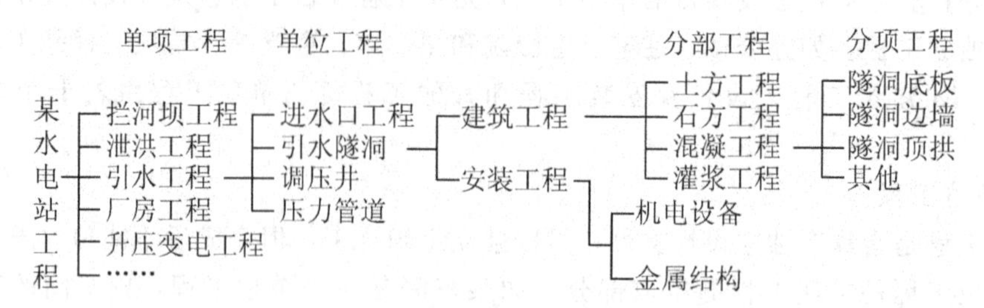

图 1.2　某水电站建设工程项目分解

1.1.3　项目管理

1. 项目管理的定义

“项目管理”给人的一个直观概念就是“对项目进行的管理”，这是其最原始的概念，它说明了两个方面的内涵。

(1) 项目管理属于管理的大范畴。

(2) 项目管理的对象是项目。

然而，随着项目及其管理实践的发展，项目管理的内涵得到了较大的充实和发展，当今的“项目管理”已是一种新的管理方式、一门新的管理学科的代名词。

“项目管理”一词有两种不同的含义：一是指一种管理活动，即一种有意识地按照项目的特点和规律，对项目进行组织管理的活动；二是指一种管理学科，即以项目管理活动为研究对象的一门学科，它是探求项目活动科学组织管理的理论与方法。基于以上观点，给项目管理定义如下。

项目管理就是以项目为对象的系统管理方法，通过一个临时性的专门的柔性组织，对项目进行高效率的计划、组织、指导和控制，以实现项目全过程的动态管理和项目目标的综合协调与优化。实现项目全过程的动态管理是指在项目的生命周期内，不断进行资源的配置和协调，不断作出科学决策，从而使项目执行的全过程处于最佳的运行状态，产生最佳的效果。项目目标的综合协调与优化是指项目管理应综合协调好时间、费用及功能等约束性目标，在相对较短的时期内成功地达到一个特定的成果性目标。

项目管理贯穿于项目的整个寿命周期，它是一种运用既规律又经济的方法对项目进行高效率的计划、组织、指导和控制的手段，并在时间、费用和技术效果上达到预定目标。项目的特点也表明它所需要的管理及其管理办法与一般作业管理不同，一般的作业管理只需对效率和质量进行考核，并注重将当前的执行情况与前期进行比较。在典型的项目环境中，尽管一般的管理办法也适用，但管理结构须以任务(活动)定义为基础来建立，以便进行时间、费用和人力的预算控制，并对技术、风险进行管理。在项目管理过程中，项目管理者并不对资源的调配负责，而是通过各个职能部门调配并使用资源，但最后决定什么样的资源可以调拨，取决于业务领导。

项目管理是以项目经理(Project Manager)负责制为基础的目标管理。一般来讲，项目管理是按任务(垂直结构)，而不是按职能(平行结构)组织起来的。项目管理的主要任务一般包括项目计划、项目组织、质量管理、费用控制和进度控制五项。日常的项目管理活动通常是围绕这五项基本任务展开的。项目管理自诞生以来发展很快，目前已发展为三维管理。

(1) 时间维。即把整个项目的生命周期划分为若干个阶段，从而进行阶段管理。

(2) 知识维。即针对项目生命周期的不同阶段，采用和研究不同的管理技术方法。

(3) 保障维。即对项目人、财、物、技术和信息等的后勤保障的管理。

2. 项目管理知识体系

第二次世界大战以后项目管理开始发展起来，项目管理工作者们在几十年的实践中感觉到，虽然从事的项目类型不同，但是仍有一些共同之处。因此他们就自发地组织起来共同探讨这些共性主题，即项目管理知识体系的建立。

项目管理知识体系首先由美国项目管理学会(PMI)提出，1987年PMI公布了第一个项目管理知识体系(Project Management Body of Knowledge，PMBOK)，1996年和2000年又分别进行了修订。在这个知识体系中，他们把项目管理的知识划分为9个领域，分别是范围管理、时间管理、费用管理、质量管理、人力资源管理、沟通管理、风险管理、采购管理和综合管理。

国际项目管理协会(IPMA)在项目管理知识体系方面，也作出了卓有成效的工作，IPMA从1987年就着手进行“项目管理人员能力基准”的开发，在1997年推出了ICB，即IPMA Competence Baseline。在这个能力基准中，IPMA把个人能力划分为42个要素，其中28个核心要素，14个附加要素，当然还有关于个人素质的八大特征以及总体印象的10个方面。

基于以上两个方面的发展，建立适合我国国情的“中国项目管理知识体系”(Chinese Project Management Body of Knowledge，C-PMBOK)，它是形成我国项目管理学科和专业的基础；引进“国际项目管理专业资质认证标准”，推动我国项目管理向专业化、职业化方向发展，使我国项目管理专业人员的资质水平能够得到国际上的认可，已成为我国项目管理学科和专业发展的当务之急。

中国项目管理知识体系的研究工作开始于1993年。它是由中国优选法统筹法与经济数学研究会项目管理研究委员会(PMRC)发起并组织实施的，并于2001年5月正式推出了中国的项目管理知识体系文件——《中国项目管理知识体系》。

3. 项目管理的主要内容

项目管理涉及多方面的内容，这些内容可以按照不同的线索进行组织，常见的组织形式主要有2个层次、4个阶段、5个过程、7个领域、42个要素及多个主体。

1) 2个层次

(1) 企业层次。

(2) 项目层次。

2）从项目的生命周期角度看，项目管理经历了 4 个阶段

（1）概念阶段。

（2）规划阶段。

（3）实施阶段。

（4）收尾阶段。

3）从项目管理的基本过程看 5 个过程

（1）初始过程。

（2）计划过程。

（3）执行过程。

（4）控制过程。

（5）结束过程。

4）从项目管理的职能领域看 9 个领域

（1）范围管理。

（2）时间管理。

（3）费用管理。

（4）质量管理。

（5）人力资源管理。

（6）风险管理。

（7）沟通管理。

（8）采购管理。

（9）综合管理。

5）从项目管理的知识要素看 42 个要素

（1）28 个核心要素。

① 项目与项目管理。

② 项目管理的运行。

③ 通过项目进行管理。

④ 系统方法与综合。

⑤ 项目背景。

⑥ 项目阶段与生命周期。

⑦ 项目开发与评估。

⑧ 项目目标与策略。

⑨ 项目成功与失败的标准。

⑩ 项目启动。

⑪ 项目收尾。

⑫ 项目的结构。

⑬ 内容、范围。

⑭ 时间进度。

⑮ 资源。

⑯ 项目费用和财务。

⑰ 状态与变化。
⑱ 项目风险。
⑲ 效果衡量。
⑳ 项目控制。
㉑ 信息、文档与报告。
㉒ 项目组织。
㉓ 协作(团队工作)。
㉔ 领导。
㉕ 沟通。
㉖ 冲突与危机。
㉗ 采购、合同。
㉘ 项目质量。
(2) 14个附加要素。
① 项目信息学。
② 标准与规则。
③ 问题解决。
④ 会谈与磋商。
⑤ 固定的组织。
⑥ 业务过程。
⑦ 人力开发。
⑧ 组织学习。
⑨ 变化管理。
⑩ 行销、产品管理。
⑪ 系统管理。
⑫ 安全、健康与环境。
⑬ 法律方面。
⑭ 财务与会计。

1.1.4 工程项目管理

工程项目管理是项目管理的一大类，其管理的主要对象是建设工程。它可以定义为：在工程项目的生命周期内，用系统工程的理论、观点和方法，进行有效地规划、决策、组织、协调和控制等管理活动，从而使工程项目在既定的资源和环境条件下，其质量、工期和投资控制目标得以实现。

1. 工程项目管理的分类

(1) 按建设阶段分类，工程项目管理分类如下。
① 可行性研究阶段的工程项目管理。
② 设计阶段的工程项目管理。

③ 施工阶段的工程项目管理。

(2) 按管理主体分类，可将工程项目管理分类如下。

① 业主/项目法人的工程项目管理。

② 设计单位的工程项目管理。

③ 承包人的工程项目管理。

④ 工程师/监理工程师的工程项目管理。

2. 工程项目管理的工作内容

项目管理的目标是通过项目管理工作实现的。为了实现项目管理目标必须对项目进行全过程、多方面地管理。从不同的角度，项目管理有不同的描述。

(1) 将管理学中对“管理”的定义进行拓展，则“项目管理”就是通过计划、组织、人事、领导和控制等职能，设计和保持一种良好的环境，使项目参加者在项目组织中高效率地完成既定的项目任务的管理。

(2) 按照一般管理工作的过程，项目管理可分为对项目的预测、决策、计划、控制和反馈等工作。

(3) 按照系统工程方法，项目管理可分为确定目标、制订方案、实施方案和跟踪检查等工作。

(4) 按项目实施过程，项目管理工作分类为如下。

① 工程项目目标设计，项目定义及可行性研究。

② 工程项目的系统分析，包括项目的外部系统(环境)调查分析及项目的内部系统(项目结构)分析等。

③ 工程项目的计划管理，包括项目的实施方案及总体计划、工期计划、成本(投资)计划、资源计划以及它们的优化。

④ 项目的组织管理，包括项目组织机构设置、人员组成、各方面工作与职责的分配、项目管理规程的制定。

⑤ 工程项目的信息管理，包括项目信息系统的建立、文档管理等。

⑥ 工程项目的实施控制，包括进度控制、成本(投资)控制、质量控制、风险控制和变更管理。

⑦ 项目后工作，包括项目验收、移交、运行准备、项目后评估、对项目进行总结，研究目标实现的程度、存在的问题等。

(5) 按照项目管理工作的任务，分类如下。

① 成本(投资)管理。这方面包括如下具体的管理活动。

a. 工程估价，即工程的估算、概算、预算。

b. 成本(投资)计划。

c. 支付计划。

d. 成本(投资)控制，包括审查监督成本支出、成本核算、成本跟踪和诊断。

e. 工程款结算和审核。

② 工期管理。这方面工作是在工程量计算、实施方案选择、施工准备等工作基础上进行的。包括如下具体的管理活动。

a. 工期计划。

b. 资源供应计划和控制。

c. 进度控制。

③ 工程管理。包括质量控制、现场管理、安全管理。

④ 组织和信息管理。这方面包括如下具体管理活动。

a. 建立项目组织机构和安排人事，选择项目管理班子。

b. 制定项目管理工作流程，落实各方面责权利关系，制定项目管理规范。

c. 领导项目工作，处理内部与外部关系，沟通、协调各方关系，解决争执。

d. 信息管理，包括确定组织成员(部门)之间的信息流，确定信息的形式、内容、传递方式、时间和存档，进行信息处理过程的控制，与外界交流信息。

⑤ 合同管理。这方面有如下具体管理活动。

a. 招标投标中的管理，包括合同策划、招标准备工作、起草招标文件、作合同审查和分析，建立合同保证体系等。

b. 合同实施控制。

c. 合同变更管理。

d. 索赔管理。

通常项目管理组织按这些管理工作的任务设置职能机构。另外，由于工程项目的特殊性，风险是各级、各职能人员都要考虑到的问题。因此，项目管理必然涉及风险管理，它包括风险识别、风险计划和控制。

1.2 工程项目管理的发展历史

1.2.1 工程项目管理的发展历史

工程项目已有久远的历史。随着人类社会的发展，社会的各方面，如政治、经济、文化、宗教、生活、军事等，会对某些工程产生需要。同时当时社会生产力的发展水平又能实现这些需要，就出现了工程项目。历史上的工程项目最主要的是建筑工程项目，它主要包括如下内容。

(1) 房屋(如皇宫、庙宇、住宅等)建设。

(2) 水利(如运河、沟渠等)工程。

(3) 道路桥梁工程。

(4) 陵墓工程。

(5) 军事工程，如城墙、兵站等的建设。

这些工程项目又都是当时社会的政治、军事、经济、宗教和文化活动的一部分，体现着当时社会生产力的发展水平。现存的许多古代建筑物，如长城、都江堰水利工程、大运河、故宫等，规模宏大、工艺精湛，至今还发挥着经济和社会效益。这不得不令人叹为观止！

有项目必然有项目管理，在如此复杂的项目中，必然有相当高的项目管理水平与之相配套，否则后果将难以想象。虽然现在人们从史书上看不到当时项目管理的情景，但可以肯定在这些工程建设中各工程活动之间必然有统筹安排，必须要有一套严密的，甚至是军事化的组织管理；必有时间(工期)上的安排(计划)和控制；必有费用的计划和核算；有预定的质量要求、质量检查和控制。工程项目中必然有“运筹帷幄”，必然有“预算”。但是由于当时科学技术水平和人们认识能力的限制，历史上的项目管理是经验型的，是不系统的，不可能有现代意义上的项目管理。

现代项目管理是在20世纪50年代以后发展起来的，它的起因有两方面：

(1) 由于社会生产力的高速发展，大型的及特大型的项目越来越多，如航天工程、核武器研究、导弹研制、大型水利工程和交通工程等。项目规模大，技术复杂，参加单位多，又受到时间和资金的严格限制，需要新的管理手段和方法。例如1957年北极星导弹计划的实施项目被分解为6万多项工作，有近4000多个承包商参加。

现代项目管理手段和方法通常首先是在大型的、特大型的项目实施中发展起来的。

(2) 由于现代科学技术的发展，产生了系统论、信息论、控制论、计算机技术、运筹学、预测技术和决策技术，并日臻完善。这些给项目管理理论和方法的发展提供了可能性。

项目管理在近50年的发展中，大致经历了如下几个阶段。

20世纪50年代，人们将网络技术(CPM和PERT网络)应用于工程项目(主要是美国的军事工程项目)的工期计划和控制中，取得了很大成功。最重要的是美国1957年的北极星导弹研制和后来的登月计划。当时以及后来很长一段时间，人们一谈起项目管理便是网络，一举例便是上述两个项目。

20世纪60年代，利用大型计算机进行网络计划的分析计算已经成熟，人们可以用计算机进行工期的计划和控制。但当时计算机不普及，上机费用较高，一般的项目不可能使用计算机进行管理。而且当时有许多人对网络技术还难以接受，所以项目管理尚不十分普及。

20世纪70年代初计算机网络分析程序已十分成熟，人们将信息系统方法引入项目管理中，提出项目管理信息系统。这使人们对网络技术有更深的理解，扩大了项目管理的研究深度和广度，同时扩大了网络技术的作用和应用范围，在工期计划的基础上实现用计算机进行资源和成本地计划、优化和控制。项目管理的职能在不断扩展，人们对项目管理过程和各种管理职能进行全面、系统地研究。同时项目管理在企业组织中推广，人们研究了在企业职能组织中的项目组织的应用。

20世纪70年代末，80年代初，计算机得到了普及。这使项目管理理论和方法的应用走向了更广阔的领域。计算机及软件价格降低，数据获得更加方便，计算时间缩短，调整容易，程序与用户友好等优点，使项目管理工作大为简化、高效率；使寻常的项目管理公司和中小企业在中小型项目中，都可以使用现代化的项目管理方法和手段，取得了很大的成功，收到了显著的经济和社会效果。人们进一步扩大了项目管理的研究领域，包括合同管理、项目形象管理、项目风险管理、项目组织行为和沟通。在计算机应用上则加强了决策支持系统、专家系统和网络技术应用的研究。

随着社会的进步，市场经济的进一步完善，生产社会化程度的提高，人们对项目的需求也愈来愈多。而项目的目标、计划、协调和控制也更加复杂。这将促进项目管理理论和方法的进一步发展。

1.2.2 现代项目管理的特点

现代项目管理具有如下特点。

1. 项目管理理论、方法、手段的科学化

这是现代项目管理最显著的特点。现代项目管理吸收并使用了现代科学技术的最新成果，具体表现如下。

(1) 现代的管理理论的应用，如系统论、信息论、控制论、行为科学等在项目管理中的应用。它们是现代项目管理理论体系的基石，项目管理实质上就是这些理论在项目实施过程中的综合运用。

(2) 现代管理方法的应用，如预测技术、决策技术、数学分析方法、数理统计方法、模糊数学、线性规划、网络技术、图论和排队论等，它们可以用于解决各种复杂的项目问题。

(3) 管理手段的现代化，最显著的是计算机的应用，以及现代图文处理技术、精密仪器的使用，多媒体和互联网的使用等。目前以网络技术为主的项目管理软件已在工期、成本、资源等的计划、优化和控制方面十分完善，可供用户使用。这大大提高了项目管理的效率。

2. 项目管理的社会化和专业化

由于社会对项目的要求越来越高，项目的数量越来越多，规模越来越大，越来越复杂。按社会分工的要求，现代社会需要职业化的项目管理者。这样才能有高水平的项目管理，项目管理发展到今天已不仅是一门学科，而是一个职业。

以往人们进行工程建设要组织起管理班子，例如组建基建部门，成立“指挥部”，一旦工程结束这套班子便解散或闲着。因此管理人员的经验得不到积累，只有一次教训，没有二次经验，这实质上仍是一种“小生产”的项目管理方式。

在现代社会中，由于工程规模大、技术新颖、参与单位多，人们对项目的目标要求高，项目管理过程复杂，就需要专业化的项目管理公司，专门承接项目管理业务，提供全过程的专业化咨询和管理服务。这是世界性的潮流，项目管理(包括咨询、工程监理等)已成为一个新兴产业，而且已探索出许多比较成熟的项目管理模式。这样能取得高效益的工程，达到投资省、进度快、质量好的目标。

3. 项目管理的标准化和规范化

项目管理是一项技术性非常强的十分复杂的工作，要符合社会化大生产的需要，项目管理必须标准化、规范化。这样项目管理工作才有通用性，才能专业化、社会化，才能提高管理水平和经济效益。标准化和规范化体现在如下方面。

(1) 规范化的定义和名词解释。

(2) 规范化的项目管理工作流程。

(3) 统一的工程费用(成本)项目的划分。

(4) 统一的工程计量方法和结算方法。

(5) 信息系统的标准化，如信息流程、数据格式、文档系统、信息的表达形式，网络表达形式和各种工程文件的标准化。

(6) 使用标准的合同条件、标准的招投标文件等。

这使得项目管理成为人们通用的管理技术，逐渐摆脱经验型管理以及管理工作“软”的特征，而逐渐硬化。

4. 项目管理国际化

项目管理的国际化趋势不仅在中国而且在全世界越来越明显。项目管理的国际化即按国际惯例进行项目管理。这主要是由于国际合作项目越来越多，例如国际工程、国际咨询和管理业务、国际投资和国际采购等。现在不仅一些大型项目，连一些中小型项目其项目要素(如参加单位、设备、材料、管理服务、资金等)都呈国际化趋势。这就要求国际化的项目管理。

项目国际化带来项目管理的困难，这主要体现在不同文化和经济制度背景中的人，由于风俗习惯、文化法律背景等的差异，在项目中协调起来很困难。而国际惯例就能把不同文化背景的人包罗进来，提供一套通用的程序，通行的准则和方法，这样统一的文件就使得项目中的协调有一个统一的基础。

工程项目管理国际惯例通常如下。

(1) 世界银行推行的工业项目可行性研究指南。

(2) 世界银行的采购条件。

(3) 国际咨询工程师联合会颁布的 FIDIC 合同条件和相应的招投标程序。

(4) 国际上处理一些工程问题的惯例和通行准则等。

1.2.3 我国工程项目管理的发展历史

我国的工程项目管理实践的历史非常早，如修建举世闻名的万里长城、京杭运河、都江堰、故宫等工程。然而真正将项目管理上升到理论与科学的层次也是近代的事。

20 世纪 60 年代中期，我国老一代科学家华罗庚、钱学森等就开始致力于推广和应用项目管理的理论和方法。如在 20 世纪 60 年代研制战略导弹武器系统时，就引进了计划评审技术(PERT)。华罗庚教授还深入工程建设第一线推广应用 PERT。

20 世纪 80 年代初期，我国工程项目管理理论研究和应用开始进入一个新阶段。随着改革开放和社会主义市场经济体制的确立，与社会主义市场经济相适应，并逐步和国际惯例接轨的建设项目管理体制得到推行，工程项目管理的研究和教学活动才蓬勃兴起。

1983 年，我国云南鲁布革水电站引水工程按照国际惯例进行国际招标，实行项目管理，取得了缩短工程建设工期、降低工程建设造价的显著效果。建设部等 5 部委对其进行了经验总结，形成了著名的鲁布革工程项目管理经验，并在全国推广应用。此后，招标承包制在我国普遍推行，把竞争机制引入工程项目建设，收到较好的效果。

20世纪80年代后期，为进一步和国际惯例接轨，完善招标承包制，加强承发包合同管理，我国继而普遍推行了工程建设监理制，使工程项目管理体制进一步完善。20世纪在建设领域先是提出了项目业主责任制，以适应社会主义市场经济体制，转换工程项目投资经营机制，提高投资效益。在这一基础上，又提出了建设项目法人责任制，对项目业主责任制作了进一步的完善。

20世纪末期，在我国工程建设领域广泛推行的“三制”，其逐步与社会主义市场经济体制的发展要求相适应，和国际惯例基本接轨。“三制”的主要内容如下。

1. 建设项目法人责任制

建设项目法人责任制要求项目法人对建设项目的策划、资金筹措、建设实施、生产经营、债务偿还和资产的增值保值，实行全过程负责。实行建设项目法人责任制后，在建设项目管理上要形成以项目法人为主体，项目法人向国家和投资各方负责，咨询、设计、监理、施工、物资供应等单位通过投标或接受委托，然后以合同的形式，向项目法人提供服务或承包工程施工，这样一种新型的建设管理模式。

2. 招标投标制

招标投标制是在市场经济体制下，工程建设领域分配建设任务的、具有竞争性的交易方式。实行招标投标制是发展社会主义市场经济的客观需要，它可促使建设市场各主体之间进行公平交易、平等竞争，以确保建设项目目标的实现。

3. 工程建设监理制

建设监理制是实行工程项目招标，用合同的形式来连接项目法人和施工承包人关系后的客观要求。目前，它主要由项目法人通过招标或委托的方式选择一具有监理资质的法人对施工合同进行管理。实行建设监理制，可促进建设项目管理的社会化和专业化，及时解决施工合同履行过程中产生的矛盾和争端，促进项目管理水平的提高。

进入21世纪，我国工程项目管理又有新的发展，PM、PMC、Partnering、一体化管理等建设模式受到人们的重视，得到较多的研究和应用。20世纪末推广的“三制”也在完善和发展，工程项目管理新技术的开发、研究与应用也得到了广泛的展开，出现了生机勃勃。

知识链接

项目动态控制

由于在工程项目的进展中有现实的干扰因素，所以必须进行动态控制，以不断排除干扰，实现控制目标。项目的干扰因素来自多方面：①人为的干扰因素；②材料的干扰因素；③机械设备干扰因素；④工艺及技术干扰因素；⑤资金方面的干扰因素；⑥环境干扰因素。对干扰因素的排除，只能通过认真分析、研究、采取有针对性的措施，并加以实施来确保成功，才能见效，这就是动态控制的作用。图1.3是动态控制原理图。

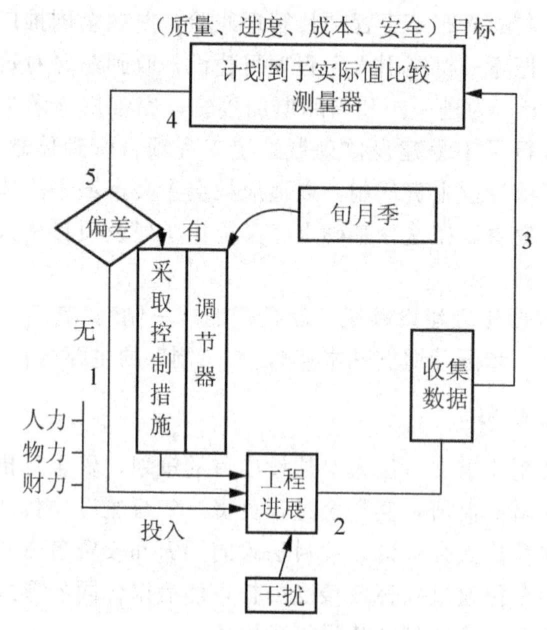

图 1.3 动态控制原理图

知识链接

国外工程项目生命周期及阶段划分

国外工程项目的生命周期与我国相似，大致可以划分为 4 个阶段：项目决策阶段，项目组织、计划、设计阶段，项目实施阶段和项目试生产及竣工验收阶段如图 1.4 所示。

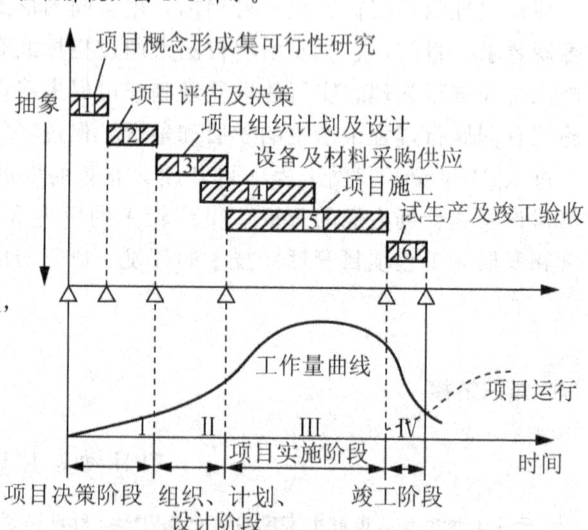

图 1.4 国外工程项目生命周期及阶段划分

1.3 工程项目生命周期与建设程序

1.3.1 工程项目的生命周期与建设过程

工程项目建设完成，即可交付一个产品。而产品总是有终点的，或是不能完成基本功能，只能报废，或是被其他产品所取代，即被淘汰。因此工程项目存在从开始策划立项，到完建、运行、报废或被淘汰，这样一个项目周期(Project Cycle)。

不同类型或规模的工程项目，由于使用者对其的要求不同，因而生命周期的长短一般不会一样。但它们的建设过程一般却是一样的，它可以分为策划、立项、设计、施工和交付使用等。不同的参建方，在工程建设中所发挥的作用是不一样的。工程项目建设过程和参建各方承担的任务如图 1.5 所示。

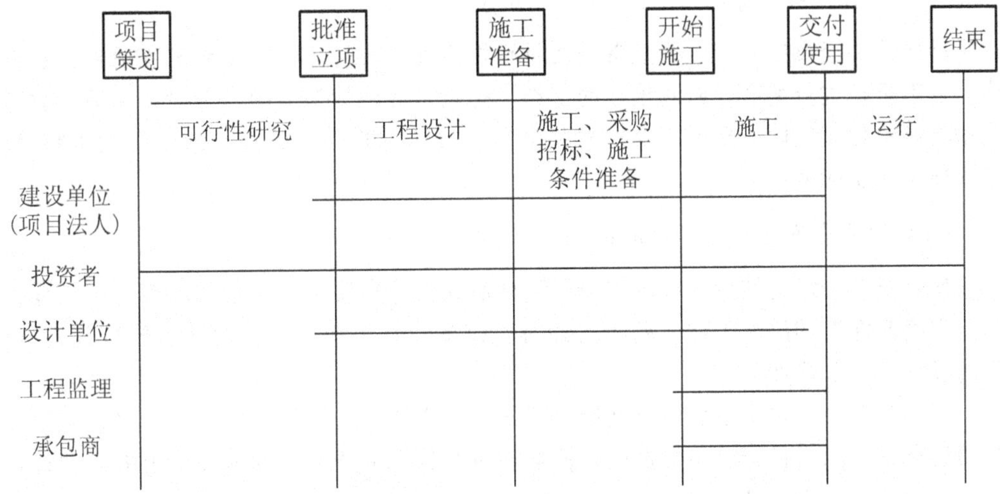

项目策划
批准立项
施工准备
开始施工
交付使用
结束
可行性研究
工程设计
施工、采购招标、施工条件准备
施工
运行
建设单位(项目法人)
投资者
设计单位
工程监理
承包商

图 1.5 工程项目建设过程和主要参建各方承担的任务示意

1.3.2 一般工程项目的建设程序

我国不同行业工程项目建设的程序略有差异，但一般可分为 6 个阶段，即项目建议书阶段、可行性研究阶段、设计工作阶段、建设准备阶段、建设实施阶段、竣工验收阶段。这 6 个阶段的关系如图 1.6 所示，其中项目建议书阶段和可行性研究阶段称为前期工作阶段或决策阶段。

1. 项目建议书阶段

它也称初步可行性研究阶段(Project Pre - Feasibility Study)或预可行性研究阶段。项目建议书是项目法人单位向国家提出、要求建设某一工程项目的建设性文件；是对工程项目的轮廓设想；是从拟建项目的必要性和可能性加以考虑的。

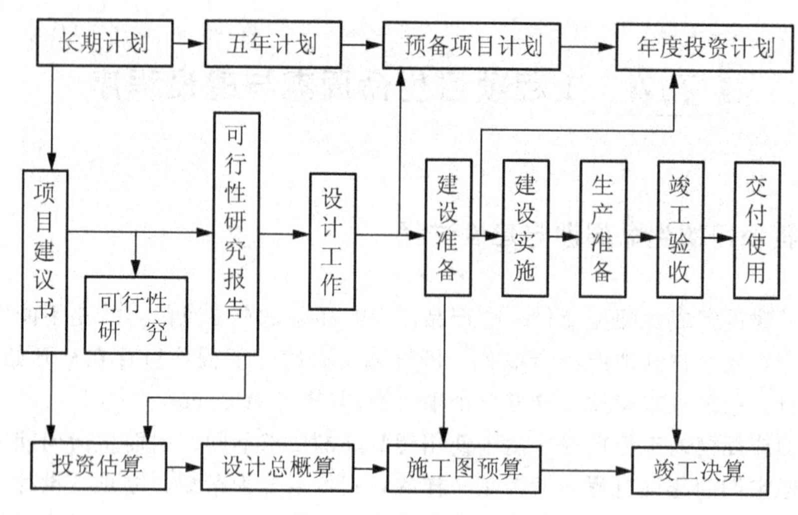

图 1.6 工程建设程序

2. 项目可行性研究阶段(Project Feasibility Study)

项目建议书经批准后，应紧接着进行可行性研究。可行性研究是对工程项目在技术和经济上是否可行进行科学分析和论证的工作，是技术经济的深入论证阶段，为项目决策提供依据。可行性研究阶段最后提交的成果是可行性研究报告。经批准的可行性研究报告，是工程项目实施的依据。

3. 项目设计阶段(Project Design)

设计是复杂的综合性技术经济工作，设计前和设计中要进行大量的勘察调查工作，没有一定广度和深度的勘察工作，就不可能有正确的设计工作。工程设计是分阶段进行的，常见的设计工作阶段如下。

(1) 初步设计。它是根据可行性研究报告的要求所做的具体实施方案。目的是论证在指定的地点、时间和投资控制数额内，拟建项目在技术上的可行性和经济上的合理性，并通过对工程项目作出的基本技术经济参数的规定，编制项目总概算。

(2) 技术设计。它是对重大项目和新型特殊项目，为进一步解决某些具体技术问题，或确定某些技术方案而增加的设计阶段。它是对初步设计阶段中无法解决，而又需要进一步解决的问题而进行的设计。如特殊工艺流程方面的试验、研究及确定；大型建筑物、构筑物某些关键部位的结构形式、工程措施等的试验、研究和确定；新型设备的试验、制作和确定等。对于一般的工程项目，较少设置专门的技术设计阶段。

(3) 招标设计。招标设计是为满足施工招标而进行的设计。它是将初步设计进一步具体化，详细定出总体布置和各建筑物的轮廓尺寸、标高、材料类型、工艺要求和技术要求等。其设计深度要求为：可以根据招标设计图较准确地计算出各种建筑材料，如水泥、沙石料、木材、钢材等的规格、品种和数量，混凝土浇筑、土石方填筑的工程量，各类工程机械、电气和永久设备安装的工程量等。

(4) 施工详图设计，也称施工图设计。它要完整地表现建筑物外形、内部空间分割、结构体系、构造状况以及建筑群的布局和周围环境的配合，具有详细的构造尺寸。设计完的施工图经过审核，提供给承包人施工。

4. 建设准备阶段(Construction Preparation)

建设准备的主要工作包括如下内容。

(1) 征地、拆迁和施工场地平整。

(2) 完成施工用水、电、路等工程。

(3) 组织设备、材料订货。

(4) 组织施工招标，选定承包人。

5. 建设实施阶段(Construction Execution)

工程项目经批准开工，便进入了建设实施阶段。一般开工建设的时间，是指工程项目设计文件中规定的任何一项永久性工程第一次破土开槽开始施工的日期。不需要开槽的，正式开始打桩的日期就是开工日期。铁路、公路、水库土石坝等需要进行大量土、石方工程，以开始进行土、石方施工的日期作为正式开工日期。施工活动应按设计要求、合同条款、规程规范、施工组织设计进行，保证工程项目的质量目标、工期目标和投资目标得以实现。在建设实施阶段还要进行生产准备。生产准备是项目投产前的一项重要工作，它是连接建设和生产的桥梁，是建设转入生产经营的必要条件。

6. 竣工验收阶段(Construction Acceptance)

竣工验收阶段包含两种验收：一方面工程项目的施工合同完成后，由承包人将合同工程移交给业主所进行验收，又称完工验收；另外一方面整个工程项目完工并投产后，由政府组织对工程的验收，又称竣工验收。竣工验收是建设全过程的最后一道程序，是投资成果转入生产或使用的标志，是项目业主向国家汇报工程项目的生产能力或效益、质量和交付新增固定资产的过程。竣工验收对促进工程项目及时投产，发挥投资效益及总结经验均有重要作用。

案例 1.2

水利工程基本建设程序

我国水利工程基本建设程序一般分为：项目建议书、可行性研究报告、初步设计、施工准备(包括招标设计)、建设实施、生产准备、竣工验收和项目后评价等阶段。

(1) 项目建议书阶段。项目建议书应根据国民经济和社会发展长远规划、流域综合规划、区域综合规划、专业规划。并按照国家产业政策和国家有关投资建设方针进行编制，是对拟进行工程项目的初步说明。项目建议书编制一般由政府委托有相应资格的设计单位承担，并按国家现行规定权限向主管部门申报审批。

(2) 可行性研究报告阶段。可行性研究应对项目进行方案比较，对项目在技术上是否可行，经济上是否合理进行科学的分析和论证。经过批准的可行性研究报告，是项目决策和进行初步设计的依据。可行性研究报告由项目法人(或筹备机构)组织编制。可行性研究报告经批准后，不得随意修改和变更，在主要内容上有重要变动，应经原批准机关复审同意。项目可行性报告批准后，应正式成立项目法人，并按项目法人责任制实行项目管理。

(3) 初步设计阶段。初步设计是根据批准的可行性研究报告和必要而准确的设计资料，对设计现状进行通盘研究，阐明拟建工程在技术上的可行性和经济上的合理性，规定项目的各项基本技术参数，编制项目的总概算。初步设计任务应择优选择有相应资格的设计单位承担，依照有关初步设计编制规定进行编制。

(4) 施工准备阶段。项目的主体工程开工之前，必须完成各项施工准备工作，其主要内容如下。

① 施工现场的征地、拆迁。

② 完成施工用水、电、通信、路和场地平整等工程。

③ 必需的生产、生活临时建筑工程。

④ 组织招标设计、工程咨询、设备和物资采购等服务。

⑤ 组织建设监理和主体工程招标投标，并择优选定建设监理单位和施工承包队伍。

(5) 建设实施阶段。建设实施阶段是指主体工程的建设实施，项目法人按照批准的建设文件组织工程建设，保证项目建设目标的实现；项目法人或其代理机构必须按审批权限，向主管部门提出主体工程开工申请报告，经批准后，主体工程方能正式开工。随着社会主义市场经济机制的建立，工程建设项目实行项目法人责任制后，在主体工程开工前，还须具备以下条件。

① 建设管理模式已经确定，投资主体与项目主体的管理关系已经理顺。

② 项目建设所需全部资金来源已经明确，且结构合理。

③ 项目产品的销售，已有用户承诺，并确定了定价原则。

④ 项目法人要充分发挥建设管理的主导作用，为施工创造良好的建设条件。

(6) 生产准备阶段。生产准备应根据不同类型的工程要求确定，一般应包括如下内容。

① 生产组织准备，建立生产经营的管理机构及相应管理制度。

② 招收和培训人员。

③ 生产技术准备。

④ 生产的物资准备。

⑤ 正常的生活福利设施准备。

(7) 竣工验收。竣工验收是工程完成建设目标的标志，是全面考核基本建设成果、检验设计和工程质量的重要步骤。竣工验收合格的项目即从基本建设转入生产或使用。

(8) 项目后评价(Construction Post-Evaluation)。工程项目竣工投产后，一般经过1～2年生产营运后，要进行一次系统的项目后评价。它主要包括：影响评价——项目投产后对各方面的影响进行评价；经济效益评价——对项目投资、国民经济效益、财务效益、技术进步和规模效益、可行性研究深度等进行评价；过程评价——对项目的立项、设计施工、建设管理、竣工投产和生产营运等全过程进行评价。项目后评价一般按3个层次组织实施：项目法人的自我评价、项目行业的评价和计划部门(或主要投资方)的评价。

案例 1.3

世界银行贷款项目的项目周期

世界银行(The World Bank)贷款项目是指将世界银行资金和项目所在国的配套资金结合起来，投资于某一固定的项目。世界银行每一笔项目贷款的发放，都要经历一个完整而较为复杂的程序；每一个世界银行贷款项目，都要按照该程序经历一个从开始到结束的周期性过程，也就是一个项目周期。世界银行贷款项目周期包括6个阶段：项目选定、项目准备、项目评估、项目谈判、项目执行与监督和项目的后评价。

(1) 项目选定(Project Identification)。项目选定是项目周期的第一个阶段。在这个阶段，借款国需要确定既符合世界银行投资原则，又符合其发展计划的项目。世界银行将参与和协助借款国进行项目选定，收集项目基础资料，确定初步的贷款意向。在我国与这一阶段相似的程序是项目的立项阶段。

(2) 项目准备(Project Preparation)。在项目被列入世界银行贷款规划后，该项目便进入项目准备阶段。这一阶段一般持续1～2年。项目准备过程就是通过详细而认真地研究与分析，将一个项目概念或初步设想进一步深化为一个具体而完整的项目目标，从而使借款国政府能够确定是否有必要，并有可能实施这个项目；同时也让世界银行能够决定是否有必要对该项目进行详细的评估。项目准备阶段的一个主要任务和要求就是对项目进行详细的可行性研究，并提出“项目报告”(Project Preparation Report, PR)。项目准备工作主要由借款国自己来做，但世界银行也直接或间接地对借款国提供帮助，目的在于加强借款国准备和实施开发项目的总体能力。在这一阶段，世界银行要派出有关专家和项目官员组成的项目准备团，对借款国的项目准备工作进行检查、监督和指导，随时了解项目准备工作的进展情况；同时通过搜集项目有关资料，为下一步评估工作做好准备。与国内项目建设程序相比，世界银行项目准备阶段相当于国内的项目可行性研究阶段。

(3) 项目评估(Project Preparation Repor Appraisal)。当借款国自己所进行的项目准备工作基本结束，世界银行就要对项目进行全面详细地审查，开始项目评估。对于一些大型复杂的项目，世界银行一般要求在对项目正式评估前进行预评估(Project Preparation Repor Pre Appraisal)。项目预评估实际上是从项目准备到正式评估之间一个短暂的过渡。它的目的是收集详细的资料并进行分析，从而使正式评估工作变得既简单又可靠。预评估内容和要求与评估的内容和要求相一致。如果项目准备工作出色，预评估工作顺利，世界银行可根据情况作出无须再评估的决定，预评估也就成为项目的正式评估。项目评估是项目周期中的一个关键阶段。项目评估的目的和任务就是要对项目前一阶段的准备工作，以及项目本身的各个方面进行全面细致地审查，并为项目执行和项目后评价奠定基础。项目评估工作是项目周期中世界银行第一次全面和直接参与项目的阶段，评估工作由世界银行职员及聘请的专家承担。

(4) 项目谈判(Project Preparation Repor Pre Appraisal Negotiation)。项目谈判是世界银行与借款国为保证项目成功，力求就所采取的必要措施达成协议的阶段。经过谈判所达成的协议，将作为法律性文件由双方共同履行。项目谈判内容概括为两个方面：一方面是贷款条件与法律条文的讨论与确认；另一方面是技术内容的谈判。谈判结束后借款国政府及借款单位需对经过谈判的贷款文件加以确认，并表示接受。世界银行方面则要将谈判后经过修改的评估报告连同行长报告和贷款文件等，一起提交其执行董事会。执行董事会在适当的时候开会讨论是否批准该项贷款业务。如果批准了这项贷款，则贷款协定就由双方代表签署。协议的签订，标志着项目正式进入执行阶段。

(5) 项目的执行与监督(Project Preparation Repor Pre Appraisal Negotiation Execution and Supervision)。项目的执行就是指通过项目资金的具体使用，以及为项目提供所需的设备、材料、土建施工以及咨询服务等，将项目目标按照设计内容付诸实施的具体建设过程。执行的主要内容包括项目招标采购、贷款资金支付与配套资金提供、技术援助与培训计划的执行等。在项目执行过程中，世界银行除提供必要的帮助外，还对项目执行的整个过程进行监督，监督的范围涉及技术、经济、组织机构、财务和社会等各个方面。监督的依据是项目评估报告。监督方法包括审查项目进度报告、世界银行项目官员到借款国进行实处考察和检查等。

(6) 项目的后评价。项目后评价阶段的主要目的和任务是在项目正式投产1年以后按照严格的程序，采取客观的态度，运用求实的分析方法对项目执行的全过程进行认真回顾与总结，考察并衡量项目的执行情况和执行成果。对世界银行和借款国双方的执行机构和项目人员在执行中的作用、表现及项目的实际效果进行客观评价。总结经验教训，为改进以后工作和新项目的实施提供参考和服务。世界银行对项目后评价工作的基本要求是客观而真实。首先，由项目主管人员根据实际情况在项目竣工后写出“项目竣工报告”(即“项目完成报告”)，详细介绍项目执行各方面的有关情况。其次，由世界银行独立的业务评价局对报告进行评审，并在报告基础上对项目的执行成果进行独立和全面的总结评价。

在每个项目周期中，前一阶段是下一阶段的基础，下一阶段是上一阶段工作的延伸和补充，最后一个阶段又产生了对新项目的探讨和设想，这样形成一个完整的循环，周而复始。

1.4 工程项目的主要参与方

一个工程项目从策划到建成投产，通常有多方地参与，如工程项目投资方、工程项目业主/法人、设计公司、施工承包人和材料供应商等。他们在项目中扮演不同的角色，发挥着不同的作用。当然，从项目管理角度看，他们具体的管理职责、范围和采用的管理技术都会有所区别。

1.4.1 工程项目投资方

工程项目投资方(Investor)通过直接投资、发放贷款、认购股票等方式向工程项目经营者提供项目资金。工程项目投资者可以是政府、组织、个人、银行财团或众多的股东(组成股东和董事会)，他们关心项目能否成功，能否盈利或能否回收本息。尽管他们的主要责任在投资决策上，其管理的重点在项目启动阶段，采用的主要手段是项目评估，但是投资者要真正取得期望的投资收益仍需要对项目的整个生命期进行全程的监控和管理。

1.4.2 工程项目业主/项目法人

除了自己投资、自己开发、自己经营的项目之外，一般情况下工程项目业主/项目法人(Owner)是指项目最终成果的接收者和经营者。我国实行的是公有制，工程项目法人是指工程项目策划、资金筹措、建设实施、生产经营、债务偿还和资产保值增值等，实行全过程负责的企事业单位或其他经济组织。

业主/项目法人在工程项目的全过程起主导作用，其主要责任如下。

(1) 进行项目可行性研究，或审查受委托的咨询公司提交的可行性研究报告，以确立项目。

(2) 筹集项目资金，包括自有资金和借贷资金(如果需要的话)，满足投资方的各种要求，以落实资金来源。

(3) 组织项目规划和实施，在多数情况下要采购外部资源，进行合同管理。业主通过其项目班子主要承担协调、监督和控制的职责，它主要包括进度控制、成本控制和质量控制等。

(4) 接受和配合投资方对项目规划和实施阶段的监控。

(5) 进行项目的验收、移交和其他收尾工作，并将项目最终成果投入运行和经营。

(6) 与项目的各干系人进行沟通和协调。

在必要时，业主/项目法人可以聘请项目管理公司作为他的代理人对工程项目进行管理。

1.4.3 工程项目施工承包方/设备制造方

工程项目施工承包方(Contractor)/设备制造方(Producer)，一般分别为承担工程项目施工和设备制造的公司企业，其按照承发包合同的约定，完成相应的建设任务。

施工承包方在工程项目建设中的具体任务如下。

(1) 通过投标或协商，承揽工程建筑、安装或修缮任务。

(2) 按照承包合同要求，编制施工组织设计和施工计划，做好人力与物质准备工作，准备开工。

(3) 按照与业主商定的分工，做好材料与设备的采购、供应和管理工作。

(4) 严格按照设计图纸、规程规范和合同的要求进行施工，确保工程质量，保证在合同规定的工期内完成施工任务。

(5) 工程竣工前后，负责清理现场，按时提出完整的竣工验收资料，交工验收，并在合同规定的保修期内负责工程的维修。

(6) 对由其分包给其他施工企业的子项工程，负责施工监督和协调，使之满足合同的规定。

在我国对工程施工企业进行资质管理。它分为施工总包、专业承包和劳务分包3个序列。对这3个资质序列，按照工程性质、技术特点分别划分为若干资质类别(一般按行业分)；各资质类别又根据其施工经历、施工企业经理及主要管理人员资历、施工企业的技术力量和职工素质、施工装备和设备状况、财务能力及施工经验和能力等规定的条件，划分为若干等级。在不同行业，对不同施工资质等级的施工企业，其业务范围有严格的规定。

如对房屋建筑工程施工总承包企业，将其分为特级、一级、二级和三级4个等级。其中，特级企业可承担各类房屋建筑施工；一级企业可承担单项建安合同额不超过企业注册资本金(5000万元以上)5倍的下列房屋建筑工程的施工。

(1) 40层及以下、各类跨度的房屋建筑工程。

(2) 高度240m及以下的构筑物。

(3) 建筑面积20万m^2及以下的住宅小区或建筑群体。

如对水利水电施工总承包企业，将其也分为特级、一级、二级和三级4个等级。其中特级企业可承担各种类型水利水电工程的施工总承包；一级企业可承担单项合同额不超过企业注册资本金5倍的各种类型水利水电工程的施工总承包。工程内容包括：不同类型的大坝、电站厂房、引水和泄水建筑物、通航建筑物、基础工程、导截流工程和沙石料生产；水轮发电机组、输变电工程的建筑安装；金属结构的制作安装；压力钢管、闸门制作安装；堤防加高加固、泵站、隧道、施工公路、桥梁、河道疏浚、灌溉和排水工程施工；等等。

1.4.4 工程项目设计方

工程项目设计方(Designer)一般为工程设计公司企业，其按照与业主/项目法人签订的设计合同，完成相应的设计任务。工程设计公司在工程项目建设中具体的任务一般包括如下内容。

1. 工程设计准备阶段的设计工作

(1) 了解业主资信与投资意图，参与设计方案竞赛或设计招标。

(2) 设计谈判签约。

(3) 设计分包，组织设计班子，编制设计进度计划。

(4) 收集设计资料，研究设计思路，提出勘察任务。

2. 工程初步设计阶段的设计工作

(1) 总体设计。

(2) 方案设计。明确设计要求，草拟方案，它主要包括工艺设计、建筑设计等，并进行方案比选。

(3) 编制初步设计文件。完善选定的方案，分专业设计并汇总，编制说明与概算。

3. 工程技术设计阶段的设计工作

(1) 提出技术设计计划。它主要包括工艺流程试验研究、特殊设备的研制和特殊技术的研究等。

(2) 编制技术设计文件。

(3) 参加初审，并作必要的修正。

4. 工程施工图设计阶段的设计工作

(1) 建筑、结构、设备的设计。

(2) 专业设计的协调。

(3) 编制设计文件。它主要包括汇总设计图表、编制施工图预算和编写设计说明。

(4) 校审会签，按审核意见作必要修改。

5. 工程施工阶段的设计工作

(1) 在图纸会审、技术交底会上介绍设计意图，向承包人进行技术交底并答疑。

(2) 必要时修正设计文件，督促按图施工。

(3) 参加隐蔽工程的验收。

(4) 解决施工中的设计问题，参加工程竣工验收。

我国对工程设计企业同样实行资质管理。将设计资质分甲、乙、丙、丁 4 个等级，并对不同等级设计企业规定了不同的业务范围。甲级设计企业可以在全国范围内承担规定行业内大、中、小型工程建设项目(包括项目内相应的生产必要配套工程和设施)的建筑工程设计任务；乙级设计企业只能承接规定行业内中、小型工程建设项目的工程设计任务；丙级设计企业则只能承接规定行业内小型工程建设项目的工程设计任务；而丁级设计企业仅能承接规定行业内小型工程建设项目，及零星工程建设项目的工程设计任务。

1.4.5 工程项目建设监理/咨询方

工程项目建设监理/咨询方(Consulter)一般为工程项目建设监理公司或咨询公司，其按与业主方签订的监理或咨询合同，提供监理或咨询服务。

1. 工程项目的监理方

20世纪80年代末我国出现的一种建设管理形式叫做工程建设监理。工程建设监理公司是指具有工程建设监理资格等级证书、具有法人资格，从事工程建设监理业务的单位。监理公司受业主委托后一般都用合同约定的方式与业主签订工程建设监理委托合同，在监理委托合同中明确规定监理的范围、双方的权利和义务、监理合同争议的解决方式和监理酬金等。监理的服务范围由委托者的需要而定，可以包括项目建设前期阶段的可行性研究及项目评估，实施阶段的招标投标、勘察、设计和施工等；可以是项目建设全过程，也可以是项目建设中的部分阶段；委托者既可委托一个监理公司对项目进行监理，也可以委托几个监理公司对项目的不同阶段实施监理。监理公司可以只接受一个工程项目的委托，也可以同时接受几个工程项目的监理任务。

工程建设监理公司的具体业务内容如下。

1）合同管理

合同管理的内容十分广泛，从广义上说，应包括投资控制、进度(工期)控制、质量控制和施工安全控制等。监理工程师应站在公正的立场上，尽可能地调解业主和承包人双方在履行合同中出现的各种纠纷，维护当事人的合法权益，并利用合同这个手段，实现工程项目控制以期达到既定的项目目标。

2）工期控制

运用网络技术等手段，审查、修改施工组织设计与进度计划，并在工程实施中随时掌握工程进展情况，督促承包人按合同要求实现各项工期目标。

3）投资控制(或称费用控制)

主要是通过做好建设前期的可行性研究及投资估算，对设计阶段的设计标准、总概算、工程预算进行审查；施工准备阶段协助确定好标底和合同造价；施工阶段合理核实工程量，适当支付进度款，以及用控制索赔等手段来达到控制费用的目的。

4）质量控制

通过对设计或施工前各项基础条件的质量把关，设计或施工过程中的监督和审核，以及通过对最后设计的严格审查和施工的各种验收，严格控制工程质量。

5）组织协调

建设项目在实施过程中，业主与设计单位、业主与承包人、设计单位和承包人以及承包人之间有许多工作上的结合部位，经常会出现许多矛盾，这些矛盾通常由监理工程师去协调解决。

国家建设主管部门(或有关部委)对建设监理单位的资质进行管理。根据监理单位的组织机构和管理制度的完善程度、技术力量、监理经历、监理手段的先进性、注册资金和年营业额等条件，将其资质分为甲、乙、丙3个等级。然后根据该等级规定不同等级监理单位的业务范围。如水利部对不同等级的水利工程建设监理公司的业务范围规定如下。

(1) 甲级监理单位可以承担各类水利工程建设监理业务。

(2) 乙级监理单位可以承担大型及其以下各类水利工程建设监理业务。

(3) 丙级监理单位可以承担中小型水利工程建设监理业务。

工程建设监理的职能是通过监理工程师去完成的，因此监理工程师在工程建设监理中扮演重要的角色。监理工程师并非一种技术职称，而是一种岗位职务和职业资格。他不仅要具有工程师或经济师以上的职称，还必须具有工程设计和施工的实践，具有解决设计与施工中技术问题及组织协调和管理的能力；同时要通过政府有关部门的考试和注册登记。

2. 工程项目咨询方

工程项目咨询比工程监理有更广泛的概念，甚至可以包括工程建设监理，是工程咨询公司为业主方提供的一种技术或管理方面的服务。工程咨询公司一般属智力密集、管理型的工程建设企业，凭借其技术和管理方面的能力、经验为业主提供服务，并按合同的约定获得相应的报酬。工程咨询公司提供的服务较为广泛，如工程项目的可行性研究、招标代理、合同策划、工程造价管理、重大技术或管理问题分析决策等。

1.4.6 与工程项目相关的其他主体

与工程项目相关的其他主体包括：政府的计划管理部门、建设管理部门、环境管理部门和审计部门等。他们分别对工程项目立项、工程建设质量、工程建设对环境的影响和工程建设资金的使用等方面进行管理。此外，如建筑材料的供应商、工程招标代理公司、工程设备租赁公司、保险公司和银行等，他们均与工程项目业主方签订合同，提供服务或产品等。

黄河万家寨水利枢纽工程参建各方简介

黄河万家寨水利枢纽位于黄河北干流上段托克托至龙口峡谷河段内，是黄河中游梯级开发的第一级，主要任务是供水结合发电调峰、防洪和防凌，并在黄河中下游水资源统一调度中发挥作用。工程的主要参建方如图1.7所示。在图1.7中，参建各方的情况如下。

(1) 投资方。黄河万家寨水利枢纽工程的投资方分别是水利部黄河万家寨工程开发公司、山西万家寨引黄工程总公司、内蒙古自治区电力总公司。三方投资主体作为国有资产代表，依法以其投入的资本金享有对黄河万家寨水利枢纽工程开发公司相应的资产所有权。各投资主体协商组建公司董事会、监事会；明确董事、董事长，监事、监事会主席。按《中华人民共和国公司法》规定，由董事会聘任公司正、副总经理，对公司的重大问题进行决策。

(2) 项目法人。黄河万家寨水利枢纽有限公司是万家寨水利枢纽工程建设项目的法人，具有自主对资产的经营权，并对投资方负责。在工程项目实施中该公司职责如下。

① 负责工程建设资金筹措，落实建设资金。

② 委托工程设计、工程监理，并对其进行管理。

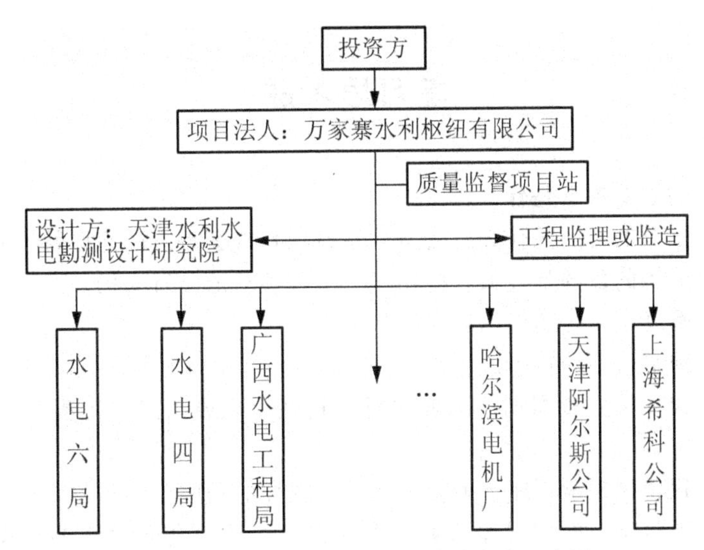

图 1.7 万家寨水利枢纽工程参建各方示意图

③ 负责工程招标，并进行招标决策，确定中标单位。

④ 编制并组织实施项目年度投资计划、用款计划和建设进度计划。

⑤ 处理工程建设中的设计变更，若变更影响到工程设计标准、生产能力或需调整概算，则报董事会决定。

⑥ 组织工程建设实施，负责控制工程投资、工期和质量。

⑦ 负责施工合同项目的完工验收。

⑧ 拟订工程运行计划和经营计划；负责生产准备和有关人员的培训。

⑨ 组织项目后评价，并提出项目后评价报告。

(3) 天津水利水电勘测设计研究院。受黄河万家寨水利枢纽工程开发公司委托，依据设计委托合同，负责工程设计，解决工程建设中的技术问题，参与工程验收。

(4) 工程监理或监造。参与万家寨水利枢纽工程施工监理的单位有东北勘测设计研究院、天津水利水电勘测设计研究院、内蒙古水利水电勘测设计院和山西省水利水电建设监理公司。其中东北勘测设计研究院为施工监理的责任主体，派总监理工程师，对项目法人负责；天津水利水电勘测设计研究院参与监理工作，派副总监理工程师。施工监理受万家寨水利枢纽有限公司的委托，依据国家有关政策法规和施工承发包合同，对施工进行监督和管理，包括对工程的投资、质量和进度的控制，以及进行工程施工的协调。参与万家寨水利枢纽工程机电设备和金属结构监造的单位分别是天津水利水电勘测设计研究院和黄河水电工程公司。他们受黄河万家寨水利枢纽有限公司的委托，依据国家有关政策法规和工程机电设备或金属结构采购合同，对生产过程进行监督和管理；并协助项目法人对工程机电设备或金属结构出厂或进场进行验收。

(5) 中国水电四局、中国水电六局和广西水电工程局等。按照施工合同规定要求，加强施工管理，在规定工期内，完成满足质量要求的工程。

(6) 哈尔滨电机厂、天津阿尔斯公司和上海希科公司等。按照采购合同规定要求，在规定的期限内，生产出满足质量要求的机电设备和金属结构。

(7) 质量监督项目站。万家寨工程质量监督项目站受水利部水利工程质量监督总站的委托，行使政府对万家寨水利枢纽工程质量监督的职能；以国家颁发的工程质量管理的政策法规、水利水电管理质量标准和规程规范为依据，对万家寨水利枢纽工程建设质量进行监督。

复习思考题

1. 工程项目的主要特点是什么？

2. 工程项目分类的目的是什么？公益性建设项目在管理上的主要特点有哪些？

3. 工程项目分解的目的是什么？画出某一工程项目的分解结构。

4. 工程项目管理主要包括的内容有哪些？

5. 简述现代项目管理的特点。

6. 什么是工程项目生命周期？试考虑目前正在大规模兴建的工程项目到报废时如何处理？

7. 什么是工程项目建设程序？为什么要规定这样的程序？

8. 参与工程项目建设的有哪些方面？主体是谁？他们会通过什么方式合作？在合作中主要可能存在哪些冲突？

第2章 工程项目策划与决策

教学目标

项目前期策划的过程和主要工作、项目的确立，必须按照系统方法有步骤地进行，最终做出正确的决策。

教学要求

能力目标	知识要点	权重
了解相关知识	(1) 工程项目可行性研究的内容及要求 (2) 项目管理规划的内容组成及编制要求	25%
熟练掌握知识点	(1) 工程项目的前期策划工作过程 (2) 工程项目前期策划中的几个问题	50%
运用知识分析案例	工程项目的决策过程	25%

引例

“鸟巢”瘦身的反思：质疑谁的权威？决策机制错在何处？

2002年10月25日，受北京市人民政府和第二十九届奥运会组委会授权，北京市规划委员会面向全球征集2008年奥运会主体育场——中国国家体育场的建筑概念设计方案。包括世界建筑设计最高奖——“普利茨克奖”得主在内的全球许多最具实力的设计团队和最有才华的设计师都参与了这次竞赛。“鸟巢”终被确定为2008年北京奥运会主体育场——中国国家体育场的最终实施方案。

然而，2004年7月30日，将作为2008年北京奥运会主要比赛场馆的中国国家体育场，被媒体披露在施工过程中发现设计方案存在问题，被暂停施工，并修改设计方案。对于北京2008年奥运会场馆建设计划的调整，央视“经济半小时”节目比喻形容为“瘦身”。

提出“鸟巢”优化调整方案的是中国建筑西南研究设计院总建筑师黎佗芬。他表示“鸟巢”在选定之前没有权威机构进行可行性论证，这对以后的建筑设计招标绝对是一个应引以为戒的警示。按照建设惯例，一般的设计招标项目，尤其是大型项目，在入围后选定前就应当邀请权威机构对设计方案的可行性进行论证，但是北京奥运会多项工程的设计方案审查偏偏都放在了方案选定之后。

2004年8月底，北京市规划委员会负责人表示，根据专家反复研究论证，“鸟巢”原设计方案中的可开启屋顶被取消，屋顶开口扩大，并通过结构的优化，大大减少用钢量。优化调整后的方案可以确保工程造价控制在国家发改委要求的22.67亿元内，但其独特的设计风格未受影响。设计方案的优化调整也得到了国际奥委会的理解。

2.1 工程项目前期策划

2.1.1 概述

工程项目的确立是一个极其复杂的同时，又是十分重要的过程。在本书中将项目构思到项目批准，正式立项定义为项目的前期策划阶段。尽管工程项目的确立主要是从上层系统(如国家、地方、企业)，从全局的和战略的角度出发的，这个阶段主要是上层管理者的工作，但这里面又有许多项目管理工作。要取得项目的成功，必须在项目前期策划阶段就进行严格的项目管理。当然谈及项目的前期策划工作，许多人一定会想到那就是项目的可行性研究。这在许多书里面都介绍过。但是尚有如下问题存在。①可行性研究的意图是怎么产生的？为什么要作？并且对什么做可行性研究？②可行性研究要有很大的花费。在国际工程项目中，常可行性研究的费用就要花几十万、几百万甚至上千万美元，它本身就是一个很大的项目。所以，在它之前就应该有严格的研究和决策，不能有一个项目构思，就作一个可行性研究。③可行性研究的尺度是怎么确定的？可行性研究是对方案完成任务程度的论证。则在可行性研究之前就必须确定项目的目标，并以它作为衡量的尺度。同时确定一些总体方案作为研究对象。项目前期策划工作的主要任务是寻找并确立项目目标、定义项目。并对项目进行详细的技术经济论证，使整个项目建立在可靠的、坚实的、优化的基础之上。

项目前期策划的过程和主要工作、项目的确立必须按照系统方法有步骤地进行。

1. 工程项目构思的产生和选择

任何工程项目都起源于项目的构思。而项目构思产生于为了解决上层系统(如国家、地方、企业、部门)问题的期望；或者为了满足上层系统的需要；或者为了实现上层系统的战略目标和计划等。这种构思可能很多，人们可以通过许多途径和方法(即项目或非项目手段)来达到目的。那么必须在它们中间作选择，并经过权力部门批准，以作进一步的研究。

2. 项目的目标设计和项目定义

这一阶段主要通过对上层系统情况和存在的问题进行进一步研究，提出项目的目标因素，进而构成项目目标系统，通过对目标的书面说明形成项目定义。这个阶段包括如下工作。

(1) 情况的分析和问题的研究。对上层系统状况进行调查，对其中的问题进行全面罗列、分析和研究，并确定问题的原因。

(2) 项目的目标设计。针对情况和问题提出目标因素；对目标因素进行优化，建立目标系统。

(3) 项目的定义。划定项目的构成和界限，对项目的目标作出说明。

(4) 项目的审查。包括对目标系统的评价，目标决策，提出项目建议书。

3. 可行性研究

即提出实施方案，并对实施方案进行全面的技术经济论证，看能否实现目标。它的结果作为项目决策的依据。项目前期策划的过程如图 2.1 所示。

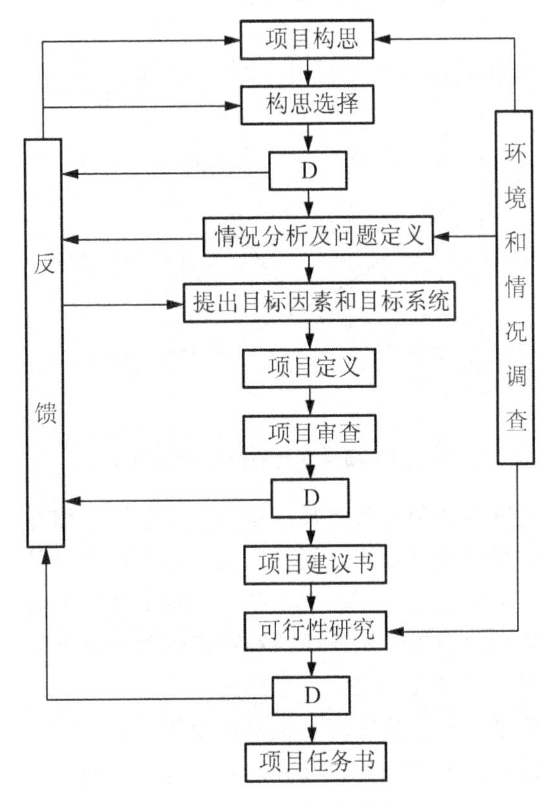

图 2.1 项目前期策划过程

项目前期策划应注意的如下问题。

(1) 在整个过程中必须不断地进行环境调查，并对环境发展趋向进行合理的预测。环境是确定项目目标，进行项目定义，分析可行性的最重要的影响因素，是进行正确决策的基础。

(2) 在整个过程中有一个多重反馈的过程，要不断地进行调整、修改和优化，甚至放弃原定的构思、目标及方案。

(3) 在项目前期策划过程中阶段决策是非常重要的。在整个过程中必须设置几个决策点，对阶段工作结果进行分析、选择。

4. 项目前期策划工作的重要作用

项目的前期策划工作主要是产生项目的构思、确立目标，并对目标进行论证，为项目的批准提供依据。它是项目的决策过程。它不仅对项目的整个生命期，对项目的实施和管理起着决定性作用，而且对项目的整个上层系统都有极其重要的影响。

1）项目构思和项目目标是确立项目方向的问题

方向错误必然会导致整个项目的失败，而且这种失败是无法弥补的。如图 2.2 所示项目累计投资和影响对比。项目的前期费用投入较少，项目的主要投入在施工阶段；但项目前期策划对项目生命期的影响最大，稍有失误就会导致项目的失败，产生不可挽回的损失，而施工阶段的工作对项目生命期的影响很小。

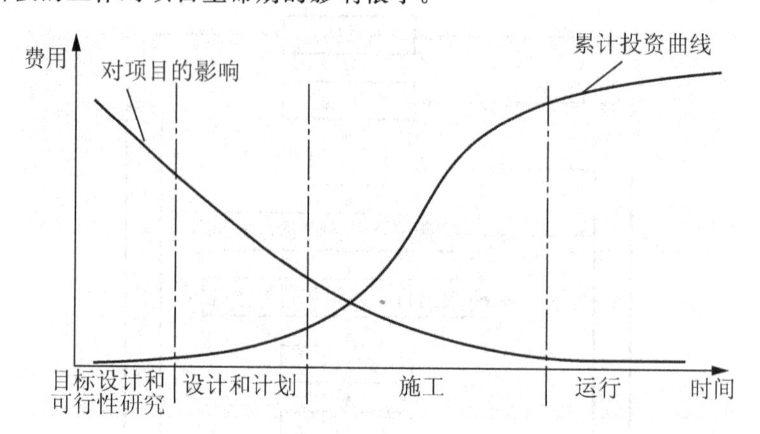

图 2.2　项目累计投资和影响对比

当然人们常常从投资影响的角度来解释这张图，即前期工作对投资的影响最大。而实质上，对项目整体效益的影响都可以用这张图来表示。工程项目是由目标决定任务，由任务决定技术方案和实施方案或措施，再由方案产生工程活动，进而形成一个完整的项目系统和项目管理系统。所以项目目标规定着项目和项目管理的各个阶段和各个方面，形成一条贯穿始终的主线。如果目标设计出错，常会产生如下后果。

（1）工程建成后无法进行正常的运行，达不到使用效果。

（2）虽然可以正常运行，但其产品或服务没有市场，不能为社会接受。

（3）运营费用高，没有效益、没有竞争力。

（4）项目目标在工程建设过程中不断变动造成超投资，超工期等等。

2）影响全局

项目的建设必须符合社会的需要，解决社会存在的问题。如果上马一个项目，其结果不能解决社会的问题，或不能为社会所接受，常会成为社会的包袱，给社会带来历史性的影响。由于一个工程项目的失败导致经济损失；导致社会问题；导致环境的破坏。例如，一个企业决定开发一个新产品，投入一笔资金(其来源是企业以前许多年的利润积余和借贷)。结果这个项目是失败的(如产品开发不成功，或市场上已有其他新产品替代，本产品没有市场)，没有产生效益，则不仅企业多年的辛劳浪费(包括前期积蓄，项目期间人力、物力、精力、资金投入)；而且企业也背上一个沉重的包袱，必须在以后许多年中偿还贷款，厂房、生产设备、土地虽都有账面价值，但不产生任何效用，则产品的竞争力下降，这个企业也许会一蹶不振。工程实践证明，不同性质的项目执行这个程序的情况不一样。对全新的高科技工程项目，大型的或特大型的项目，一定要采取循序渐进的方法；而对于那些技术已经成熟，市场风险、投资(成本)和时间风险都不大的工程项目，可加快前期工作的速度，许多程序可以简化。

2.1.2 工程项目的构思与选择

1. 项目构思的提出

（1）工程项目的构思是工程项目建设的基本构想，是项目策划的初始步骤。项目构思产生的原因很多。不同性质的工程项目，构思产生的原因也不尽相同。例如，工业型项目的构思是可能发现了新的投资机会，而城市交通基础设施建设项目的构思的产生，一般是为了满足城市交通的需要。总之项目构思的产生一般出于以下情况：①企业发展的需要。对于企业而言，任何工程项目构思基本上都是出于企业自身生存和发展的需要，为了获得更好的投资收益而形成的。企业要生存和发展，就必须通过不断地扩大再生产来降低生产成本，扩大市场占有率，从而取得更多的投资收益。这便是企业投资建设项目的主要原因。②城市、区域和国家发展的需要。任何城市、区域和国家在发展过程中都离不开建设，建设是发展的前提。某些工程项目构思的产生是与城市的建设和发展密切相关的。这些项目构思的产生都需要与国民经济发展计划、区域和流域发展规划，城市发展战略规划相一致。③其他情况。除了上述两种情况下产生的项目构思以外，还有一些构思是处于某些特殊情况而形成的。例如出于军事的需要产生的项目构思等。

（2）项目的构思方法主要是一般机会研究和特定机会研究。研究的目的是为了实现上层系统的战略目标。一般机会研究是一种全方位的搜索过程，需要大量的收集、整理和分析。它包括地区研究、部门研究和主要研究等。特定机会研究：市场研究、项目意向的外部环境研究。项目承办者优劣势分析。

首先构思的选择要考察项目的构思是否具有现实性，即是否是可以实现的，如果是建空中楼阁，尽管设想很好，也必须剔除；其次，还要考虑项目是否符合法律法规的要求，如果项目的构思违背了法律法规的要求，则必须剔除；最后，项目构思的选择需要考虑项目的背景和环境条件，并结合自身的能力，来选择最佳的项目构思。项目构思选择的结果可以是某个构思，也可以是几个不同构思的组合。当项目的构思经过研究认为是可行的，合理的，在有关权力部门的认可下，便可以在此基础上进行进一步的工程项目研究工作。

2. 项目的定位

项目的定位是指在项目构思的基础上，确定项目的性质、地位和影响力。

首先项目的定位要明确项目的性质。例如同是建一座机场，该机场是用于民航运输还是用于军事目的，其性质显然不同。因此决定了今后项目的建设目标和建设内容，也会有所区别。

其次，项目的定位要确定项目的地位。项目的地位可以是项目在企业发展中的地位，也可以是在城市和区域发展中的地位，或者是在国家发展中的地位。项目地位的确定应该与企业发展规划、城市和区域发展规划以及国家发展的规划紧密结合。在确定项目的地位时，应注意分别从政治、经济和社会等不同角度加以分析。某些项目虽然经济地位不高，但可能有着深远的政治意义。

最后，项目的定位还要确定项目的影响力。项目定位的最终目的是明确项目建设的基本方针，确定项目建设的宗旨和方向。项目构思策划的关键环节，也是项目目标设计的前提条件。

3. 项目的目标系统设计

工程项目的目标系统设计是工程项目前期策划的重要内容，也是工程项目实施的依据。工程项目的目标系统由一系列工程建设目标构成。按照性质不同，这些目标可以分为工程建设投资目标、工程建设质量目标和工程建设进度目标；按照层次不同，这些目标可以分为总目标和子目标。工程项目的目标系统设计需按照不同的性质和不同的层次定义系统的各级控制目标。因此工程项目的目标系统设计是一项复杂的系统工程。具体步骤包括情况分析、问题定义、目标要素的提出和目标系统的建立等。

1）情况分析

工程项目的情况分析是工程项目目标系统设计的基础。工程项目的情况分析是指以项目构思为依据对工程项目系统内部条件和外部环境进行调查，并作出综合分析与评价。它是对工程项目构思的进一步确认，并可以为项目目标因素的提出奠定基础。

工程项目的情况分析需要进行大量的调查工作。在工程背景资料充分的前提下，需要做好以下两方面的工作：一方面工程项目的内部条件分析；另一方面工程项目的外部环境分析。情况分析有以下作用如下。

（1）可以进一步研究和评价项目的构思，将原来的目标建议引导到实用的理性的目标，使目标建议更符合上层系统的需求。

（2）可以对上层系统的目标和问题进行定义，从而确定项目的目标因素。

（3）确定项目的边界条件状况。

（4）为目标设计、项目定义、可行性研究及详细设计和计划提供信息。

（5）可以对项目中的一些不确定因素，即风险进行分析，并对风险提出相应的防护措施。

情况分析可以采用调查表法、现场观察法、专家咨询法、ABC 分类法、决策表法、价值分析法、敏感性分析法、企业比较法、趋势分析法、回归分析法、产品份额分析法和对过去同类项目的分析法等。

2）问题定义

经过情况分析可以从中认识和引导出上层系统的问题，并对问题进行定界和说明。经过详细而缜密的情况分析，就可以进入问题定义阶段。问题定义是目标设计的依据，是目标设计的诊断阶段，其结果是提供项目拟解决问题的原因、背景和界限。

问题定义的过程同时，也是问题识别和分析的过程，工程项目拟解决的问题可能是几个问题组成，而每个问题可能又是由几个子问题组成。针对不同层次的问题，可以采用因果关系分析来发现问题的原因。另外，有些问题会随着时间的推移而减弱，而有些问题则会随着时间的发展而日趋严重，问题定义的关键就是要发现问题的本质，并能准确预测出问题的动态变化趋势，从而制定有效的策略和目标来达到解决问题的目的。

3）目标因素的提出。

问题定义完成后，在建立目标系统前还需要确定目标因素。目标因素应该以工程项目的定位为指导、以问题定义为基础加以确定。工程项目的目标因素有三类：第一类是反映工程项目解决问题程度的目标因素，例如工程项目的建成能解决多少人的居住问题或工程项目的建成能解决多大的交通流量等；第二类是工程项目本身的目标因素，如工程项目的建设规模、投资收益率和项目的时间目标等；第三类是与工程项目相关的其他目标因素，如：工程项目对自然和生态环境的影响，工程项目增加的就业人数等。

在目标因素的确定过程中，要注意以下问题。

(1) 要建立在情况分析和问题定义的基础上。

(2) 要反映客观实际，不能过于保守，也不能过于夸大。

(3) 目标因素需要一定的弹性。

(4) 目标因素是动态变化的，具备一定的时效性。

目标因素的确立可以根据实际情况，有针对性地采用头脑风暴法、相似情况比较法、指标计算法、费用/效益分析和价值工程法等加以实现。

4) 目标系统的建立。

在目标因素确立后，经过进一步的结构化，即可形成目标系统。工程项目的目标可以分成不同的种类，按照控制内容的不同，可以分为投资目标、工期目标和质量目标等。投资、进度和质量目标被认为是工程项目实施阶段的3大目标；按照重要性不同可以分为强制性目标和期望性目标等。强制性目标一般是指法律、法规和规范标准规定的工程项目必须满足的目标。如工程项目的质量目标必须符合工程相关的质量验收标准的要求等。期望性目标则是指应尽可能满足的可以进行优化的目标。按照目标的影响范围分，可以分成项目系统内部目标和项目系统外部目标。系统内部目标是直接与项目本身相关的目标，如工程的建设规模等；系统外部目标则是控制项目对外部环境影响而制定的目标，如工程项目的污染物排放控制目标等。按照目标实现的时间分可以分成长期目标和短期目标；按照层次的不同可以分为总目标、子目标和操作性目标等。

在工程项目目标系统建立过程中，应注意以下问题。

(1) 理清目标层次结构。目标系统的设计应首先理清目标系统的层次结构。工程项目的目标可以分为3个层次，系统总目标、子目标和操作性目标。项目的总目标是项目概念性的目标，也是项目总控的依据。项目的总目标可以分解成若干个子目标，根据项目某一方面子系统的特点来制定相应的目标要求。将子目标进一步分解可以得到操作性目标，操作性目标是贯穿项目总目标和其上一级子目标的意图而制定的指导具体操作的目标。工程项目目标系统的各级目标是逐层扩展并逐级细化的。

(2) 分清目标主次关系。在目标系统中各目标的制定过程中，要将主要目标和次要目标区分开来，其目的是在今后的目标控制过程中有所侧重，便于抓住关键问题。同时还要注意将强制性目标与期望性目标区分开。尤其在目标之间存在冲突时，应首先满足强制性目标，必要时可以放弃并重新制定期望性目标。

(3) 重视目标系统优化。目标系统的设计过程中，各目标之间往往既有对立关系，又有统一关系。如要保证较高的质量目标，可能会引起投资的增加，在制定投资目标时就不一定和期望值相一致。质量目标和投资目标之间一方面存在着一定的对立性；另一方面如果质量出现问题，也会影响投资。质量目标和投资目标之间又有统一性。因此在项目目标系统的设计过程中，应根据项目具体的实际情况和约束条件，正确认识项目各目标之间的关系，使项目各个目标组成的目标系统达到最优。

(4) 协调内外目标关系。项目的目标既有项目内部目标，又有与项目相关的外部目标。一般情况下，项目的内部目标与项目的外部目标是相辅相成的，有时实现项目内部目标的同时，也相应促进了项目外部目标的实现。如控制项目的施工噪声对周围居民的影响是项目的外部目标，而项目工期、成本是项目的内部目标。这种情况下为了满足外部目标的要求，而采取一些噪声控制和处理措施，可能会影响项目的工期和成本目标。在外部目标与内部目标有冲突时，要正确处理和协调好项目的内部目标和外部目标间的关系，争取使项目的内外各方都能满意。

4. 工程项目的定义

工程项目定义是指以工程项目的目标体系为依据，在项目的界定范围内以书面的形式对项目的性质、用途和建设内容进行的描述。项目定义应包括以下内容。

(1) 项目的名称、范围和构成定界。

(2) 拟解决的问题以及解决问题的意义。

(3) 项目的目标系统说明。

(4) 项目的边界条件分析。

(5) 关于项目环境和对项目有重大影响的因素的描述。

(6) 关于解决问题的方案和实施过程的建议。

(7) 关于项目总投资、运营费用的说明等。

项目定义是对项目构思和目标系统设计工作的总结和深化，也是项目建议书的前导。它是项目前期策划的重要环节，为了保证项目定义的科学性和客观性，必须要对其进行审核和确认。

项目定义的审核。经过定义的项目必须经过审核才能被最终确定。一般项目定义的审查应包括以下内容。第一，项目范围与拟解决问题的一致性；第二，项目目标系统的合理的可操作性等；第三，项目环境和各种影响因素分析的客观性；第四，解决问题方案和实施过程建议性、可操作性等。项目定义审核可以作为提出项目建议书的依据，当项目审核过程中发现不符合要求的项目定义时，要重新进行项目的定义。项目定义完成后再进行审核，经过反复确认后，才能据此提出项目建议书。然后通过可行性研究对项目进行决策。

5. 项目选择

从上层系统的角度(如国家、企业)，对一个项目的决策不仅限于一个有价值的项目构思的选择，以及目标系统的建立，项目构成的确定，而且常面临许多项目机会的选择。由于一个企业面临的项目机会可能很多(如许多招标工程信息，许多投资方向)，但企业资源是有限的，不能四面出击，抓住所有的项目机会，一般只能在其中选择自己的主攻方向。选择的总体目标通常如下。

(1) 通过项目能够最有效地解决上层系统的问题，满足上层系统的需要。对于提供产品或服务的项目，应着眼于有良好的市场前景。

(2) 使项目符合企业经营战略目标，以项目对战略的贡献作为选择尺度。如对竞争优势、长期目标、市场份额和利润规模等的影响。有时可由项目达到一个新的战略。由于企业战略是多方面的，如市场战略、经营战略和工艺战略等，则可以详细并全面地评价项目对这些战略作出的贡献。

(3) 企业的现有资源和优势能得到最充分的利用。必须考虑到自己进行项目的能力，特别是财务能力。当然现在人们常常通过合作(如合资、合伙、国际融资等)，进行大型的、特大型的、自己无法独立进行的项目，这是有重大战略意义。

(4) 项目本身成就的可能性最大和风险最小，选择成就(如收益)期望值大的项目。在这个阶段就必须进行项目的风险分析。

一个工程项目从投资意向开始到投资终结的全过程，项目决策阶段主要决定其建设规模、产品方案、建设地址以及决定采取什么工艺技术、购置什么样的设备，以及建设哪些主体工程和配套工程、建设进度安排、资金筹措等事项。在激烈的市场竞争条件下，这些过程中任何一项决策失误，都有可能导致工程项目的失败。况且工程项目建设是一难以逆转的过程，项目前期的失误在后期难以挽回，项目建设过程中的失误在工程运行中难以弥补。案例2.1巨人大厦项目的失误就是不讲究科学决策的典型例子，案例2.2黄河小浪底工程的决策论证则是一个科学决策的典型案例。

案例 2.1

巨人大厦的决策过程

1992年，史玉柱在事业之巅决定建造巨人大厦。当时“巨人集团”的资产规模已经超过1亿元，流动资金约数百万元。最初的计划是盖38层，大部分自用，并没有搞房地产的设想。那年下半年，一位领导来“巨人”视察。当他被引到巨人大厦工地参观的时候，四周一盼顾，便兴致十分高昂地对史玉柱说：“这座楼的位置很好，为什么不盖得更高一点?”就是这句话，让史玉柱改变了主意。

巨人大厦的设计从38层升到了54层，后来又定为70层，将成为全国最高的楼。工程费用预算从2亿元增加到12亿元，工期从2年增加到6年。当时巨人集团账上只有几百元流动资金，靠卖楼花筹集一部分资金，其余的靠计算机业的资金回报和抽调生物工程的资金，没用银行的一分钱贷款。

巨人大厦动工后，巨人集团自己投入了6000万元，卖楼花筹集了1.2亿元。70层楼的地基做完，就投入了1个亿，随着工程的不断进行，需要源源不断地注入资金。到了1996年下半年，史玉柱才意识到，仅靠计算机和生物工程的资金来维持大厦建设的正常进行是远远不够的。1996年9月，巨人大厦完成了地下工程，同年11月，首层大堂完工，这时大厦将进入几天一层的快速建设阶段。然而，由于把生产和广告促销的资金全部投入到大厦，生物工程一度停产，用于支持大厦建设的资金供应中断了。在国内签订楼花的买卖合同规定，3年内大楼一期工程(盖20层)完工后履约，如果未能如期完工，退订金并给予经济补偿，3年的合同期限是1994年初至1996年底。前期巨人集团国内卖楼花筹集了4000万元，由于施工没有按期完工，债主纷纷上门，巨人集团只退了1000万元；另外3000万元因财务状况恶化，无法退赔。此时，国家正在加大宏观调控，紧缩银根，银行贷款已不可能。因此，巨人大厦建设资金枯竭，全部停工。

到了1997年1月12日，数十位债权人和一群闻讯赶来的媒体记者都来到巨人集团总部，“巨人集团”在公众和媒体心目中的形象轰然倒塌，从此万劫不复。

案例 2.2

黄河小浪底工程的论证决策过程

黄河小浪底的开发论证经历了近半个世纪的漫长历程。

1. 小浪底坝址的历次论证

新中国成立以后，为了实现“变害河为利河”的治黄总目标，在大力进行下游修防保证防洪安全的同时，积极开展了治本的各项准备工作，广泛开展了黄河水文、地质、社经等基本资料的收集和研究。1950年初，组织查勘队查勘了黄河龙门至孟津河段，北京大学地质教授冯景兰、河南地质调查所曹世禄两位专家参与了查勘小浪底坝址。1953—1954年进行了坝址的地质测绘工作，同时黄委会钻探队在小浪底坝段大峪河口、大小西沟和猪娃崖钻孔11个，揭开了小浪底工程勘测设计的序幕。

1955年7月，在全国一届人大二次会议上审议通过了《关于根治黄河水害和开发黄河水利的综合规划》的报告，标志着治黄河事业进入了一个全面治理、综合开发的新阶段，是治黄河史上的里程碑。按照这个规划，在黄河干流上要建设46个梯级工程，选择三门峡为第一期重点开发工程。黄河技经报告确定三门峡水库正常高水位350m，总库容360亿m^3，设计允许泄量$8000m^3/s$。认为三门峡水库与伊、洛、沁河水库联合运用，黄河下游防洪问题将得到全部解决。规划中的小浪底为第四十级工程，壅高水位27m(低坝方案)，总库容2.4亿m^3，装机300MW，为径流式电站。三门峡至小浪底130km，河段规划有任家堆、八里胡同和小浪底三个梯级。按照这个规划，三门峡水库共淹没农田200万亩，迁移人口60万人。为了减轻移民困难，库水位拟采取分期抬高，初期最高水位不超过335.5m，共需移民21.5万人，其余移民可根据需要在15～20年内陆续迁移。规划水库堆沙库容147亿m^3，认为库区泥沙淤积问题必须与广大黄土高原内全面的水土保持措施结合起来解决。在水土保持措施生效前，为了减轻三门峡水库的淤积，第一期计划先修“五大五小”拦泥库，总库容75.6亿m^3。估计到1967年，水土保持减沙效果可达25%～35%，三门峡入库沙量可减少50%。关于三门峡的建设，在周总理亲自主持讨论会后确定拦河大坝按正常高水位360m设计、350m施工，水库死水位325m，坝顶高程353m，1960年前最高运用水位不超过340m。

1958年12月，黄委会在完成的《黄河综合治理三大规划草案》中，提出三门峡至小浪底区间的二级开发方案，即八里胡同与小浪底合并成一级开发(小浪底中坝方案)，壅高水位96m，总库容41.5亿m^3，开发任务为发电、防洪和灌溉，装机1220MW。1959年12月，黄委会在完成的《黄河下游综合利用补充报告(草案)》中，又提出任家堆、八里胡同、小浪底三级开发合并为一级开发方案，正常高水位280m，总库容117亿m^3，装机2200MW，枢纽的主要任务为发电、灌溉。

2. 小浪底工程的开发目标定位

1960年汛前，三门峡大坝混凝土全部浇至340m高程以上，开始拦洪运用。由于20世纪50年代末至60年代初，黄河下游连续干旱，旱情非常严重，水电部决定三门峡水库抓紧时间蓄水。1961年汛期，从8月27日关闸到10月21日，坝前水位达332.53m。由于适逢库区上游连降暴雨，黄河、渭河同时涨水，含沙量也比较大，渭河排泄不畅造成潼关以上严重淤积。

1962年2月决定三门峡水库由“蓄水拦沙”运用改为“滞洪排沙”运用，即降低水位、汛期滞洪，其他时间敞泄，这是当时被迫的应急措施。1964年周总理在北京主持召开治黄会议，决定按照“确保西安，确保下游”的方针，在三门峡左岸增建两条直径为11m的泄洪排沙隧洞，改建原5～8号发电钢管为泄洪排沙钢管。1967年6月，在三门峡召开了晋、陕、豫、鲁四省治黄会议。研究三门峡水库的运用方式，决定按照“合理拦洪、排沙放淤、径流发电”的原则进一步打开1～8号的8个施工导流底孔，并改建为永久泄洪排沙孔，同时降低1～5号发电钢管的进口。明确汛期最低运用水位300～305m，在

315m水位下枢纽泄流能力增至1万m^3/s。1973年11月，水库开始采取了“蓄清排浑”的运用方式，保持了330m高程以下30亿m^3和335m以下60亿m^3的防洪库容。

三门峡水库由于严重淤积，潼关高程抬高，渭河泄流不畅，将正常高水位从350m降到335m运用以后，水库防洪库容只有60亿m^3，且在315m水位下的泄流能力增至1万m^3/s，下泄流量加大。1958年花园口出现以三门峡至花园口区间暴雨洪水为主的大洪水，洪峰流量2.23万m^3/s，说明黄河下游的防洪问题仍十分严重。在1967年的四省治黄会议上就提出了兴建小浪底水库的问题。1970年黄委会在编制《黄河三秦间(三门峡至秦厂)干流规划报告》中，提出小浪底水库正常高水位265m，总库容91.5亿m^3的三小间河段一级开发方案，枢纽任务为防洪、防凌、发电、灌溉，首次把小浪底主要开发目标由发电灌溉改为防洪和防凌。

1975年8月上旬，淮河流域发生罕见的特大暴雨，造成库坝失事，给国民经济和人民生命财产带来严重损失，这对黄河下游防洪安全又一次敲响了警钟。经过分析，如果这场暴雨北移至三门峡至花园口区间，可能产生4万m^3/s以上的特大洪水，远远超过下游的防护标准，必将会发生严重后果。为此，河南、山东两省和水利电力部联合向国务院报送《关于防御黄河下游特大洪水意见的报告》，提出在三门峡以下黄河干流上修建小浪底水库或桃花峪水库。报告认为“从全局看，为了确保黄河下游安全，必须考虑修建其中一处”。国务院以国发［1976］41号文作了批复，原则上同意上述报告，即可对各项重大防洪工程进行规划设计。黄委会随即组织力量，全面开展了小浪底和桃花峪工程的规划论证研究，于1976年6月提出《黄河小浪底水库规划报告》。论证比较结果，推荐小浪底正常高水位275m的高坝方案，总库容112亿m^3，电站装机1150MW，并把防洪和减淤作为开发任务的重点。1980年11月，水利部对小浪底、桃花峪工程规划进行比较了审查讨论，认为对解决黄河下游防洪问题方面，小浪底水库优于林花峪水库，决定不再进行桃花峪水库的比较工作，并责成黄河委会抓紧小浪底水库设计工作。

1983年3月，国家计委和中国农村发展研究中心，在北京联合召开了小浪底水库工程论证会，参加会议的有国务院有关部委、省市和科研、设计、高等院校的领导、专家和工程技术人员近百人。经代表们的认真讨论，对兴建小浪底工程的重要性取得了共识。会后，宋平和杜润生向国务院提出了《关于小浪底水库论证报告》。报告指出，小浪底水库处在控制黄河下游水沙的关键部位，是黄河干流三门峡以下唯一能够取得较大库容的重大控制工程，在治黄中具有重要的战略地位，兴建小浪底水库在整体规划上是非常必要的，黄委会要求尽快兴建是有道理的，小浪底水库的主要任务应该是防洪减淤。

3. 立项决策

1984年8月，黄委会设计院完成了《黄河小浪底水利枢纽可行性研究报告》，水利电力部组织专家行了审查，并以(84)水电水规第86号文下达了审查意见。审查意见认为兴建小浪底水利枢纽是非常必要的，同意小浪底水利枢纽的开发任务为“以防洪(包括防凌)、减淤为主，兼顾供水、灌溉和发电”。工程最终规模应力争达到可行性研究报告中推荐的最高蓄水位275m的方案。同意小浪底枢纽为一级工程，主体工程为一级建筑物。同意最终选定三坝址，坝型原则同意采用土石坝。鉴于高含沙量高速水流对泄水建筑物引起的磨损、气蚀和振动是枢纽建筑物设计中的一个关键问题。因此应对隧洞型式进行多方案的比较。可行性研究报告提出施工期为11年，总投资34亿元。审查中提出了不少意见和问题，要求在初步设计中进一步研究采用新技术，改进施工方法，提出经济合理并切实可行的工期和造价。对水库移民应会同河南、山西两省提出切实可行的迁建措施实施方案和相应的投资概算。

1984年12月，水电部在以(84)水电水规第125号文“关于下达黄河小浪底水利枢纽设计任务书”的通知中指出：鉴于小浪底水利枢纽的水文、泥沙及工程地质条件复杂，工程量较大，国内尚缺乏实际经验。因此经国家计委批准，初步设计中有关工程地质评价和处理方法，枢纽总体布置和水工建筑物设计，以及施工方法、总工期和工程概算等部分。由黄委会和美国柏克德公司进行轮廓设计，其余部分由黄委会负责完成，并汇总成统一的初步设计。

1986年5月，国家计委委托中国国际工程咨询公司对小浪底水水利枢纽设计任务书进行了评估。评估意见认为，小浪底水利枢纽是当前治理黄河下游现实可行的方案，明确小浪底水利枢纽的开发目标为

"以防洪(包括防凌)、减淤为主，兼顾供水、灌溉和发电，蓄清排浑，除害兴利，综合利用"。正常高水位275m，水库总库容126.5亿m^3，其中防洪和调水调沙共51亿m^3为长期有效库容。设计正常死水位230m，淤沙库容75.5亿m^3，枢纽按千年一遇洪水4万m^3/s设计，万年一遇洪水5.23万m^3/s校核，枢纽总泄流体力不小于1.7万m^3/s。电站装机6×260MW。评估意见认为，在水工设计安全可靠的条件成熟和财力许可时，宜尽早兴建小浪底水利枢纽。国家计委以计农［1987］52号文"关于审批黄河小浪底水利枢纽工程设计任务书的请示"呈报国务院，并以计农［1987］177号文通知水利部，上述请示业经国务院领导批准。黄河委会设计院按计委批示于1987年2月至1988年7月全面开屏了小浪底水利枢纽初步设计工作。

2.2 工程项目的可行性研究

可行性研究是对前述工作的细化、具体化；是从市场、技术、法律(以及政策)、经济和财力等方面对项目进行全面策划和论证。

2.2.1 可行性研究前的工作

除了前述的项目目标设计以外，在可行性研究前还要完成如下任务。

(1) 项目经理的任命。对大的工程项目进入可行性研究阶段，相关的项目管理工作很多；必须有专人负责联系工作，作各种计划和安排；协调各部门工作，文件管理等。

(2) 研究小组的成立或研究任务的委托。如果企业自己组织人员作研究则必须有专门的研究专家小组，现在对于一些大的项目可以委托咨询公司完成这项工作，则必须洽谈商签咨询合同。

(3) 工作圈子的指定。无论是自己组织还是委托任务，在项目前期就需要企业的许多部门的配合，如提供信息、资料、提出意见、建议和要求等。则应建立一个工作的圈子。

(4) 研究深度和广度要求，以及研究报告内容的确定。这是对研究者提出的任务。

(5) 可行性研究开始和结束时间的确定以及工作计划的安排。这与项目规模，研究的深度、广度和复杂程度，项目的紧迫程度等因素都有关。

2.2.2 可行性研究的内容

不同的项目，其具体研究内容不同。按照联合国工业发展组织(UNIDO)出版的《工业可行性研究手册》，其可行性研究内容包括如下。

1. 实施要点

2. 项目背景和历史

(1) 项目的主持者。

(2) 项目历史。

(3) 已完成的研究或调查的费用。

3. 市场和工厂生产能力

1) 需求和市场

(1) 该工业现有规模和生产能力的估计(具体说明在市场上领先的产品)，其以往的增长情况，今后增长情况的估计(具体说明主要发展计划)；当地的工业分布情况，其主要问题和前景，产品的一般质量。

(2) 以往进口及其今后的趋势、数量和价格。

(3) 该工业在国民经济和国家政策中的作用，与该工业有关或为其指定的优先顺序和指标。

(4) 目前需求的大致规模，过去需求的增长情况，它主要决定因素和指标。

2) 销售预测和经销情况

(1) 预期现有的及潜在的当地和国外生产者和供应者对该项目的竞争。

(2) 市场的当地化。

(3) 销售计划。

(4) 产品和副产品年销售收益估计(本国货币/外币)。

(5) 推销和经销的年费用估计。

3) 生产计划

(1) 产品。

(2) 副产品。

(3) 废弃物(废弃物处理的年费用估计)。

4) 工厂生产能力的确定

(1) 可行的正常工厂生产能力。

(2) 销售、工厂生产能力和原材料投入之间的数量关系。

4. 原材料投入

投入品的大致需要量，它们现有的和潜在的供应情况，以及对当地和国外的原材料投入的每年费用的粗略估计。

(1) 原料。

(2) 经过加工的工业材料。

(3) 部件。

(4) 辅助材料。

(5) 工厂用物资。

(6) 公用设施，特别是电力。

5. 厂址选择(包括对土地费用的估计)

6. 项目设计

(1) 项目范围的初步确定。

(2) 技术和设备。

① 按生产能力大小所能采用的技术和流程。

② 当地和外国技术费用的粗略估计。

③ 拟用设备(主要部件)的粗略布置：生产设备；辅助设备；服务设施；备件、易损件、工具。

④ 按上述分类的设备投资费用的粗略估计(本国货币/外币)。

(3) 土建工程。

① 土建工程的粗略布置，建筑物的安排，所要用的建筑材料的简略描述：场地整理和开发；建筑物和特殊的土建工程；户外工程。

② 按上述分类的土建工程投资费用的粗略估算(本国货币/外币)。

7. 工厂机构和管理费用

(1) 粗略的机构设置。

① 生产。

② 销售。

③ 行政。

④ 管理。

(2) 管理费用估计。

① 工厂。

② 行政。

③ 财政。

8. 人力

(1) 人力需要的估计，细分为工人、职员，又分为各种主要技术类别(当地的及外国的)。

(2) 按上述分类的每年人力费用估计，包括关于工资和薪金的管理费用在内。

9. 制订实施时间安排

(1) 所建议的大致实施时间表。

(2) 根据实施计划估计的实施费用。

10. 财务和经济评价

(1) 总投资费用。

① 周转资金需要量的粗略估计。

② 固定资产的估计。

③ 总投资费用。

(2) 项目筹资。

① 预计的资本结构及预计需筹措的资金(本国货币/外币)。

② 利息。

(3) 生产成本。

(4) 在上述估计值的基础上作出财务评价。

① 清偿期限。

② 简单受益率。

③ 收支平衡点。

④ 内部收益率。

(5) 国民经济评价。

① 初步测试：项目换汇率；有效保护。

② 利用估计的加权数和影子价格(外汇、劳力、资本)进行大致的成本—利润分析。

③ 经济方面的工业多样化。

④ 创造就业机会的效果估计。

⑤ 外汇储备估计。

2.2.3 项目可行性研究的基本要求

可行性研究作为项目的一个重要阶段，它不仅是起细化项目目标的承上启下的作用，而且其研究报告是项目决策的重要依据。只有正确的符合实际的可行性研究，才可能有正确的决策。它的要求如下。

(1) 大量调查研究，以第一手资料为依据，客观地反映和分析问题。不应该带任何主观观点和其他意图。可行性研究的科学性常就是由调查的深度和广度决定的。

项目的可行性研究应从市场、法律和技术经济的角度来论证项目可行或不可行，而不只是论证可行，或已决定该项目了，再找一些依据证明决定的正确性。

(2) 可行性研究应详细、全面，定性和定量分析相结合。用数据说话，多用图表表示分析依据和结果，可行性研究报告应十分透彻和明了。人们常用一些数学方法、运筹学方法、经济统计和技术经济分析方法等，如边际分析法、成本效益分析法等。

(3) 多方案比较，无论是项目的构思，还是市场战略、产品方案、项目规模、技术措施、厂址的选择、时间安排和筹资方案等，都要进行多方案比较。应大胆地设想各种方案，进行精心的研究论证，按照既定目标对备选方案进行评估，以选择经济合理的方案。

通常对于工程项目，它所采用的技术方案应是先进的，同时又是成熟的可行的；而研究开发项目则追求技术的新颖性，技术方案的创造性。

(4) 在可行性研究中，许多考虑是基于对将来情况的预测基础上的，而预测结果中包含着很大的不确定性。如项目的产品市场、项目的环境条件，参加者的技术、经济、财务等各方面都可能有风险，所以要加强风险分析(敏感性分析)。作为在不确定条件下制定决策的现代方法，人们常用风险分析、决策树和优先理论(效用理论)等方法。

(5) 可行性研究的结果作为项目的一个中间研究和决策文件，在项目立项后应作为设计和计划的依据，在项目后评价中又作为项目实施成果评价的依据。由可行性研究到设计工作的转换，在其中要作项目评价和决策，批准立项、提出设计任务书，这是项目生命期中最关键性的一步。

2.3 工程项目前期策划中的几个问题

1. 重视项目前期策划工作安排

长期以来，这个阶段的工作在国内外都没有引起人们足够的重视。项目管理专家、财务专家和工程经济专家没有介入、介入太少、介入太迟。在许多项目过程中存在如下现象。

(1) 不按科学的程序办事，投资者、政府官员拍脑袋上项目，直接构思项目方案，直接下达指令做可行性研究，甚至直接作技术设计。

(2) 在这个阶段不愿意花费时间、金钱和精力。一经产生一个构思，立即就要开始这个项目，不作详细的系统的调查和研究，不作细致的目标和方案的论证，常仅做一些概念性的定性的分析和研究。在我国的建设项目中这个阶段的花费很少，这个阶段的持续时间也很短。

(3) 在作项目目标设计时，许多人过多地考虑到自己的局部利益。为了使项目能够获得上层的批准，作非常乐观的计划，甚至罗列和提供假的数据。在我国在相当长时间以来，由于上述原因导致项目失败的例子比比皆是。在现代工程项目中，人们越来越重视这个阶段的工作。项目管理专家介入项目的时间也逐渐提前。在国际工程中，咨询工程师甚至承包商在项目目标设计，甚至在项目构思阶段就有进入项目。这样不仅能够防止决策失误，而且保证项目管理的连续性，进而能够保证项目的成功，提高项目的整体效益。

2. 循序渐进

一般在项目的前期策划阶段，上层管理者的任务是提出解决问题的期望，或将总的战略目标和计划分解；而不必过多地考虑目标的细节以及如何去完成目标，更不能立即提出解决问题的方案。

许多上层管理者喜欢在项目的早期，甚至在构思阶段就提出具体的实施方案，甚至提出技术方案，这样就会带来如下问题。

(1) 如果在构思时就急于确定一个明确的目标和研究完成目标的手段(措施或方案)，就会冲淡或损害对问题、对环境的充分研究、调查和对目标的充分优化，妨碍集思广益和正确的选择。

(2) 在这个阶段的工作主要由高层战略管理者承担，由于行政组织和人们行为心理的影响，高层管理者如果提出实施方案常很难被否决，尽管它可能是一个不好的方案，或还存在更好的方案。这使得后面的可行性研究常流于形式。

(3) 过早构思方案，缺少对情况和问题充分的调查，缺少目标系统设计的项目有可能是一个“早产儿”，会对这个项目的生命期带来无法弥补的损害。

3. 应争取高层的支持

这里有两方面问题。

(1) 工程项目的立项必须由高层人士，如投资者、政府官员、权力部门和企业管理者决策。所以在这个阶段他们起着主导作用。实践证明，上层的支持不仅决定项目是否能够成立，而且是项目过程中能否得到实施所必需的资源和条件的关键，因此国外有人将它作为项目成功的关键因素之一。

(2) 由于项目是由上层驱动的，则常政治因素在左右项目。上层管理者以及项目经理的政治目的、形象和政绩要求，甚至他们的知识结构、文化层次、生活水平、与项目的关系都会产生对项目不同的评价，进而影响项目的决策。这种状况会造成项目决策的问题。许多人为了使得项目上马，提出十分诱人的理想化的市场前景和财务数据，忽视工程中潜在的风险。这会导致项目决策的失误。

4. 协调好战略层和项目层的关系

上层管理者一般不懂项目管理，也不是技术经济或财务专家，但要作项目决策。这是项目的一个基本矛盾。他们决策的依据必须建立在科学的基础上，必须有财务和工程经济、项目管理专家的支持。因此在项目前期就应在组织上、工作责任和工作流程上建立战略层和项目层之间的关系，使整个前期工作有条不紊地进行。

5. 一个项目的实施和运行，达到项目目标需要许多条件

这些条件构成项目的要素。对一般的工程项目，它要素包括：产品或服务的市场、资金、技术(专利、生产技术、工艺等)、原材料、生产设备、劳动力和管理人员、土地、厂房、工程建设力量等。获得这些要素是使项目顺利实施必要保证；要使项目有高的经济效益，必须对这些因素进行优化组合。在前期策划中应考虑，获得这些因素的渠道，如何获得这些因素；如何对这些因素进行优化组合。随着国际经济的一体化，人们有越来越多的机会和可能性，在整个国际范围内取得这些项目要素。在项目前期策划中应注重充分开发项目的产品市场，边界条件的优化，充分利用环境条件，选择有利地址，合理利用自然资源和当地的供应条件、基础设施，充分考虑与其他单位的合作机会和可能性。在实际工作中，人们常忽视这些问题，常仅注重对项目评价、设计和计划必要的问题和目标因素的研究。

2.4 项目管理规划

项目管理规划作为指导项目管理工作的纲领性文件，应对项目管理的目标、依据、内容、组织、资源、方法、程序和控制措施进行确定。项目管理规划应包括项目管理规划大纲和项目管理实施规划两类文件。项目管理规划大纲应由组织的管理层或组织委托的项目管理单位编制。项目管理实施规划应由项目经理组织编制。大中型项目应单独编制项目管理实施规划；承包人的项目管理实施规划可以用施工组织设计或质量计划代替，但应能够

满足项目管理实施规划的要求。

1. 项目管理规划大纲

项目管理规划大纲是项目管理工作中具有战略性、全局性和宏观性的指导文件。

1) 编制程序

明确项目目标；分析项目环境和条件；收集项目的有关资料和信息；确定项目管理组织模式、结构和职责；明确项目管理内容；编制项目目标计划和资源计划；汇总整理，报送审批。

2) 编制依据

可行性研究报告；设计文件、标准、规范与有关规定；招标文件及有关合同文件；相关市场信息与环境信息。

3) 内容组成(应根据需要选定)

项目概况；项目范围管理规划；项目管理目标规划；项目管理组织规划；项目成本管理规划；项目进度管理规划；项目质量管理规划；项目职业健康安全与环境管理规划；项目采购与资源管理规划；项目信息管理规划；项目沟通管理规划；项目风险管理规划；项目收尾管理规划。

2. 项目管理实施规划

项目管理实施规划应对项目管理规划大纲进行细化，使其具有可操作性。

1) 编制程序

了解项目相关各方的要求；分析项目条件和环境；熟悉相关的法规和文件；组织编制；履行报批手续。

2) 编制依据

项目管理规划大纲；项目条件和环境分析资料；工程合同及相关文件；同类项目的相关资料。

3) 内容组成

项目概况；总体工作计划；组织方案；技术方案；进度计划；质量计划；职业健康安全与环境管理计划；成本计划；资源需求计划；风险管理计划；信息管理计划；项目沟通管理计划；项目收尾管理计划；项目现场平面布置图；项目目标控制措施；技术经济指标。

4) 管理要求

项目经理签字后报组织管理层审批；与各相关组织的工作协调一致；进行跟踪检查和必要的调整；项目结束后，形成总结文件。

复习思考题

1. 简述项目前期策划的过程。
2. 简述项目前期策划工作的重要作用

3. 简述工程项目可行性研究的主要内容。

4. 假设某领导视察某地长江大桥，看到大桥上拥挤不堪，则产生在该地假设长江二桥的构思。他翻阅了该地区长江段地图，指示在大桥下游某处建设长江二桥，并指示做可行性研究。试分析该工程项目构思过程存在的问题是什么？

5. 简述工程项目前期策划中的几个问题。

6. 简述项目管理规划的组成内容。

第3章 工程项目组织管理

教学目标

在工程项目管理中要选择合适的项目管理模式和组织结构，在项目组织中应以项目经理为核心，树立项目团队意识，并实现管理目标。

教学要求

能力目标	知识要点	权重
了解相关知识	(1) 组织所处环境对项目管理的影响 (2) 项目经理的任务、能力要求和应树立的意识 (3) 项目团队的特征和构建	20%
熟练掌握知识点	(1) 工程项目组织方式 (2) 工程项目管理组织机构的基本形式及其选择应用 (3) 工程项目管理组织机构设置原则 (4) 工程项目管理组织机构设置依据及建设工程项目管理组织部门划分的基本方法	60%
运用知识分析案例	工程项目管理方式及现场组织结构	20%

引例

京张铁路建设

在近代中国工程建设历史上，甚至在我国近代社会历史上，詹天佑以及由他负责建造的京张铁路(北京至张家口)具有十分重要的地位。

京张铁路工程于1905年9月动工。它是完全由中国自己筹资、勘测、设计、施工建造的第一条铁路，全长200km。此路经过高山峻岭，地形和地质条件十分复杂，桥梁和隧道很多，工程十分艰巨。

詹天佑(1861—1919年)勇敢地担当起该工程总工程师的艰巨任务。他面对着轻蔑的外国人认为："修建铁路的中国工程师还没有出生"。发出誓言："如果我失败了，那不仅仅是我个人的不幸，而会是所有中国工程师、甚至是所有中国人的不幸！为了证明中国人的智慧和志气，我别无选择"。他勉励工程人员为国争光，他跟铁路员工一起，克服资金不足、机器短缺和技术力量薄弱等困难，运用他的聪明才智解决了许多技术难题，特别是八达岭一带山高坡陡，行车危险的难题；创造性地设计出"人"字形轨道，把铁轨铺到八达岭。这项创新既保证了安全行车，又缩短了隧道长度，出色地完成居庸关和八达岭两处艰难的隧道工程。

京张铁路原计划6年建成，在詹天佑和一万多建筑工人的努力下，经过4年的艰苦奋斗，于1909年9月24日，提前2年全线通车。原预算的工款为纹银7291860两，清朝政府实拨7223984两，而实际竣工决算仅为6935086两，较实拨工款节余288898两，较预算节省356774两。每千米造价比当时修筑难度较小的关内外铁路线还低。全部费用只有外国承包商索取价的五分之一，而且工程质量非常好。

在京张铁路修筑中，詹天佑非常重视工程标准化，主持编制了京张铁路工程标准图。主要包括京张铁路的桥梁、涵洞、轨道、线路、山洞、机车库、水塔、房屋、客车和车辆限界等共49项标准，是我国第一套铁路工程标准图。它的制定和实行，加强了京张铁路修筑中的工程管理，保证了工程质量，为修筑其他铁路提供了借鉴资料。

从1888年起，詹天佑先后从事津榆、津卢、锦州、萍醴、新易、潮汕、沪宁、沪嘉、京张、张绥、津浦、洛潼、川汉、粤汉和汉粤川等铁路的修筑，为开创和发展中国铁路事业作出了重要贡献。

1912年，詹天佑发起组织了“中华工程师会”(后改名为中华工程师学会)，并被选为会长。他积极主持学会的工作，开展各种学术活动，创办出版《中华工程师学会会报》等刊物。

詹天佑作为我国近代工程师的杰出代表；他的成就体现了中华民族的智慧；他的业绩是我国近代工程界的丰碑；他的精神永远是我国工程界的楷模。

工程项目组织管理主要包括两方面的问题：一是工程项目组织方式，即工程项目采用的承发包方式；二是具体工程项目的管理组织结构的建立、运行、调整；以及组织结构内职能的划分等问题。

3.1 工程项目组织方式及其环境

3.1.1 工程项目组织的必要性

从如下3个方面可看出工程组织的必要性。

(1) 在建设的过程中会产生许多的项目管理班子与企业部门、项目经理与设计方或施工方等交界面，这就决定了要有组织的工作。

(2) 在工程项目的建设中，甲方与乙方是一对必然的矛盾体，实际存在的矛盾只有通过有效的组织协调才能加以缓和。

(3) 工程项目建设过程中涉及施工人员的技能、知识等的合理搭配；并涉及大量的物质流、大量的设备和大量的信息流，要合理有序地组织工作，必然要求有科学的组织。

3.1.2 工程项目组织形式

工程项目组织方式(Progect Organization Approach)，也称为项目管理方式。它是指项目建设参与方之间的生产关系，包括有关各方之间的经济法律关系和工作关系(或协作关系)。工程项目组织方式的选择决定于工程项目的特点、业主/项目法人的管理能力和工程建设条件等方面。目前，国内外已形成多种工程项目管理方式，这些管理方式还在不断地得到创新和完善。下面介绍几种国内外常用的工程项目管理方式。

1. 传统的建筑师/工程师项目管理方式

传统的建筑师(Architect)/工程师(The Engineer或Consultant)项目管理方式又称为

设计-建造方式(Design - Build，DB)，这种工程项目管理方式在国际上最为通用，世界银行、亚洲开发银行(Asian Development Bank，ADB)贷款项目和采用国际咨询工程师联合会(Federation Internationale Des Ingenieurs Conseils，FIDIC，法文)合同条件的国际工程项目均采用这种模式。在这种方式中，业主委托建筑师/工程师进行前期的各项工作，如投资机会研究、可行性研究等，待项目评估立项后再进行设计。在设计阶段的后期进行施工招标的准备，随后通过招标选择施工承包商。在这种方式中，施工承包又可分为总包和分项直接承包两种。

1）施工总包

施工总包是一种国际上最早出现，也是目前广泛采用的工程项目承包方式。它由项目业主、监理工程师(The Engineer 或 Supervision Engineer)、总承包商(General Contractor)3 个经济上独立的单位共同来完成工程的建设任务。

首先，在这种项目管理方式下，业主委托咨询、设计单位进行可行性研究和工程设计，并交付整个项目的施工详图。其次，业主组织施工招标，最终选定一个施工总承包商，与其签订施工总包合同。在施工招标之前，业主要委托咨询单位编制招标文件，组织招标、评标，协助业主定标签约；在工程施工过程中，监理工程师严格监督施工总承包商履行合同。业主与监理单位签订委托监理合同。

在施工总包中，业主只选择一个总承包商，要求总承包商用本身力量承担其中主体工程或其中一部分工程的施工任务。经业主同意后，总承包商可以把一部分专业工程或子项工程分包给分包商(Sub - Contractor)。总承包商向业主承担整个工程的施工责任，并接受监理工程师的监督管理。分包商和总承包商签订分包合同，与业主没有直接的经济关系。总承包商除组织好自身承担的施工任务外，还要负责协调各分包商的施工活动，起总协调和总监督的作用。

随着现代化建设项目规模的扩大和技术复杂程度的提高，对施工组织、施工技术和施工管理的要求也越来越高。为适应这种局面，一种管理型、智力密集型的施工总承包企业应运而生。这种总承包商在承包的施工项目中自己承担的任务越来越少，而将其中大部分甚至全部施工任务分包给专业化程度高、装备好、技术精的专业型或劳务型的承包商，他自己主要从事施工中的协调和管理。施工总包的形式如图 3.1 所示。

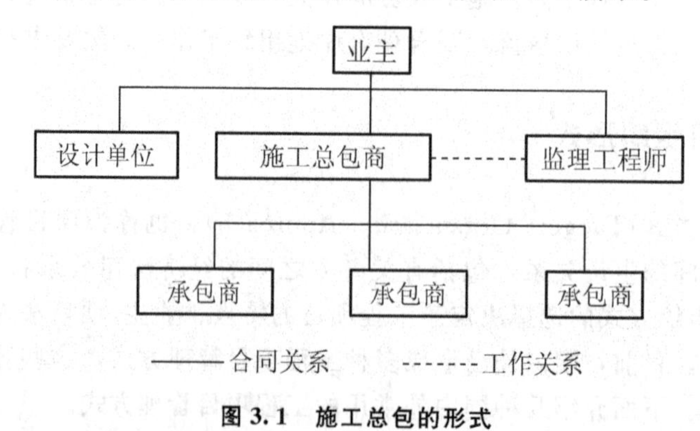

图 3.1 施工总包的形式

施工总包项目管理方式有下列特点。

(1) 施工合同单一、业主的协调管理工作量小。业主只与施工总包商签订一个施工总包合同，施工总包商全面负责协调现场施工，业主的合同管理、协调工作量小。

(2) 建设周期长。施工总包是一种传统的发包方式，按照设计→招标→施工循序渐进的方式组织工程建设，即业主在施工图设计全部完成后组织整个项目的施工发包，然后，中标的施工总包商组织进场施工。这种顺序作业的生产组织方式工期较长，对工业工程项目，不利于新产品提前进入市场，失去竞争优势。

(3) 设计与施工互相脱节，设计变更多。工程项目的设计和施工先后由不同的单位负责实施，沟通困难。设计时很少考虑施工采用的技术、方法、工艺和降低成本的措施。工程施工阶段的设计变更多，不利于业主的投资控制和合同管理。

(4) 对设计深度要求高。要求施工详图设计全部完成，能正确计算工程量和投标报价。

2) 分项直接承包

分项直接承包是指业主将整个工程项目按子项工程或专业工程分期分批，以公开或邀请招标的方式，分别直接发包给承包商，每一子项工程或专业工程的发包均有发包合同。采用这种发包方式，业主在可行性研究决策的基础上，首先要委托设计单位进行工程设计，与设计单位签订委托设计合同。在初步设计完成并经批准立项后，设计单位按业主提出的分项招标进度计划要求，分项组织招标设计或施工图设计，业主据此分期分批组织采购招标，各中标签约的承包商先后进场施工，每个直接承包的承包商对业主负责，并接受监理工程师的监督，经业主同意，直接承包的承包商也可进行分包。在这种模式下，业主根据工程规模的大小和专业的情况，可委托一家或几家监理单位对施工进行监督和管理。业主采用这种建设方式的优点在于可充分利用竞争机制，选择专业技术水平高的承包商承担相应专业项目的施工，从而取得提高质量、降低造价和缩短工期的效果。但和总承包制相比，业主的管理工作量会增大。

分项直接发包项目管理方式具有下列特点。

(1) 施工合同多，业主的协调管理工作量大。业主要与众多的项目建设参与者签约，特别是要与多个施工承包商(供应商)签约，施工合同多，界面管理复杂，沟通、协调工作量大，而且分标数量越多，协调工作量越大。因此，对业主的协调管理能力有较高的要求。

(2) 利用竞争机制，降低合同价。采用分项发包，每一个招标项目的规模相对较小，有资格投标的单位多，能形成良好的竞争环境，降低合同价，有利于业主的投资控制。但是，分标项目过多时，项目实施中的协调工作量很大，合同管理成本较高。

(3) 可以缩短建设周期。采用分项招标，在初步设计完成后就可以开始组织招标，按照“先设计、后施工”的原则，以招标项目为单元组织设计、招标和施工流水作业，使设计、招标和施工活动充分搭接，从而可以缩短工期。

(4) 设计变更多。采用分项发包，设计和施工分别由不同的单位承担，设计施工互相脱节，设计者很少考虑施工采用的工艺、技术、方法和降低成本的措施。特别是在大型土木建筑工程中，往往在初步设计完成后，依据深度不足的招标设计进行招标，在施工中，设计变更多，不利于业主的投资控制。

分项直接承包是目前我国大中型工程建设中，最广泛使用的一种建设管理方式如图3.2所示。

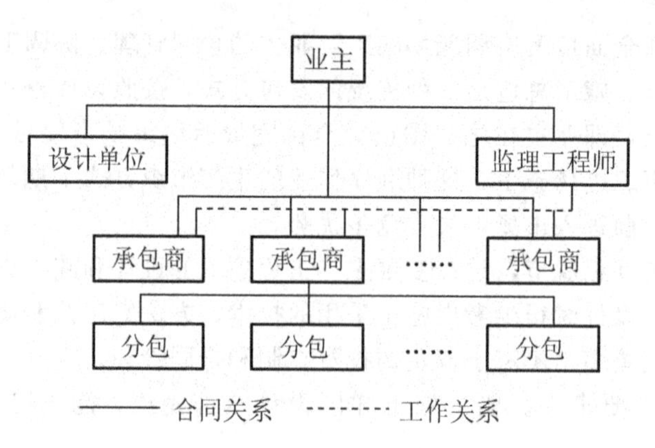

图 3.2　分项直接发包

2. 设计-施工总包

总承包商既承担工程设计，又承担施工任务。一般都是智力密集型企业，如科研设计单位或设计、施工单位联营体，具有很强的总承包能力，拥有大量的施工机械和经验丰富的技术、经济、管理人才。他可能把一部分或全部设计任务分包给其他专业设计单位，也可能把一部分或全部施工任务分包给其他承包商，但他与业主签订设计-施工总承包合同，向业主负责整个项目的设计和施工。这种模式把设计和施工紧密地结合在一起，能起到加快工程建设进度和节省费用的作用，并使施工方面新技术结合到设计中去，也可加强设计施工的配合和设计施工的流水作业。但承包商既有设计职能，又有施工职能，使设计和施工不能相互制约和把关，这对监理工程师的监督和管理提出了更高的要求。

在国际工程承包中，设计施工总包是当前的发展趋势，其应用范围已从住宅工程项目延伸到石油化工、水电、炼钢和高新技术项目等，设计施工总包合同金额占国际工程承包合同总金额的比例稳步上升。据统计美国排名前 400 位的承包商的利税值的 1/3 以上均来自于设计施工合同。设计施工总包目前在我国尚处于初步实践阶段，已有少数工程采用了这种建设模式。如浙江省石塘水电站工程和山西垣曲的中条山供水工程等，由设计单位实行设计-施工总包，取得了良好的效果，为在我国应用设计-施工总包建设方式率先进行了探索。设计-施工总承包的组织形式如图 3.3 所示。

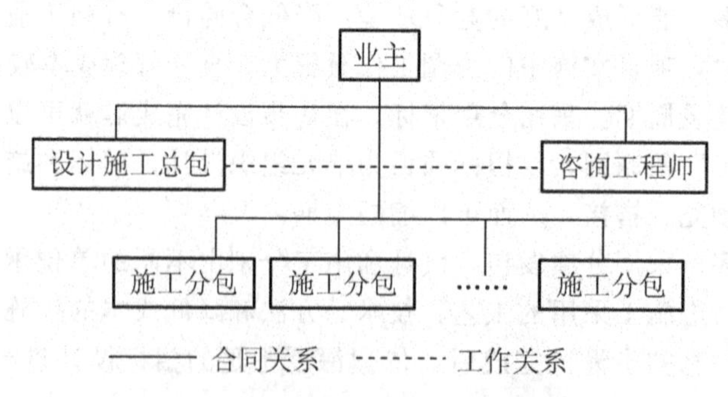

图 3.3　设计-施工总承包的组织形式

3. CM模式

CM(Construction Management)模式，就是在采用快速路径法(Fast Track)进行施工时，从开始阶段就选择具有施工经验的CM单位参与到建设工程实施过程中来，以便为设计人员提供施工方面的建议且随后负责管理施工过程。这种模式改变了过去那种设计完成后才进行招标的传统模式，采取分阶段发包，由业主、CM单位和设计单位组成一个联合小组，共同负责组织和管理工程的规划、设计和施工。CM单位负责工程的监督、协调及管理工作，在施工阶段定期与承包商会晤，对成本、质量和进度进行监督，并预测和监控成本和进度的变化。20世纪60年代CM模式发源于美国。80年代以来，在国外广泛流行，它的最大优点是可以缩短工程从规划、设计到竣工的周期，节约建设投资，减少投资风险，可以比较早地取得收益。

CM模式有两种形式，代理型CM(CM/Agency)和非代理型CM(CM/Non - Agency)，也称为咨询型CM和承包型CM，业主可以根据项目的具体情况加以选用。不论哪一种情况，应用CM模式都需要有具备丰富施工经验的高水平的CM单位，这可以说是应用CM模式的关键和前提条件。

承包型CM模式和咨询型CM模式的组织形式如3.4和图3.5所示。由图中可看出，承包型CM单位不是“业主代理人”，而是以承包商的身份工作，他可以直接进行分包发包，与分包商签订分包合同。但需获得业主的确认，而咨询型CM单位仅以业主代理人的身份参与工作。他可以帮助业主进行分项施工招标，业主与各承包商签订施工合同，CM单位与承包商没有合同关系。无论是咨询型(代理型)合同，还是承包型(非代理型)CM合同。通常既不采用单价合同，也不采用总价合同，而采用“成本加酬金合同”的形式。不过，后者的合同价中包括工程成本和CM风险费用。

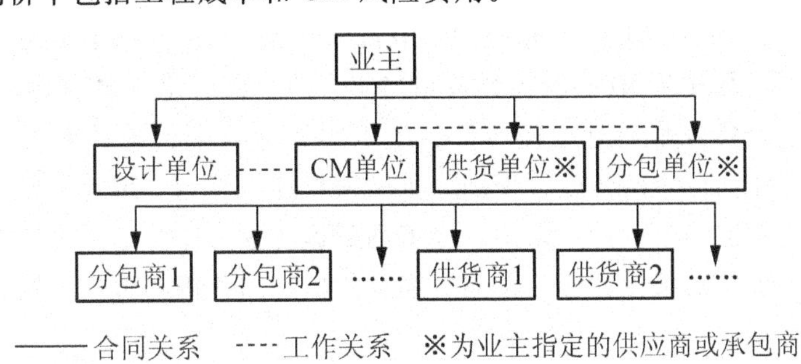

图3.4 承包型CM模式

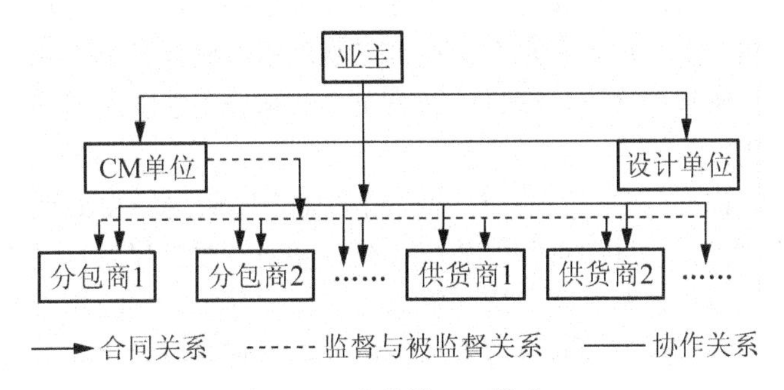

图3.5 咨询型CM模式

CM模式和传统的总承包方式相比，其不同之处在于不要等全部设计完成后才开始施工招标，而是在初步设计完成以后，在工程详细设计进行过程中分阶段完成施工图纸。如基础土石方工程、上部结构工程、金属结构安装工程等，均能单独成为一套分项设计文件，分批招标发包。图3.6所示传统的总承包方式与CM模式分阶段设计施工比较图。CM模式的主要优点是，虽然设计和施工时间未变化，却缩短了完工所需要的时间。

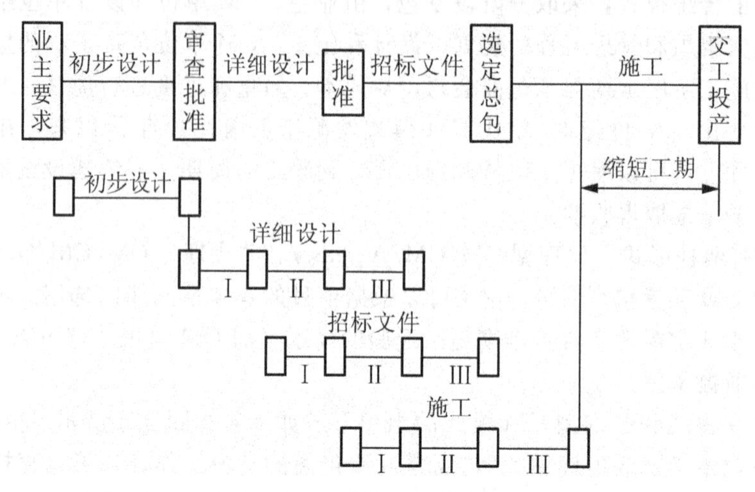

图3.6　传统的承包方式与CM模式分阶段设计施工比较图

CM模式可用于：①设计变更可能性较大的建设工程；②时间因素最为重要的建设工程；③因总的范围和规模不确定而无法确定价的建设工程。

4. 项目管理模式

项目管理模式(Project Management Approach，PM)，是近年来国际流行的建设管理模式，该模式是项目管理公司(一般为具备相当实力的工程公司或咨询公司)受项目业主委托，根据合同约定，代表业主对工程项目的组织实施进行全过程或若干阶段的管理和服务。项目管理公司作为业主的代表，帮助业主做项目前期策划、可行性研究、项目定义和项目计划，以及工程实施的设计、采购、施工和试运行等工作。

根据项目管理公司的服务内容、合同中规定的权限和承担的责任不同，项目管理模式一般可分为两种类型。

(1) 项目管理承包型(PMC)。项目管理公司与项目业主签订项目管理承包合同，代表业主管理项目，而将项目所有的设计、施工任务发包出去，承包商与项目管理公司签订承包合同。但在一些项目上，项目管理公司也可能会承担一些外界及公用设施的设计/采购/施工工作。这种项目管理模式中，项目管理公司要承担费用超支的风险，当然，若管理得好，利润回报也较高。

(2) 项目管理咨询型(PM)。项目管理公司按照合同约定，在工程项目决策阶段，为业主编制可行性研究报告，进行可行性分析和项目策划；在工程项目实施阶段，为业主提供招标代理、设计管理、采购管理、施工管理和试运行(竣工验收)等服务，代表业主对工程项目进行质量、安全、进度和费用等管理。这种项目管理模式风险较低，项目管理公司根据合同承担相应的管理责任，并得到相对固定的服务费。

从某种意义上说，CM模式与项目管理模式有许多相似之处。如CM单位也必须要由经验丰富的工程公司担当；业主与项目管理公司、CM单位之间的合同形式是一种成本加酬金的形式，如果通过项目管理公司或CM单位的有效管理使投资节约，项目管理公司或CM单位将会得到节约部分的一定比例作为奖励。但CM模式与项目管理模式的最大不同之处在于：在CM模式中，CM单位虽然接受业主的委托，在设计阶段提前介入，给设计单位提供合理化建议，但其工作重点是在施工阶段的管理；而项目管理模式中的项目管理公司的工作任务可能会涉及整个项目建设过程，从项目规划、立项决策、设计、施工到项目竣工。

5. 一体化项目管理模式

随着项目规模的不断扩大和建设内容的日益复杂，近年来国际上出现了一种一体化项目管理的模式。所谓一体化项目管理模式是指业主与项目管理公司在组织结构上、项目程序上，以及项目设计、采购、施工等各个环节上都实行一体化运作。来实现业主和项目管理公司的资源优化配置。

实际运作中，常是项目业主和项目管理公司共同派出人员共同组成一体化项目联合管理组，负责整个项目的管理工作。一体化项目联合管理组成员只有职责之分而不究其来自何方。这样项目业主既可以利用项目管理公司的项目管理技术和人才优势，又不失去对项目的决策权；同时也有利于业主把主要精力放在专有技术、资金筹措和市场开发等核心业务上。有利于项目竣工交付使用后业主的运营管理，如维修、保养等。我国近年来在石油化工行业中开始探索一体化项目管理模式，并取得了初步的实践经验。

6. 工程项目总包

工程项目总包也称一揽子承包，或叫做“交钥匙”(Turn - Key)承包。这种承包方式，业主对拟建项目的要求和条件，只概略地提出一般意向，而由承包商对工程项目进行可行性研究，并对工程项目建设的计划、设计、采购、施工和竣工等全部建设活动实行总承包。

7. Partnering模式

Partnering模式，常译为伙伴模式，是在充分考虑建设各方利益的基础上确定建设工程共同目标的一种管理模式。20世纪80年代中期，首先出现在美国。它一般要求业主与参建各方在相互信任、资源共享的基础上达成一种短期或长期的协议。它通过建立工作小组相互合作；通过内部讨论会及时沟通以避免争议和诉讼的产生，共同解决建设工程实施过程中出现的问题，共同分担工程风险和有关费用，以保证参与各方目标和利益的实现。Partnering协议，不是严格法律意义上的合同，一般都是围绕建设工程的费用、进度和质量3大目标，以及工程变更、争议和索赔、施工安全、信息沟通和协调、公共关系等问题作出相应的规定。而这些规定都是有关合同中没有或无法详细规定的内容。

Partnering模式在日本、美国和澳大利亚的运作取得了成功。它除了具有效率高、官僚作风少，以及成本确定、施工速度快和质量好等优点外，还具有以下特点。

1）合作各方的自愿性

项目各参与方在相互信任、尊重对方的利益的基础上，建立了“以项目成败为已之成败”的理念，自愿为共同的目标努力，而不是依靠合同所规定条款的法律效力。

2）高层管理的参与

项目参与各方建立伙伴关系，一般是项目参与各方的战略选择。因此在建立伙伴关系或选择战略伙伴时都需要高层管理的参与。

3）信息的开放性

伙伴模式中，项目参与各方在实施过程中必须通过内部讨论会沟通，交流意见和信息，及时解决项目实施过程中出现的问题。因此本着解决问题和持续改进的原则，伙伴模式中，项目参与各方关于项目信息的开放度较高。

Partnering 模式的特点决定了它特别适用于如下。

(1) 业主长期有投资活动的建设工程。

(2) 不宜采用分开招标或邀请招标的建设工程。

(3) 复杂的不确定因素较多的建设工程。

(4) 国际金融组织贷款的建设工程。

需要特别强调 Partnering 模式是一种特殊的发包模式，它只是强调项目参与方之间在关系上强化信赖，淡化相互约束条件。而项目业主在项目及其各项服务的采购上，仍要采用前述几种项目管理方式。

8. 项目业主选择工程项目组织方式的考虑因素

对于一个工程项目，选择什么样的组织方式对其进行管理，主动权掌握在业主手中。项目业主在选择工程项目组织方式时一般应考虑下列因素：项目规模和性质、建筑市场状况、业主的协调管理能力和设计深度与详细程度等。项目的规模大且技术复杂，对承包商的资金、信誉和技术管理能力要求高。此时建筑市场上有能力承包这样工程的承包商寥寥无几，市场竞争激烈程度不够，业主的优势地位不明显。那么业主可能会考虑采用分项直接发包模式，或将项目划分为几个部分，在各个部分分别采用不同的发包模式。如英国的一民用机场项目就将机场分为候机大楼、跑道和外部停车库等项目；对候机大楼采用项目管理承包模式；对跑道采用施工总承包模式；对外部停车库采用设计施工总包模式。对于高新技术项目或智能型建筑或业主凭借自身的资源和能力难以完成的项目，业主可能会考虑采用 CM 模式、项目管理方式、设计施工总包模式。如果业主想要对项目有所控制，可以采用咨询型 CM 模式或项目管理方式。而施工总包模式要求设计图纸比较详细，能够比较准确计算出工程量和造价，因此对于设计深度不够的项目就不能考虑采用施工总包模式。另一方面，建筑市场上承包商的供应情况和建筑法律的完善程度，也制约了业主对项目管理方式的选择。如目前在我国采用 CM 模式和项目管理承包模式存在一定困难，其原因是我国的建设市场发育还不健全，管理型工程公司或工程咨询公司还有待培育，此外就是相应的法律法规体系还待建设或完善。

案例 3.1

东深供水改造工程项目管理方式

东深供水工程北起东莞市桥头镇东江南岸，由北向南，经人工渠道、石马河，并经8级抽水站的提升，将东江之水送至深圳水库，再通过3.5km输水管道送至香港。东深供水改造工程1998年正式立项，1999年进入施工准备阶段，2000年8月28日开工建设。

东深供水改造工程计划总投资49亿元，计划建设工期3年。它的主要建筑物有供水泵站、渡槽、隧洞、混凝土箱涵(有压和无压)、人工明渠和混凝土倒虹吸管等。此外，还有分水建筑物、桥梁、闸、堰、检修泵房等次要建筑物和附属建筑物。

东深供水改造工程采用了项目管理承包型建设模式如图3.7所示。

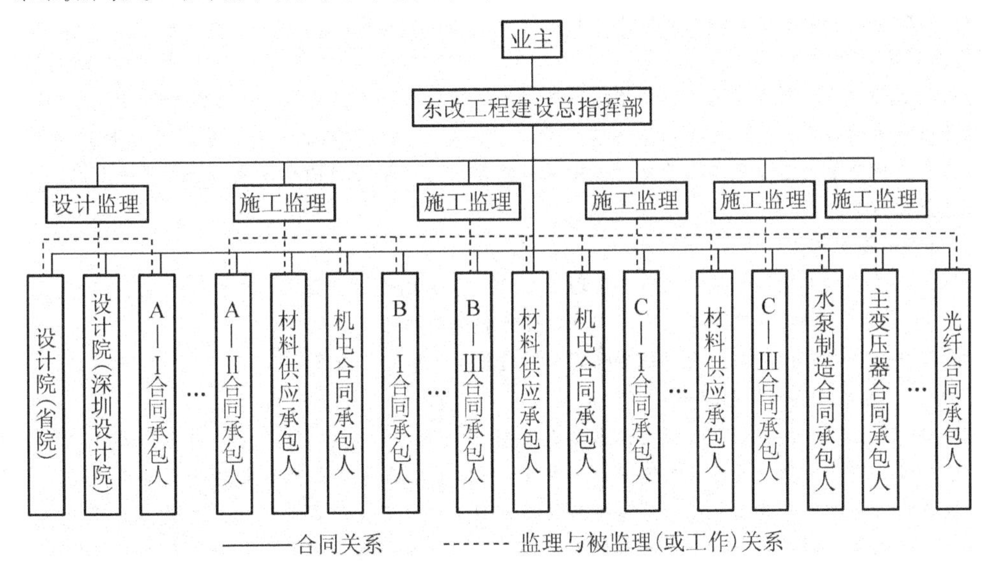

图3.7 东深供水改造工程项目管理方式图

1) 项目业主

东深供水改造工程的业主是广东港粤供水有限公司，该公司是一家中外合作企业。广东港粤供水有限公司将东深供水改造工程的设计、采购和施工，以总价承包的形式委托给广东省水利厅。

2) 工程建设总指挥部

广东省水利厅在承担东改工程的建设任务后，高标准、严要求组建了工程的建设管理机构——东深供水改造工程建设总指挥部(简称为东改工程建设总指挥部)，作为其代理人，具体承担东改工程建设管理任务，行使项目法人的职权。

东改工程建设总指挥部并不承担工程的设计和施工，而仅是负责工程建设管理。因此，该工程的总包模式既不同于一般的施工总承包模式，也不同于一般的设计—施工总承包模式。而是一种项目管理承包模式，即在承包整个工程的设计、采购和施工等任务后。再发包给其他分包商，由他们来承担具体的工程设计、施工任务，东改工程建设总指挥部仅负责工程的建设管理。

东改工程建设总指挥部根据建设项目管理一次性、不确定影响因素多和管理风险大等特点。一方面组织高效精简管理机构；另一方面利用市场机制，充分发挥社会专业力量，积极推行工程建设管理的社会化。

工程建设总指挥部按照高效精干、专业务实的原则组建管理队伍、设置管理组织机构，下设8个部室，它主要包括：工程技术部、征地拆迁部、计划财务部、机电设备部、材料部、治安社群部、办公室和总工室。这些职能部门都有明确分工、各司其职、形成机构齐全和分工合理的组织体系。

在组建高效精干建设管理组织机构，充分发挥项目法人在建设管理中主导作用的同时，东改工程建设总指挥部还借助社会各方面的专业力量为工程建设服务。

(1) 聘请法律顾问为工程合同把关。在工程招标合同的谈判和签订过程中，都由法律顾问审查有关文件或直接参与这些过程。

(2) 聘请监理或咨询单位对工程合同进行管理。在工程建设中全面推行了合同管理制。在众多的合同管理中，工程建设总指挥部委托专业监理公司或咨询单位对工程建设进行监督。

(3) 聘请资深专业咨询专家对工程技术把关。东改工程技术复杂，新技术、新结构应用多，工程建设总指挥部聘请资深水利专家组成技术顾问组，定期对工程技术难题进行分析。在重大工程技术问题决策前，还专门召开高级专家咨询会，广泛听取专家意见，避免决策失误。

工程建设项目广泛的社会化管理，形成了项目法人新型的组织结构模式，使工程建设得到社会的有力支持。项目法人可从具体的事务管理中解放出来，而把更多的精力放在工程项目建设目标的确定；建设标准和管理制度的制定；重大问题的决策和工程建设方向的把握上。

3) 监督单位

东改工程建设总指挥部在整个工程建设期内，主动接受政府监督部门、业务主管部门和业主的监督。在行政和财务方面接受省水利厅专门成立的东改工程监察审计组的监督审查；在工程质量和安全方面，接受省水利水电质量安全监督中心的监督；在财务方面接受业主委派的粤港供水公司驻东深供水改造工程财务总监的监督。

4) 社会化服务单位

东改工程总指挥部在法律范畴的事务管理委托给广东宝城律师事务所，法律顾问直接参与工程招标合同的谈判和签订过程，并审查有关合同文件，处理相关的法律事务。

财务事务方面，聘请广州正大中信会计事务所进行财务管理、指导。

5) 施工、机电设备制造和材料供应承包人

东深供水改造工程的承包人包括主体土建工程共16个标段；分水土建工程8个标段；机电设备供应标段、机电设备安装标段、金属结构制安标段共19个标段；钢筋与水泥等主要建筑材料供应共8个标段。这些承包人都是由东改工程建设总指挥部以公开招标方式选定的，并确立合同关系。同时，东改工程建设总指挥部委托监理单位对承包人承包的标(段)的实施全过程进行监理，所有承包人都应按照合同规定全面完成各项承包工作，并承担合同规定的全部义务和责任。

施工承包人的任务是遵循国家现行的水利水电工程施工规范，并严格按施工图及有关设计变更施工。服从监理的监督和管理，确保施工质量和施工进度，施工过程中做到安全生产和文明施工。

机电设备制造厂商——机械设备制造承包人的任务是按时间按合同要求向甲方供应符合质量要求的机电设备，并接受工厂监造的监控。

材料供应商——材料供应承包人的任务是向甲方供应符合质量和合同要求的建筑材料，材料运抵工地后，必须出示材料的合格证及检验资料，并接受监理的监督和控制。

6) 工程设计单位

东深供水改造工程的施工图设计：东改工程建设总指挥部主要委托具有东深供水工程设计经验的广东省水利电力勘测设计研究院承担，其中沙湾隧洞工程的施工图设计委托深圳市水利规划设计院承担。这两个设计单位与东改工程建设总指挥部都是合同关系，并接受设计监理的监督、管理。设计单位的任务是以工程安全、适用、经济和美观的综合性要求为设计目的。优化设计，贯彻执行有关设计规范、规程和强制性技术标准，并按计划提供合格的设计文件和施工图纸。设计单位均派出驻施工现场的设计代表，配合现场施工做好设计交底、工程变更设计、参与工程验收和投资控制等工作。

7) 工程监理单位

东深供水改造工程的监理包括工程设计监理、工程施工阶段监理、设备监造及征地移民监理。所有

监理单位与东改工程总指挥部的关系都是合同关系，用合同方式明确了监理单位的责、权、利。

(1) 设计监理。为保证施工图纸的质量和供图速度，东改工程指挥部首开全国水利系统工程设计监理之先例，聘请了资质高、信誉好、技术过得硬，具有大型水利工程设计经验的长江勘测规划设计研究院，来承担工程的施工图阶段的设计监理工作。工程建设总指挥部委托设计监理对施工图纸和重要技术进行审查、监督和把关。设计监理的主要工作内容包括：根据国家和行业的有关规范、规程和标准对施工图纸进行审查，使之符合设计规范、规程，减少设计中的错误和遗漏，杜绝错误图的下发，有效提高设计质量；对设计供图计划进行监督，以保证设计供图满足工程需要；针对工程设计的实际情况，采取有效措施对重大设计方案提供咨询，实施对比鉴证和设计替代方案的比较分析等。

(2) 施工监理。通过公开招标的方式选择国内有实力、资质信誉良好的监理单位负责工程的施工监理工作，施工监理以施工承包合同为单位，由多家监理单位承担。监理单位以“守法、诚信、公正、科学”的原则。采取旁站、巡视和平行检验等形式，认真负责地对工程质量、安全、进度和资金进行严格把关控制；有效地履行合同管理、信息管理及现场协调等取责，确保工程质量。

(3) 设备监造。工程设备监造的主要任务是监控设备的生产过程，包括对设备、材料、工艺进行检查、检验和试验。对设备进行严格的质量控制，并督促生产厂家按时供货，设备经工厂监造验收合格后方可运抵工程现场。

(4) 征地移民监理。按照传统的做法，移民征地是政府的事情，但在实践中发现，仅由当地政府进行移民征地工作，是难以保证所有移民款项直接发放到物权人。从而使当地群众对工程建设的支持率不高，不利于工程建设的顺利进行。为此，该工程成功实施征地拆迁(移民)监理。工程建设总指挥部聘请了广东省粤源水利水电工程咨询公司负责工程的征地拆迁(移民)监理工作。按照《国土资源法》及有关政策、法规，运用计算机技术建立工程征地信息管理系统，对征地拆迁(移民)进行全方位管理。保证征地拆迁(移民)工作的质量和进度符合设计目标，满足工程建设的需要，成功地实施将征地拆迁补偿费直接支付给物权人的管理实践。

3.1.3 组织所处环境对项目管理的影响

(1) 市场环境对项目管理的影响。市场因素是决定项目形成的根本因素，同时也影响着对项目的管理，市场对于项目所处行业的反映，影响着项目管理实现中的过程。当市场变化对项目所处行业有利时，就会有助于项目管理的实现，反之会影响项目管理的实现。

(2) 地理环境对项目管理的影响。项目所处的地理环境决定着项目所缺少人才的可获得程度，同时也会对项目管理的方式有所影响。不同的地理环境，会有不同的人文条件；就会有不同的项目管理文化；也就影响着项目管理的具体形式。

(3) 政治环境对项目管理的影响。政治环境是项目管理成败的关键，不同的政治环境，就会有不同的政策。

(4) 人事环境对项目管理的影响。人事环境最直接的影响就是对于项目经理的任命及项目组人员的选择上，项目管理的水平受项目团队管理，及技术水平的影响是不言而喻的。同时，人事环境也影响着项目执行过程中的人事安排。人事环境决定着绩效考核的方式及项目组人员的薪酬水平。

(5) 办事程序及习惯对项目管理的影响。特定的组织文化会有特定的办事程序和习惯，如对于人情方面的处理、关系网的认识，合同是以公开招标为主，还是以人情合同为主。还有就是项目管理者对于手中权力的认识，是一种责任，还是一种特权。

3.2 工程项目管理组织机构设置

不论是业主的项目管理、设计单位的项目管理、监理的项目管理，还是承包商的项目管理，均需建立一个科学的管理组织机构，这是实施项目管理的基础。项目组织规划设计(Organizational Planning)的目的是在一定的要求和条件下，制定出一个能实现项目目标的理想的管理组织机构，并根据项目管理的要求，确定各部门职责及各职位间的关系。

3.2.1 工程项目管理组织机构的基本形式

项目管理组织机构(Organizational Structure)形式多种多样，随着社会生产力水平的提高和科学技术的发展，还将产生新的结构。在这里仅介绍几种典型的基本形式。

1. 直线型组织结构

直线型组织结构(Line Organizational)是一种线性组织机构，它的本质就是使命令线性化，即每一个工作部门，每一个工作人员都只有一个上级，如图 3.8 所示。直线型组织结构具有结构简单、职责分明和指挥灵活等优点。缺点是项目负责人的责任重大，要求他是全能式的人物。如图 3.8 所示 A 为最高领导层；B 为第一级工作部门；C 为第二级工作部门。为了加快命令传递的过程，直线制组织系统就要求组织结构的层次不要过多，否则会妨碍信息的有效沟通。因此，合理地减少层次是直线制组织系统的一个前提。同时，在直线制组织系统中，根据理论和实践，一般不宜设副职，或少设副职，这样有利于线性系统有效地运行。承包商现场的直线型项目组织结构如图 3.9 所示。

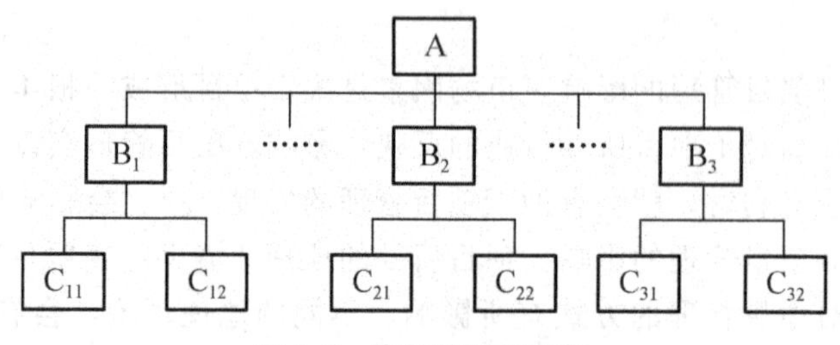

图 3.8 直线型组织结构

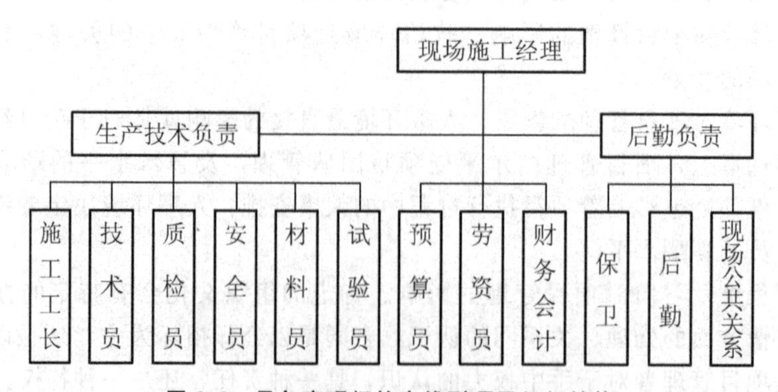

图 3.9 承包商现场的直线型项目组织结构

2. 职能型组织结构

职能型组织结构(Functional Organization)的特点是强调管理职能的专业化，即将管理职能授权给不同的专门部门。这有利于发挥专业人才的作用；有利于专业人才的培养和技术水平的提高；这也是管理专业化分工的结果。然而，职能制组织系统存在着命令系统多元化。各个工作部门界限也不易分清，发生矛盾时，协调工作量较大等弱点。如图3.10所示职能制组织结构，其中A、B、C为不同管理层。

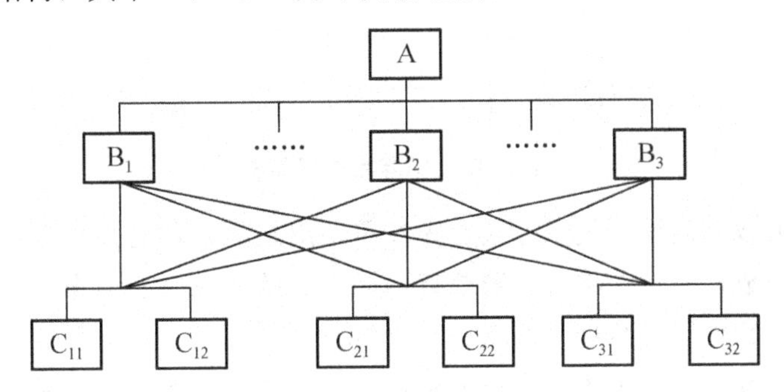

图3.10 职能型组织结构

3. 直线—职能型组织结构

直线—职能型组织结构(Line - Functional Organization)吸收了直线制和职能制的优点，并形成了它自身具有的优点。它把管理机构和管理人员分为两类：一类是直线主管，即直线制的指挥结构和主管人员，他们只接受一个上级主管的命令和指挥，并对下级组织发布命令和进行指挥，而且对该单位的工作全面负责；另一类是职能参谋，即职能制的职能结构和参谋人员。他们只能给同级主管充当参谋、助手，提出建议或提供咨询。这种结构的优点是：既能保持指挥统一、命令一致，又能发挥专业人员的作用；管理组织系统比较完整，隶属关系分明；重大方案的设计有专人负责；能在一定程度上发挥专长，提高管理效率。其缺点是管理人员多，管理费用大。如图3.11所示直线—职能型组织结构示意图，其中A、B、C为不同层次的领导机构；B是同层的参谋机构。

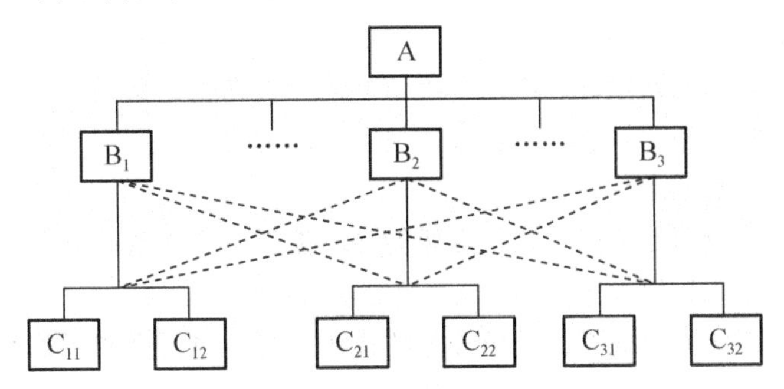

图3.11 直线—职能型组织结构

4. 矩阵制

矩阵制组织结构(Martix Organization)如图3.12所示。其中A为最高管理人；B为按职能划分的部门；C为按子项工程(分类项目或任务)划分的管理部门或工作小组。

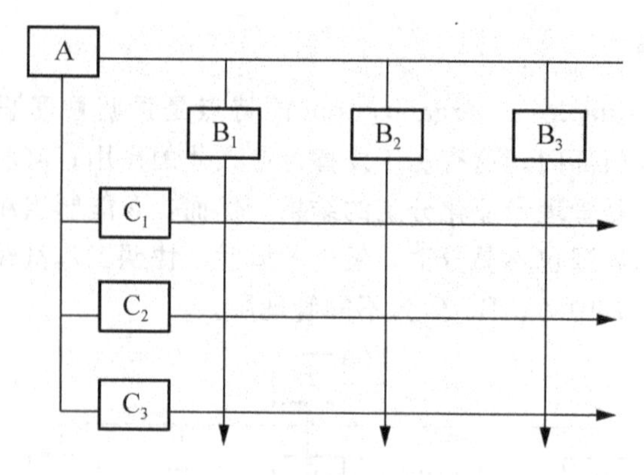

图 3.12 矩阵制组织结构

第二次世界大战后矩阵制组织方式首先在美国出现的，它是为适应在一个组织内同时有几个项目需要完成，而每个项目又需要有不同专长的人在一起工作，才能完成这一特殊的要求面产生的。它适用场合如下。

(1) 适用于需要同时管理多个项目的企业。在这种情况下，各项目对专业技术人才和管理人员都有需求，加在一起数量较大。采用矩阵制组织方式可以充分利用有限的人才对多个项目进行管理，特别有利于发挥稀有人才的作用。

(2) 适用于大型、复杂的建设项目。因大型复杂的建设项目要求多部门、多技术和多专业配合实施。在不同阶段、对不同人员有不同数量和不同搭配的要求。显然，此时直线制和职能制就难以满足这种要求。此时可将项目分解成若干相互独立、互不依赖的子项目，则相当于进行多个平行项目的管理或建造。

矩阵制的优点表现如下。

(1) 它解决了传统模式中企业组织和项目组织相互矛盾的状况，把职能原则与对象原则融为一体，求得了企业长期例行性管理和项目一次性管理的统一。

(2) 能以尽可能少的人力，实现多个项目(或多项任务)的高效管理。因为通过职能部门的协调，可根据项目的需求配置人才，防止人才短缺或无所事事，项目组织因此就有较好的弹性和应变能力。

(3) 有利于人才的全面培养。不同知识背景的人员在一个项目上合作，可以使他们在知识结构上取长补短，拓宽知识面，提高解决问题的能力。

矩阵制的缺点表现如下。

(1) 由于人员来自职能部门，且仍受职能部门控制，这样就影响了他们在项目上积极性的发挥，项目的组织作用大为削弱。

(2) 项目上的工作人员既要接受项目上的指挥，又要受到原职能部门的领导。当项目和职能部门发生矛盾时，当事人就难以适从。要防止这一问题的产生，必须加强项目和职能部门的沟通；还要有严格的规章制度和详细的计划，使工作人员尽可能明确干什么和如何干。

(3) 管理人员若管理多个项目，往难以确定管理项目的先后顺序，有时难免会顾此失彼。

以上4种类型是对实际存在的组织结构形式在一定程度的理论抽象，仅是一个基本框架，现实组织结构形式要比这些框架丰富得多，存在许多变异形式或上述几种类型的综合。另一方面，从项目组织与企业组织的关系而言，项目组织的形式又可以分为：职能型组织形式、项目型组织形式和矩阵性组织形式等方面。这3种项目组织形式的有关特点可参见其他书籍的介绍。

知识链接

鲁布革工程中方项目组织管理实践

1985年11月，鲁布革工程厂房工地开始试行外国先进管理方法。工程师黎汉皋被请来担此重任，他痛痛快快答应了。

经理问："你凭什么干好?"他回答："凭中国知识分子的良心。"并反问："你给我什么保证?"经理："实行承包合同制，经济独立核算，人员由你组阁。""那行!"他回答。

厂房建设指挥所成立了。从原来负责这项工程的三个公司1500人里抽出429人，组成施工队伍，实行"所长→主任→工长→班长→工人"5级串联式管理。不设副职，党群团干部全部兼职，工人实行一专多能。指挥所成立后，培训了21个工种，平均6人中就有1人取得了驾驶执照。一个过去需要40多人的班组，此工程只需要五六个人。所长黎汉皋一抓工时利用率；二抓空间利用；三抓定额管理；指挥所成立40天，完成产值等于1984年全年总和。到1986年底，13个月中，不仅把工程拖后的3个月时间抢了回来，还提前4个半月结束了开挖工程，安装间混凝土也提前半年完成。

但是实践中困难也是很大的。27km长的黄泥河上，有5种工资制度。首先报酬最高的是日本大成公司的劳务工人；其次是承包日本川琦重工斜井钢管做安装的安装公司；再次是实行工资含量包干加效益分成的厂房指挥所；然后是实行工资含量包干的职工，最后是一般工资。

心理不平衡的能量是惊人的。外国人承包的，不好左右。可你厂房指挥所能独立吗?你吃饭得进食堂，看病得上医院，有娃娃得上学……这么多人为你服务，你得奖金他不得，这了得！于是怪事咄咄：工人去领水泵，不给，拿奖金来。到修配厂加工一个螺丝，不干，拿奖金来……

其实就连日本人，"分配"这条指挥棒在工地也有点失灵。标书规定，日方可以决定中国劳务工人的工资，可真要调了，也行不通了。当时在中国降工资等级可是件大事，根本没法做工作。无奈，日方让步，只升不降，提出了38人的晋级名单。中方审核后，又摇头否定，光提这些人会引起工龄长、资历深的人不满，于是中方提出了103人名单。两份名单一对照，重合部分只有4人，日方表示难以接受。双方就此终究未能形成一致的意见。

3.2.2 工程项目管理组织机构设置原则

(1) 目的性原则。建设项目组织机构设置的根本目的，是为了产生组织功能，实现建设项目管理总目标。从这一根本目标出发，就要求因目标而设事，因事设岗，按编制设定岗位人员，以职责定制度和授予权力。

(2) 高效精干的原则。建设项目组织机构的人员设置，以能实现建设项目所要求的工作任务为原则，尽量简化机构，做到高效精干。配备人员要严格控制二三线人员，力求一专多能，一人多职。

(3) 管理跨度和分层统一的原则。管理跨度亦称管理幅度，它是指一个主管直接管理下属人员的数量。跨度大，管理人员的接触关系增多，处理人与人之间关系的数量也随之增大。跨度 N 与工作接触关系系数 C 的公式

$$C=N(2^{N-1}+N-1) \tag{3-1}$$

这就是有名的邱格纳斯公式，当 $N=10$ 时，$C=5210$。显然跨度太大时，领导者和下属接触频率会太高。因此，在组织机构设计时，必须强调跨度适当。跨度的大小又和分层多少有关。一般来说，管理层次增多，跨度会小；反之，层次少，跨度会大。这就要根据领导者的能力和建设项目规模大小、复杂程度等因素去综合考虑。

(4) 业务系统化管理的原则。建设项目是一开放系统，由众多子系统组成，各子系统间存在着大量的结合部。这就要求项目组织也必须是一个完整的组织机构系统，恰当分层和设置部门，以便形成互相制约、互相联系的有机整体。防止结合部位上职能分工、权限划分和信息沟通等方面的相互矛盾或重叠。

(5) 弹性和流动的原则。建设项目的单一性、流动性和阶段性是其生产活动的特点。这必然会导致生产对象数量、质量和地点上的变化，带来资源配置上品种和数量的变化。这就要求管理工作和管理组织机构随之进行相应调整，以使组织机构适应生产的变化，即要求按弹性和流动的原则来建立组织机构。

(6) 项目组织和企业组织一体化的原则。项目组织是企业(如承包商、设计单位、监理单位)组织的有机组成部分。从管理角度看，企业是项目管理的外部环境，项目管理人员来自企业；项目解体后，其人员仍回企业，即企业是项目的母体，建立项目组织机构要考虑到企业的组织形式。

3.2.3 工程项目管理组织机构设置依据

项目组织机构设置的依据是指在特定环境下建立项目组织的要求和条件。

1. 项目内在联系

所谓项目内在联系(Project Interfaces)。是指项目的组成要素之间的相互依赖关系。及由此引起的项目组织和人员之间的依赖关系。它之所以成为项目组织规划的依据，是因为它反映着项目的内容和特点。显然这些内容和特点还决定和影响着项目组织沟通渠道和内容。

(1) 技术联系(Technical Interfaces)。这是项目内在联系中最基本的一种，它是指项目各要素之间客观存在的相互依赖关系。如在工程项目中，土建工程与安装工程和设计与施工的关系等。技术联系是客观的，不以人的意志为转移，而其他方面联系在一定程度上，也要受它的制约。

(2) 组织联系(Organizing Contacts)。它是指与项目技术联系有关的项目组织内外各部门之间的关系，也称为报告关系(Reporting Relationship)。如由于土建工程与安装工程的联系，必然产生土建部门与安装部门的联系。

(3) 个人间的联系(Individual Bonding)。它是指项目组织内部个人与个人之间为完成任务而形成的相互关系。

2. 人员配备要求

人员配备要求(Staffing Reqirements)。是根据各部门的任务为前提的，对完成任务的人员的专业技能、合作精神等综合素质及需要的时间安排等方面的要求。

3. 制约和限制

制约和限制(Constraints and Limitations)是指项目组织内外存在的、影响项目组织采用某些机构模式，及获得某些需要资源(例如人员)的因素。常见的制约如下。

(1) 组织机构形式的特性。各种组织机构形式都有其不适合的项目，在这种项目上，这种组织形式就受到限制；有些项目组织形式对项目经理、项目上级组织有特别的要求，这也可能限制其在项目上的应用。

(2) 项目管理班子的偏好(Preferences of the Project Manage ement Team)。如果项目管理班子过去采用某种项目组织机构形式已获得了成功，则他们将来很可能选用同样的形式。

(3) 指望的工作分工(Expected Staff Assignments)。项目组织可能打乱原有的、习惯的、指望的工作分工，而这种工作分工即成为建立项目组织的制约。

3.2.4 工程项目管理组织部门划分的基本方法

工程项目管理组织部门划分的实质是根据不同的标准，对项目管理活动或任务进行专业化分工，从而将整个项目组织分解成若干个相互依存的基本管理单位——部门。不同的管理人员安排在不同的管理岗位和部门中，通过他们在特定环境、特定相互关系中的管理作业，使整个项目管理系统有机地运转起来。

分工的标准不同，所形成的管理部门以及各部门之间的相互关系也不同。组织设计中通常运用的部门划分标准或基本方法有：职能和项目结构。

1. 按管理职能划分部门

按职能划分部门是一种传统的、为许多组织所广泛采用的部门划分方法。这种方法是根据生产专业化的原则，以工作或任务的相似性来划分部门的。这些部门可以被分为基本的职能部门和派生的职能部门。对于企业组织而言，通常认为那些直接创造价值的专业活动所形成的部门为基本的职能部门。如开发、生产、销售和财务等部门，其他的一些保证生产经营顺利进行的辅助，或派生部门有人事、公共关系和法律事务等部门。对项目组织而言，根据项目管理任务的性质，按照职能通常可划分为征地拆迁部门、土建工程部门、机电工程部门、物质采购部门、合同管理部门、财务部门等基本职能部门和行政后勤、人力资源管理等辅助职能部门。

按职能划分部门的优点在于：遵循分工和专业化的原则，有利于人力资源的有效利用和充分发挥专业职能，使主管人员的精力集中在组织的基本任务上，从而有利于目标的实现；同时简化了培训工作。缺点在于：各部门负责人长期只从事某种专门业务的管理，缺乏整体和全局观念，就不可避免地会从部门本位主义的角度考虑问题，从而增加了部门间协调配合的难度。

如图 3.13 所示按职能划分部门的项目管理现场组织结构。

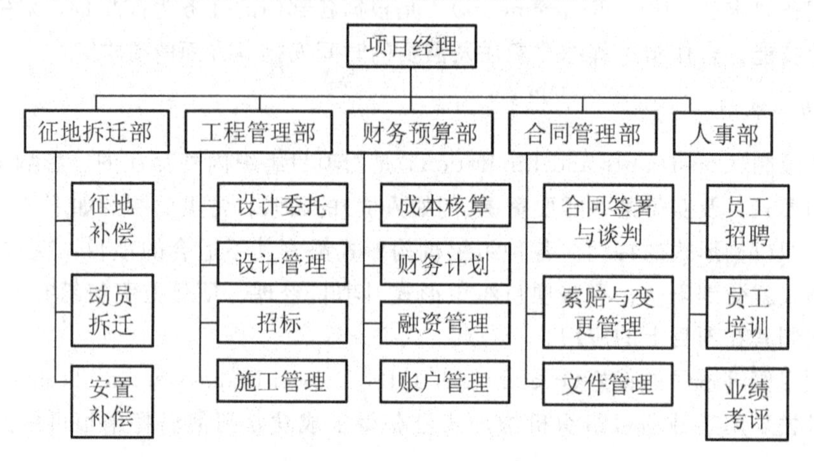

图 3.13　按职能划分部门的项目管理现场组织机构

2. 按项目结构划分部门

对于某些大型工程枢纽或项目群而言，各个单项工程(单位工程)；或由于地理位置分散；或由于施工工艺差异较大；或由于工程量太大；以及工程进度又比较紧张。常要分成若干个标段分别进行招标，此时为便于项目管理，组织部门可能会按照项目结构划分，如图 3.14 所示。

按项目结构划分部门的优点在于：有利于各个标段合同工程目标的实现；有利于管理人才的培养。缺点在于：可能需要较多的具有像总经理或项目经理那样能力的人去管理各个部门；同时，各部门主管也可能从部门本位主义考虑问题，从而影响项目的统一指挥。

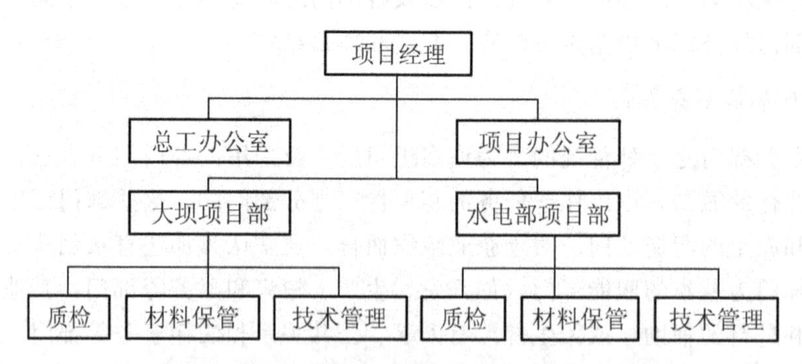

图 3.14　按项目结构划分部门的项目管理现场组织机构

如图 3.15 所示日本大成公司鲁布革引水隧洞项目现场组织机构。由于引水隧洞项目中洞身开挖、斜竖井开挖和钢管焊接、安装工艺差别较大，因此是按照项目结构进行部门划分的，分为机电、斜竖井、隧洞和钢管等部门。

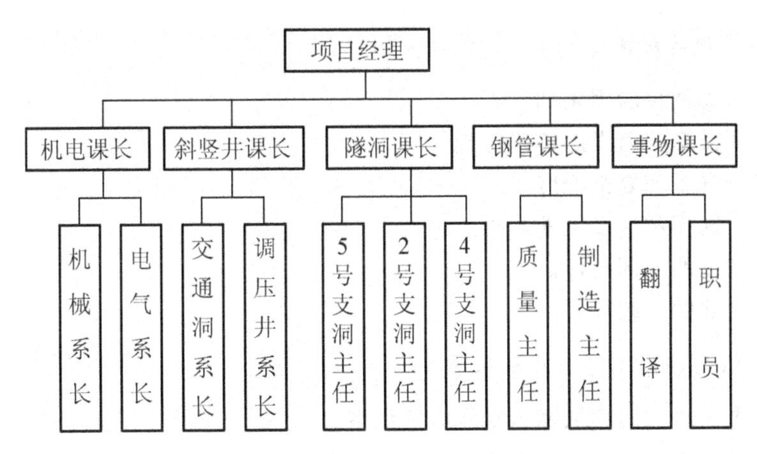

图 3.15　日本大成公司鲁布革项目组织机构

知识链接

鲁布革工程日方项目组织管理实践

日本大成公司从对鲁布革水电站引水系统提出投标意向之后，立即着手选配工程项目领导班子。他们首先指定了泽田担任所长(即项目经理)，由泽田根据工程项目的工作划分和实际需要，向各职能部门提出所需要的各类人员的数量、比例、时间和条件。各职能部门推荐备选人名单，磋商后，初选的人员集中培训两个月，考试合格者选聘为工程项目领导班子的成员，统交泽田安排。

鲁布革大成事务所与本部海外部的组织关系是矩阵式的。在横向，大成事务所的班子所有成员在鲁布革项目中统归泽田领导；在纵向，每个人还要以原所在部门为后盾，服从原部门领导的业务指导和调遣。如机长宫晃，他在鲁布革工程中，作为泽田的左膀右臂之一，负责本工程项目的所有施工设备的选型配套、使用管理和保养维修，以确保施工需要和尽量节省设备费用，对泽田负完全责任。在纵向，他要随时保持和原本部职能部门的密切联系，以取得本部的指导和支持。当重大设备部件损坏，现场不能修复时，他要及时以电报或电传与本部联系。由本部负责尽快组织采购设备并运往现场，或请设备制造厂家迅速派人员赶赴现场进行修理和指导。

所长泽田与本部领导和各职能部门随时保持密切联系，汇报工程项目进展情况和需要总部解决的问题。工程项目组织与企业组织协调配合十分默契。如工程项目隧洞开挖高峰时，人手不够，总部立即增派有关专业人员到现场。当开挖高峰过后，到混凝土补砌阶段，总部立即将多余人员抽回，调往其他工程项目。这样横、纵向的密切配合，既保证项目的急需，又提高了人员的效率，显示出矩阵制高效的优势。

3.2.5　项目组织结构形式的选择

选择组织结构形式不是一件易事，要依据工程项目的特点和公司的资源来进行选择。一些著作或专家可能会告诉你少量的设计原则，不会确切地告诉你应选择哪种形式，或不选择哪种形式，更不能提供建立组织结构的详细指南。能做的就是考虑未来项目的性质、各种组织形式的特征、各自的优缺点。最后需经综合权衡，可能拿出的是个折中的方案。

1. 组织形式选择的影响因素

影响组织形式选择的因素如下。

(1) 工程项目影响因素的不确定性。

(2) 技术的难易和复杂程度。

(3) 工程的规模和建设工期的长短。

(4) 工程建设的外部条件。

(5) 工程内部的依赖性等。

2. 项目组织结构形式选择的基本方法

工程项目组织结构形式选择的基本方法如下。

(1) 当项目较简单时，选择直线型组织结构形式可能比较合适。

(2) 当项目的技术要求较高时，采用职能型组织结构形式会有较好的适应性。

(3) 当公司要管理数量较多的类似项目，或复杂的大型项目分解为多个子项目进行管理时，采用矩阵制组织结构会有较好的效果。

在选择项目的组织结构时，首要问题是确定将要完成的工作的种类。这一要求最好根据项目的初步目标来完成；然后确定实现每个目标的主要任务；接着要把工作分解成一些"工作集合"；最后可以考虑哪些个人和子系统应被包括在项目内，附带还要考虑每个人的工作内容，个性和技术要求以及所要面对的客户。上级组织的内外环境是一个应受重视的因素。在了解了各种组织结构和它们的优缺点之后，公司就可以选择能实现最有效工作的组织结构形式了。

3. 选择项目组织结构形式的程序

(1) 定义项目，描述项目目标，即所要求的主要输出。

(2) 确定实现目标的关键任务，并确定上级组织中负责这些任务的职能部门。

(3) 安排关键任务的先后顺序，并将其分解为工作集合。

(4) 确定为完成工作集合的项目子系统及子系统间的联系。

(5) 列出项目的特点或假定。如要求的技术水平、项目规模和工期的长短，项目人员可能出现的问题，涉及不同职能部门之间可能出现的政策上的问题和其他任何有关事项，包括上级部门组织项目的经验。

(6) 根据以上考虑，并结合对各种组织形式特点的认识，选择出一种组织形式。

案例 3.2

黄河小浪底水利枢纽工程承包商的现场组织结构

黄河小浪底水利枢纽位于河南省洛阳市以北 40km 黄河最后一段峡谷的出口处，其开发目标是以防洪、防凌和减淤为主，兼顾供水、灌溉和发电等，蓄清排浑、除害兴利，综合利用。枢纽工程由拦河主坝、泄洪排沙系统和引水发电系统组成。拦河主坝是一座顶长 1667m、最大高度 154m 的黏土斜心墙堆石坝，总填筑方量为 5185 万 m³；泄洪排沙系统包括进口引渠、3 条直径为 14.5m 的孔板消能泄洪洞(前期为导流洞)、3条断面尺寸为10m×11.5～13m的明流泄洪洞、1条灌溉洞、1条溢洪道，在洞群的进水口和出水口，分别建有10座一字形排列的进水塔群和3个集中布置的出水口消力池；引水发电系统包括6条直径为7.8m的引水发电洞、3条断面尺寸为12m×19m的尾水洞、1座主变压器室、1座尾水闸门室和1座长251.5m、跨度26.2m、最大开挖深度61.44m的地下厂房、两层围绕厂房的排水廊道及交通洞等地下洞室。

小浪底工程土建工程分成三个标分别为：一标大坝工程标，承包商为以意大利英波吉罗(Imprefilo S. P. A.)为责任公司的黄河承包商(YRC)；二标进水口、洞群、溢洪道工程标，承包商为以德国旭普林(Zubl in A. G.)为责任公司的中德意联营体(CGIC)；三标以法国杜美兹(Dumez)为责任公司的小浪底联营体(XIV)。小浪底电站水轮机由美国伏依特(VOZTH)公司中标制造，承包的范围包括：水轮机模型试验、水轮机制造和观场组装等。

小浪底工程三个国际土建标工程规模都较大，现场各承包商的组织结构设置都较为全面。下面以二标承包商的现场机构为例简要介绍承包商的组织结构。

二标承包商的现场组织如图3.16所示。现场设项目经理，项目经理下设商务、合同、设备、安全、质量、施工、技术和费用控制等部门。

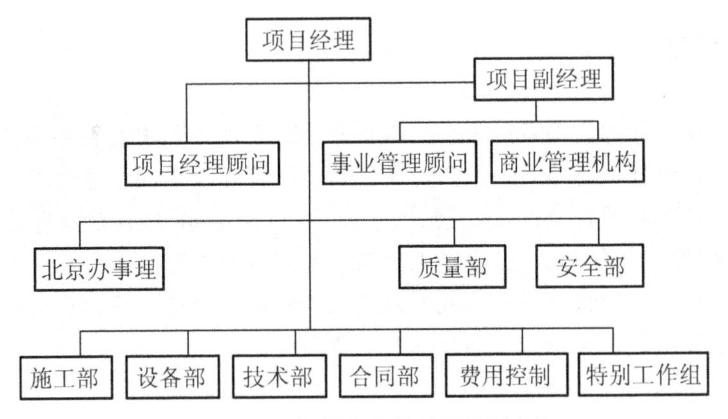

图3.16 二标承包商的现场组织机构

商务管理机构下面设有当地和外籍人员人事部、仓库、计算机中心和后勤方面的学校、医院、食堂、超市及俱乐部等结构。商务经理主要负责人员的雇佣和管理，设备、材料的订购和运输，与银行有关的事务，外籍职员、家庭和当地劳务营地的运行和管理以及学校、医院等服务设施的管理等。技术部的主要职责：保存和管理施工图纸；在生产部门的配合下准备“施工方法说明”，准备合同进度计划并随工程进展不断更新；控制现场的施工进度，并向工地经理汇报可能引起延误的各种不利因素。

合同部的主要职责：就工程条件的变化和变更向工程师提出索赔意向，负责索赔的日常管理及索赔文件的准备；负责工程计量和月支付；负责管理分包商。

费用控制部的主要职责：收集各部门、各施工项目每月的实际花费和成本，并与当月的实际收入和当月的原计划目标相比较，将比较结果递交现场经理、行政经理以及总部，由高层管理人员采取相应措施控制工地的成本与支出。

设备部主要职责：负责现场所需要设备的安装、运行；负责机械的修理和维护以及生产所需的水、电、气等生产系统的提供和运行等。它下面设有机械维修车间，并配有电子、电工人员及各主要生产设施的值班机械师等。

施工部分为混凝土部和开挖部两部分。混凝土部除了按生产方面的混凝土浇筑、仓面清理、混凝土表面修补等生产部位和生产内容分成各个分部外，生产附属结构又分为水及气供应、钢筋加工、预制厂、制冷系统、木工房和运输索道等。开挖部除了主要进行明挖洞挖外，还包括辅助工程中的公路维护、石料场和道路开挖、廊道开挖等。每个分部都是由分部负责人、办事员和相当数量的工人组成。

特别工作组主要是在特大工程施工过程中出现大的技术问题、合同问题或工程实际进度与计划进度出现较大差距时，为解决这些问题而临时采用的一种特殊机构。

随着工作的进展和重点的转移，承包商的组织结构也随之发生变化。如二标承包商前期的开挖量大，又有混凝土工作，因此在施工部下分为开挖和混凝土两个部。在开挖工作基本结束后，大部分是混凝土工作，承包商把下设部变为施工部统管。

小浪底工程二标承包商根据合同工程的特点(大部分为地下开挖工程)和员工生活需要，在现场设立了庞大的商务管理机构，其他部门的划分按照职能进行划分，因此其现场组织结构是一典型的直线职能型组织。

3.3 项目经理与项目团队

3.3.1 项目经理

工程项目经理，简称为项目经理，是指企业为建立以工程项目管理为核心的质量、安全、进度和成本的责任保证体系；全面提高工程项目管理水平而设立的重要管理岗位，是企业法定代表人在工程项目上的委托授权代理人。自从1995年，建设部在全国推行建设工程施工项目经理负责制以来，已经在工程项目施工过程中建立了以项目经理为首的生产经营管理体系，确立了项目经理在工程项目施工中的中心地位。可以说，项目经理岗位是保证工程项目建设质量、安全和工期目标的重要岗位。

1. 项目经理的任务

项目经理的任务因项目管理目标责任书中的项目管理目标而异。但是，一般应该包括以下内容。

(1) 确定项目管理组织机构并配备相应人员，组建项目经理部。

(2) 制定岗位责任制等各项规章制度，以有序地组织项目、开展工作。

(3) 制定项目管理总目标、阶段性目标以及总体控制计划，并实施控制，保证项目管理目标的全面实现。

(4) 及时准确地作出项目管理决策，严格管理，保证合同的顺利实施。

(5) 协调项目组织内部及外部各方面关系，并代表企业法人在授权范围内进行有关签证。

(6) 建立、完善的内部和外部信息管理系统，确保信息畅通无阻，提高工作高效进行。

2. 项目经理的能力要求

1) 班子组建能力

组建项目班子是项目经理的主要责任之一。班子组建内容包括选择不同的工作班子，将其纳入项目管理班子之中。

2）领导能力

项目经理的领导能力是项目成功的重要前提之一，与项目经理的项目管理经验和组织结构形式等有关，一般应满足下列要求。

(1) 对项目的明确领导和指导。

(2) 平衡经济与人力间的矛盾。

(3) 善于起用新人，使新人与项目班子融洽相处。

(4) 解决人事纠纷。

(5) 代表项目班子与外界或公司打交道。

(6) 准确无误的沟通交流信息。

3）冲突解决能力

纠纷、冲突和矛盾在项目管理中都是不可避免的。理解冲突产生的原因和冲突可能产生的危害，将对处理冲突非常有利。某些冲突如果处理得当，可能对项目管理有益的，有利于提高项目管理班子竞争意识。

4）技术能力

项目经理理解和掌握相关技术知识显得非常重要，在解决一些复杂项目时，一般会要求项目经理具有工程专业知识。项目经理应该掌握和理解：项目所涉及的技术、工程机具及其技术、技术发展趋势和相关支持技术。

5）组织能力

组织能力在项目开始阶段尤为重要，它有助于将不同人员团结起来，组成一个高效的集体。这比设计组织形式图更复杂，至少需要确定项目的报告关系、责任分配和信息流程等。

6）管理能力

项目经理在熟悉计划、人员配备、预算和进度等技术的同时，也必须认识到管理的重要性。项目经理必须运用管理手段，避免管理任务过细，将一些管理任务分派给项目班子其他成员。

7）计划能力

任何项目开始前必须做计划，项目的任何任务开始前也必须做计划，计划对项目管理绝对重要，项目计划表示项目开始到结束的全过程安排。

项目计划一般包括进度计划和预算安排、人员配备计划、关键员工安排和资源使用计划信息流程处理等。

不过，项目经理不能让计划执行过于苛刻，如果不加控制，计划执行结束后就会自动终止，计划上没有标明的工作改进可能就得不到有效执行。因此，项目经理应防止滥用计划与制度。

3. 项目经理应树立的意识

1）法律意识

作为项目经理就要有较强的法律意识，要知法、懂法、守法、用法。既要保证在工程施工、项目建设上合法经营，严格按照合同中规定的相关条款履行职责；而且要学会和善于运用法律武器来保护自身的合法权益不受侵害，保证工程施工建设的顺利进行；从而降低工程不必要的费用开支，以实现项目管理预期的经济效益。

2）质量意识

项目经理作为施工最前沿的组织管理者，应严格执行程序文件，规范细化工作过程，实施过程控制，全面提高施工质量。在重视质量的同时，还要善于妥善处理好质量与效益、质量与速度、质量与安全之间的关系，力争工程施工“优质、高效、低耗”，实现工程建设的质量目标和效益目标。

3）安全生产意识

施工项目经理必须树立安全生产意识，高度重视“安全第一，预防为主”的工作方针。要努力学习、了解、掌握、运用和执行安全生产的方针政策、法律法规、规范标准及基本知识和专业知识。增强安全生产管理能力，提高安全生产水平。不能只顾工期、进度和效益；而忽视了可控可防的安全因素，确保国家财产和工人的人身安全，实现施工项目管理的质量和安全双丰收。

4）创新意识和环境保护意识

施工项目经理应该重视改善施工现场的工作和生活环境，提高工作效率和员工的生活水平；合理利用新型、节能、环保的产品和技术，借鉴和吸收新的施工管理经验。这样可以减少工程施工费用开支，降低工程施工成本，从而达到“节能、降耗、增效”，实现企业利润最大化的总体目标。

知识链接

建造师资格制度

建造师执业资格制度起源于英国，迄今已有150多年历史。世界上许多发达国家已经建立了该项制度。具有执业资格的建造师已有了国际性的组织——国际建造师协会。我国建筑业施工企业有10万多个，从业人员3500多万人，从事工程项目总承包和施工管理的广大专业技术人员，特别是在施工项目经理队伍中，建立建造师执业资格制度非常必要。这项制度的建立，必将促进我国工程项目管理人员素质和管理水平的提高，促使我们进一步开拓国际建筑市场，更好地实施“走出去”的战略方针。

3.3.2 项目团队

项目团队是为适应项目的有效实施而建立的团队。项目团队的具体职责、组织结构、人员构成和人数配备等因项目性质、复杂程度、规模大小和持续时间长短而异。项目团队的一般职责是项目计划、组织、指挥、协调和控制。

项目团队一般包括项目经理、项目副经理、项目办公室人员和专业人员等。项目团队的组建可能既漫长又费时。特别是针对大型复杂项目时，项目团队的组建应非常谨慎。一般组建项目团队的主要过程如图3.17所示。

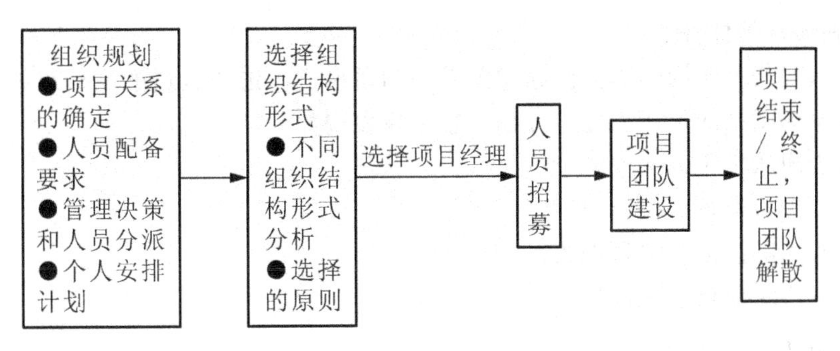

图 3.17 项目团队的组建过程

1. 项目团队的特征

1) 共同的目标

对于一个项目为使项目团队工作有成效，就必须明确目的和目标，并且对于要实现的项目目标，每个团队成员必须对此及其带来的收益有共同的思考。而任务的确定要以明确目标和了解相互关系为基础。

2) 合理分工与协作

每个成员都该明确自己的角色、权力、任务和职责。在目标明确之后，必须明确各个成员之间的相互关系。项目团队在建立初期，在团队成员的参与下花一定的时间明确项目目标和成员间的相互关系。可以在以后项目执行过程中少花许多时间和精力去处理各种误解。

3) 高度的凝聚力

凝聚力是指成员在项目内的团结、吸引力和向心力；也是维持项目团队正常运转的所有成员之间的相互吸引力。一个有成效的项目团队，必定是一个有高度凝聚力的团队，它能使团队成员积极热情地为项目成功付出必要的时间和努力。

4) 团队成员相互信任

成功团队的另一个重要特征就是信任，一个团队的能力大小受到团队内部成员相互信任程度的影响。

5) 有效的沟通

项目团队还需要具有高效沟通的能力，拥有全方位的、各种各样的、正式的和非正式的信息沟通渠道，来保证沟通直接、高效，无官僚习气，基本无滞延。

2. 项目团队的构建

项目团队能否顺利地达到目标，能否促进个人在实现目标过程中作出贡献，在很大程度上取决于结构的完善程度。因此，团队建设必须要明确其构建框架。

1) 制定合理的目标

项目团队自成立开始起，就必须树立明确的目标，直至该团队完成的使命消亡为止。目标包括内部目标和外部目标。外部目标就是能有效地将组织的经营发展战略分解为各个具体的、可衡量的分目标。并通过团队来达成，为组织创造和维持长久的竞争优势。内部目标，即制订所有成员个人发展计划。随着组织所处发展阶段的不同，团队目标也应及时调整。

2）明确团队的任务

项目团队的任务包括明确团队组织关系与沟通渠道、选择合适的项目组织形式、选拔项目经理及调动团队成员积极性等方面。它主要表现如下。

（1）明确团队定位。

（2）发挥项目经理的指导作用。

（3）明确团队沟通和协调的关系。

（4）激发团队成员的积极性。

3. 确定成员角色及规模

团队包括的角色是由团队所担负的任务与希望达到的目标来决定，通常包括团队领导人、一般的团队成员、专题专家和内外联络人员等角色。团队成员的数量随着工程项目的进展而增加，并随着项目接近交付与收尾而减少。在项目的执行阶段，团队中较为普遍的成员是全体工作成员。

4. 明确岗位职责和权限

团队工作绩效很大程度上取决于成员的积极性和主动性，而影响成员工作积极性的主要因素就是责权利的合理配置问题。因此，团队的权限必须和它的定位、工作能力和所赋予的资源相一致。一般的，团队权限如下。

（1）团队决策权。

（2）资源使用权。

（3）参与组织重大事务的权限。

（4）信息共享及保密。

复习思考题

1. 工程项目组织方式的内涵是什么？

2. 目前工程项目建设中常用的项目组织方式有哪些？

3. 分析目前常用的项目组织方式的特点，并指出不同项目组织方式中项目参建各方所承担的经济和法律责任。

4. 指出设计-施工总包、CM模式和项目管理模式的异同点。

5. 目前在我国应用PM、Partnering模式等项目组织方式，还有哪些方面需要进行配套改革？

6. 项目业主在选择项目组织方式时，一般应考虑哪些因素？

7. 工程项目管理组织机构的基本形式有哪些？它们的特点是什么？

8. 工程项目组织机构设置的原则有哪些？

9. 项目部在确定组织机构形式时，一般应考虑哪些因素？

10. 试分析工程项目组织对项目施工合同管理、项目控制的影响。

11. 简述项目经理应树立的意识和项目团队的特征。

第4章 工程项目进度管理

教学目标

在工程项目建设各阶段，应该尽量缩小计划工期与实际工期之间的偏差，有效地控制建设进度，以保证项目进度管理的目标。

教学要求

能力目标	知识要点	权重
了解相关知识	(1) 工程项目进度和进度管理的相关概念 (2) 关键工作、非关键工作的定义，以及它们在进度计划调整中的作用	30%
熟练掌握知识点	(1) 工程进度计划的一般过程 (2) 工程项目资源计划和优化 (3) 常用的进度计划检查方法	55%
运用知识分析案例	工期争议和解决方法、工期延期的处理方法、工期索赔	15%

引例

工程延期的处理方法

某工程项目，钢筋混凝土大板结构，地下2层，地上18层，基础为整体底板，混凝土量为840m^3，底板标高−6m，钢门窗框，木门，采用集中空调设备。施工组织设计确定，土方采用大开挖放坡施工方案，开挖土方工期20天，浇筑底板混凝土24h连续施工需要4天。

施工单位在协议条款约定的开工日期前8天提交了一份请求报告，报告请求延期开工10天，其理由如下。

(1) 电力部门通知，施工用电变压器在开工4天后才能安装完毕。

(2) 由铁路部门运输的5台施工单位自有施工主要机械，要在开工后8天才能运输到施工现场。

(3) 为工程开工所必需的辅助施工设施在开工后10天才能投入使用。

基坑开挖进行18天时，发现−6m地基仍为软土地基，与地质报告不符。监理工程师及时进行了以下工作。

(1) 通知施工单位配合勘察单位利用2天的时间查明地基情况。

(2) 通知业主与设计单位洽商修改基础设计，设计时间为5天交图。确定局部基础深度加深到−7.5m，混凝土工程量增加70m^3。

(3) 通知施工单位修改土方施工方案，加深开挖，增大放坡，开挖土方需要4天。混凝土浇筑仍在原时间完成。

工程所需的200个钢门窗框是业主负责供货。钢门窗框运达施工单位工地仓库，并入库验收。施工过程中监理工程师进行检验时，发现有10个钢窗框有较大变形，即下令施工单位拆除。经检查，原因属于钢窗框使用材料不符合要求。

【讨论】

(1) 监理工程师接到报告后应该如何处理?为什么?

(2) 监理工程师应该核准哪些项目的工期顺延?应该同意延期几天?对哪些项目(列出项目名称内容)应该核准经济补偿?

(3) 对此事故监理工程师应该如何处理?

【解析】

(1) 应该同意延期开工4天。

因为只有变压器安装延误不属于施工单位的责任,所以工期应该予以延期开工。

(2) 3种情况均可以顺延工期。顺延时间应该为11天。

可核准经济补偿的有:配合勘察单位查明地基情况、等待图纸延误补偿、增加的土方开挖工程量、增加的混凝土浇筑工程量。

(3) 由业主承担费用补偿和工期补偿责任。

4.1 工程项目进度计划

4.1.1 工程项目进度计划体系

工程项目进度计划体系主要包括工程项目的计划系统、设计阶段的计划系统和施工阶段的计划系统,它们是工程项目计划体系中最重要的组成部分,是其他计划的基础。

1. 建设项目进度计划系统

1) 建设项目前期工作计划

建设项目前期工作计划是指对建设项目可行性研究、项目评估、设计任务书及初步设计的工作进度安排。通过这个计划,使建设前期的各项工作相互衔接,时间得到控制。前期工作计划由建设单位在预测的基础上进行编制。

2) 建设项目总进度计划

建设项目总进度计划是指初步设计被批准后,在编报建设项目年度计划以前,根据初步设计,对建设项目从开始建设(设计、施工准备)至竣工投产(投入使用)全过程的统一部署。它的主要目的是安排各单项工程的建设进度,合理分配年度投资,组织各方面的协作,保证初步设计所确定的各项建设任务的完成。它对于保证项目建设的连续性,增强建设工作的预见性,确保项目完成具有重要作用;同时,它是编报年度计划的依据。建设项目进度计划包括文字部分、建设项目一览表、建设项目总进度计划、投资计划年度分配表和建设项目进度平衡表共5个部分。并在此基础上,可以分别编制综合进度控制计划、设计工作进度计划、采购工作进度计划、施工进度计划、验收和投产进度计划等。

3) 建设项目年度计划

建设项目年度计划是依据建设项目总进度计划和批准的设计文件进行编制的。它既要满足建设项目总进度的要求,又要与当年可能获得的资金、设备、材料和施工力量相适应。根据分批配套投产或交付使用的要求，合理安排本年度的建设项目。建设项目年度计划主要包括文字部分、年度计划项目表、年度竣工投产交付使用计划表、年度建设资金平衡表和年度设备平衡表等。

2. 设计阶段进度计划系统

设计阶段进度计划包括：设计总进度计划、阶段性设计进度计划和设计作业进度计划。

1）设计总进度计划

设计总进度计划主要用来控制自设计准备开始至施工图设计完成的总设计时间，它所包含的各阶段工作的开始时间和完成时间，从而确保设计进度控制总目标的实现。

2）阶段性设计进度计划

阶段性设计进度计划包括：设计准备工作进度计划、初步设计(技术设计)工作进度计划和施工图设计工作进度计划。这些计划用来控制各阶段的设计进度，从而实现阶段性设计进度目标。

(1) 设计准备工作进度计划。编制设计准备工程进度计划中一般要考虑设计条件的确定、设计基础资料的提供及委托设计等工作的时间安排。

(2) 初步设计(技术设计)工作进度计划。编制初步设计(技术设计)工作进度要考虑方案设计、初步设计、技术设计、设计分析评审、概算的编制、修正概算的编制，以及设计文件审批等工作的时间安排，一般按单位工程编制。

(3) 施工图设计工作进度计划。施工图设计工作进度计划主要是反映各单位工程的设计进度及其搭接关系。

3）设计作业进度计划

为了控制各专业的设计进度，并作为设计人员承包设计任务的依据，应根据施工图设计工作进度计划、单位工程建筑设计工日定额及所投入的设计人员数，编制设计作业进度计划。设计进度作出计划既可以用横道计划表达，也可以用网络计划表达。

3. 施工阶段进度计划系统

施工阶段的进度计划包括：施工准备工作计划、施工总进度计划、单位工程施工进度计划和分部分项工程进度计划。

1）施工准备工作计划

施工准备工作的主要任务是为建设项目的施工创造必要的技术和物资条件，统筹安排施工力量和施工现场。施工准备的工作内容通常包括：技术准备、物资准备、劳动组织准备、施工现场准备和施工场外准备。为落实各项施工准备工作，加强检查和监督，应根据各项施工准备工作的内容、时间和人员编制施工准备工作计划。

2）施工总进度计划

施工总进度计划是根据施工部署中施工方案和建设项目的开展程序，对全工地所有单位工程作出时间上的安排。它的目的在于确定各单位工程、全工地性工程的施工期限以及开竣工日期，进而确定施工现场劳动力、材料、成品、半成品、施工机械的主要量和调配情况，以及现场临时设施的数量、水电供应量和能源、交通需求量。因此，科学、合理地编制施工总进度计划，是保证整个建设项目按期交付使用，充分发挥投资效益，降低建设项目成本的重要条件。

3）单位工程施工进度计划

单位工程施工进度计划是在既定施工方案的基础上，根据规定的工期和各种资源供应条件，遵循各施工过程的合理施工顺序，对单位工程中的各施工过程作出时间和空间上的安排并以此为依据，确定施工作业所必需的劳动力、施工机具和材料供应计划。因此，合理安排单位工程施工进度，是保证在规定工期内完成符合质量要求的工程任务的重要前提。同时，为编制各种资源需要量计划和施工准备工作计划提供依据。

4）分部分项工程进度计划

分部分项工程进度计划是针对工程量较大或施工技术比较复杂的分部分项工程，在依据项目具体情况所制定的施工方案基础上，对其各施工过程所作出的时间安排。如大型基础土方工程、复杂的基础加固工程、大体积混凝土工程、大型桩基础工程和大面积预制构件吊装工程等，均应编制详细的进度计划，以保证单位工程施工进度计划的顺利实施。

此外，为了有效地控制建设工程施工进度，施工阶段还应编制年度施工计划、季度施工计划和月(旬)作业计划，形成一个旬保月、月保季、季保年的计划体系。

4. 实际进度计划的特性

在实际工程中，总工期目标通常由上层领导者从战略的角度确定。例如从市场，从经营的角度确定。而由于他们较少地了解项目，所以计划的科学性常很难保证，常会出现如下问题。

(1) 上层管理者(如政府领导，企业经理)仅从战略的角度，或市场经营的角度确定项目的时间安排，而不顾工程项目自身的客观要求和规律性，提出过于苛刻的工期计划。而且要求不顾一切地实现这个计划，最终会损害项目的质量目标和成本目标。这种现象在我国和国外都十分普遍。

(2) 由于总工期很短，所以常首先考虑压缩项目的前期策划、设计和计划、招标投标、实施准备时间。由于这些时期太短，使项目的研究、设计和计划、准备工作不足，最终工程的混乱和低效率反而使总工期延长。

(3) 上层管理者对项目(特别是重大或重点的项目)的工期提出了许多制约条件，如常常具体确定：奠基仪式的日期；结构封顶的日期；工程竣工，如道路和桥梁通车、机场通航的日期。而且将这些日期定在重大的节日或重大的历史事件的庆祝日，而且预先安排高层领导者参与这些活动。这样赋予这些活动以重大的政治意义和历史意义，不允许这些日期有丝毫的变更和拖延。这种计划的刚性太大，不仅使整个项目计划和实施控制变得困难，而且会极大地损害项目的功能目标和成本目标。

工程项目的工期计划通常以批准的项目使用和运行期限为目标，先安排工程施工阶段的里程碑计划，再以它为依据安排设计、设备供应、招标和现场。

进度计划是随着项目技术设计的细化，项目结构分解的深入而逐渐细化的，它经历了由计划总工期，粗横道图、细横道图、网络，再输出各层次横道图(或时标网络)的过程。

4.1.2 横道图

1. 横道图的形式

横道图是一种最直观的工期计划方法。它在国外又被称为甘特图(Gantt)，在工程中广泛地应用，并受到普遍的欢迎。

横道图的基本形式如图 4.1 所示。它以横坐标表示时间，工程活动在图的左侧纵向排列，以活动所对应的横道位置表示活动的起始时间，横道的长短表示持续时间的长短。它实质上是图和表的结合形式。

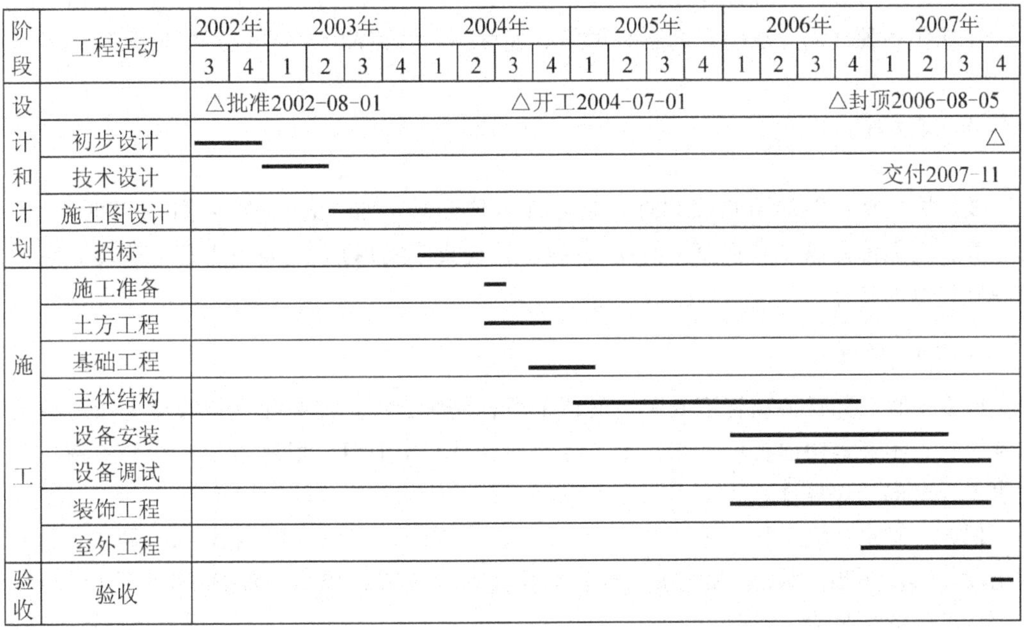

阶段	工程活动	2002年		2003年				2004年				2005年				2006年				2007年			
		3	4	1	2	3	4	1	2	3	4	1	2	3	4	1	2	3	4	1	2	3	4
设计和计划		△批准2002-08-01								△开工2004-07-01								△封顶2006-08-05					
	初步设计																						△
	技术设计																			交付2007-11			
	施工图设计																						
	招标																						
施工	施工准备																						
	土方工程																						
	基础工程																						
	主体结构																						
	设备安装																						
	设备调试																						
	装饰工程																						
	室外工程																						
验收	验收																						

注：△为里程碑事件。

图 4.1 横道图的基本形式

2. 横道图的特点

1) 横道图的优点

(1) 它能够清楚地表达活动的开始时间、结束时间和持续时间，一目了然，易于理解；并能够为各层次的人员(上至战略决策者，下至基层的操作工人)所掌握和运用。

(2) 使用方便，制作简单。

(3) 不仅能够安排工期，而且可以与劳动力计划、资源计划、资金计划相结合。

2) 横道图的缺点

(1) 很难表达工程活动之间的逻辑关系，即工程活动之间的前后顺序及搭接关系不能确定。如果因一个活动提前或推迟，或延长持续时间会影响的哪些活动同样也表达不出。

(2) 不能表示活动的重要性，如哪些活动是关键的，哪些活动有推迟或拖延的余地以及余地的大小。

(3) 横道图上所能表达的信息量较少。

(4) 不能用计算机处理，即对一个复杂的工程不能进行工期计算，更不能进行工期方案的优化。

3) 横道图的应用范围

横道图的优缺点就决定了它既有广泛的应用范围和很强的生命力，同时又有局限性。

(1) 它可直接用于一些简单的小的项目。由于活动较少，可以直接用它排工期计划。

(2) 项目初期由于尚没有作详细地项目结构分解，工程活动之间复杂的逻辑关系尚未分析出来，一般人们都用横道图作总体计划。

(3) 上层管理者一般仅需了解总体计划，故都用横道图表示。

(4) 作为网络分析的输出结果。现在几乎所有的网络分析程序都有横道图的输出功能。

在现代各种计划方法中，如各种网络、速度图、线路图等都可以与横道图互换。

4.1.3 线形图

线形图与横道图的形式很相近。它有许多种形式，如“时间-距离图”、“时间-效率图”等。它们都是以二维平面上的线(直线、折线或曲线)的形式表示工程的进度。它和横道图有相似的特点。

1. 时间-距离图

许多工程，如长距离管道安装、隧道工程、道路工程，都是在一定长度上按几道工序连续施工，不断地向前推进，则每个工程活动可以在图上用一根线表示，线的斜率实质上代表着当时的工作效率。

例如一管道铺设工程，由A处铺到B处，共4km。其中分别经过1km硬土段，1km软土段，1km平地，最后1km软土段。工程活动分别有：挖土、铺管(包括垫层等)和回填土。工作效率见表4-1。

1) 施工要求

(1) 平地不需挖土和回填土，挖土工作场地和设备转移需1天时间。

(2) 铺管工作面至少离挖土100m，防止互相干扰。

(3) 任何地点铺管后至少1天后才允许回填土。

2) 作图步骤

(1) 作挖土进度线。以不同土质的工作效率作为斜率，而在平地处仅需1天的工作面及设备转移时间。

表4-1 工作效率 单位：m/天

工　　序	硬　　土	软　　土	平　　地
挖土	100	150	
铺管	80	80	160
回填土	120	150	

(2) 作铺管进度线，由于铺管离挖土至少 100m，所以在挖土线左侧 100m 距离处画挖土线的平行线，则铺管线只能在上方安排。由于挖硬土 100m/天，所以开工后第二天铺管工作即可开始。

(3) 回填土进度线。由于回填土在铺管完成 1 天后，所以在铺管线上方 1 天处作铺管线的平行线。按回填土的速度作斜线。从这里可见，要保证回填土连续施工的要求，应在第 24 天开始回填土。在这张图上还可以限制活动的时间范围。如要求回填土在铺管完成 1 天后开始，但 8 天内必须结束，而且可以方便地进行计划和实际的对比。

最后计划总工期约为 46 天，如图 4.2 所示。

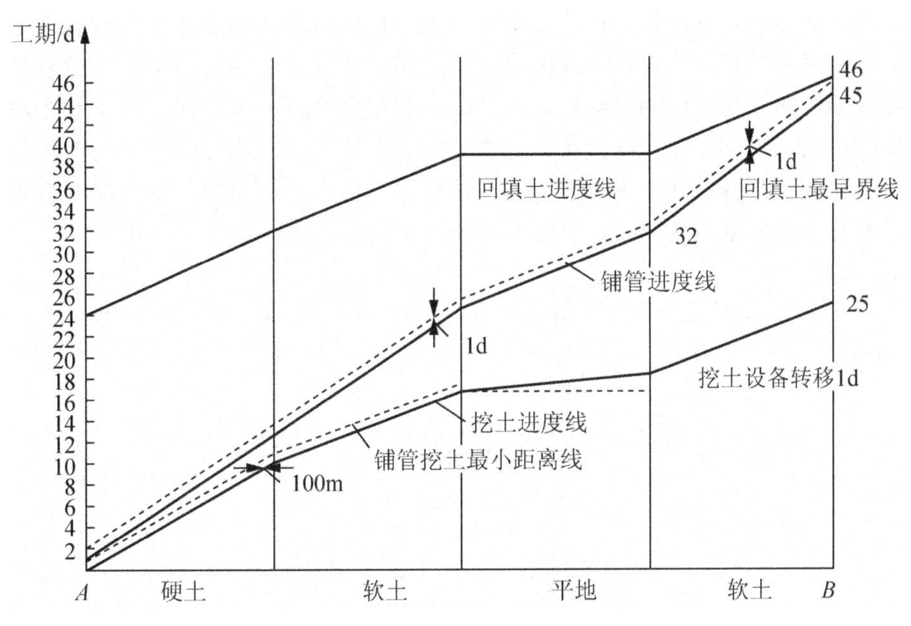

图 4.2 管道安装工期计划

2. 速度图

速度图有许多种形式，其理解也十分方便。现举一个简单的例子如下。

在一个工程中有浇捣混凝土分项工程，工作量 500m^3。计划第一段 3 天一个班组工作，速度为 17m^3/天，第 2 段 3 天投入两个班组，速度为 40m^3/天，后来仍是一个小组工作，速度为 22m^3/天，则可用如图 4.3 所示的曲线表示工程速度。

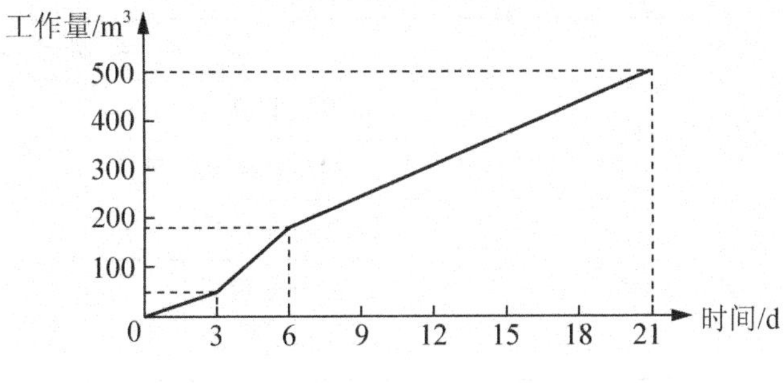

图 4.3 某分项工程速度图

在图 4.3 中可以十分方便地进行计划和实际的对比。而后面所述的“成本—时间”的累计曲线即项目的成本模型也是属于这一类图式的。

4.1.4 网络计划方法

为了适应大规模建设项目的需要，20 世纪 50 年代后期发展起来一种科学的计划管理新方法——网络计划技术。它是利用网络图的形式，在网络图上加注各项工作的时间参数，来进行工程计划和控制的现代管理方法。网络图是由箭线和节点组成，用来表示工作流向的有向、有序的网状图形。网络图能充分地、清晰地表达各工作之间的相互制约、相互依赖的复杂逻辑关系；通过网络时间参数的计算，能够分别确定各项工作的最早可能和最迟必须开始时间以及相应的结束时间、总时差和自由时差；可以明确由关键工序组成的关键线路，可以看出哪些工作必须按期完成，哪些工作允许有机动时间；能够进行计划方案的优化和比较；等等。网络计划符合施工的要求，特别适用于施工的组织和管理，已成为施工进度计划普遍采用的形式。某双代号网络图的表示形式如图 4.4 所示。

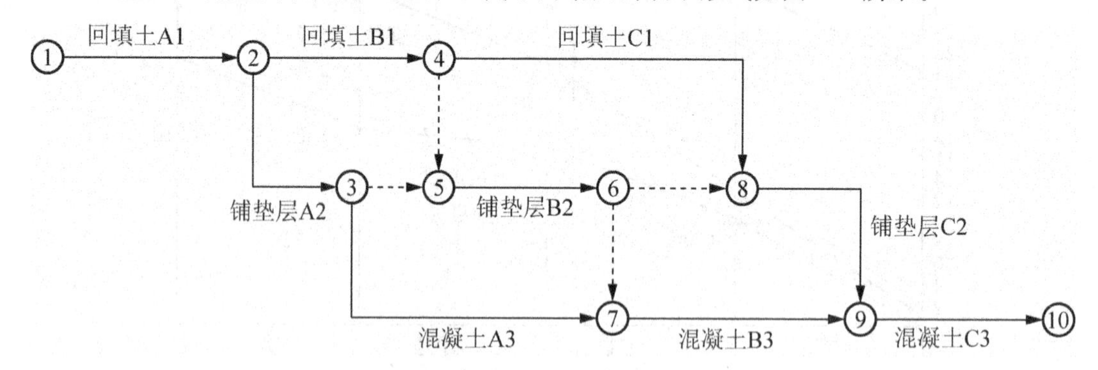

图 4.4 用网络图表示的进度计划

4.1.5 建设项目进度计划的编制程序

当应用网络计划技术编制建设项目进度计划时，其编制程序一般包括 4 个阶段 10 个步骤，见表 4－2。

表 4—2 建设项目进度计划编制程序

编制阶段	编制步骤
Ⅰ. 计划准备阶段	1. 调查研究
	2. 确定网络计划目标
Ⅱ. 绘制网络图阶段	3. 进行项目分解
	4. 分析逻辑关系
	5. 绘制网络图

续表

编制阶段	编制步骤
Ⅲ. 计算时间参数及确定关键线路阶段	6. 计算工作持续时间
	7. 计算网络计划时间参数
	8. 确定关键线路和关键工作
Ⅳ. 编制正式网络计划阶段	9. 优化网络计划
	10. 编制正式网络计划

1. 计划准备阶段

1）调查研究

调查研究的目的是掌握足够充分、准确的资料，从而为确定合理的进度目标、编制科学的进度计划提供可靠依据。调查研究的内容如下。

（1）工程任务情况、实施条件、设计资料。

（2）有关标准、定额、规程、制度。

（3）资源需求与供应情况。

（4）资金需求与供应情况。

（5）有关统计资料、经验总结及历史资料等。

调查研究的方法如下。

（1）实际观察、测算、询问。

（2）会议调查。

（3）资料检索。

（4）分析预测等。

2）确定网络计划目标

网络计划的目标由建设项目的目标决定，一般可分为以下三类。

（1）时间目标。时间目标也是工期目标，是指建设项目工程合同规定的工期或有关主管部门要求的工期。工期目标的确定应以建筑设计周期定额和建筑安装工程工期定额为依据，同时充分考虑类似工程实际的进展情况、气候条件以及工程难易程度和建设条件的落实情况等因素。建设项目设计和施工进度安排必须以建筑设计周期定额和建筑安装工程工期定额为最高时限。

（2）时间-资源目标。资源是指建设项目实施过程中所投入的劳动力、原材料及施工机具等。在一般情况下，时间-资源目标分为两类。

① 资源有限，工期最短。即在一种或几种资源供应能力有限的情况下，寻求工期最短的计划安排。

② 工期固定，资源均衡。即在工期固定的前提下，寻求资源需用量尽可能均衡的计划安排。

（3）时间-成本目标。时间成本目标是指以限定的工期寻求最低成本，或寻求最低成本时的工期安排。

2. 绘制网络图阶段

1）进行项目分解

将工程项目由粗到细进行分解，是编制网络计划的前提。如何进行建设项目的分解、工作划分的粗细程度如何，将直接影响到网络图的结构。对于控制性网络计划，其工作划分应粗一些；而对于实施性网络图计划，工作应划分得细一些。工作划分的粗细程度应根据实际需要来确定。

2）分析逻辑关系

分析各项工作之间的逻辑关系时，既要考虑施工程序或工艺技术过程，又要考虑组织安排或资源调配需要。对施工进度计划而言，分析其工作之间的逻辑关系时应考虑如下内容。

（1）施工工艺的要求。

（2）施工方法和施工机械的要求。

（3）施工组织的要求。

（4）施工质量的要求。

（5）当地的气候条件。

（6）安全技术的要求。

分析逻辑关系的主要依据是施工方案、有关资源供应情况和施工经验等。

3. 计算时间参数及确定关键线路阶段

1）计算工作持续时间

工作持续时间是指完成该工作所花费的时间。计算方法有多种，既可以凭以往的经验进行估算，也可以通过实验推算。当有定额可用时，还可以利用时间定额或产量定额进行计算。

（1）时间定额。时间定额是指某种专业的工人班组或个人，在合理的劳动组织与合理使用材料的条件下，完成符合质量要求的单位产品所必需的工作时间，包括准备与结束时间、基本生产时间、辅助生产时间、不可避免的中断时间及工人必须的休息时间。时间定额通常以工日为单位，每一工日按8h计算。

（2）产量定额。产量定额是指在合理的劳动组织与合理使用材料的条件下，某种专业、某种技术等级的工人班组或个人在单位工日中所应完成的质量合格的成品数量。产量定额与时间定额成反比，两者互为倒数。

对于搭接网络计划，还需要按最优施工顺序及施工需要，确定出各项工作之间的搭接时间。如果有些工作有时限要求，则应确定其时限。

2）计算网络计划时间参数

网络计划是指在网络图上加注各项工作的时间参数而成的工作进度计划。

网络计划时间参数一般包括：工作最早开始时间、工作最早完成时间、工作最迟开始时间、工作最迟完成时间、工作总时差、工作自由时差和计算工期等。应根据网络计划的类型及其使用要求选择上述时间参数。

网络计划时间参数的计算方法有：图上计算法、表上计算法和公式法等。

3）确定关键线路和关键工作

在计算网络计划时间参数的基础上，便可根据有关时间参数确定网络计划中的关键线路和关键工作。

4. 编制正式网络计划

1）优化网络计划

当初始网络计划的工期满足所需求的工期及资源需求量能得到满足而无须进行网络优化时，初始网络计划即可作为正式的网络计划。否则，需要对初始网络计划进行优化。

根据所追求的目标不同，网络计划的优化可分为工期优化、费用优化和资源优化 3 种。应用时要根据项目的实际需要选择不同的优化方法。

2）编制正式网络计划

根据网络计划的优化结果便可绘制正式的网络计划，同时编制网络计划说明书。

网络计划说明书的内容应包括：编制原则和依据，主要计划指标一览表，执行计划的关键问题，需要解决的主要问题及其主要措施，其他需要说明的问题。

4.2 工程项目资源计划和优化

4.2.1 概述

1. 工程项目资源的种类

资源作为工程项目实施的基本要素，它通常包括如下内容。

(1) 劳动力，包括劳动力总量，各专业、各种级别的劳动力，操作工人、修理工以及不同层次和职能的管理人员。

(2) 原材料和设备。它构成工程建筑的实体，如常见的砂石、水泥、砖、钢筋、木材和生产设备等。

(3) 周转材料，如模板、支撑、施工用工器具以及施工设备的备件、配件等。

(4) 施工所需设备(如塔吊、混凝土拌和设备、运输设备)、临时设施(如施工用仓库、宿舍、办公室、工棚、厕所)、现场供排系统(水电管网、道路等)和必需的后勤供应等。

此外，资源还可能包括资金(资本资源)、信息资源、计算机软件、信息系统、管理和技术服务、专利技术和方法等。

2. 资源计划的重要性

资源作为工程实施必不可少的前提条件，它们的费用占工程总费用的80%以上，所以资源计划既是进度计划的保证，又是成本计划的前提条件。如果资源不能保证，任何考虑得再周密的工期计划也不能实行。在现代工程中，常由于资源计划失误造成工程活动不能正常进行，整个工程不能及时开工或竣工。

所以，在现代项目管理中，对资源计划有如下要求。

(1) 在进度管理中资源作为网络的限制条件，在安排逻辑关系和各工程活动时就要考虑资源的限制和资源的供应过程对工期的影响。通常在工期计划前，人们已假设可用资源的投入量。如果网络编制时不顾及资源供应的限制，则网络计划是不可执行的。

(2) 网络分析后作详细的资源计划以保证网络的实施，或对网络提出调整要求。

(3) 在特殊工程中以及对特殊的资源，如对大型的工业建设项目，成套生产设备的生产、供应、安装计划常是整个项目进度计划的主体。

(4) 资源计划必须纳入成本管理中，作为成本计划的计算基础。

(5) 作为采购计划的前提，必须根据资源计划作采购计划。

3. 工程项目资源计划的复杂性

(1) 资源的种类多，供应量大。如材料的品种、机械设备的种类极多，劳动力涉及各个工种、各种级别。一个通常的建设工程，建筑材料有几百几千种、几千几万吨。

(2) 工程项目生产过程的不均衡性使得资源的需求和供应不均衡，资源的品种和使用量在实施过程中大幅度地起伏。这种资源管理的难度大大超过了一般工业生产过程。

这种资源使用的不均衡性不仅在整个项目上，甚至在一个工作包上都会体现出来。

(3) 资源计划受整个设计方案和实施方案的影响很大。

① 在作设计和计划时必须考虑市场所能提供的设备和材料、供应条件、供应能力，否则设计和计划会不切实际，必须变更。

② 设计和计划的任何不准确、错误、变更都可能导致材料积压、无效采购、多进、早进、错进、缺乏，都会影响工期、质量和工程经济效益，可能会产生争执(索赔)。如在实施过程中增加工程范围、修改设计、停工、加速施工等必然会导致资源计划的修改，导致资源使用的浪费。所以，资源计划不是被动地受制于设计和计划(实施方案和工期)，而是应积极地对它们进行制约，作为它们的前提条件。

(4) 由于资源对工期和成本的影响很大，所以在计划中必须进行资源优化。它对整个工程项目的经济效益有很大的影响。如选择资源消耗少的实施方案；在资源限制的情况下，如何使工期最短；均衡地使用资源，降低资源用量的不均衡性；充分利用现有的企业资源，现有的人力、物力、设备；充分利用现场可用的资源、建筑材料、已有的建筑，以及已建好但未交付的永久性工程等。

(5) 资源的计划和优化经常不是一个项目的问题，而必须在多项目中协调平衡。如企业一定的劳动力数量和一定的设备数量必须在同时实施的几个项目中均衡使用。对有限的资源寻找一个可能的、可行的，同时又是最佳整体效益的安排方案。

有时由于资源的限定使得一些能够同时施工的项目必须错开实施，甚至不得不放弃能够获得的工程项目机会。

(6) 有时资源的限制不仅存在上限定义，而且可能存在下限定义，或要求充分利用现有定量资源。在国际工程中，常仅承担一个独立的工程，没有多项目协调，使资源的刚性加大。如派出 100 人，由于仅一个工程，则这 100 人必须在该工程中安排，不能增加，也不能减少，在固定约束条件下，使工程尽早结束。这时必须将一些活动分开，或提前(修改逻辑关系)，或压缩工期增加资源投入以利用剩余的资源。这给项目的实施方案和工期计划安排带来极大的困难。

而在有的情况下，资源的限制不是常值，而是变值。如不同时期，企业劳动力富余程度不一样，现在施工企业多雇用农民工，但到农忙季节，农民工常回乡村务农。

4. 资源计划现状

与工期、成本的计划和控制相比较，项目的资源计划没能获得应有的重视。据国外统计，资源和项目后勤管理的计算机软件的购买者，比成本和工期管理软件的购买者少得多。

根据对200名项目管理者的调查，资源的计划和优化方法在计算机支持计划系统中不太符合实际需要。它的原因如下。

(1) 资源计划采用将资源消耗总量在工程活动持续时间上平均分配的模型。尽管这种模型在理论上是正确的，但工程施工过程中的不均衡性，造成资源使用是不均衡的，理想化的模型不能反映实际情况。

(2) 现在计算机所提供的资源计划方法仅包括跟时间相关的资源使用计划。而项目的资源供应过程是十分复杂的，必须按使用计划确定供应计划，建立供应计划网络。

(3) 用户对资源优化方法和它的适用性知道得不多，其结果又未被正确、全面地解释。

所以，资源管理应引起实际项目管理者和研究人员足够的重视。

4.2.2 资源计划方法

1. 资源计划的内容和过程

在项目管理中，资源计划的范围是由资源的采购和供应策略决定的。如哪些资源由自己组织采购和供应？哪些资源由承(分)包商组织采购和供应？所需的周转材料、设备、临时设施等是租赁还是购买等？

(1) 在工程技术设计、项目结构分解和施工方案的基础上确定各个工程活动资源的种类、质量和用量。这可由工作量和单位工作量资源消耗标准得到，然后逐步汇总得到整个项目的各种资源的总用量表。

(2) 确定各种资源的约束条件，包括总量限制、单位时间用量限制、供应条件和过程的限制。在安排网络时就必须考虑可用资源的限制，而不仅在网络分析的优化中考虑。这些约束条件由项目的环境条件，或企业的资源总量和资源的分配政策决定。

(3) 在工期计划的基础上，确定资源使用计划，即资源投入量—时间关系直方图(表)，确定各资源的使用时间和地点。在作此计划时假设资源用量在活动持续时间上平均分配，从而得到各个工程活动各种资源单位时间的投入量，即强度。

2. 其他后勤保障计划

按照合同或任务书的规定，为了保证项目的顺利实施还可能需要其他后勤计划。

(1) 现场的仓库、场地、对所负责的工作人员食宿的安排，如宿舍、食堂、厕所和娱乐设施等的计划。

① 现场实施需要量的确定，包括如下内容。

按照现场材料和设备的储存量计划确定现场的仓库和场地的需要量计划；以劳动力曲线确定的现场劳动力最大需要量以及相应的勤杂、管理人员使用量为依据，人平均占用面积可以按过去的经验数据或定额计算。

② 供应量的确定，一般参考3个方面。

现场或现场周围已有的可以占用(如借用、租赁)的房屋。这是首先应考虑的，一般比较经济；其次，在工程实施过程中可以占用的、已建好的永久性设施。如已建好的但未装修的低层房屋，可以暂作为宿舍、办公室或仓库用；最后，准备在现场新建的临时设施，用以补充上述的不足。

③ 生活用品的供应，如粮食、蔬菜等，这一般按现场人员数量以及人均需要量确定相应的供应计划，并确定相应的货源渠道。

(2) 现场水电管网的布置。这涉及水电专业设计问题，一般考虑工程中施工设施运行、工程供排需要、劳动力和工作人员的生活、办公、恶劣的气候条件等因素，设计工程的水电管网的供排系统。

4.2.3 资源计划的优化

由于资源对工期和成本的重大影响，资源的合理组合、使用，对工程项目的经济效益有很大的影响。

资源的优化方法有的很简单，有的包括非常复杂的技术经济分析；有的可从宏观的角度定性分析；有的要从微观的角度定量分析；有的是单一因素的；有的是多因素的。

1. 资源的优先级

资源的种类繁多，管理者对资源的管理是区别对待的，在实际工作中用定义优先级的办法确定资源的重要程度。在资源计划以及优化、供应、仓储等过程中首先保证优先级高的资源。优先级的定义通常对不同的工程项目有不同的标准。

(1) 资源的数量和价值量，即对价值量高、数量多的大宗材料必须优先特别重视。所以，在项目初期必须进行ABC分类，在计划中价值高的材料和设备优先。

(2) 增加的可能性，包括它的采购条件，即是否可以按需要增减。通常专门生产加工的，由专门采购合同供应的材料优先级较高，而当地可以随时采购的材料优先级较低。

(3) 获得过程的复杂性，例如须到国外采购的材料获得过程复杂、风险大，则优先级高，而能在当地获得的或市场采购的优先级较低。

(4) 可替代性，即可以用其他品种材料代替的则优先级较低，没有替代可能的、专门生产的、使用面很窄的、不可或缺的材料优先级较高。

(5) 供应问题对项目的影响，有的货源短缺或暂时供应不及时对项目的影响不大。例如非关键线路上的活动所需资源。但有的资源是不可缺少的，否则会造成全部工程的停工，如主要的机械设备、主要的建筑材料和关键性的零部件。

有时资源的优先级不是一个项目决定的，一般必须由企业高层通盘考虑。

2. 资源的平衡及限制

由于工程项目的建设过程是一个不均衡的生产过程，资源品种和用量常会有大的变化。资源的不均衡性对项目施工和管理有很大的影响。

(1) 在实际工程中常常需要解决如下问题。

① 能否通过合理的安排，在保证预定工期的前提下，使资源的使用比较连续、均衡，避免劳动力过于集中使用和脉冲式使用，在特殊情况下能充分使用。

② 在限定资源用量的情况下按预定的工期完成项目建设，即某种资源的使用量不超过规定的条件(资源限制)，并且工期尽可能地缩短。

当然这两个问题实质上又可以统一成一个问题：即在预定工期条件下削减资源使用的峰值，使资源曲线趋于平缓。

(2) 资源的平衡一般仅对优先级高的几个重要的资源，其方法很多，但各个方法的使用和影响范围各不相同。

① 对一个确定的工期计划，最方便、影响最小的是通过非关键线路上活动开始和结束时间，在时差范围内的合理调整达到资源的平衡。

② 如果经过非关键线路的活动的移动未能达到目标，或希望资源使用更为均衡，则可以考虑减少非关键线路活动的资源投入强度，这样相应延长它的持续时间。自然这个延长必须在它的时差范围内，否则会影响总工期。

经过这样的调整后，可能会出现多个关键线路。如果非关键活动的调整仍不能满足要求，则尚有如下途径。

修改工程活动之间的逻辑关系，重新安排施工顺序，将资源投入强度高的活动错开施工。

改变方案，采取提高劳动效率的措施，以减少资源的投入，如将现场搅拌混凝土改为用商品混凝土以节约人工。

压缩关键线路的资源投入，当然这必然会影响总工期。

对此，要进行技术经济分析和目标的优化。

经过上述这种优化会使项目的资源使用趋于平衡，但同时又使非关键活动的时差减小或消失，或出现多条关键线路。这使得计划的刚性加大，即在施工过程中如果出现微小的干扰就会导致总工期的拖延。

3. 多项目的资源优化

在多项目的情况下，资源的平衡问题是很复杂和困难的。因为多项目需要同一种资源，而各项目又有自己的目标。如果资源没有限制，有足够的数量则可以将各项目的各种资源按时间取和。定义一个开始节点，将几个项目网络合并成一个大网络，或用高层次的横道图分配资源，进行总体计划，综合安排采购、供应、运输和储存等。

如果资源有限制，则资源管理部门的资源优化存在双重的限制。

(1) 尽可能保障每个项目的资源需求。

(2) 本部门的资源特别是劳动力的使用尽可能保持均衡。

一般先在各项目中进行个别优化，如果实在无法保证供应，则可以按项目的重要程度定义优先级。首先保证优先级高的项目，而将优先级低的项目推迟，或将优先级较低的项目活动作为资源调节的余地。

可采用各种优化方法，如决策树、列举法、逼近法、线性规划、价值工程和边际分析法等。

4.3 进度计划执行过程中的检查、分析与调整

4.3.1 工程项目进度计划的实施

工程项目进度计划的实施就是用工程项目进度计划指导工程建设实施活动，落实和完成计划进度目标。

1. 按项目实施阶段设立分目标

根据项目的特点，可把项目实施过程分成若干实施阶段。每个实施阶段又可根据自身特点，再分成下一层次的相关阶段。每个阶段都可设立相应的进度管理目标，由此形成按实施阶段设立的项目进度目标系统。

图 4.5 为某设备研制项目实施阶段进度目标分解图。

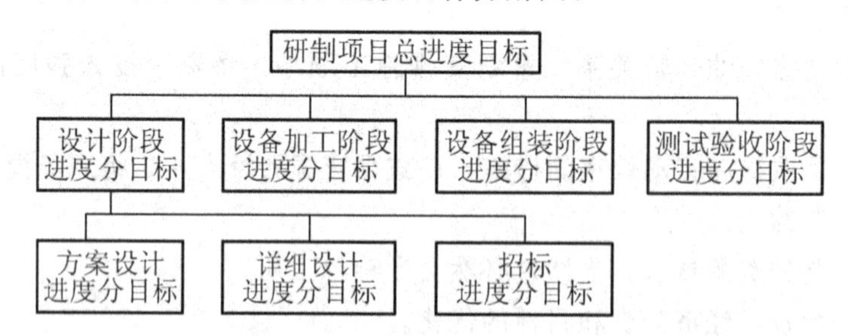

图 4.5 某设备研制项目实施阶段进度目标分解图

2. 按项目所包含的子项目设立分目标

图 4.6 所示为某机场建设项目施工阶段进度目标分解图。

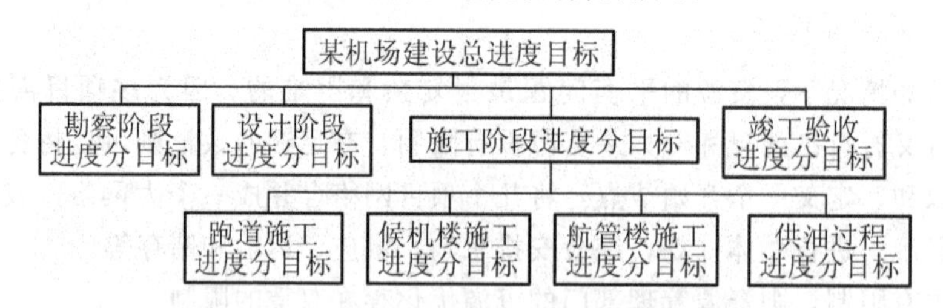

图 4.6 某机场建设项目施工阶段进度目标分解图

3. 按项目实施单位设立分目标

项目通常是由不同单位共同完成，按实施单位设立进度目标可保证各单位之间工作衔接配合。

4. 按时间设立分目标

为便于检查、监督，也可以按项目进度计划总目标的要求，将项目实施进度计划分解成逐年、逐季和逐月的进度计划。

4.3.2 建设项目进度计划实施的检查

工程进度的检查与进度计划的执行是融合在一起的，计划检查是对执行情况的总结，是工程项目进度调整和分析的依据。

进度计划的检查方法主要是对比法，即实际进度与计划进度相对比较。通过比较发现偏差，以便调整或修改计划，保证进度目标的实现。实际进度都是记录在计划图上的，因此计划图形的不同而产生了多种检查比较的方法。

1. 横道图比较法

横道图比较法是指将项目实施过程中检查实际进度收集到的信息，然后经整理直接用横道线并排地画于原计划的横道线处，以供进行直观比较的方法。

例如某工程项目基础工程的计划进度和截止到第 9 周末的实际进度如图 4.7 所示。其中双线表示计划进度；粗实线表示实际进度。

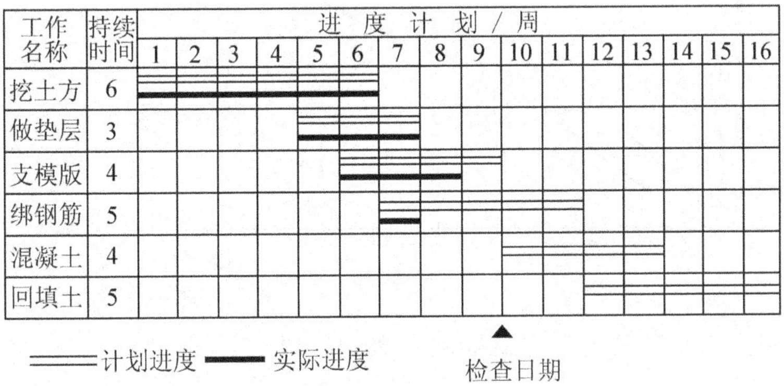

工作名称
持续时间
进 度 计 划 / 周
1 2 3 4 5 6 7 8 9 10 11 12 13 14 15 16
挖土方 6
做垫层 3
支模版 4
绑钢筋 5
混凝土 4
回填土 5
计划进度
实际进度
检查日期

图 4.7 某基础工程实际进度与计划进度比较图

除上例的常用比较形式外，还有双比例单侧横道图比较法、双比例双侧横道图比较法两种形式，如图 4.8 和图 4.9 所示。

1 2 3 4 5 6 7 8 9 10(日)
(%) 计划累计完成百分比
0 6 12 22 40
检查日期
(%) 实际累计完成百分比

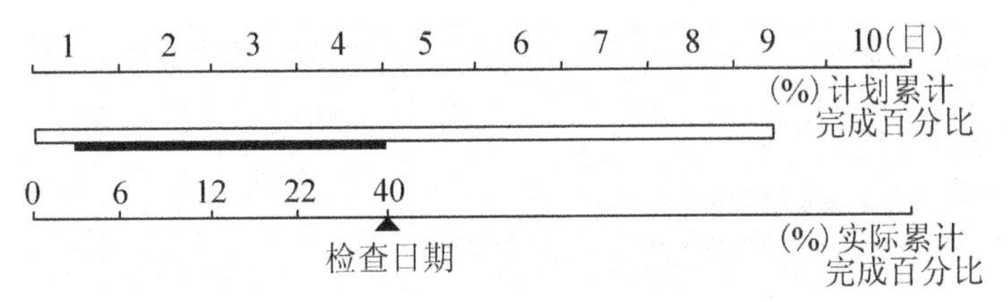

图 4.8 双比例单侧横道图比较法

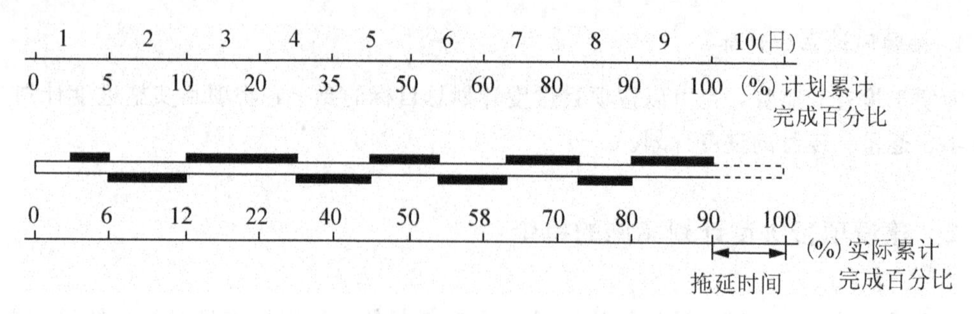

图 4.9　双比例双侧横道图比较法

2. S曲线比较法

以横坐标表示进度时间，以纵坐标表示累计完成工作任务量和实际完成工作任务量，并分别绘制成S曲线。通过两者的比较来判断进度的快慢，以及得出其他各种有关进度信息的进度计划检查方法。

图 4.10 所示为应用S曲线比较法比较实际和计划两条S曲线，可以得出以下几种分析与判断结果。

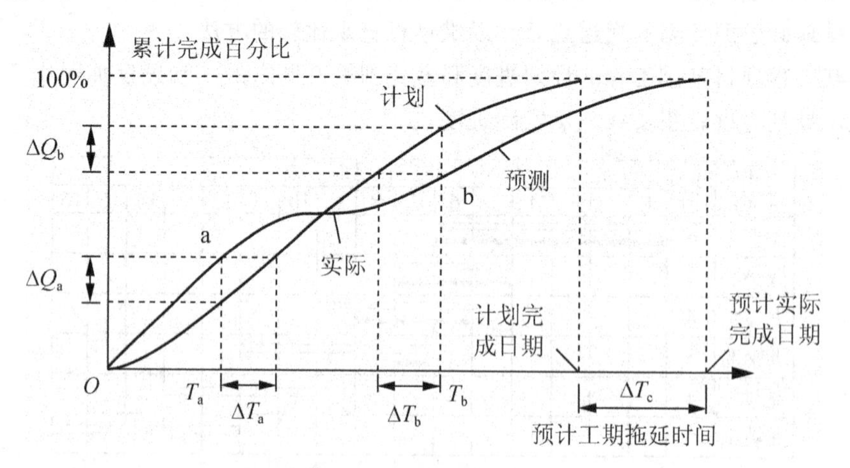

图 4.10　S 曲线比较法

(1) 实际进度与计划进度比较情况。

(2) 实际进度比计划进度超前和滞后的时间。

(3) 实际比计划超出或拖欠的工作任务量。

(4) 预测工作进度。

3. 香蕉形曲线比较法

香蕉曲线比较法的作用如下。

(1) 合理安排工程进度计划。

(2) 定期比较工程项目的实际进度与计划进度。

(3) 预测后期工程进展趋势。

因为在工程项目的实施过程中，开始和收尾阶段，单位时间内投入的资源量较小，中间阶段单位时间内投入的资源量较多，所以随时间进展累计完成的任务量应该呈S形变化。“香蕉”曲线是两种S曲线组合成的闭合曲线，一个以网络计划中各项工作的最早开始时间安排进度而绘制的S曲线，称为ES曲线；另一个是以各项工作的最迟开始时间安排进度而绘制的S曲线，称为LS曲线。ES曲线和LS曲线都是计划累计完成任务量曲线。由于两条S形曲线都是同一项目的，其计划开始时间和完成时间都相同，因此ES曲线与LS曲线是闭合的如图4.11所示。

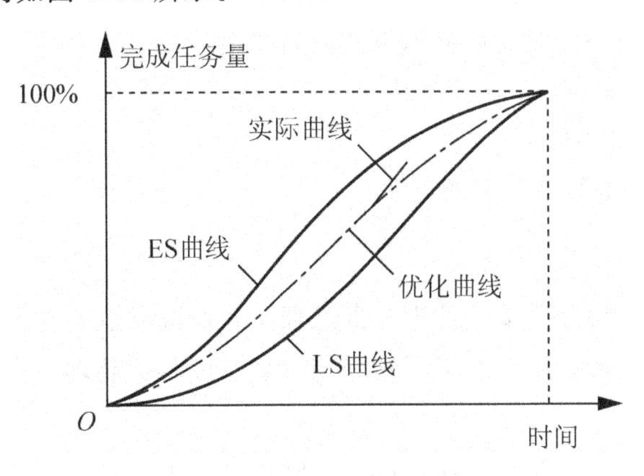

图 4.11 香蕉曲线比较法

4. **前锋线比较法**

前锋线比较法主要适用于双代号时标网络图计划及横道图进度计划。这个方法是从检查时刻的时间标点出发，用点画线依次连接各工作任务的实际进度点(前锋)，最后到计划检查的时点为止，形成实际进度前锋线，按前锋线判定工程项目进度偏差，如图4.12所示。前锋线比较法的主要步骤可以概括如下。

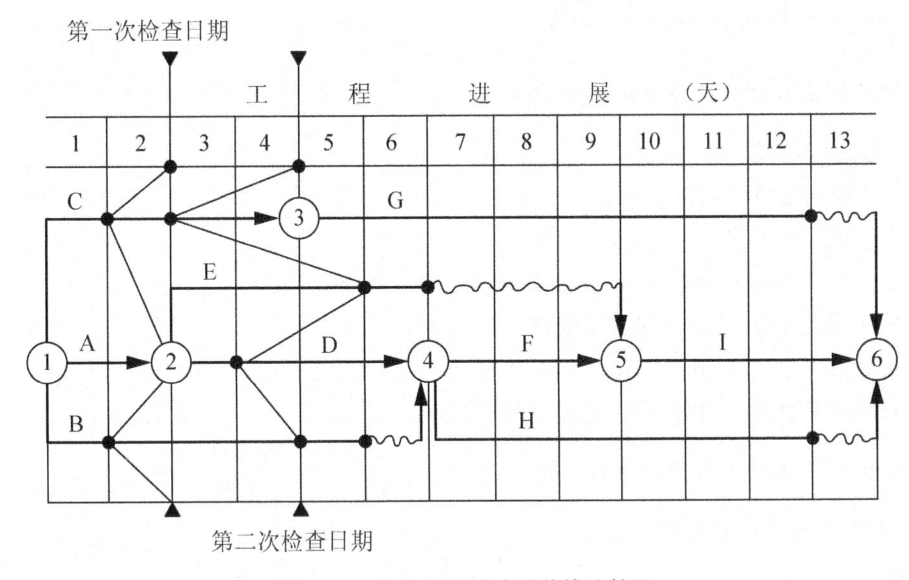

图 4.12 某工程网络计划前锋比较图

(1) 比较实际与计划进度。

(2) 分析工作的实际进度能力。

用工作进度能力系数表示，计算公式如下

$$\beta_{ij}=\Delta t/\Delta T$$

式中：Δt——相邻两实际进度前锋点的时间间隔；

ΔT——相邻两次检查日期的时间间隔。

(3) 预测工作进度。如果测算得出截止到检查日期的实际进度能力，则进度计划所安排的各项工作其最终的完成时间可依据下式进行预测。

$$R_{ij}=T+d_{ij}/\beta_{ij}$$

式中：T——当前检查日期；

d_{ij}——工作 ij 的尚需工作天数。

5. 列表比较法

列表比较法是通过将截止某一检查日期某项工作的尚有总时差与原有总时差的计算结果列于表格之中进行比较，以判断工程实际与计划进度相比超前或滞后情况的方法。具体结论可归纳如下。

(1) 若工作总时差大于原总时差，说明实际进度超前，且为两者之差。

(2) 若工作总时差等于原总时差，说明实际进度与计划一致。

(3) 若工作总时差小于原总时差但仍为正值，说明实际进度落后但计划工期不受影响，此时滞后的天数为两者之差。

(4) 若工作总时差小于原总时差但仍为负值，说明实际进度落后且计划工期已受影响，此时滞后的天数为两者之差，而计划工期的延迟天数与工序尚有总时差相等。

4.3.3 工程项目进度计划的调整

1. 影响进度计划执行情况检查的分析

(1) 计划欠周密。

(2) 工程实施条件发生变化。

(3) 管理工作失误。

① 计划部门与执行部门缺少信息沟通，从而导致进度失控。

② 施工承包企业进度管理水平较差。

③ 对参建各方协调不力，使计划实施脱节。

④ 对项目资源供应不及时，使进度严重偏离。

2. 进度计划执行过程中的调整方法

1) 进度计划的调整原则

进度计划执行过程中如发生实际进度与计划进度不符的情况，则必须修改或调整原定计划，从而使之与变化以后的实际情况相适应。进度计划执行过程中的调整究竟有无必要还应视进度偏差的具体情况而定，对此可分析说明如下。

(1) 当进度偏差体现为某项工作的实际进度超前。根据网络计划技术原理可知，非关键工作提前非但不能缩短工期，可能还会导致资源使用发生变化，管理稍有疏忽甚至能打乱整个原定计划，给管理者的协调工作带来麻烦。对关键工作而言，进度提前可以缩短计划工期，但由于上述原因实际效果不一定好。因此，当进度计划执行中有偏差体现为进度超前，如果幅度不大不必调整，当超前幅度过大必须调整。

(2) 当进度偏差体现为某项工作的实际进度滞后。此种情况下是否调整原定计划通常应视进度偏差和相应工作总时差及自由时差的比较结果而定。根据网络计划原理定义的工作时差概念可知，当实际进度滞后，是否对进度计划作出调整的具体情形分述如下。

① 若出现进度偏差的工作为关键工作，势必影响后续工作和工期，必须调整。

② 若出现进度偏差的工作为非关键工作，且滞后工作天数超过其总时差，会使后续工作和工期延误，必须调整。

③ 若出现进度偏差的工作为非关键工作，且滞后工作天数超过其自由时差而未超过总时差，不会影响工期，只有在后续工作最早开工不宜推后的情况下才进行调整。

④ 若出现进度偏差的工作为非关键工作，且滞后工作天数未超过其自由时差，对后续工作和工期无影响，不必调整。

2) 进度计划的调整方法

按上述原则，当计划工作进展超前或滞后时往往需要对进度计划进行调整，其中针对工作进度超前的情况显然其调整的目的是适当放慢工作进度，方法是适当延长某些工作的持续时间。这样不但不影响工期，对控制质量和降低成本有利。

工作进度滞后的调整方法相对复杂，这里主要概括说明计划工期延误情况下进行计划调整的两种主要方法。

(1) 改变某些后续工作的逻辑关系。若有关后续工作之间的逻辑关系允许改变，此时可变更位于关键线路或非关键线路且延误时间已超出其总时差的有关逻辑关系，从而达到缩短工期的目的。

(2) 缩短某些后续工作的持续时间。不改变工作之间的逻辑关系，单纯压缩某些后续工作的持续时间，以加快后期工程进度从而使原计划工期仍然能够得以实现。应用本法要注意被压缩的工作是引起计划工期延长的关键线路或某些非关键线路上的工作，且这些工作具有压缩持续时间的余地。具体计算分析步骤如下。

① 删去已完工作，将检查日期作为剩余网络开始日期形成剩余网络。

② 将处于进行中的工作持续时间标注于剩余网络图中。

③ 计算剩余网络的各项时间参数。

④ 据时间参数计算结果推算有关工作持续时间的压缩幅度。

特别提示

采用压缩工作持续时间的方法缩短工期不仅可能会使工程项目在质量、费用和资源供应均衡性方面蒙受损失，而且还要受到技术间歇时间、气候、施工场地、施工作业空间及施工单位技术能力和管理素质等条件的限制。因此要从实际出发，确保应用的可行性和实际效果。

案例 4.1

工期争议及解决方法

深圳某工程项目，建设单位与施工总承包单位按照《建设工程施工合同(示范文本)》签订了施工承包合同，并委托了某监理公司承担施工阶段的监理任务。开工前，在施工合同约定开工日期的前5天，施工总承包单位书面提交了延期10天开工申请，总监理工程师不予以批准，于是双方发生了一定的争执。

【讨论】

请问总监理工程师不批准总承包商的延期申请是否合理？并说明理由。

【解析】

总监理工程师不批准总承包商的延期申请是合理的，是正确的。

原因：根据施工合同规定，承包商不能按时开工，应当不迟于协议书约定的开工日期前7天，以书面形式向工程师提出延期开工的理由和要求，工程师应当在接到延期开工申请后的48h内以书面形式答复承包商。而本案中承包商提出的延期申请不符合合同规定的时间要求，总监理工师应该不予以批准。

案例 4.2

工 程 索 赔

某高速公路项目利用世界银行贷款修建，施工合同采用FIDIC合同条件，业主委托监理单位进行施工阶段的监理。该工程在施工过程中，陆续发生了如下索赔事件(索赔工期与费用数据均符合实际)。

(1) 施工期间，承包方发现施工图纸有误，需设计单位进行修改，由于图纸修改造成停工20天。承包方提出工期延期20天与费用补偿2万元的要求。

(2) 施工期间因下雨，为保证路基工程填筑质量，总监理工程师下达了暂停施工指令，共停工10天，其中连续4天出现低于工程所在地雨季平均降雨量的雨天气候和连续6天出现50年一遇特大暴雨。承包方提出工期延期10天与费用补偿2万元的要求。

(3) 施工过程中，现场周围居民称承包方施工噪声对他们有干扰，阻止承包方的混凝土浇筑工作。承包方提出工期延期5天与费用补偿1万元的要求。

(4) 由于业主要求，在原设计的一座互通式立交桥设计长度增加了5m，监理工程师向承包方下达了变更指令，承包方收到变更指令后及时向该桥的分包单位发出了变更通知。分包单位及时向承包方提出了索赔报告，报告内容如下。

①由于增加立交桥长度，需增加费用20万元和分包合同延期30天的索赔。

②此设计变更前因承包方使用而未按分包合同约定提供施工场地，导致工程材料到场二次倒运增加的费用1万元和分包合同工期延期10天的索赔。

承包方以已向分包单位支付索赔21万元的凭证为索赔证据，向监理工程师提出要求补偿该笔费用21万元和延长工欺40天的要求。

(5) 由于某路段路基基底是淤泥，根据文件要求，需进行换填．在招标文件中已提供了地质的技术资料。承包方原计划使用隧道出碴作为填料换填，但施工中发现隧道出碴级配不符合设计要求，需要进一步破碎以达到级配要求，承包方认为施工费用高出合同单价，如仍按原价支付不合理，需另行给予延期20天与费用补偿20万元的要求。

【讨论】

应如何处理承包方提出的上述索赔要求？

【解析】

(1) 发包人应向承包人提供满足施工需要的所有图纸(包括配套说明和有关资料)。图纸修改造成停工不应由承包方承担，承包方提出工期延期20天与费用补偿2万元的要求是合理的，应得到补偿。

(2) 由于异常恶劣气候造成的6天停工是承包方不可预见的，应签证给予工期补偿6天，而不应给费用补偿。对于低于雨季正常雨量造成的4天停工，是承包方应该预见的，故不应该签证给予工期补偿和费用补偿。

(3) 承包方在组织施工时，应采取一定的措施，有效地降低施工噪声。因此，现场周围居民的干扰是承包方自身原因造成的，故不应给予费用补偿和工期补偿。

(4) 由于涉及变更导致的费用补偿20万元和工期延期30天，不属于承包方责任，应该得到工期补偿和费用补偿。工程材料到场二次倒运增加的费用1万元和分包合同工期延期10天是属于承包方责任，不应得到索赔。

(5) 因在招标文件中已提供了地质技术资料，承包方在投标报价中应包含换填路基基底於泥所需的费用和工期，施工费用应按合同单价执行。延期20天与费用补偿20万元的的要求是不合理的，不应签证给予补偿。

4.4 进度拖延原因分析及解决措施

4.4.1 进度拖延原因分析

进度拖延是工程项目过程中经常发生的现象，各层次的项目单元，各个项目阶段都可能出现延误。项目管理者应按预定的项目计划定期评审实施进度情况，并分析确定拖延的根本原因。

进度拖延的原因分析可以采用许多方法，下面介绍如下几种。

(1) 通过各工程活动(工作包)的实际工期记录与计划对比确定拖延及拖延量。

(2) 采用关键线路分析的方法确定各种拖延对总工期的影响。由于各活动在网络中所处的位置(关键线路或非关键线路)不同，它们对整个工期拖延的影响程度也不同。

(3) 采用因果关系分析图(表)，影响因素分析表，工程量、劳动效率对比分析等方法，详细分析各工程活动(工作包)拖延的影响因素，以及各因素影响量的大小。

进度拖延的原因是多方面的，常见的有以下4个方面。

(1) 工期及相关计划的失误。计划失误是常见的现象，人们在计划期将持续时间安排得过于乐观，包括如下原因。

① 计划时忘记(遗漏)部分必需的功能或工作。

② 计划值不足(如计划工作量、持续时间)，相关的实际工作量增加。

③ 资源或能力不足，如计划时没考虑到资源的限制或缺陷，没有考虑如何完成工作。

④ 出现了计划中未能考虑到的风险或状况，未能使工程实施达到预定的效率。

⑤ 在现代工程中，上级(业主、投资者、企业主管)常在一开始就提出很紧迫的工期要求，使承包商或其他设计单位、供应商的工期太紧。而且，许多业主为了缩短工期，常压缩承包商做标期、前期准备的时间。

(2) 环境条件的变化。

① 可能是由于设计的修改或错误、业主新的要求、修改项目的目标及系统范围的扩展造成的工作量变化。

② 外界(如政府、上层系统)对项目新的要求，或限制或设计标准的提高，可能会造成项目资源的缺乏，致使进度无法按时完成。

③ 环境条件的变化，如不利的施工条件不仅造成对工程实施过程的干扰，有时直接要求调整原来已确定的计划。

④ 发生不可抗力事件，如地震、台风、动乱和战争等。

(3) 实施过程中管理失误。

① 计划部门与实施者之间、总分包商之间、业主与承包商之间缺少沟通。

② 工程实施者缺少工期意识，如管理者拖延了图纸的供应和批准，任务下达时缺少必要的工期说明和责任落实，拖延了工程活动。

③ 项目参加单位对各个活动(各专业工程和供应)之间的逻辑关系(活动链)没有了解清楚，下达任务时也没有作详细的解释。同时对活动的必要前提条件准备不足，各单位之间缺少协调和信息沟通，许多工作脱节，资源供应出现了问题。

④ 由于其他方面未完成项目计划造成拖延，如设计单位拖延设计、运输不及时、上级机关拖延批准手续、质量检查拖延、业主不果断处理项目实施中出现的问题等。

⑤ 承包商没有集中力量施工，材料供应拖延，资金缺乏，工期控制不紧。这可能是承包商的同期工程太多，力量不足造成的。

⑥ 业主没有集中资金的供应，拖欠工程款，业主的材料、设备供应不及时。

(4) 其他原因。如由于采取其他调整措施造成工期的拖延；如设计的变更、质量问题的返工和实施方案的修改。

国外有人曾对项目进度拖延的各种原因进行统计分析，得到一个分布图式。但这是在一定国度、一定环境下的统计结果，不能作为一种规律推广。

4.4.2 解决进度拖延的措施

1. 基本策略

对已产生的进度拖延可以有如下的基本解决策略。

(1) 采取积极的措施赶工，以弥补或部分地弥补已经产生的拖延。主要通过调整后期计划，采取措施压缩工期，修改网络。

(2) 不采取特别的措施，在目前进度状态的基础上，仍按照原计划安排后期工作。但通常情况下，拖延的影响会越来越大。有时刚开始仅一两周的拖延，到最后会导致一年拖延的结果。这是一种消极的办法，最终结果必然损害工期目标和经济效益，如被工期罚款，由于不能及时投产而不能实现预期收益。

2. 工期压缩问题

在实际工程中，工期压缩一般在3种情况下发生。

(1) 工期计划中有时间限定。在工程项目网络计划中，常常总工期或部分里程碑事件的时间是事先确定的。

① 承包商必须按批准的(招标文件或合同规定的)总工期安排项目实施，即总工期限定。

② 业主(或上级)指定工程的某些里程碑事件的时间安排，如某条道路必须在国庆前通车，办公楼建设在厂庆那一天奠基。

③ 有的是其他方面的特殊要求，如主体结构必须在雨期到来前封顶，主体混凝土工程必须在冬期到来前完成等。

根据国外的调查，96%的网络技术分析人员都会遇到工期限定的要求。

在网络计划中，这些限定作为输入的约束条件，限定了某些活动(包括开始节点、结束节点)的开始或结束时间。这种限定可能有以下两种结果。

① 项目的时间是宽裕的(刚好不长不短的情况一般很少)，则会导致网络分析的结果没有关键线路，即所有活动都有时差，都有调整余地。

② 计划值已突破上述限制，如按网络分析得到的总工期为28周，而业主在招标文件中规定的工期为25周；又如按分析结果，道路只能在11月1日通车，而上级要求在10月1日通车。

这种限定经计算机网络分析后会使有些活动(常在一条线上)出现负时差，即某些工程活动的最迟开始时间小于最早开始时间，或总时差为负值。这表明，网络中已出现逻辑上的矛盾，必须进行调整，当然如果有可能应尽量争取取消限制。

(2) 工程实施中工期拖延。在实施阶段常会出现实际工期比计划工期拖延的情况。

① 由于承包商自己的责任造成工期拖延的，他有责任采取赶工措施，使工程按原计划竣工。

② 由于业主的责任，或不可抗力的原因导致工程拖延，但业主或上级要求承包商采取措施弥补或部分弥补拖延的工期。

(3) 工程正常进行，但由于市场变化，或业主和上层组织目标的变化，在项目实施过程中要求项目提前竣工，则必须采取措施压缩工期。

工期过度压缩会损害质量目标、成本目标，影响项目的现场管理和安全管理等问题。

3. 可以采取的赶工措施

在上述情况下，都必须进行工期计划的调整，压缩关键线路的工期。这是一个非常复杂的、计算机也不能取代的技术性工作。

无论是在计划阶段压缩工期，还是在实施中，解决进度拖延问题都有许多方法，但每种方法都有它的适用条件、限制，必然会带来一些负面影响。人们以往的讨论，以及在实际工作中，都将重点集中在时间问题上，这是不对的。许多措施常常没有效果，或引起其他更严重的问题，最典型的是增加成本开支、现场混乱和引起质量问题。所以，应该将它作为一个新的综合的计划过程来处理。

在实际工程中，经常采用如下赶工措施。

(1) 增加资源投入。如增加劳动力、材料、周转材料和设备的投入量以缩短持续时间。这是最常用的办法，它会带来如下问题。

① 造成费用的增加，如增加人员的调遣费用、周转材料一次性费用和设备的进出场费用。

② 由于增加资源，造成资源使用效率的降低。

③ 加剧资源供应的困难，如有些资源没有增加的可能性，加剧项目之间或工序之间对资源的激烈竞争。

(2) 重新分配资源。如将服务部门的人员投入到生产中去，投入风险准备资源，采用多班制施工，或延长工作时间。

重新进行劳动力组合，在条件允许的情况下，减少非关键线路活动的劳动力和资源的投入强度，而将它们向关键线路集中。这样非关键线路在时差范围内适当延长不影响总工期，而关键线路由于增加了投入，缩短了持续时间，进而缩短了总工期。

(3) 减少工作范围。包括减少工作量或删去一些工作包(或分项工程)，但这可能产生如下影响。

① 对工程的完整性，以及经济、安全、高效率运行产生影响，或提高项目运行费用。

② 必须经过上层管理者，如投资者、业主的批准。

(4) 改善工具、器具以提高劳动效率。

(5) 提高劳动生产率，主要通过辅助措施和合理的工作过程。这里要注意如下问题。

① 加强培训，当然这又会增加费用，需要时间，通常培训应尽可能地提前。

② 注意劳动力组合中工人级别与工人技能的协调。

③ 充分利用激励机制，如奖金、小组协作精神、个人负责制和明确目标等。

④ 改善工作环境及项目的公用设施，当然这需要增加投入。

⑤ 项目小组在时间和空间上合理的组合和搭接。

⑥ 避免项目组织中的矛盾，多沟通。

(6) 将原计划由自己承担的某些分项工程分包给其他单位，将原计划由自己生产的结构构件改为外购等。当然，这不仅有风险、产生新的费用，而且需要增加控制和协调工作。

(7) 改变网络计划中工程活动的逻辑关系。

① 将前后顺序工作改为平行工作。

② 流水作业能够很明显地缩短工期，所以在可能的情况下采用流水施工的方法。

③ 合理地搭接。

但是，这有可能产生如下问题。

① 工程活动逻辑上的矛盾性。

② 资源的限制，平行施工要增加资源的投入强度，尽管投入总量不变。

③ 工作面限制及由此产生的现场混乱和低效率问题。

(8) 修改实施方案，采取技术措施。例如，将占用工期时间长的现场制造方案改为场外预制，场内拼装；采用外加剂，以缩短混凝土的凝固时间，缩短拆模期等。这样一方面可以提高施工速度，同时将自己的人力、物力集中到关键线路活动上。当然，这样做一方面要考虑必须有可用的资源；另一方面又要考虑会造成成本的超支。

例如，在一国际工程中，原施工方案为现浇混凝土，工期较长。进一步调查发现该国技术木工缺乏，劳动力的素质和可培训性较差，无法保证原工期，后来采用预制装配施工方案，则大大缩短了工期。

(9) 将一些工作包合并，特别是在关键线路上按先后顺序实施的工作包合并，与实施者一起研究，通过局部调整实施过程和人力、物力的分配，达到缩短工期的目的。

通常 A1、A2 两项工作如果由两个单位分包按次序施工，则它的持续时间较长。而如果将它们合并为 A，由一个单位来完成，则持续时间就会大大地缩短，如图 4.13 所示，其原因如下。

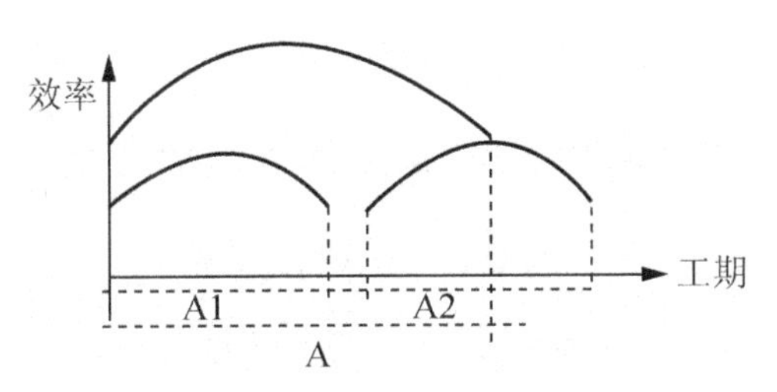

图 4.13 两项工作合并的效率比较

① 两个单位分别负责，则它们都要经过前期低效率和结束前低效率的过程，这样总的平均效率很低。

② 由于由两个单位分别负责，中间有一个对 A1 工作的检查、打扫和场地交接、对 A2 工作准备的过程，会使工期延长，这是由分包合同或工作任务单所决定的。

③ 如果合并由一个单位完成，则平均效率会较高，而且许多工作能够穿插进行。

④ 实践证明，采用“设计—采购—施工”总承包，或项目管理总承包，比分阶段、分专业平行承包总工期会大大缩短。

上述措施都会带来一些不利的影响，都有一些适用条件。它们可能导致劳动效率的降低，资源投入的增加，出现逻辑关系的矛盾，工程成本的增加，或质量的降低。管理者在选择时应作出周密的考虑和权衡。

4. 压缩对象的合理选择

压缩对象，即被压缩工程活动的选择，是工期压缩的又一个复杂问题。当然，只有直接压缩关键线路上活动(或时差小于 0 的活动)的持续时间，才能压缩总工期(或消除负时差)。在许多计算机网络分析程序中，事先由管理者定义工程活动的优先级，计算机再按优先级顺序压缩工期。

压缩对象的选择(或优先级的定义)一般考虑如下因素。

(1) 一般首先选择持续时间相对长的活动。因为相同的压缩量对持续时间长的活动相对压缩比小，则通常影响较小。

(2) 选择压缩成本低的活动。工程活动持续时间的变化会引起该活动资源投入和劳动效率的变化，则最终会引起该活动成本的变化，而某活动压缩单位时间所需增加的成本称为该活动的压缩成，如图 4.14 所示。通常由于原来的持续时间是经过优化的，所以一般压缩都会造成成本的增加，而且同一活动，如果继续压缩，其压缩成本会不断上升，即在图 4.14 中 $\Delta C_1<\Delta C_2$。这种成本的高速增加有十分复杂的原因，最主要的原因是资源投入的增加和劳动效率的降低。

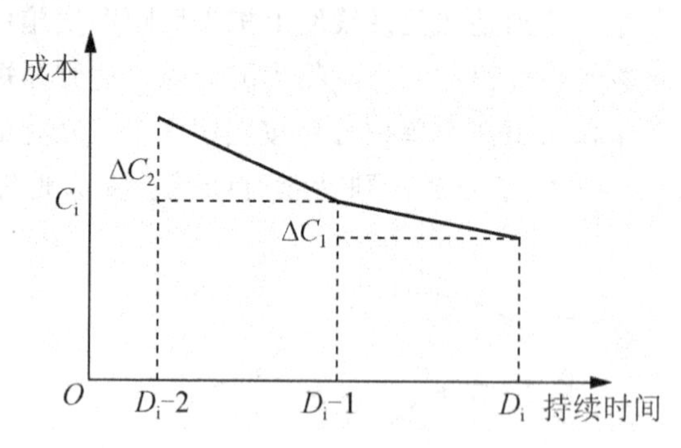

图 4.14 成本的压缩

例如，B 和 J 的劳动力投入量都是 10 人，则 B 压缩 2 周，由 12 周变为 10 周，须增加的劳动力为

$$\Delta L=10\text{ 人}\times 12\text{ 周}/10\text{ 周}-10\text{ 人}=2\text{ 人}$$

而 J 压缩 2 周须增加劳动力为

$$\Delta L=10\text{ 人}\times 4\text{ 周}/2\text{ 周}-10\text{ 人}=10\text{ 人}$$

显然，在劳动力费用方面 J 的压缩成本要高于 B。例如，再将 B 由 10 周压缩到 8 周，即使假定劳动效率没有变化，则需要投入的人数为

$$\Delta L=12\text{ 人}\times 10\text{ 周}/8\text{ 周}-12\text{ 人}=3\text{ 人}$$

即 B 第一次压缩 2 周需增加投入 2 人，而第二次压缩 2 周需增加投入 3 人。而且在实际工程中，第二次压缩会造成劳动效率大幅度降低，需增加的人数超过 3 人。

由于各个活动的 ΔC 不同，则应选其中 ΔC 最小的活动进行压缩。

(3) 压缩所引起资源的变化，如资源的增加量以及须增加的资源种类、范围、可获得性。尽量不要造成大型设备数量的变化，不要增加难以采购的材料(如进口材料)，同时不要造成对计划过大的修改。

(4) 可压缩性。无论一个工程项目的总工期，还是一个活动的持续时间都存在可压缩性问题或工期弹性。有些活动由于技术规范的要求、资源的限制、法律的限制，是不可压缩的，或经过压缩(优化)以后渐渐变成不可压缩的，它的工期弹性越来越小，接近最短工期限制。

(5) 考虑其他方面的影响。如在定义优先级时，对需要较长前期准备时间的活动、持续时间长的活动、关键活动赋予较高的优先级。如在工程中选择压缩(调整)对象时，经常会遇到这个问题：选择前期(近期)活动还是选择后期活动。

① 选择项目前期活动压缩则以后工期需要再作调整(压缩)时仍有余地，但近期活动的压缩影响面较大，这可以从网络上看出来。项目初期活动的变化，影响的活动较多，即后面许多活动都要提前，则与这些活动相关的供应计划、劳动力安排、分包合同等都要变动。

② 选择后期(远期)的活动(如结束节点)压缩则影响面较小，但以后如果再要压缩工期就很困难，因为活动持续时间的可压缩性是有限的。

一般在计划期，由于工程活动都未作明确的安排(如尚未签订合同和订购材料)，可以考虑压缩前期活动；而在实施中尽量考虑压缩后期活动，以减小影响面。

4.4.3 进度控制中应注意的问题

(1) 在选择措施时，要考虑到如下问题。

① 赶工应符合项目的总目标与总战略。

② 措施应是有效的、可以实现的。

③ 花费比较省。

④ 对项目的实施、承包商、供应商的影响面较小。

(2) 在制定后续工作计划时，这些措施应与项目的其他过程协调。

(3) 在实际工作中，人们常常采用许多事先认为有效的措施，但实际效果却很小，达不到预期缩短工期的效果，其原因如下。

① 这些新的计划是在无正常计划期状态下进行的，常是不周全的。

② 缺少协调，没有将加速的要求、措施、新的计划、可能引起的问题通知相关各方，如其他分包商、供应商、运输单位、设计单位。

③ 人们对以前造成拖延的问题的影响认识不清。如由于外界干扰，到目前为止已造成两周的拖延，实质上，这些影响是有惯性的，还会继续扩大。所以，即使现在采取措施，在一段时间内，其效果也很小，拖延仍会继续扩大。

复习思考题

1. 调查一个实际工程的工期情况，并绘制它的总进度横道图。
2. 如何制订资源计划？如何进行优化？
3. 什么是非关键活动？它有什么作用？

4. 工程活动之间的逻辑关系是由什么决定的?

5. 确定工程活动的持续时间要考虑哪些因素?

6. 什么叫做“里程碑事件”? 试列举项目中常见的5个“里程碑事件”。

7. 工期压缩的主要措施有哪些?

8. 进度计划调整有哪些方法?

9. 在一项目中有浇注混凝土工程活动，计划工程量为5000m^3，计划每天浇注200m^3。实际施工情况为：开始3天进度为180m^3/d，接着因下雨停工3天，在接下4天中共浇注860m^3，最后以240m^3/d的速度完成剩余工程量。试用横道图检查法分析进度执行情况。

第5章 工程项目的费用管理

教学目标

在工程项目建设的各阶段把工程项目的费用投资控制在批准的投资限额内，随时纠正发生的偏差，以保证项目费用管理的目标。

教学要求

能力目标	知识要点	权重
了解相关知识	(1) 建设工程项目费用的组成 (2) 施工项目成本管理的工作内容	20%
熟练掌握知识点	(1) 工程项目各阶段费用估计的方法和结果表现形式 (2) 费用计划的编制方法和费用控制的原理、方法	50%
运用知识分析案例	建设工程项目费用组成、费用控制方法、合同价款支付、固定总价合同调整、费用索赔	30%

引例

价值工程理论应用两实例

实例1：美国1972年在俄亥俄河大坝枢纽设计中，应用了价值工程，从功能和成本两个方面，对大坝、溢洪道等进行了综合分析，采取增加溢洪道闸门高度的方法，使闸门数量由17道减少到12道，并且改进闸门施工工艺。但大坝的功能和稳定性不受影响，保证具有必需的功能。仅此，大坝建筑投资就节约了1930万美元。用在聘请专家等进行价值工程分析的费用，只花费了1.29万美元，取得了1美元收益，接近于1500美元的投资效果。

实例2：在国内，上海华东电力设计院承担宝钢自备电厂储灰场围堤筑坝设计任务，原设计采用抛石施工的土石围堤，造价在1500万元以上。该设计院通过对钢渣物理性能和化学成分分析试验，在取得可靠数据以后，经反复计算，细致推敲，证明用钢渣代替抛石在技术上是可行的。为保险起见，他们先搞了200m试验段(试验段围堤长2353m)，取得成功经验后，再大面积施工。经过设计、施工等多方努力，在长江口，国内首座钢渣黏土心墙围堤提前一个月胜利建成，后来又经受了强台风和长江特高潮位同时袭击的考验。比原设计方案节省投资700多万元，取得了降低投资、保证功能的效果。

5.1 工程项目费用管理概述

工程项目关于价值消耗方面的术语较多，常有一些习惯的用法。从各角度出发，不同的名称，则有不同的含义，如成本和成本控制(承包商用得较多)，投资和投资计划(一般都是从业主投资者角度出发)，费用和费用管理(它的意义最广泛，各种对象都可使用)。这 3 种名称都以工程上的价值消耗为依据，在实质上是统一性的。无论从业主还是从承包商的角度，计划和控制方法是相同的。为了更广义地介绍价值消耗的计划和控制，在本章中将它们统一起来，使用名称为“工程项目费用管理”。

5.1.1 建设工程费用管理的定义

工程项目费用管理就是要在保证工期和质量满足要求的情况下，利用组织措施、经济措施、技术措施、合同措施把费用控制在计划范围内，并进一步寻求最大限度的费用节约。项目费用计划与控制是项目费用管理的主要内容。项目的费用计划是项目费用控制的基础。项目费用管理的内容包括对工程项目费用进行预测、决策、计划、控制、核算、分析和检查等一系列工作。工程项目费用管理是项目管理的一个重要方面。项目费用管理水平的提高将带动整个项目管理水平，乃至整个企业管理水平的提高。因此，工程项目费用管理在工程项目管理中的重要地位是不可替代的。

5.1.2 工程项目费用的组成

我国现行建设工程费用的构成，按其性质不同划分为设备购置费，工具、器具购置费，建筑安装工程费，工程建设其他费用，预备费和建设期贷款利息等。具体构成如图 5.1所示。

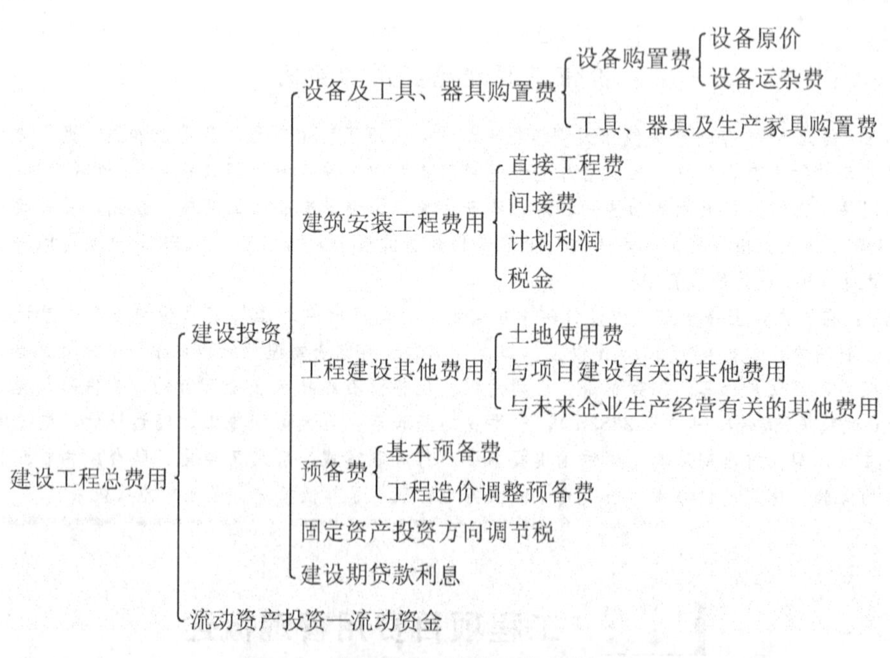

图 5.1 我国现行工程项目费用的组成

1. 设备及工器具购置费

设备及工器具购置费由设备购置费和工器具及生产家具购置费组成。它是指为工程项目购置或自制达到固定资产标准的设备和新、扩建工程项目配置的首批工器具，及生产家具所需的费用。在生产性工程建设中，设备、工器具费用占投资费用比例的多少，意味着资本有机构成和生产技术进步的程度。

1）设备购置费

设备购置费指购置设计文件规定的各种机械和电气等设备的全部费用。它包括设备原价或进口设备抵岸价和设备运杂费，即

设备购置费＝设备原价或进口设备抵岸价＋设备运杂费

上式中，设备原价系指国产标准设备、非标准设备的原价。设备运杂费系指设备原价中未包括的包装和包装材料费、运输费、装卸费、采购费及仓库保管费、供销部门手续费等。如果设备是由设备成套公司供应的，成套公司的服务费，也应计入设备运杂费中。

2）工具、器具及生产家具购置费

工具、器具及生产家具购置费是指按项目初步设计规定的，为生产、试验、经营、管理或生活需要购置的，以及未达到固定资产水平的各种工具、器具、仪器及用具和家具的费用。一般以设备购置费为计算基数，按照部门或行业规定的工具、器具及生产家具费率计算。公式为

工具、器具及生产家具购置费＝设备购置费×定额费率

2. 建筑安装工程费

建筑安装工程费是指用于建筑工程和安装工程的费用。建筑工程包括一般土建工程、采暖通风工程、电气照明工程、给排水工程、工业管道工程和特殊构筑物工程等。安装工程包括电气设备安装工程、化学工业设备安装工程、机械设备安装工程和热力设备安装工程等。

建筑安装工程费用的构成如图5.2所示，它包括直接工程费、间接费、计划利润和税金。

1）直接工程费

直接工程费是指直接消耗在建筑安装工程施工生产中，构成工程实体的人工、材料和机械等直接费用，以及其他直接费、现场经费的总称。

（1）直接费。是指按照预算定额项目，根据项目的施工图、分项工程量、建筑安装工程预算定额基价或地区单位估价表计算出的，项目施工过程中耗费的构成工程实体和有助于工程形成的各项费用。它包括人工费、材料费、施工机械使用费。

① 人工费指直接从事建筑安装工程施工的生产工人开支的各项费用。它包括生产工人的基本工资、工资性补贴、生产工人辅助工资、职工福利费及劳动保护费。

人工费一般可按下式计算，即

$$人工费=\sum(工程量\times 相应预算定额基价中的人工费)$$

② 材料费是指列入预算定额内，施工过程中直接消耗在建筑安装工程生产上构成实体的原材料、辅助材料、构配件、零件、半成品、成品的费用和周转性材料的摊销(或租赁)等费用的总称。其内容包括材料原价、供销部门手续费、包装费、运输费及途耗、采购及保管费。

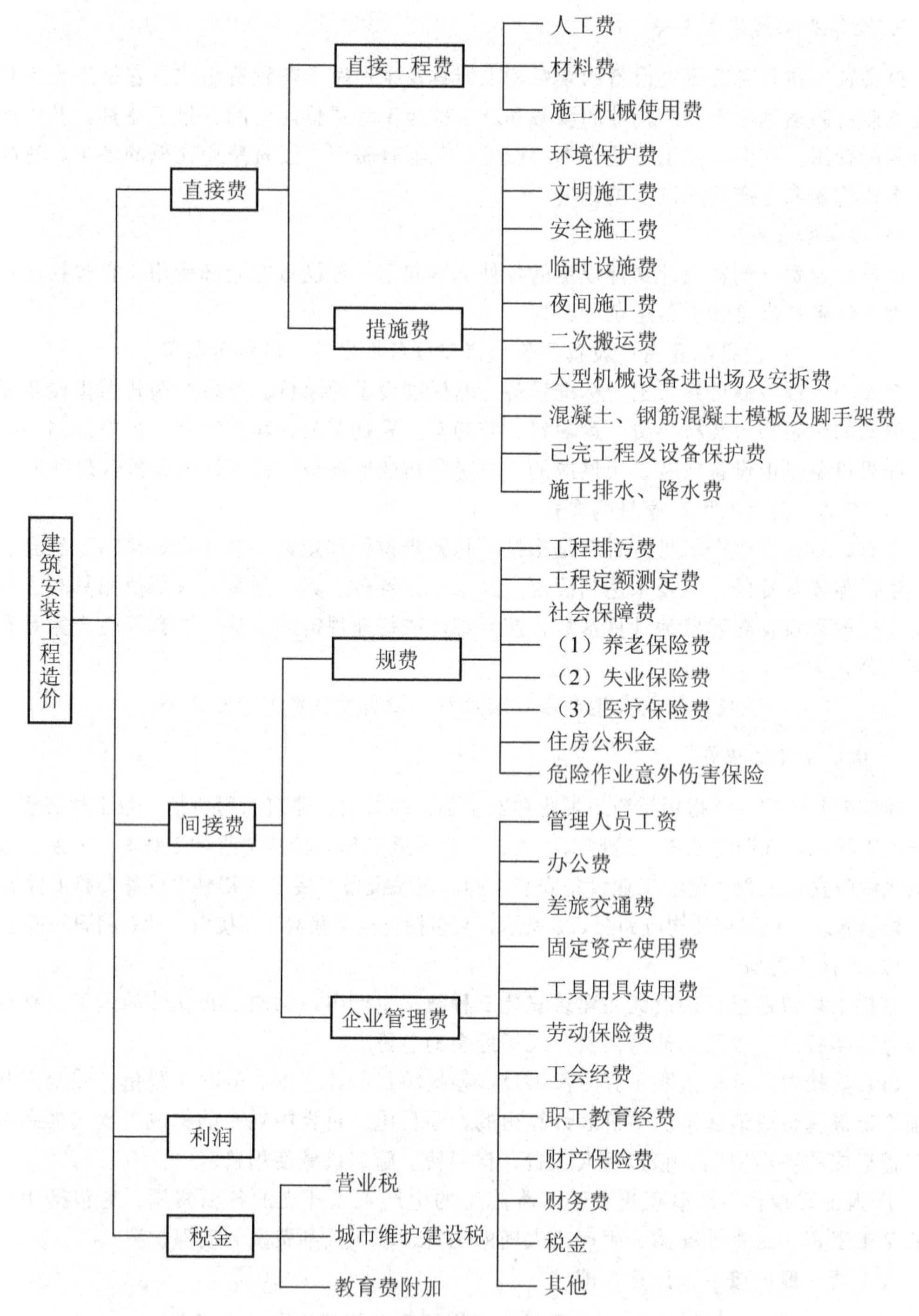

图 5.2　建筑安装工程费用的构成

材料费一般按下式计算，即

$$材料费=\sum（工程量\times相应预算定额基价中的材料费）$$

③ 施工机械使用费是指建筑安装工程项目施工中，使用施工机械作业所发生的机械

使用费以及机械安、拆和进出场费等。其内容包括折旧费、大修理费、经常修理费、安拆费及场外运输费、燃料动力费、人工费运输机械养路费、车船使用税及保险费等。

施工机械使用费可按下式计算，即

$$施工机械使用费=\sum(工程量\times相应预算定额基价中的施工机械使用费)$$

(2) 其他直接费。是指建筑安装工程直接费以外施工过程中发生的其他费用。其他直接费包括夜间施工增加费、冬雨季施工增加费、材料的二次搬运费、中小型机械使用费、检验试验费和仪器仪表使用费等。同人工费、材料费、施工机械使用费相比，其他直接费具有较大的弹性。就具体的单位工程来讲，可能发生，也可能不发生，需要根据现场施工条件加以确定。其他直接费是按相应的计费基础乘以其他直接费率确定的。

(3) 现场管理费。是指为施工准备、组织施工生产和管理所需费用。它包括临时设施费和现场管理费。

临时设施费是指施工企业为进行建筑安装工程项目所必须的生活和生产用的临时建筑物、构筑物和其他临时设施费用的搭设、维修、拆除费或摊销费等。现场管理费指项目经理部为组织施工现场生产经营活动所发生的管理费用。它包括现场管理人员的基本工资、工资性津贴、职工福利费和劳动保护费等。办公费、职工差旅交通费、固定资产使用费、工具用具使用费、工程排污费、保险费、工程维修费和其他费用等。现场经费是以相应的计费基础乘以现场经费费率确定的。

2) 间接费

间接费是指建筑施工企业为组织和管理工程施工所需要支出的一切费用。它不直接构成建筑工程实体，也不归属于某一分部工程，只能间接地分摊到各个工程的费用中，为工程服务。建筑安装工程间接费包括企业管理费、财务费和其他费用。

(1) 企业管理费。是指建筑施工企业为组织工程项目施工经营活动所发生的管理费用。它包括管理人员工资、职工养老保险及待业保险费、职工工会经费及福利基金、职工教育经费、现场办公费、工具用具使用费、差旅交通费、劳动保险费、固定资产使用费、税金，其他费用如技术转让费、业务招待费和排污费等。可归纳为非生产性费用、为项目施工服务的费用、为工人服务的费用以及其他管理费用的几个方面。

(2) 财务费用。是指施工企业为筹集资金而发生的各项费用。该项费用的内容包括：施工企业经营期间发生的短期贷款利息净支出、汇兑净损失、调剂外汇手续费、金融机构手续费，以及企业筹集资金发生的其他财务费用。

(3) 其他费用。是指按规定支付工程造价管理部门的定额编制管理费及劳动定额管理部门的定额测定费，以及按有关部门规定支付的上级管理费。

间接费的计算是按相应的计费基础乘以间接费费率确定的。

3) 计划利润费

计划利润是指建筑施工企业按国家规定的利润率，在工程中应计入建筑工程造价的利润。建筑施工企业的利润主要来源于法定的计划利润和经营利润等。而经营利润主要是成本降低额，它与项目的费用管理水平有关。利润的设立，不仅可以增加施工企业的收入，改善职工的福利待遇和技术装备，调动施工企业广大职工的积极性，而且可以增加社会总产值和国民收入。为适应招标承包制的需要，将施工企业原有的法定利润改为企业利润，允许施工企业在投标报价时向下浮动，以利于建筑市场的公平、合理竞争。费用与计划利润的关系如图 5.3 所示。

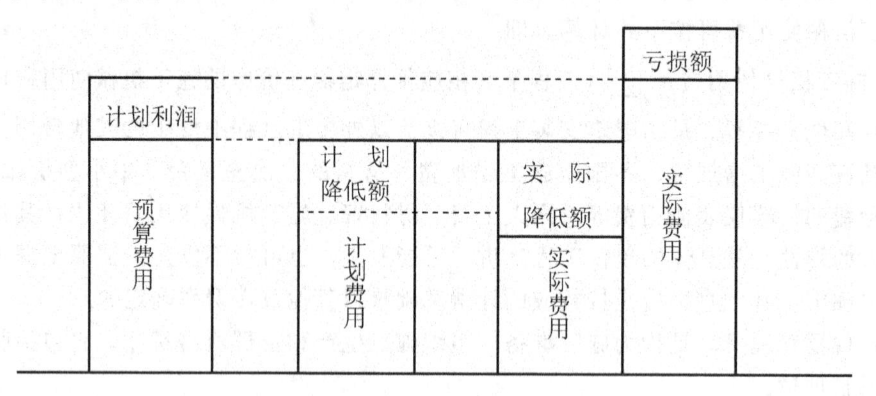

图 5.3 费用与计划利润的关系

4）税金

税金是指按国家税法规定应计入建筑安装工程费用内的营业税、城乡维护建设税和教育费附加。在计算时，为了简化，上述三种税金之和以直接工程费、间接费、计划利润三项之和作为计税基础，乘以相应的税率计算。计算公式为

税金＝计算基数(直接工程费＋间接费＋计划利润)×税率

3. 工程建设其他费用

工程建设其他费用是指从工程筹集到工程竣工验收交付使用止的整个建设期间，除建筑安装工程费用和设备、工器具购置费以外，为保证工程建设顺利完成和交付使用后能够正常发挥效用而发生的一些费用。

工程建设其他费用，按其内容大体可分为 3 类。第一类为土地使用费，由于工程项目固定于一定地点与地面相连接，必须占一定量的土地，也就必然要发生为获得建设用地而支付的费用。按获取的性质分为农用土地征用费和取得国有土地使用费。第二类是与项目建设有关的费用。如建设单位管理费、勘察设计费、研究试验费、工程监理费、工程保险费、供电贴费、施工机构迁移费、引进技术和进口设备其他费等。第三类是与未来企业生产和经营活动有关的费用。如联合试运转费、生产准备费、办公和生活家具购置费等。

4. 预备费

预备费包括基本预备费和涨价预备费。

(1) 基本预备费指在项目实施中可能发生难以预料的支出，需要预先预留的费用。如工程量增加、设备变更、局部地基处理等增加的费用，一般自然灾害造成的损失和预防自然灾害所采取的措施费用、竣工验收时为鉴定工程质量对隐蔽工程进行必要的挖掘和修复费用等。计算公式为

基本预备费＝(设备及工器具购置费＋建筑安装工程费＋工程建设其他费)×基本预备费率

(2) 涨价预备费指工程项目在建设期内由于物价上涨、费率变化等因素影响而需要增加的费用。

5. 建设期利息

建设期利息是指工程项目在建设期间固定资产投资借款的应计利息。建设期利息应按借款要求和条件计算。

6. 固定资产投资方向调节税

投资方向调节税是为了贯彻国家产业政策，控制投资规模，调整投资结构，加强重点建设，引导投资在地区和行业间的有效配置而开征的税收。目前，为了扩大内需，此项税已暂停征收。

7. 铺底流动资金

铺底流动资金是指生产性建设工程为保证生产和经营正常进行，按规定应列入工程项目总投资的铺底流动资金。一般按流动资金的30%计算。

知识链接

工程项目成本管理范式的转换

项目成本管理最初始于人们对家居和宫殿建造成本的管理，一直发展到现在，已经成为项目管理学科中的一个专项管理领域。从20世纪80年代初开始，各国的相关学术机构先后开始了对于项目成本管理新范式的探索工作。80年代末，各种现代项目成本管理的理论和方法被提出来。其中最有代表性的有：以中国工程造价管理界为主所推出的项目全过程成本管理的思想和方法；以英国工程成本管理界为主提出的项目全生命周期成本管理的理论和方法；以美国工程成本管理界为主推出的全面成本管理的理论和方法等。因此现代项目成本管理的研究与实践进入了一个全新的阶段，一个以基于全面集成的项目成本管理思想为主的项目成本管理新范式诞生。

5.2 工程项目的费用估算

5.2.1 费用估算的类型

工程项目的费用估算，因公式不同、目的不同以及与估算有关的资料详细程度的不同，估算的精确程度也各不相同。国外按照费用估算的精确程度不同，一般将费用估算细分为以下几种类型。

1）数量级估算(Order of Magnitude Estimate)

这种估算又称为比例估算(Ratio Estimate)、猜测估算(Guesstimate)、毛估。此阶段的费用估算是根据过去掌握的投资数据、费用资料和涨价因素等采用综合比例法求得。这种估算一般用于工程项目的机会研究阶段，通常用来判断一个项目是否还需做进一步的工作。它类似于国内项目的规划阶段的投资估算，可能误差大于或等于±30%。

2）研究性估算(Study Estimate)

这种估算又称为评价估算(Evaluation Estimate)、设计前估算(Pre - design Estimate)、粗估。它是在初步流程图、主要设备和初步厂址确定后进行的费用估算。这种估算所依据的资料较毛估多，能比较准确地估算费用数。它一般用于描述工程项目的可行性，通常用来表明一个项目是否可行，类似于国内可行性研究阶段的投资估算。它的可能误差为±30%。

3）预算性估算(Budget Estimate)

这种估算又称初步估算(Preliminary Estimate)、拨款估算(Funding Estimate)、意图估算(Scope Estimate)。它是在已有设备材料规格表、设备生产能力、工厂总平面图、建筑物的大致尺寸等较充足的基础上进行的估算。这种估算用于指明工程项目的可行性，通常来确定一个项目是否可行。它类似于国内可行性研究阶段的投资估算，其可能误差为±20%。

4）确定性估算(Definitive Estimate)

这种估算又称项目控制估算(Project Control Estimate)。它是根据实际图纸资料和已经掌握的比较完整的数据所编制的估算，可用于工程项目的筹款、拨款以及控制费用。根据这类估算，可作出设计和施工的决定。它类似于国内初步设计阶段的概算，可能误差为±10%。

5）详细估算(Detailed Estimate)

这种估算又称为投标估算(Tender Estimate)、最终估算(Final Estimate)。它是根据完整的施工图纸、技术说明文件和设备材料清单等资料编制的估算。另外，这种估算还要考虑各种可能的工程变更，以及其他不可预见事件对项目费用的影响。它主要用于工程项目招标、投标、签订合同和施工阶段费用的控制。这种估算类似于我国的施工图预算，可能误差为±5%。

以上几种估算是由估算师从单纯依据知识和经验按比率和比较的方法来确定项目的主要费用，进而根据拟建项目的部分或全部设计，计算工程量，并确定价格，最终计算出工程所需的总费用。因此，随着设计的深入和工程进展，可能引起工程量计算误差的原因不断减少，意外费用也随之减少，因而估算的可靠性不断增加。同时，几种估算之间相互衔接，前者制约后者，后者补充前者；从而构成了费用估算由粗到细、由浅到深的过程。

5.2.2 费用估算的依据

一般来说，项目费用估算的依据如下。

1）资源计划(Resource Plan)

项目的资源计划明确了项目需要的资源情况，确定了项目各个部分需要的资源数量。

2）资源单价(Resource Rate)

为了计算项目各种费用，估算人员必须知道每种资源的单价。在市场竞争激烈、价格瞬息万变的情况下，估算人员必须通过认真、周密的询价，确定和计算资源的合理单价。

3）项目数据库

国内的项目费用估算大都是根据已建成的、性质类似的工程项目的数据来推算，或者套一定的指标和定额来计算。但拟建设项目的内容、规模、标准、技术等方面都难免与已有的同类项目存在一定的差异，而且由于工程项目所处的时间、地点不同，技术条件、市场条件等都会发生很大的变化，所以用以上方法并不能准确地估算拟建工程项目的费用。

目前国际上较为普遍的费用估算依据是项目数据库。项目数据库是指各公司将自己开发或承担过的工程项目主要数据进行分类存贮，建立数据库。

项目数据库的建立应注意：对已完工的具体项目情况应有足够的说明，而且对已完工程的费用数据库应按统一的要求和标准定义存储，从而使各个项目可以通过统一的编码与项目数据库保持良好接口。

4）时间估算(Duration Estimate)

时间估算就是估计为完成每一项活动可能需要的工作时间。它将对项目费用估算中有关资金的附加费用(即利息)的估算产生较大的影响。

5.2.3 费用估算的编制方法

费用估算的编制方法有许多，它们各有自己的使用条件和范围，而且计算精度也各不相同。在实践中应根据工程项目的性质、占有的资料和数据的具体情况以及估算精度要求，选择适宜的估算方法。

1. 数量级、研究性、预算性估算的编制方法

1）扩大指标估算法

该方法适用于工程项目费用估算中对估算精度要求不太高的阶段。这种方法具体包括两种类型：单位生产能力估算法和生产规模指数估算法。

(1) 单位生产能力估算法。是根据其他已建成项目或其设备装置的投资和生产能力，求出单位生产能力的投资额后，推导出拟建项目或其设备装置的投资。当拟建项目与已建项目的生产能力接近时，可认为生产能力与投资额成线性关系，其计算公式为

$$C_2=C_1\times\left(\frac{Q_2}{Q_1}\right)\times f \tag{5-1}$$

式中：C_1——已建项目或设备装置的投资额；

C_2——拟建项目或设备装置的投资额；

Q_1——已建项目或设备装置的生产能力；

Q_2——拟建项目或设备装置的生产能力；

f——综合调整系数。

这种方法的运用基于对项目之间生产能力和其他条件的分析比较。估算时通常将工程项目分解为单项工程，分别套用类似单项工程的单位生产能力投资指标进行计算，汇总后便得到项目总投资。

(2) 生产规模指数估算法。是利用已建成项目的投资额或其设备装置的投资额，估算同类但生产规模不同的项目投资或其设备装置投资的方法。其计算公式为

$$C_2=C_1\times\left(\frac{Q_2}{Q_1}\right)^n\times f \tag{5-2}$$

式中：C_1——已建类似项目或设备装置的投资额；

C_2——拟建项目或设备装置的投资额；

Q_1——已建类似项目或设备装置的生产能力；

Q_2——拟建项目或设备装置的生产能力；

n——生产规模系数；

f——综合调整系数。

这种方法中生产规模指数 n 的选取是一个关键。尽管这种方法有时亦称为0.6因子法，但实际上此指数的变化范围一般为0.5～1。n 的取值根据行业性质、工艺流程、建设水平、生产率的不同而不同。一般来说，靠增大设备或装置的尺寸扩大生产规模时，取0.6～0.7；靠增加相同的设备或装置的数量扩大生产规模时，取0.8～0.9；若已建类似项目或设备装置的规模相差不大，生产规模比值在0.5～2之间，则 n 的取值近似于1。另外，拟建项目与已建项目或已建类似项目的生产能力相差不宜大于50倍，一般以在10倍以内最佳。

2）分项比例估算法

设备购置费用在工程项目投资中占有相当大的比重。根据统计分析，辅助生产设备、服务设施的装备水平与主体设备购置费用之间存在一定比例关系。因此在项目研究中，在对主体设备或类似工程情况已有所了解的情况下，有经验的项目费用估算人员就可以采用比例估算的方法来估算总费用，而不必分项去详细计算。较常用的方法有以下两种。

（1）按设备费用的百分比估算法。该方法的计算方式有两种。

① 以拟建项目或装置设备的购置费为基数，根据已建同类项目或装置的建筑安装工程费和其他费用等占设备价值的百分比，求出相应的建筑安装及其他有关费用，汇总即为项目总装置的投资。其计算公式为

$$C=E(1+f_1P_1+f_2P_2+f_3P_3)+I \tag{5-3}$$

式中：C——拟建类似项目或设备装置的投资额；

E——根据拟建项目或装置的设备清单估算的设备费(包括运杂费)的总和；

P_1、P_2、P_3——分别为已建项目建筑、安装及其他工程费用占设备费用的百分比；

f_1、f_2、f_3——分别为由于时间因素引起的劳动生产率、价格、费用标准等变化的综合调整系数；

I——拟建项目的其他一些费用。

② 与前者类似，以拟建项目中最主要、投资比重较大并与生产能力直接相关的工艺设备的投资(包括运杂费及安装费)为基数，根据同类型已建项目的有关统计资料，计算出拟建项目的各专业工程(土建、采购、给排水、管道、电气及电信、自控及其他费用等)占工艺设备投资的百分比，据以求出各专业的投资费用，然后相加汇总即得项目的总投资。其计算公式为

$$C=E(1+f_1P_1+f_2P_2+f_3P_3+\cdots+f_iP_i)+I \tag{5-4}$$

式中：P_i——各专业工程投资占工艺设备投资的百分比($i=1,2,3\cdots$)；

其余符号同式(5-3)。

（2）朗格系数法。是指以拟建项目设备费用为基数，乘以适当系数来推算项目总投

资。其中朗格系数是指项目总投资与设备费用之比。其计算公式为

$$D=(1+\sum K_i)\times K_c\times C \tag{5-5}$$

式中：D——项目建设投资；

C——主要设备费用；

K_i——管线、仪表、建筑物等项费用的估算系数；

K_c——包括工程费、不可预见费等间接费在内的总估算系数。

2. 确定性估算和详细估算

这两个阶段的估算相当于我国的概算、预算和投标报价，其编制过程如图5.4所示。具体编制方法参阅国际工程管理教学丛书《国际工程估价》一书。

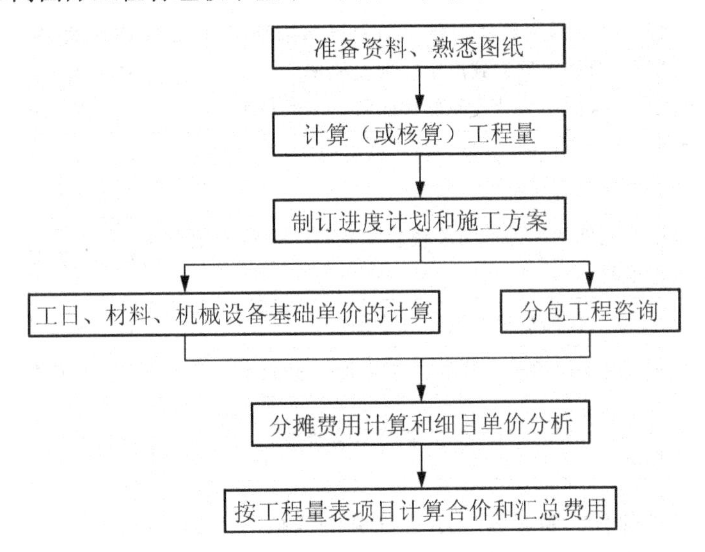

图5.4 确定性估算和详细估算的编制程序

【例5.1】 拟从某日本公司引进全套工艺设备和技术，在我国某港口城市内建设的项目，建设期2年，总投资1800万美元。总投资中引进部分的合同总价682万美元。辅助生产装置、公用工程等均由国内设计配套。引进合同价款的细项是：①硬件费620万美元。②软件费62万美元，其中计算关税的项目有：设计费、非专利技术及技术秘密费用48万美元；不计算关税的有：技术服务及资料费14万美元(不计海关监管手续费)。人民币兑换美元的外汇牌价均按1美元=8.3元人民币计算。③中国远洋公司的现行海运费率6%，海运保险费率3.5‰，现行外贸手续费率、中国银行财务手续费率、增值税率和关税税率分别按1.5%、5‰、17%、17%计取。④国内供销手续费率0.4%，运输、装卸和包装费率0.1%，采购保管费率1%。

问题：(1)引进项目的引进部分硬、软件从属费用有哪些？应如何计算？

(2) 本项目引进部分购置投资的估算价格是多少？

解：(1)本案例引进部分为工艺设备的硬、软件，其价格组成除货价外的从属费用包括：国外运输费、国外运输保险费、外贸手续费、银行财务费、关税和增值税等费用。各项费用的计算方法见表5-1。

表5－1　引进项目硬、软件货价及从属费用计算表

费用名称	计算公式	备　　注
货价	货价＝合同中硬、软件的离岸外币金额×外汇牌价	合同生效，第一次付款日期的总汇牌价
国外运输费	国外运费＝合同中硬件货价×国外运输费率	海运费率通常取6％ 空运费率通常取8.5％ 铁路运输费率通常取1％
国外运输保险费	国外运输保险费＝(合同中硬件货价＋海运费)×运输保险费率÷(1－运输保险费率)	海运保险费率常取3.5‰ 空运保险费率常取4.55‰ 陆运保险费率常取2.66‰
关税	硬件关税＝(合同中硬件货价＋运费＋运输保险费)×关税税率＝合同中硬件到岸价×关税税率 软件关税＝合同中应计关税软件的货价×关税税率	应计关税的软件指设计费、技术秘密费、专利许可证、专利技术等
消费税(价内税)	消费税＝［(到岸价＋关税)/(1－消费税率)］×消费税率(进口车辆才有此税)	越野车、小汽车取5％；小轿车取8％；轮胎取10％
增值税	增值税＝(硬件到岸价＋完关税软件货价＋关税＋消费税)×增值税率	增值税率取17％
银行财务费	合同中硬、软件的货价×银行财务费率	银行财务费率取4‰～5‰
外贸手续费	(合同中硬件到岸价＋完关税软件货价)×外贸手续费率	外贸手续费率取1.5％
海关监管手续费	减免关税部分的到岸价×海关监管手续费率	海关监管手续费率取3％

(2) 本项目引进部分购置投资＝引进部分的原价＋国内运杂费。
式中：引进部分的价格(抵岸价)是指引进部分的货价与从属费用之和。

① 货价＝620×8.3＋62×8.3＝5146＋514.6＝5660.60(万元)

② 国外运输费＝5146×6％＝308.76(万元)

③ 国外运输保险费＝(5146＋308.76)×3.5‰/(1－3.5‰)＝19.16(万元)

④ 硬件关税＝(5146＋308.76＋19.16＋48×8.3)×17％＝5872.32×17％＝998.30(万元)

软件关税＝48×8.3×17％＝398.4×17％＝67.73(万元)

⑤ 增值税＝(5872.32＋998.30)×17％＝6870.62×17％＝1168.01(万元)

⑥ 银行财务费＝5660.6×5‰＝28.30(万元)

⑦ 外贸手续费＝(5146＋308.76＋19.16＋48×8.3)×1.5％＝88.08(万元)

引进部分的原价为：

①＋②＋③＋④＋⑤＋⑥＋⑦＝8271.21(万元)

国内运杂费＝8271.21×(0.4％＋0.1％＋1％)＝124.07(万元)

引进设备购置投资＝8271.21＋124.07＝8395.28(万元)

【例5.2】 拟建砖混结构住宅工程3420m²，结构形式与已建成的某工程相同，只有外墙保温贴面不同，其他部分均较为接近。类似工程外墙为珍珠岩板保温、水泥砂浆抹面，

每平方米建筑面积消耗量分别为：0.044m^3、0.842m^3，珍珠岩板 153.1 元/m^3、水泥砂浆 8.95 元/m^3；拟建工程外墙为加气混凝土保温、外贴釉面砖，每平方米建筑面积消耗量分别为：0.08m^3、0.82m^3，加气混凝土 185.48 元/m^3，贴釉面砖 49.75 元/m^3。类似工程单方造价 588 元/m^3，其中，人工费、材料费、机械费、其他直接费、现场经费和其他取费占单方造价比例，分别为 11%、62%、6%、4%、5%和 12%，拟建工程与类似工程预算造价在这几方面的差异系数分别为：2.01、1.06、1.92、1.02、1.01 和 0.87。

问题：(1)应用类似工程预算法确定拟建工程的单位工程概算造价。

(2) 若类似工程预算中，每平方米建筑面积主要资源消耗为：人工消耗 5.08 工日，钢材 23.8kg，水泥 205kg，原木 0.05m^3，铝合金门窗 0.24m^2，机械费用为定额直接费的 8%，其他费用占 20%。计算拟建工程概算指标、修正概算指标和概算造价。

解：(1)①拟建工程概算指标＝类似工程单方造价×综合差异系数 K

K ＝11%×2.01＋62%×1.06＋6%×1.92＋4%×1.02＋5%×1.01＋12%×0.87

＝1.19

拟建工程概算指标＝588×1.19＝699.72(元/m^2)

② 结构差异额＝0.08×185.48＋0.82×49.75－(0.044×153.1＋0.842×8.95)

＝41.36(元/m^2)

③ 修正概算指标＝699.72＋41.36＝741.08(元/m^2)

④ 拟建工程概算造价＝拟建工程建筑面积×修正概算指标

＝3420×741.08＝2534493.60(元)＝253.45(万元)

(2) ①计算拟建工程单位平方米建筑面积的人工费、材料费和机械费。

人工费＝5.08×20.31＝103.71(元)

材料费＝(23.8×3.1＋205×0.35＋0.05×1400＋0.24×350)×(1＋45%)

＝434.32(元)

机械费＝概率定额直接费×8%

概算定额直接费＝103.17＋434.32＋概率定额直接费×8%

＝(103.17＋434.32)/(1－8%)＝584.23(元/m^2)

② 计算拟建工程概算指标、修正概算指标和概算造价。

概算指标＝584.23×(1＋20%)＝701.08(元/m^2)

修正概算指标＝701.08＋41.36＝742.44(元/m^2)

拟建工程概算造价＝3420×742.44＝2539144.80(元)＝253.91 万元

5.3 工程项目的费用计划

工程项目费用计划是指对工程项目所需费用总额做出合理估计的前提下，为了确定项目实际执行情况的基准而把整个估算分配到各个工作单元上去。费用计划是工程项目建设全过程中进行费用控制的基本依据。因此，费用计划确定得是否合理，将直接关系到费用控制工作能否有效进行，费用控制能否达到预期的目标。

5.3.1 费用计划的编制依据

1）工程项目的费用估算

费用估算是编制费用计划的基础。如果没有合理的、科学的费用估算，那么费用控制系统就没有总体的控制目标。只有对项目费用进行合理科学的估算，费用计划中设置的单元目标才既具有可靠性，又具有实现的可能性，同时还能在一定程度上激发项目执行者的进取心和充分发挥他们的工作能力。

2）工作分解结构

工作分解结构不仅是编制费用估算的依据，同时也是编制费用计划的重要依据。工作分解结构不是目的而是手段，它是为费用目标的分解服务的。

费用估算和项目工作分解结构都是为费用计划服务的，两者不能截然分开。国内费用估算工作和费用计划工作一般是由不同的人员完成的。由于两者的出发点不同，而造成项目工作分解结构的不一致性，进而给以后的费用控制带来了许多不必要的麻烦。因此，国际上这两项工作多由一个咨询公司来完成，保证了两者的连贯性。

3）项目进度计划

项目费用计划的编制与项目进度计划的编制及进度分目标的确定也是紧密相连的。如果费用计划不依据进度计划制定，会导致在项目实施中或由于资金筹措不及时影响进度，或由于资金筹措过早而增加利息支付等情况的发生。

5.3.2 费用计划的编制方法

1. 费用目标的分解

费用计划编制过程中最重要的步骤，就是项目费用目标的分解。根据费用控制目标和要求的不同，费用目标的分解可以分为按费用组成、按子项目、按时间分解 3 种类型。

1）按费用组成分解的费用计划

工程项目的费用一般可以分为建筑安装工程费用、设备工器具购置费用以及其他费用。由于建筑工程和安装工程在性质上存在着较大差异，费用的计算方法和标准也不尽相同。因此，在实际操作中往往将建筑工程费用和安装工程费用分解开来，这样工程项目的费用(即费用总目标)如图 5.5 所示。

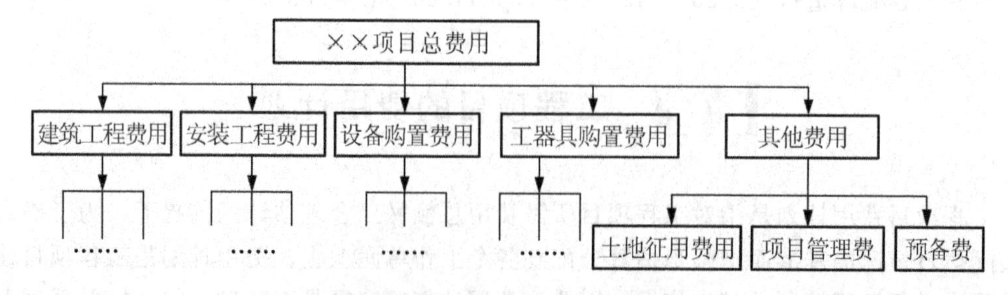

图 5.5 按费用组成分解费用目标

在图 5.5 中的建筑工程费用、安装工程费用、工器具购置费用可以进一步分解。另外，在按项目费用组成分解时，可以根据公司以往的经验和建立的数据库来确定适当的比例，必要时也可以做一些适当的调整。如如果估计所购置的设备大多包括安装费，则可先将安装工程费用和设备购置费用作为一个整体来确定它们所占的比例，然后再根据具体情况决定细分或不细分。

按费用的组成来分解的方法比较适合有大量经验数据的工程项目，尤其是在项目建设早期较多使用该法。

2）按子项目分解的费用计划

大、中型工程项目通常是由若干个单项工程构成的，而每个单项工程包括了多个单位工程，每个单位工程又由若干个分部分项工程组成。因此首先要把项目总费用分解到单项工程和单位工程，如图 5.6 所示。

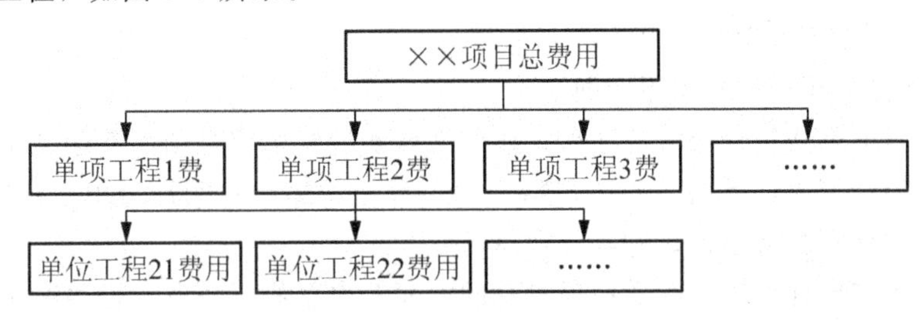

图 5.6　按子项目分解费用目标

一般来说，由于费用估算大都是按单项工程和单位工程来编制的，所以将项目总费用分解到各单项工程和单位工程是比较容易办到的。特别需要注意的是：按这种方法分解项目总费用，不能只分解建筑工程费用、安装工程费用和设备工器具购置费用，还应该分解项目的其他费用；但项目其他费用所包含的内容既与具体单项工程或单位工程直接有关，也与整个项目建设有关，因此必须采取适当的方法将项目其他费用合理分解到各个单项工程和单位工程。最常用也是最简单的方法就是按单项工程的建筑安装工程费用和设备工器具购置费用之和的比例分摊。但其结果可能与实际支出的费用相差甚远。因此实践中一般应对工程项目的其他费用的具体内容进行分析，将其中确实与各个单项工程和单位工程有关的费用分离出来，按照一定比例分解到相应的工程内容上，其他与整个建设项目有关的费用则不分解到各个单项工程和单位工程上。

另外，对各个单位工程的建筑安装工程费用还需要进一步分解，在施工阶段一般可分解到分部分项工程。

3）按时间进度分解的费用计划

工程项目的费用总是分阶段、分期支出的，资金应用是否合理与资金的时间安排有密切关系。为了编制项目费用计划，并据此筹措资金，尽可能减少资金占用和利息支出，有必要将项目总费用按其使用时间进行分解。

编制按时间进度的费用计划，通常可利用控制项目进度的网络图进一步扩充而得。既在建立网络图时，一方面确定完成各项活动所需花费时间；另一方面同时确定完成这一活动的合适的费用支出预算。在实践中，将工程项目分解为既能方便地表示时间，又能方便地表示费用支出预算的活动是不容易的。通常如果项目分解程度对时间控制合适的话，则对费用支出预算可能分配过细，以至于不可能对每项活动确定其费用支出预算；反之亦然。因此在编制网络计划时应在充分考虑进度控制对项目划分要求的同时，还要考虑确定费用支出预算对项目划分的要求，做到两者兼顾。

以上三种编制费用计划的方法并不是相互独立的。在实践中，往往将几种方法结合起来使用，从而达到扬长避短的效果。例如：将按子项目分解项目总费用与按费用组成分解项目总费用两种方法相结合，横向按子项目分解，纵向按费用组成分解；或相反。这种分解方法有助于检查各个单项工程和单位工程费用构成是否完整，有无重复计算或缺项；同时还有助于检查各项具体的费用支出的对象是否明确或落实，并且可以从数字上校核分解的结果有无错误。或者将按子项目分解项目总费用目标与按时间分解项目总费用目标结合起来，一般是纵向按子项目分解，横向按时间分解。费用控制因其工作量庞大，单靠人力难以完成，必须借助计算机，而适当的编码体系，又是实现计算机管理的前提。

2. 费用计划的编制结果

1）按子项目分解得到的费用计划表

在完成工程项目费用目标分解之后，接下来就要编制工程分项的费用支出计划，从而得到详细的费用计划表，其内容一般包括：①工程分项编码；②计量单位；③工程内容；④工程数量；⑤计划综合单价；⑥本分项总计。

在编制费用支出计划时，既要在项目总的方面考虑总的预备费，也要在主要的工程分项中安排适当的不可预见费。为了避免在具体编制过程中可能出现个别单位工程和工程量表中某项内容的工程量计算有较大出入，使原来的费用估算失实。

2）时间—费用累计曲线

通过对项目费用目标按时间进行分解，在网络计划基础上，可获得项目进度计划的横道图，并在此基础上编制费用计划。其表示方式有两种：一种是在总体控制时标网络图上表示，如图 5.7 所示；另一种是利用时间—费用累计曲线(S 形曲线)，如图 5.8 所示。

时间-费用累计曲线的绘制步骤如下：

(1) 确定工程项目进度计划，编制进度计划的横道图。

(2) 根据每单位时间内完成的实物工程量或投入的人力、物力和财力，计算单位时间的费用，在时标网络图上按时间编制费用支出计划，如图 5.7 所示。

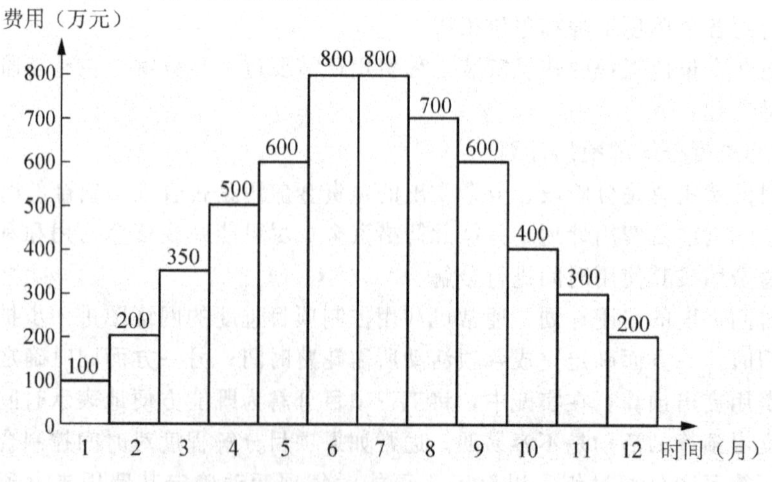

图 5.7 时标网络图上按月编制的费用计划

(3) 计算规定时间 t 计划累计完成的费用，其计算方法为

$$Q_t = \sum_{n=1}^{t} q_n \tag{5-6}$$

式中：Q_t——某时间 t 计划累计支出费用；

q_n——单位时间 n 的计划支出费用；

t——某一规定的计划时刻。

(4) 按各规定时间的 Q_t 值，绘制S形曲线，如图5.8所示。

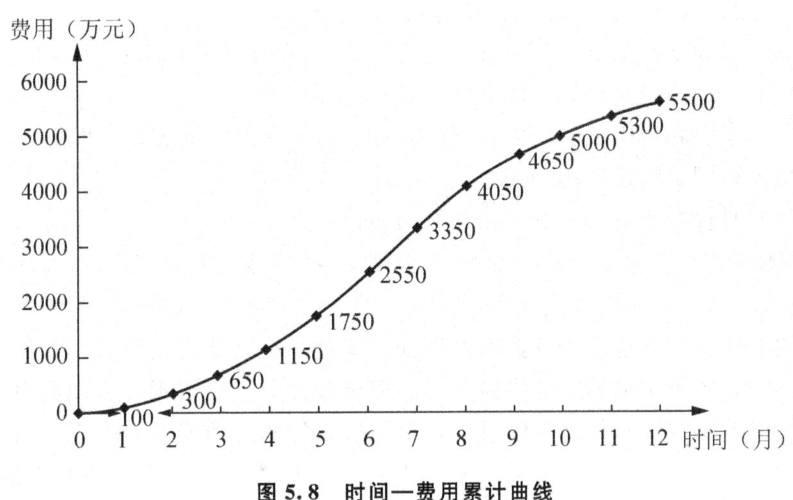

图5.8 时间—费用累计曲线

每一条S形曲线都对应某一特定的工程进度计划。但项目的S形曲线只会落在全部活动都按最早开始时间开始和全部活动都按最迟必须开始时间开始的曲线所组成的“香蕉图”内。一般而言，若所有活动都按最迟开始时间开始，对节约业主的贷款利息是有利的，但同时也降低了项目按期竣工的保证率，因此应根据得出的S形曲线合理安排费用计划。

3) 综合分解费用计划表

将费用目标的不同分解方法相结合，会得到比前者更为详尽、有效的综合分解费用计划表。综合分解费用计划表：一方面有助于检查各项单项工程和单位工程的费用构成是否合理，有无缺项或重复计算；另一方面也可以检查各项具体费用支出的对象是否明确和落实，并可校核分解的结果是否正确。

5.4 工程项目的费用控制

5.4.1 费用控制的方法

费用控制的每一个步骤都有许多方法，以下介绍几种常用的方法。

1. 费用比较方法——赢值法(Earned Value)

赢值法也称为曲线法，是一种测量费用实施情况的方法。它是通过实际完成工程与原计划相比较，确定工程进度是否符合计划要求，从而确定工程费用是否与原计划存在偏差的方法。

赢值法涉及以下几个参数。

(1) 拟完工程计划费用 BCWS(Budgeted Cost of Work Scheduled)。指根据进度计划安排在某一给定时间内所应完成的工程内容的计划费用。

(2) 已完工程计划费用 BCWP(Budgeted Cost of Work Performed)。指在某一给定时间内实际完成的工程内容的计划费用。

(3) 已完工程实际费用 ACWP(Actual Cost of Work Performed)。指在某一给定时间内完成的工程内容所实际发生的费用。

相应的就有两种费用偏差变量(Cost Variance)

费用偏差 1＝已完工程实际费用(ACWP)－拟完成工程计划费用(BCWS)　(5－7)

费用偏差 2＝已完工程实际费用(ACWP)－已完成工程计划费用(BCWP)　(5－8)

赢值法便是通过计算这几个参数和费用偏差变量来进行费用比较的。

但在实际中，由于实际的工程进度不可能完全按计划进度实现，因而从费用比较的要求来看，费用偏差 1 并没有什么实际意义，以下所讨论的费用偏差均指费用偏差 2。同时，由于工程费用的发生与工程进度有着密切的关系，因此为了能准确反映费用偏差的情况，引入了进度偏差这一参数。

进度偏差＝已完工程实际时间－已完工程计划时间　(5－9)

为了使进度偏差与费用偏差联系起来，也可用上述费用参数表示为

进度偏差＝拟完成工程计划费用(BCWS)－已完成工程计划费用(BCWP)　(5－10)

在以上两式中，结果为正值表示工期拖延，结果为负值表示工期提前。

另外，费用比较还包括以下几项。

1) 局部偏差和累计偏差

所谓局部偏差，有两层含义：一是对于整个项目而言，指各单项工程、单位工程及分部分项工程的费用偏差；另一含义是对于整个项目已经实施的时间而言，是指每一控制周期所发生的费用偏差。累计偏差是一个动态的概念，其数值总是与具体的时间联系在一起，第一个累计偏差在数值上等于局部偏差，最终的累计偏差就是整个项目的费用偏差。

局部偏差的引入，可使项目费用管理人员清楚地了解偏差发生的时间、所在的单项工程，这有利于分析其发生的原因。而累计偏差所涉及工程内容较多、范围较大，且原因也较复杂，因而累计偏差分析必须以局部偏差分析为基础。从另一方面来看，因为累计偏差分析是建立在对局部偏差进行综合分析的基础上，所以其结果更能显示出代表性和规律性，对费用和控制工作在较大范围内具有指导作用。

2) 绝对偏差和相对偏差

绝对偏差是指费用计划值与实际值比较所得到的差额，费用偏差 1 和费用偏差 2 都属于此类。绝对偏差的结果很直观，有助于费用管理人员了解项目费用出现偏差的绝对数

额，并依此采取一定措施，制定或调整费用支付计划和资金筹措计划。但是，绝对偏差有其不容忽视的局限性。如同样是1万元的费用偏差，对于总费用1000万元的项目和总费用10万元的项目而言，其严重性显然是不同的。因此又引入相对偏差这一参数。

$$相对偏差=\frac{绝对偏差}{费用计划值}=\frac{费用实际值-费用计划值}{费用计划值} \tag{5-11}$$

与绝对偏差一样，相对偏差可正可负，且两者同号。正值表示费用增加，反之表示费用节约。两者都只涉及费用的计划值和实际值，既不受项目层次的限制，也不受项目实施时间的限制，因而在各种费用比较中均可采用。

3）偏差程度

偏差程度是指费用实际值对计划值的偏离程度，其表达式为

$$费用偏差程度=\frac{费用实际值}{费用计划值} \tag{5-12}$$

偏差程度可分为局部偏差程度和累计偏差程度。注意累计偏差程度并不等于局部偏差程度的简单加和。以月为一控制周期，则二者公式为

$$费用局部偏差程度=\frac{当月费用实际值}{当月费用计划值} \tag{5-13}$$

$$费用累偏差程度=\frac{累计费用实际值}{累计费用计划值} \tag{5-14}$$

将偏差程度与进度结合起来，引入进度偏差程度的概念，则可得以下公式

$$进度偏差程度=\frac{已完工程实际时间}{已完工程计划时间} \tag{5-15}$$

$$进度偏差程度=\frac{拟完工程计划费用}{已完工程计划费用} \tag{5-16}$$

上述各组偏差和偏差程度变量都是费用比较的基本内容和主要参数。费用比较的程度越深，就为下一步的偏差分析提供了越有力的支持。

2. 偏差分析的方法

偏差分析可采用不同的方法，常用的有横道图法、表格法和曲线法(赢值法)。

1）横道图法

用横道图法进行费用偏差分析，是用不同的横道标志已完工程计划费用、拟完工程计划费用和已完工程实际费用，横道的长度与其金额成正比例。如图5.9所示用横道图法比较并分析偏差的一个例子。

横道图法具有形象、直观、一目了然等优点，它能够准确表达出费用的绝对偏差，而且能一眼感受到偏差的严重性。但是，这种方法反映的信息量少，一般在项目的较高管理层应用。

2）表格法

表格法将项目编号、名称、各费用参数、费用偏差参数综合归纳到一张表格中，并且直接在表格中进行比较。由于各偏差参数都在表中列出，使得费用管理者能够综合地了解并处理这些数据。

用表格法进行偏差分析具有如下优点。

(1) 灵活、适用性强。可根据实际需要设计表格。

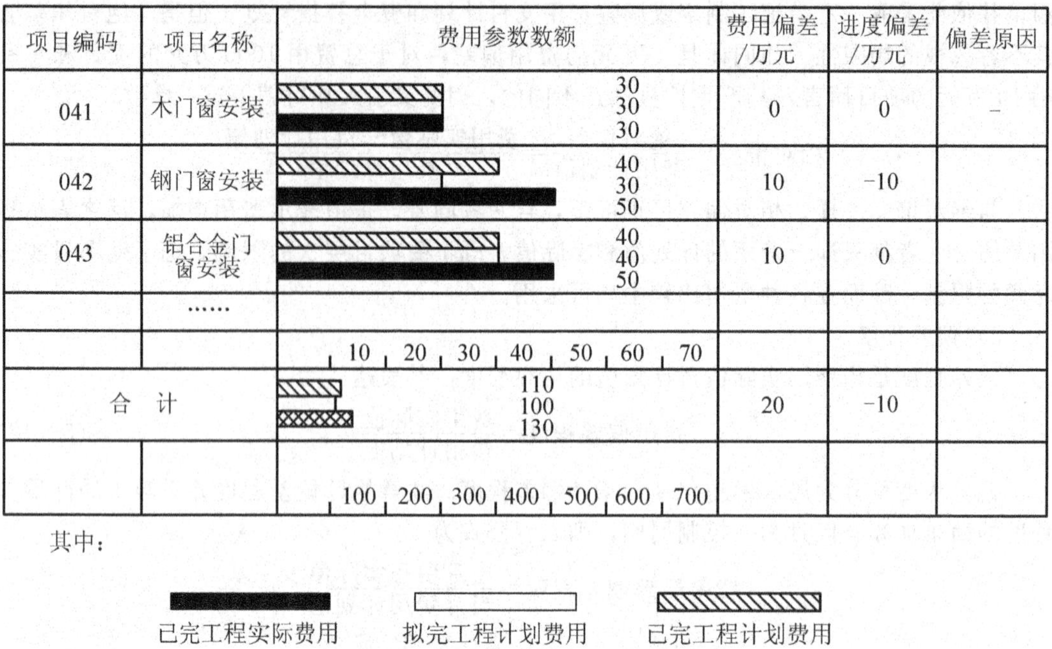

项目编码	项目名称	费用参数数额	费用偏差/万元	进度偏差/万元	偏差原因
041	木门窗安装	30 30 30	0	0	–
042	钢门窗安装	40 30 50	10	-10	
043	铝合金门窗安装	40 40 50	10	0	
	……				
		10 20 30 40 50 60 70			
合　计		110 100 130	20	-10	
		100 200 300 400 500 600 700			

其中：

已完工程实际费用　　拟完工程计划费用　　已完工程计划费用

图 5.9　横道图法表示的费用偏差分析

(2) 信息量大。可以反映偏差分析所需的资料，从而有利于费用控制人员及时采取针对性措施，加强控制。

(3) 表格处理可借助于计算机，从而节约大量数据处理所需的人力，并大大提高速度。

用表格法进行偏差分析的例子，见表 5－2。

表 5－2　费用偏差分析表

项目编码	(1)	041	042	043
项目名称	(2)			
单位	(3)			
计划单价	(4)			
拟完工程量	(5)			
拟完工程计划费用	(6) ＝(4)×(5)	30	30	40
已完工程量	(7)			
已完工程计划费用	(8) ＝(4)×(7)	30	40	40
实际单价	(9)			
其他款项	(10)			
已完工程实际费用	(11) ＝(7)×(8)＋(10)	30	50	50
费用局部偏差	(12) ＝(11)－(8)	0	10	10
费用局部偏差程度	(13) ＝(11)÷(8)	1	1.25	1.25

续表

费用累计偏差	(14)= $\sum$(12)			
费用累计偏差程度	(15)= $\sum$(11) ÷ $\sum$(8)			
进度局部偏差	(16) =(6)－(8)	0	－10	0
进度局部偏差程度	(17) =(6)÷(8)	1	0.75	1
进度累计偏差	(18)= $\sum$(16)			
进度累计偏差程度	(19)= $\sum$(6) ÷ $\sum$(8)			

3) 曲线法(赢值法)

曲线法是用费用累计曲线来进行费用偏差分析。通常，费用计划值与费用实际值的比较可用费用实际值曲线、费用计划值曲线这两条曲线之间的竖向距离来表示。但这种比较过于简单，因此在实践中结合实际进度，引入已完工程实际费用曲线 a，已完工程计划费用曲线 b 和拟完工程计划费用曲线 p(见图 5.10)。图中曲线 a 与曲线 b 的竖向距离表示费用偏差，曲线 b 与曲线 p 的水平距离表示进度偏差。

用曲线法进行偏差分析具有形象、直观的优点，用它作为定性分析可得到令人满意的结果。

3. 偏差原因分析

偏差分析的一个重要目的就是要找出引起偏差的原因，从而有可能采取有针对性的措施，减少或避免相同原因的再次发生。在进行偏差原因分析时，应当将已经导致和可能导致偏差的各种原因一一列举出来。导致不同工程项目产生费用偏差的原因具有一定共性，因而可以对已建项目的费用偏差原因进行归纳、总结，为项目采用预防措施提供依据。产生费用偏差常见原因图 5.11 所示。

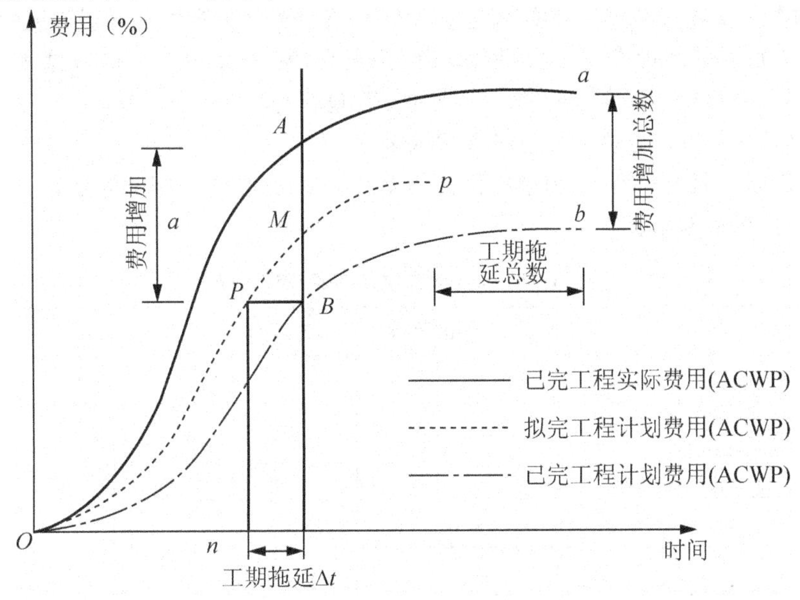

图 5.10 三种费用参数曲线

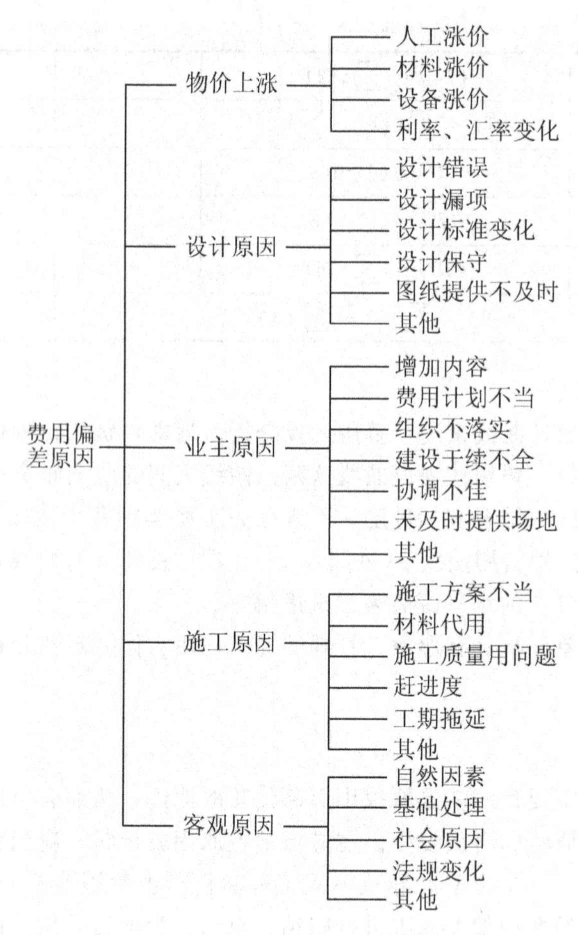

图 5.11 费用偏差原因

【例 5.3】某工程计划进度与实际进度见表 5－3。表中实线表示计划进度(计划进度线上方的数据为每周计划投资)，虚线表示实际进度(实际进度线上方的数据为每周实际投资)。各分项工程每周计划完成和实际完成的工程量相等。

问题：(1)计算投资数据，并将结果填入表 5－4 中。

(2) 分析第 6 周末和第 10 周末的投资偏差和进度偏差(以投资额表示)。

解：(1)计算数据见表 5－4。

表 5－3 工程计划进度与实际进度表 单位：万元

分项工程	实际进度与计划进度/周											
	1	2	3	4	5	6	7	8	9	10	11	12
A	5	5	5									
	5	5	5									
B		4	4	4	4	4						
			4	4	4	3	3					

续表

分项工程	实际进度与计划进度/周											
	1	2	3	4	5	6	7	8	9	10	11	12
C				9	9	9	9					
						9	8	7	7			
D						5	5	5	5			
							4	4	4	5	5	
E								3	3	3		
										3	3	3

表 5-4 投资数据表 单位：万元

项目	投资数据											
	1	2	3	4	5	6	7	8	9	10	11	12
每周拟完工程计划投资	5	9	9	13	13	18	14	8	8	3		
拟完工程计划投资累计	5	14	23	36	49	67	81	89	97	100		
每周已完工程实际投资	5	5	9	4	4	12	15	11	11	8	8	3
已完工程实际投资累计	5	10	19	23	27	39	54	65	76	84	92	95
每周已完工程计划投资	5	5	9	4	4	13	17	13	13	7	7	3
已完工程计划投资累计	5	10	19	23	27	40	57	70	83	90	97	100

(2) 计算结果。

第 6 周末投资偏差＝39－40＝－1(万元)

第 6 周末进度偏差＝67－40＝27(万元)

第 10 周末投资偏差＝84－90＝－6(万元)

第 10 周末进度偏差＝100－90＝10(万元)

4. *未完工程费用预测的方法*

在进行未完工程费用预测时，应注意以下几点。

(1) 各费用参数、偏差参数及其他有关数据是预测的基础。一般预测时只需单位工程以下项目层次的有关数据即可。

(2) 各种偏差原因的发生频率及其影响程度。在预测时必须将有关条件分清主次，加以简化。

(3) 各种客观原因的变化趋势。客观原因是发生各类偏差的主要原因，应将对客观原因变化规律的分析与未完工程费用预测融为一体。

(4) 进度偏差的影响。费用偏差一般都同时伴随一定程度的进度偏差，应将两者有机结合。

上述 4 个方面存在着一定的内在联系，在做未完工程费用预测时，考虑什么方面以及如何考虑取决于预测人员的分析及其将采用的方法。

对未完工程费用的预测可采用以下几种方法。

(1) 时间序列分析预测法。

(2) 线性回归预测法。

(3) 期望偏差预测法。

(4) 偏差因素分析预测法。

5. 纠偏

对偏差原因进行分析的目的是为了有针对性地采取纠偏措施，从而实现费用控制。纠偏首先要确定纠偏的主要对象，然后采取有针对性的纠偏措施。纠偏可采用组织措施、经济措施、技术措施和合同措施等。

组织措施是从费用控制的角度在组织管理方法上采取的措施。在实践中它最容易被忽视。其实，组织措施是其他各类措施的前提和保障，而且花费少，运用得法可以收到良好的效果。

经济措施是最易被人接受和运用的措施。但千万不能把经济措施仅理解为财会人员的事。

技术措施不仅用于解决项目实施过程中的技术问题，而且对于纠正费用偏差亦有相当重要的作用。技术措施完全可以因为出现了经济问题而加以运用，其关键在于要提出多个不同的技术方案，而且要对各方案进行技术经济分析。

合同措施在纠偏方面重点是加强索赔管理。从主动控制的角度出发，应加强日常的合同管理，研究合同的有关内容并采取预防措施。

知识链接

项目成本工程师及其主要工作

在国外的许多大项目中，常设有成本工程师(或成本员)负责具体的项目成本控制工作。它是一个重要的职位，通常由一个经济师(主要精通预算、结算和技术经济方面的专家)承担。它的主要工作有：成本计划工作；成本监督工作，包括各项费用的审核、作实际成本报告、对各项工作进行成本控制、进行审计活动等；成本跟踪工作，作详细的成本分析报告，并向各方面提供不同要求和不同详细程度的报告；成本诊断工作，包括超支量及原因分析、剩余工作所需成本预算和工程成本趋势分析等；其他工作如从总成本最优的目标出发，进行技术、质量、工期、进度的总和优化等。

5.4.2 设计阶段的费用控制

1. 设计阶段费用控制的目标

工程设计阶段是决定费用控制目标的关键阶段，是正确处理技术与经济关系、确定和控制建设项目投资的关键环节。工程设计是否经济合理，对控制建设项目费用具有十分重要的意义。

按照我国现行规定，建设项目工程设计应严格按审定的可行性研究报告所确定的内容进行，不得任意改变已经审定的可行性研究报告中确定的建设规模、建设方案、建设标准以及投资控制总额。也就是说，已经审定的建设项目可行性研究报告中的投资估算，是工程设计的费用控制目标。

建设项目工程设计阶段是分阶段进行的。一般工业与民用建筑项目的工程设计，按初步设计和施工图设计两个阶段进行。某些特大建设项目或某些技术复杂且缺乏设计经验的建设项目，也可按初步设计、技术设计和施工图设计3个阶段进行，并分阶段相应的形成工程设计图纸和初步设计概算总投资、修正概算总投资、施工图预算总投资等工程设计文件。经过审定的初步设计阶段总投资是建设项目投资控制的最高限额，经审查核准的施工图预算就是工程招标发包、合同结算、竣工决算的投资控制目标。在市场经济条件下，建设项目的设计规模、建设标准、工艺装备水平，必须与建设项目出资人的投资能力相适应。一个优秀的工程设计，不仅使建设项目能得到合理使用和有效控制，而且对建设项目的质量控制和工期控制，以及项目建成后生产运营效益都将起决定性作用。

2. 设计阶段费用控制的主要措施

1）优选方案和工程设计单位

建设项目工程设计的质量水平，对建设项目投资控制有决定性的影响。通常采用方案设计竞选和工程设计招标的方式来获得优秀的方案设计和选择优秀的工程设计单位，其目的是促使工程设计单位为实现确定的建设项目功能目标、质量目标、工期控制目标、费用控制目标和效益目标，采用先进技术、降低工程造价和提高投资效益等。

2）优化设计方案

在工程设计进行过程中，进行多方案经济比选，从中选择既能满足建设项目功能需要，又能降低工程造价的工程设计方案，是工程设计阶段投资控制的重要措施。

3）推广标准化设计

标准化设计又称通用设计，是工程建设标准化的组成部分。各种工程建设的构件、配件、零部件、通用的建筑物和公用设施等，只要有条件的，都应该实施标准化设计。

广泛采用标准化设计，可以节省设计力量，缩短设计周期，加快设计图纸的提供速度，提高劳动生产率，加快工程建设中的进度。

4）推行限额设计

限额设计的基本含义是根据已审定的可行性研究及其投资估算来控制初步设计，根据审定的初步设计来控制施工图设计。限额设计还有一层含义，是将工程设计投资控制总额按单项工程、单位工程、分项分部工程，或按专业进行细分，在保证达到使用功能的前提下，按照分配的投资(造价)限额来进行设计；以保证建设项目总投资控制在限额之内。

实行限额设计，必须坚持尊重科学、实事求是和精心设计的原则，确保工程设计的科学性、适用性和经济合理性，限额设计的基本要求如下。

(1) 要贯穿工程设计的各个阶段，从可行性研究、初步设计、技术设计到施工图设计都要有明确的限额目标。

(2) 要严格控制设计变更，并把设计变更尽可能控制在工程设计阶段，并在变更设计时必须做到先算账后变更，使工程造价得到严格、有效的控制。

(3) 在限额设计中，应采用统一造价指标进行各阶段、各专业的造价限额分配，即以编制投资估算或初步设计概算时采用的造价依据作为统一的限额设计依据，尽可能避免价格变动对限额设计的影响。

(4) 建立限额设计的各级经济责任制，实行谁设计，谁负责；谁报价，谁负责。

5) 严格审查初步设计概算和施工图预算

(1) 审查初步设计概算和施工图预算的目的：一是促进工程设计单位严格执行概、预算编制的有关规定和费用标准；提高概、预算编制的质量和水平；提高工程设计的技术先进性和经济合理性；二是努力做到概、预算准确及完整，防止出现缺项、漏项，合理分配费用，加强费用计划管理。

(2) 初步设计概算审查的主要内容。

① 初步设计概算编制的依据。

② 初步设计概算编制的深度。

③ 初步设计概算编制的范围。

④ 初步设计概算的完整性和概算编制的合理性。

(3) 施工图预算审查的主要内容。

① 施工工程划分的合理性。

② 工程量清单包括合规性、完整性和准确性。

③ 设备材料预算价格。

④ 有关项目费用及其计算。

加强施工图预算的审查，有利于工程造价的控制，克服和防止预算超概算。

5.4.3 施工阶段的费用管理

1. 建设项目投资预算计划管理

1) 投资预算计划

建设项目投资预算计划，是根据建设项目投资费用控制目标和项目建设总进度计划、工程施工计划、概预算文件、招投标文件及工程承包合同、设备采购合同等相关资料编制的投资预算。

建设项目投资预算计划分为总预算计划和年度、季度预算计划。投资总预算是对建设项目总投资进行控制的主要依据；是编制年度、季度投资预算的依据；是考核设计方案经济性的依据；也是对建设项目投资支出进行评审、核准、筹资、支付和监控的主要依据。年度、季度投资预算是对建设项目投资预算的细化和深化，使投资预算更具有可控性和可操作性；是建设资金筹措和准备的依据；也是建设项目高层管理机构审议和核准资金计划的依据。

建设项目投资预算控制的目标是将建设项目总造价控制在经审定的工程设计概算范围内；建设项目预算控制的目的在于明确责任，归口管理，采用统一的预算编制，执行和监督控制程序，实行有效的预算管理，使所有投资支付都控制在审定的预算范围内。

2) 投资预算编制的基本要求

(1) 严格控制投资规模，正确分配建设资金，使资金分配更趋向合理。

(2) 加强工程造价管理和经济核算，改善管理。

(3) 补充和完善初步设计概算，使之符合工程建设的实际，更具有操作性和可控性。

3) 投资预算编制的基本依据

(1) 经审定的初步设计总概算及经审定的概算调整文件。

(2) 经审定的施工图预算。

(3) 工程招投标文件及工程承包合同、设备材料采购合同。

(4) 建设项目进度计划安排。

(5) 建设项目工程建设的实际情况。

(6) 与建设项目预算编制相关的法律、法规和政策。

4) 投资预算编制的方法

常用的预算编制方法主要有如下几种。

(1) 关键路线法。是根据工程关键路线来安排建设项目的资金流量。关键路线法适用于建设项目总投资的编制。

(2) 相关回归法。是利用与投资相关的计划数据进行相关回归分析，从而得出投资计划曲线。相关回归法主要用于年度预算的编制。

(3) 经验数据法。利用相同或相似工程的经验投资曲线作为建设项目资金流量预测的主要依据，同时考虑项目建设周期、工程进度计划进行投资预测。经验数据法既可用于建设项目预算编制，也可用于年度投资预算编制。

(4) 投资资金流量曲线。根据工程造价控制理论和工程项目翔实的工程进度计划，将建设项目投资资金分配到工程进度计划的各项活动中去，得到建设项目投资资金流量曲线。

(5) 合同支付曲线。在编制年度投资预算时，参照已经签订的工程承包合同和设备、材料采购合同的支付条款和资金需要计划，并考虑适当的变更量，安排资金流量。

2. 建设项目施工阶段的工程造价管理

建设项目工程造价管理的核心是正确选择工程造价的计价方法和合同计价方式。

1) 工程造价计价方法

工程量清单计价模式已经得到普及认可，并在工程招标中得到广泛采用。其基本功能是作为拟建工程信息的载体，为潜在的投标者编制投标报价提供必要的信息，同时又是工程计价询价和评标的基础。工程量清单的另一个重要功能是为施工过程中按工程付款提供依据；作为办理工程结算、竣工结算和工程索赔的依据。采用工程量清单计价的基本要求是精确计算工程量，正确选择计价方式。

(1) 工程量计算。依据是施工图及设计说明、工程承包合同、招标文件的商务条款和工程量计算规则。工程量计算的基本原则是。

① 严格按规范规定的工程量计算规则计算。

② 严格按施工图所注尺寸计算工程量。

③ 按顺序计算，分层分段计算。

④ 工程量计量单位必须与工程量清单计价规范中规定的计量单位一致。

(2) 工程计价方法。常用的工程计价方法有两种：工料单价法和综合单价法。

① 工料单价法。采用的分部分项工程量单价为直接费单价。直接费以人工材料、机械的消耗量及其相应的价格确定。其他直接费、现场管理费、间接费、利润、税金按有关规定计算。

② 综合单价法，即全费用单价法。按工程量清单计价的单价，即分部分项工程量的单价是全费用单价。全费用单价综合计算完成分部分项工程所发生的所有费用，包括直接工程费、间接费和利润、税金等。工程量乘综合单价就直接得到分部分项工程的造价。

一般情况下，综合单价法比工料单价法能更好地控制工程造价，使工程造价更接近市场行情，有利于竞争，降低工程造价。

2）工程承包合同计价方式的选择

建设项目工程承包合同计价方式有总价合同、单价合同和成本加酬金合同 3 大类。

（1）总价合同。可分为固定总价合同、可调总价合同和固定工程量总价合同。

① 固定总价合同是合同双方以设计图纸和工程说明为依据，按照商定的合同总价进行工程承包并一次包死。在合同执行过程中，除非发包人要求变更原定的承包内容，否则承包人不得要求变更合同总价。这种合同方式一般适用于工程规模较小、技术不太复杂、工期较短，且签订合同时已具备详细的设计文件的建设项目。

② 可调总价合同是以工程设计图纸、工程量清单及签订合同时的价格计算并签订总价合同。双方约定如在工程施工过程中，由于材料、设备或劳动力的价格变动引起相应的材料、机械设备和人工费用的增减，合同总价应做相应的调整。调价方法有文件证明法和调价公式法。采用可调总价合同方式，工程发包人要承担物价上涨带来的风险。

③ 固定工程量总价合同是工程发包人要求投标人在投标时按单价合同办法分别填报分项工程单价，然后按投标人提供的工程量清单的分项工程单价汇总计算出工程总价，并按此签订工程承包合同。在原定工程项目全部完成后，按合同总价支付工程款。如果工程设计变更或增加新项目，则用合同中已确定的单价和新的工程量计算并调整合同总价。这种合同方式要求工程量清单中工程量计算比较准确。固定工程量总价合同中的单价，一般为工料单价。

（2）单价合同。可分为估计工程量单价合同和纯单价合同两类。

① 估计工程量单价合同是以工程量表中的估计工程量为基础进行计算和汇总。估计工程量单价合同的总价不是工程项目造价的最终结算值，因为签订合同时的工程量是一个估计值。这种合同的特点是单价是确定的，工程量是可变的。这种合同形式适用于工程招标时，工程量难以确定的建设项目。

② 纯单价合同的特点是招标文件中给出各分部分项工程内的工作项目一览表、工程范围及必要的说明，而不提供工程量清单。承包人也只给各工作项目的单价，在将来工程实施时按实际工程量计算工程造价。对于一些复杂项目和一些不易计算工程量的项目，采用纯单价合同会引起争议和麻烦。

（3）成本加酬金合同。该合同的特点是按工程实际发生的直接成本（人工、材料和施工机械费），加上双方约定的管理费和利润来确定工程造价。这种合同方式主要适用于建设项目开工前，对工程建设内容不十分清楚的情况。

不同的合同方式会给招标人和承包人带来不同的风险，双方都要谨慎选择。

3. 工程变更的管理和控制

由于建设项目的固有特性所决定，在项目实施过程中发生工程变更是不可避免的，而任何工程变更都将导致投资的变化，因此建设项目工程变更的管理和控制是费用管理和控制的主要内容之一。

1）施工阶段的工程变更

建设项目工程变更的种类多种多样，从管理角度讲，可以归纳为如下几种。

（1）由建设项目业主提出的变更。建设项目业主根据项目功能目标的调整提出的工程变更，包括：工程范围和建设内容的变更、工艺技术方案的变更、设备选型和配套方案的变更。建设项目业主提出的变更，都是重大方案变更，对建设项目投资的影响大，要特别慎重。

（2）由工程设计单位提出的变更。根据工程建设条件的变化或针对原工程设计存在的缺陷提出的工程变更。在实施过程中，由设计单位提出的工程变更可能是大量的。

（3）由工程承包人提出的变更。根据工程施工的特点和要求以及现场施工条件的变化提出的工程变更。

（4）由工程监理单位提出的变更。在工程施工监理中发现某些工程设计不合理或根据工程施工的需要提出的工程变更建议。

2）建立严格的工程变更申请和审批程序

由于任何工程变更都会引起工程投资变化，某些重大工程变更还会引起建设项目功能目标、质量目标和工期目标的调整。因此必须建立严格的工程变更审批程序，防止设计变更的随意性和借设计变更任意增加建设内容、提高建设标准，使不必要的设计变更合理化、合法化。同时要加强对工程变更的跟踪监督和工程变更文档管理。

一般来说，涉及建设项目的规模和建设内容、工艺技术方案、关键工艺设备选型等，以及由建设条件变化等引起的重大设计变更都应在工程设计阶段解决。在建设项目实施阶段，一般只处理施工过程中出现的与工程施工紧密相关的设计变更。因此，要充分发挥工程监理单位的作用，由工程监理单位根据工程施工的实际情况；对工程变更的费用和工期作出评估，就工程变更的相关事项进行协调；对工程变更进行跟踪和监督，实行有效的控制。

4. 施工合同价款支付的控制

1）工程施工合同价款支付方式的选择

合同价款支付方式，是指合同计价方式和计价依据。在一般情况下，合同价款的计价有两种，其一是按施工工程的实测工程量计价；其二是按施工工程的实际进度(即工程里程碑)计价。不同的合同计价方式选择不同的计价依据。

通常单价合同只能采用实测工程量进行合同价款支付计价。工程量的变化不仅影响到合同总价的变化，也会影响到合同单价的变化。因此，单价合同的总价是一个动态的、变化的数值。

固定总价合同，既可选择实测工程量作为合同进度价款支付计价的依据，也可用工程实际进度(里程碑)作为合同进度价款支付计价的依据。总价合同的基本特点在于合同总价是一个相对固定的数值，工程每个阶段的投入是比较容易确定的，合同双方可以事先确定每个工作阶段(里程碑)的支付金额或比例。

(1) 实测工程量计价支付方式。实测工程量计价支付方式的计价依据是施工工地实际测量的实物工程量。因此，合同双方必须建立系统的实物工程量计价原则和方法，要配备专业工程计量人员。一般来说，只要有物项价格清单的合同，都可采用实测工程量计价支付方式。建设项目采用实测工程量计价支付方式的基本条件。

① 有确定的工程量清单计量原则和方法。

② 有确定的工程量清单计价原则和方法。

③ 合同双方应有足够的人力投入工程量的计量工作。

④ 对大型项目而言，还必须建立计算机信息管理系统，尽量减少管理人员和减少汇总计算的重复劳动及差错。

(2) 里程碑进度计价支付方式。里程碑进度计价支付方式是以工程里程碑进度作为合同支付计价的依据。这种支付方式，一般在固定总价合同中使用，其关键是合同双方确定工程进度款交付的里程碑进度和每个里程碑进度的支付金额和比例。采用里程碑进度计价支付方式的基本条件。

① 合同双方在签订合同时确定一个总包价。其基本要求是：工程设计比较完善，工程范围明确、清晰，合同双方对工程量和计价都有把握。

② 能够确定工程的关键路线。工程支付里程碑进度要用关键路径通盘考虑。支付里程碑进度的安排要合理。

③ 每个支付里程碑进度完成的工程建设实际内容能够确定并便于检查。只有每个支付里程碑进度的工程建设内容和要求都很明确，才能合理确定该里程碑进度的支付金额和比例。

(3) 工程价款的结算方式选择。工程价款可以按月结算，也可以分段结算；可以将工程分解为不同控制界面(里程碑)结算，也可以一次结算。

① 按月结算是实行旬末或月中预支，月终结算，竣工后清算的方法。跨年度竣工的工程，在年终进行工程盘点，办理年度结算。我国现行建筑安装工程价款结算中，相当一部分是实行这种结算。

② 分段结算，即当年开工，当年不能竣工的新开工工程或单位工程可按照形象进度，划分不同阶段进行结算。

③ 里程碑进度结算方式。以里程碑进度计价支付方式的工程承包合同，以建设项目业主验收里程碑进度作为支付工程价款的前提条件。当承包商完成里程碑进度单元工程内容并经建设项目业主(或其委托人)验收后，支付构成单元工程内容的工程价款。这种结算方式的基本要求是，对控制界面应明确描述，便于量化和质量控制，同时要适当考虑资金的供应期和支付频率。

④ 竣工后一次结算。建设项目或单项工程全部建筑安装工程的建设期在12个月以内，或者工程承包合同价值在100万元以下的，可以实行工程价款每月月中预支，竣工后一次结算。合同支付方式的设计和选择，是合同双方在合同签订前进行谈判的重要内容。合同进度款支付方式是否科学、合理，对双方是否有利，不仅影响到合同的顺利执行，还直接影响建设项目质量、工期、费用3大控制目标的实现。

2）设计和选择合同进度款支付方式的基本原则

（1）可操作性。支付方式的选择必须考虑支付金额的计算，易于合同双方和监理单位确认和复核。

（2）有效性。支付方式必须能够利用支付手段来控制整个工程的质量和进度，真正发挥投资控制在建设项目管理中的作用。

（3）合理性。支付方式必须将投资资金流量控制在与工程进度相一致的范围内，也就是说工程进度款的支付应与工程实际投入的人力、物力、财力的价值相匹配。既要防止提前支付，也要避免滞后支付。

（4）经济性。支付方式要有利于降低造价、提高效益。

（5）安全性。是支付款项必须保证有相应等价的物品或服务的补偿。如合同预付款支付必须要求工程承包人提供银行或有信誉的公司出具相应金额的保函；合同完工结算后需要保留一定的工程款作维修保证金等。此外，合同支付条款中，还应有工程承包人保证工程款专款专用的条款，确保工程有足够的财力投入工程施工，防止外部经济压力影响工程质量和进度。

（6）全面性。不论采用何种支付方式，在付款进度上都必须覆盖项目的整个过程的付款金额，必须包括建设项目的所有工作内容。

【例 5.4】 某道路改造工程，按 FIDIC 合同条件签订了承包合同并委托监理单位施工监理，承包商中标投标价见表 5-5。

表 5-5　承包商中标投标价

工程项目	单　位	估计工程量	综合单价/万元	合价/万元
A	$1000m^2$	180	0.92	165.60
B	$1000m^2$	210	2.95	619.50
C	$1000m^2$	24	32.80	78750.20
D	$1000m^2$	150	6.89	1033
暂定金额				130.00
计日工	1000 个		6.50	

合同条款规定：工期 12 个月，暂定金额由监理工程师批准使用，计日工由监理工程师每月审批计量。工程预付款按合同总价(不含计日工)的 10%预付，自承包商所获得工程进度支付款累计总额达到合同总价 20%那个月开始起扣，到规定竣工日期前 3 个月扣清，扣款期每个月按等值扣留。保留金为合同总价的 5%，从首次支付工程进度款开始，在每月承包商有权获得的所有款项中减去调价款后按 10%扣留，工程按进度进展半年后，从第 7 个月开始，考虑物价上涨因素，对 A、B、C、D 四项工程调增 5%结算，工程竣工结算时，与中标价相比，竣工结算总额增减金额超过有效合同价 15%时，按 8%的幅度对超出部分进行调整合同价结算。

如果该工程经监理工程师核准的各个工程量情况见表 5-6。

表 5-6 工程量情况表

工程进度 工程项目	1月	2月	3月	4月	5月	6月	7月	8月	9月	10月	11月	12月	合计
A(1000m²)	48	48	66	66									228
B(1000m²)			30	30	40	40	50	48					238
C(1000m²)		2	2	2	3	3	3	3	3	2	2		25
D(1000m²)						20	20	20	20	20	30	30	160
暂定金额(万元)				26.5		18.2		15.3		12	10	8	90
计日工(个)			120	100	80	70	50	150	60	70	86	94	790

问题：(1)工程预付款为多少？从哪个月开始扣，扣到何月止？每月扣多少？

(2) 保留金扣到第几个月？每月扣留的金额为多少？共计扣留多少？保留金何时返还？返还金额为多少？

(3) 如果监理工程师签署支付证书的最小金额为50万元，那么该工程各月结算金额为多少万元？实际结算金额为多少万元。

解：(1)①工程预付款为

$$10\%\times 合同总价=10\%\times(165.6+619.5+787.2+1033.5+130.0)$$

$$=10\%\times 2735.8=273.58(万元)$$

② 各月工程进度支付款累计总额达合同总价的20%的月份确定即

1月份工程进度支付款为

$$48\times 0.92=44.16(万元)$$

2月份工程进度支付款为

$$48\times 0.92+2\times 32.8=109.76(万元)$$

2月份累计总额

$$44.16+109.76=153.92(万元)<20\%\times 2735.8=547.16(万元)$$

3月份工程进度支付款

$$66\times 0.92+30\times 2.95+2\times 32.8=214.82(万元)$$

3月份累计总额

$$153.92+214.82=368.74(万元)$$

4月份工程进度支付款

$$214.82+26.5=241.32(万元)$$

4月份累计总额

$$241.32+368.74=610.06(万元)>547.16(万元)$$

故工程预付款应从第4个月开始扣，扣到第9个月，分6个月扣完。

③ 每个月扣留金额

$$273.58/6\approx 45.60(万元)$$

(2) ①保留金总额为

$$5\%\times 2735.8=136.79(万元)$$

② 保留金从首次支付工程进度款开始扣，每月按10%扣留。

1月份扣留

$$44.16 \times 10\% = 4.416(万元)$$

2月份扣留

$$109.76 \times 10\% = 10.976(万元)$$

2月份累计扣留

$$4.416 + 10.976 = 15.392(万元) < 136.79(万元)$$

3月份扣留

$$(214.82 + 0.12 \times 6.5) \times 10\% = 21.56(万元)$$

3月份累计扣留

$$15.392 + 21.56 = 36.952(万元) < 136.79(万元)$$

4月份扣留

$$(241.32 + 0.1 \times 6.5) \times 10\% = 24.197(万元)$$

4月份累计扣留

$$36.952 + 24.197 = 61.149(万元) < 136.79(万元)$$

5月份扣留

$$(40 \times 2.95 + 3 \times 32.8 + 0.08 \times 6.5) \times 10\% = 21.692(万元)$$

5月份累计扣留

$$61.149 + 21.692 = 82.841(万元) < 136.79(万元)$$

6月份扣留

$$(40 \times 2.95 + 3 \times 32.8 + 20 \times 6.89 + 18.2 + 0.07 \times 6.5) \times 10\% = 37.286(万元)$$

6月份累计扣留

$$82.841 + 37.286 = 120.127(万元) < 136.79(万元)$$

7月份预计扣留

$$(50 \times 2.95 + 3 \times 32.8 + 20 \times 6.89 + 0.05 \times 6.5) \times 10\% = 38.403(万元)$$

7月份累计扣留

$$120.127 + 38.403 = 158.53(万元) > 136.79(万元)$$

7月份扣留保留金

$$136.79 - 120.127 = 16.663(万元)$$

故保留金一直扣到第7个月。

③ 保留金分两次返还，一次是颁发工程移交证书时，返还一半，即68.395万元；另一半是在颁发解除缺陷责任证书时。

(3) 各月结算金额与实际结算金额。

1月份结算金额

$$44.16 - 4.416 = 39.744(万元)$$

因为39.744万元小于监理工程师签署支付凭证最小金额50万元的规定，故1月份不进行结算。

2月份结算金额

$$109.76 - 10.976 = 98.784(万元)$$

2月份实际结算金额

$$98.784+39.744=138.528(万元)$$

3月份结算金额

$$214.82+0.12\times6.5-21.56=194.04(万元)$$

4月份结算金额

$$241.32+0.1\times6.5-24.197-45.6=172.173(万元)$$

5月份结算金额

$$216.92-21.692-45.6=149.628(万元)$$

6月份结算金额

$$372.86-37.286-45.6=289.974(万元)$$

7月份结算金额

$$(50\times2.95+3\times32.8+20\times6.89)\times1.05+0.05\times6.5-16.663-45.6=340.947(万元)$$

8月份结算金额

$$(48\times2.95+3\times32.8+20\times6.89)\times1.05+15.3-0.15\times6.5-45.6=367.365(万元)$$

9月份结算

$$(3\times32.8+20\times6.89)\times1.05+0.06\times6.5-45.6=202.8(万元)$$

10月份结算

$$(2\times32.8+20\times6.89)\times1.05+12+0.07\times6.5=226.025(万元)$$

11月结算

$$(2\times32.8+30\times6.89)\times1.05+10+0.086\times6.5=296.474(万元)$$

12月为竣工结算月，考虑总价是否调整

$$\frac{(228-180)\times0.92+(238-210)\times2.95+(25-24)\times32.8+(160-150)\times6.89}{180\times0.92+210\times2.95+24\times32.8+150\times6.89}\times100\%$$

$$=\frac{228.46}{2605.8}\times100\%$$

$$=8.78\%<15\%$$

12月结算金额

$$30\times6.89\times1.05+8+0.094\times6.5=225.646(万元)$$

5. 工程项目设备、工器具和材料采购合同价款的支付和结算

1）国内采购设备、工器具和材料合同价款的支付与结算

(1) 国内设备价款的支付与结算。由建设项目业主订购的设备、工器具，一般不预付定金，只对制造周期较长(通常在半年以上)的大型专用设备的价款，按合同分期付款。建设项目业主收到设备、工器具后，按合同约定及时结算付款，不应无故拖欠。如资金不足而延期付款，需支付一定的赔偿金。

(2) 国内材料价款的支付与结算。建筑工程承发包双方的材料往来，可按以下方式结算。

① 由承包单位负责采购的建筑材料，发包单位可在双方签订工程承包合同后按年度

工程量的一定比例向承包单位预付备料费。

② 按合同规定由承包方包工包料的，则由承包方负责购货付款，发包方按合同约定向承包方支付备料款。

③ 按合同规定由发包方供应材料的，其材料可按预算价格转给承包方。材料价款在结算工程款时陆续抵扣。这部分材料，承包方不应收取备料费。

2）进口设备、工器具和材料价款的支付和结算

进口设备分为标准设备和专用设备两类。标准设备是通用性好、供应商有现货和可以立即提交的货物。专用设备是指根据建设项目业主提交的定制设备图纸，专门为该建设项目业主设计制造的设备。进口设备、工器具及材料价款的支付和结算应符合国际惯例和合同中有关交付和结算条款的约定。

（1）标准设备价值的支付和结算。

① 按照一般惯例，首先由卖方委托买方认可的银行为卖方出具以买方为受益人的不可撤销履约保函，担保金额与首次支付金额相等。当买方收到履约保函后，将开出以卖方为收款人的不可撤销的信用证。这种信用证是在合同生效后一定日期之内由买方委托银行开出，经买方认可的所在地银行为支付银行，其金额与合同金额相等。

② 标准设备首次付款。当采购设备装船，卖方提供相关文件和单证后，即可付总价的90%货款。

③ 最终合同付款。在设备保证期截止时，卖方提供相关文件和单证后，买方支付合同价的尾款，一般为合同总价的10%。

相关文件和单证应在合同中作出详细规定。

（2）专用设备价款的支付和结算。专用设备价款的支付和结算，一般分为预付款、阶段付款和最终付款3个阶段。

① 预付款。一般在采购合同签订后、设备开始制造前，由买方向卖方提供合同总价的10%～20%作为预付款。

② 阶段付款。按照合同条款，当专用设备加工制造达到一定阶段后，可按设备合同总价的一定比例付款。如当设备加工到某一关键部位时进行一次阶段付款，当货物经买方验收装船后，再一次付款。具体付款阶段和比例以及付款条件由双方在合同中约定。

③ 最终付款。最终付款是指在设备保证期结束时支付的合同尾款。

如果是利用出口信贷方式支付进口设备、工器具和材料价款，则应按有关规定结算。

6. 建设项目工程竣工结算及审查

1）竣工结算

工程竣工结算是指承包人按照工程承包合同完成所承包的全部工程，经验收质量合格，符合合同要求之后，向发包方进行最终工程价款结算。办理工程竣工结算的一般公式为

竣工结算工程价款＝预算(或概算)或合同价款＋施工过程中预算或合同价款调整数额
－预付款－已结算工程价款

2）竣工结算的审查

工程竣工结算审查是竣工结算阶段的一项重要工作，经审查核定的工程竣工结算是核

定建设工程造价的依据，也是建设项目验收后编制建设项目竣工决算和核定固定资产价值的重要依据。因此，建设项目业主和工程监理单位都要十分关注竣工结算的审核。其基本内容如下。

(1) 核对合同条款。核对内容：竣工工程内容是否符合合同要求，竣工验收是否合格；结算方法、计价定额、取费标准和主要价格等。

(2) 检查隐蔽工程验收记录。所有隐蔽工程均需进行验收，且验收记录完整，签证手续完备，工程量与竣工图一致。

(3) 落实设计变更签证。所有设计变更应有设计变更通知单和修改设计图纸，并有审查、签证，重大设计变更应经有关部门批准。

(4) 按图核实工程数量。竣工结算工程量应依据竣工图、设计变更和现场签证进行核算，并按同意的计算规则计算工程量。

(5) 严格执行定额单价。结算单价应按合同约定，或招投标文件规定的定额和计价原则执行。

(6) 各项费用的计取要符合规定。

(7) 防止各种计算错误。

7. 项目投资差异分析

在建设项目的施工阶段，业主除通过上述工作做好投资控制外，还应要求监理工程师必须定期对实际的投资支出进行分析，并提出报告。对后续完成整个项目所需的投资进行重新预测，把工程项目建设进展过程中的实际支出与工程项目投资控制目标进行比较，通过比较找出实际支出与投资控制目标的偏差，进而采取有效的调整措施加以控制，实现项目投资控制目标。

项目投资差异是实际的投资支出与预算的差异，或者是项目投资支出的最新预测与投资控制目标的差异。通过这种差异分析，一方面可以发现预算的投资支出与实际的投资支出存在差距；另一方面可以根据已完成项目的实际支出及对工程项目的重新认识，预测未来项目投资的支出趋势。项目投资差异分析见表5-7，并辅以报告进行说明。

表5-7　项目投资差异分析

月末	计划完成工程预算值	实际完成工程预算值	待完成工程预算值	按计划工程总预算值	已完成工程实际投资	到竣工时尚需要支出预算	完成项目投资支出重新估算	差异				
								修正值	预算执行情况	工作量	效率	总投资复核
	(1)	(2)	(3)	(4)=(1)+(3)	(5)	(6)	(7)=(5)+(6)	(8)=(7)−初始估算	(9)=(2)−(1)	(10)=(5)−(1)	(11)=(2)−(5)	(12)=(7)−(4)

案例 5.1

固定总价合同调整

某建筑工程采用邀请招标方式。业主在招标文件中要求如下。

(1) 项目在21个月内完成。

(2) 采用固定总价合同。

(3) 无调价条款。

承包商投标报价364000美元，工期24个月。在投标书中承包商使用保留条款，要求取消固定价格条款，采用浮动价格。但业主在未同承包商谈判的情况下发出中标函，同时指出如下。

(1) 经审核发现投标书中有计算错误，共多算了7730美元；业主要求在合同总价中减去这个差额，将报价改为356270(即364000－7730)美元。

(2) 同意24个月工期；

(3) 坚持采用固定价格。

承包商答复如下。

(1) 如业主坚持固定价格条款，则承包商在原报价的基础上再增加75000美元。

(2) 既然为固定总价合同，则总价优先，计算错误7730美元不应从总价中减去。则合同总价应为439000(即364000＋75000)美元。

在工程中由于程变更，使合同工程量又增加了70863美元。工程最终在24个月内完成。最终结算，业主坚持按照改正后的总价356270美元并加上工程量增加的部分结算，即最终合同总价为427133美元。而承包商坚持总结算价款为509863(即364000＋75000＋70863)美元。最终经中间人调解，业主接受承包商的要求。

【解析】

(1) 对承包商保留条款，业主可以在招标文件，或合同条件中规定不接受任何保留条款，则承包商保留说明无效。业主应在定标前与承包商就投标书中的保留条款进行具体商谈，做出确认或否认，不然会引起合同执行过程中的争执。

(2) 对单价合同，业主是可以对报价单中数字计算错误进行修正的，而且在招标文件中应规定业主的修正权，并要求承包商对修正后的价格进行认可。但对固定总价合同，一般不能修正，因为总价优先，业主是确认总价。

(3) 当双方对合同的范围和条款的理解明显存在不一致时，业主应在中标函发出前进行澄清，而不能留在中标后商谈。如果先发出中标函，再谈修改方案或合同条件，承包商要价就会较高，业主十分被动。而在中标函发出前进行商谈，一般承包商为了中标比较容易接受业主的要求。可能本工程比较紧急，业主急于签订合同，尽早实施项目，所以没来得及与承包商在签订合同前进行认真的澄清和合同谈判。

5.5 施工项目成本管理

施工企业应建立、健全项目全面成本管理责任体系，明确业务分工和职责关系，把管理目标分解到各项技术工作和管理工作中。项目全面成本管理责任体系应包括两个层次：①组织管理层。负责项目全面成本管理的决策，确定项目的合同价格和成本计划，确定项目管理层的成本目标。②项目经理部。负责项目成本的管理，实施成本控制，实现项目管理目标责任书中的成本目标。

项目经理部的成本管理应包括成本计划、成本控制、成本核算、成本分析和成本考核等。项目的成本管理应遵循下列程序。

(1) 掌握生产要素的市场价格和变动状态。

(2) 确定项目合同价。

(3) 编制成本计划，确定成本实施目标。

(4) 进行成本动态控制，实现成本实施目标。

(5) 进行项目成本核算和工程价款核算，及时收回工程款。

(6) 进行项目成本分析。

(7) 进行项目成本考核，编制成本报告。

(8) 积累项目成本资料。

5.5.1 项目成本计划与成本控制

1) 项目成本计划编制的依据

项目经理部应依据下列文件编制项目成本计划。

(1) 合同文件。

(2) 项目管理实施规划。

(3) 可研报告和相关设计文件。

(4) 市场价格信息。

(5) 相关定额。

(6) 类似项目的成本资料。

编制成本计划应满足下列要求。

① 由项目经理部负责编制，报组织管理层批准。

② 自下而上分级编制并逐层汇总。

③ 反映各成本项目指标和降低成本指标。

2) 成本控制的依据和程序

(1) 项目经理部应依据下列资料进行成本控制：

① 合同文件。

② 成本计划。

③ 进度报告。

④ 工程变更与索赔资料。

(2) 成本控制应遵循下列程序：

① 收集实际成本数据。

② 实际成本数据与成本计划目标进行比较。

③ 分析成本偏差及原因。

④ 采取措施纠正偏差。

⑤ 必要时修改成本计划。

⑥ 按照规定的时间间隔编制成本报告。

成本控制宜运用价值工程和赢值法。

5.5.2 项目成本核算分析与考核

1）项目成本核算

项目经理部应根据财务制度和会计制度的有关规定，建立项目成本核算制，明确项目成本核算的原则、范围、程序、方法、内容、责任及要求，并设置核算台账，记录原始数据。

项目经理部应按照规定的时间间隔进行项目成本核算。

项目成本核算应坚持形象进度、产业统计、成本归集三同步的原则。

项目经理部应编制定期成本报告。

2）项目成本分析与考核

施工企业应建立和健全项目成本考核制度，对考核的目的、时间、范围、对象、方式、依据、指标、组织领导、评价与奖励原则等作出规定。

成本分析应依据会计核算、统计核算和业务核算的等资料进行。

成本分析应采用比较法、因素分析法、差额分析法和比率法等基本方法；也可采用分部分项成本分析、年季月(或周、旬等)度成本分析、竣工成本分析等综合成本分析方法。

施工企业应以项目成本降低额和项目成本降低率作为成本考核主要指标。项目经理部应设置成本降低额和成本降低率等考核指标。发现偏离目标时，应及时采取改进措施。

施工企业应对项目经理部的成本和效益进行全面审核、审计、评价、考核和奖惩等。

【例5.5】某工程按照《建设工程施工合同(示范文本)》签订了施工合同，合同工期7个月，各项工作均按匀速施工。合同价840万元，施工单位的报价单(部分)见表5-8。经项目监理机构批准的施工进度计划如图5.12所示(单位：月)。施工合同中约定：预付款按20%支付，工程款付至合同价的50%时开始扣回预付款，3个月内平均扣回；质量保修金为合同价的5%，从第1个月开始按月应付款的10%扣留，扣满为止。

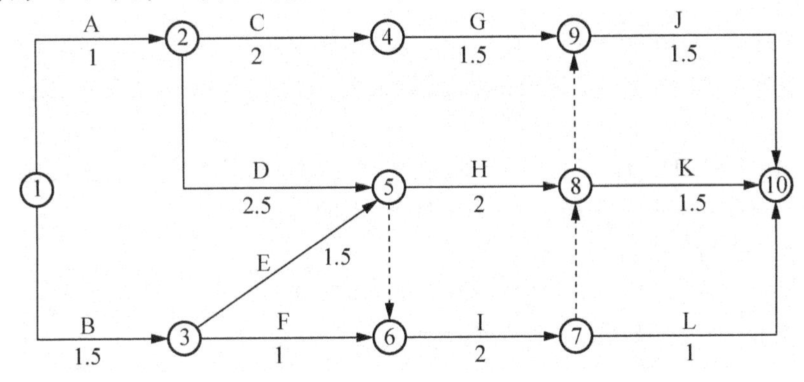

图5.12 施工进度计划

表5-8 施工单位报价表(部分)

序号	工作名称	估算工程量/m^3	全费用综合单价/(元/m^3)	合价/万元
1	A	10000	30	30.00
2	B	12000	45	54.00
3	C	1000	300	30.00
4	D	8000	105	84.00
5	E	12000	250	300.00
6	F	14000	15	21.00

工程于2006年4月1日开工。施工中发生了如下事件:

(1) 工程开工1个月后,建设单位要求增加1项工作N,该工作于C工作之后开始,在H、I工作之前完成。经项目监理机构核定,N工作的持续时间为1.5个月,估计工程量1400m^3,全费用综合单价为120元/m^3。

(2) 建设单位接到有关部门通知,相关管理部门将于7月份对工程进行现场安全施工大检查,要求施工单位结合现场安全施工状况进行自检自查,对存在的问题进行整改。施工单位按要求进行了自查整改,向项目监理部递交了整改报告,报告中请求建设单位支付为迎接检查所发生的自查整改费2.8万元。

(3) G工作所浇筑的混凝土楼板出现了多条裂缝,经有资质的检测单位测试分析,认定是混凝土材质有问题。对此,施工单位认为是按建设单位所推荐的商品混凝土厂家提供的混凝土,建设单位负有推荐错误的责任,应分担检测费用。

(4) 在K工作施工中,施工单位发现现场复杂,难以按设计条件实现,故直接向建设单位书面提出了工程变更的请求。

问题:(1)按照批准的施工进度计划,监理工程师应把哪些工作作为关键工作?为什么?

(2) 本工程预付款为多少?按照早时标网络计划安排,开工后前3个月每月应签证的工程款为多少?监理工程师签署的支付款为多少?动员预付款从何时开始扣回?

(3) 事件(1)中增加N工作后会不会影响施工计划工期?为什么?N工作工程量的综合单价如何确定?

(4) 在事件(2)和事件(3)中,施工单位提出的要求是否合理?为什么?

(5) 在事件(4)中,施工单位的做法是否妥当?为什么?项目监理机构应如何处理好工程变更?

解:(1)应把A、D、H、J、K工作作为关键工作;因为它们是关键线路A→D→I→K、A→D→H→K、A→D→I→J、A→D→H→J上的工作。

(2) ①预付款为

$$840\times20\%=168(万元)$$

② 开工后前3个月每月应签证工程款:

第1个月

$$30+36=66(万元)$$

第2个月

$$36/2+15+33.6+200/2+21/2=177.1(万元)$$

第3个月

$$15+33.6+200+21/2=259.1(万元)$$

前3个月合计应签证工程款

$$66+177.1+259.1=502.2(万元)>50\%\times846=423(万元)$$

而前2个月合计应签证工程款

$$66+177.1=243.1(万元)<423(万元)$$

③ 开工后前3个月监理工程师签署的支付款如下。

第1个月

$$66-10\%\times66=59.4(万元)$$

第2个月

$$177.1-10\%\times177.1=159.39(万元)$$

前2个月扣留保修金

$$(66+177.1)-(59.4+159.39)=24.31(万元)<5\%\times840=42.0(万元)$$

第3个月应签署支付款为

$$259.1-(42.0-24.31)-168/3=185.41(万元)$$

④ 根据②的计算，动员预付款从第3个月开始扣回。

(3) ①增加N工作后会影响施工计划工期。因为增加N工作后关键线路发生变化(或根据工期计算)，N工作为关键工作，施工工期已变为8个月。

② N工作综合单价的确定办法是：第一，合同中已有适用的价格，按合同已有的价格确定；第二，合同中只有类似价格，参照类似价格确定；第三，合同中没有适用或类似价格，由施工单位提出适当的价格在协商后经监理工程师确认。

(4) ①在事件(2)中，施工单位的要求不合理。因为安全施工的措施费用属措施清单项目费用，施工单位已在投标报价中考虑和合同中明确。

② 在事件(3)中，施工单位的要求不合理。因为就商品混凝土的供应上讲，与建设单位没有合同关系，施工单位应向商品混凝土厂家索赔。

(5) ①在事件(4)中，施工单位的做法不妥。因为施工单位提出的工程变更，必须报项目监理机构，由专业监理工程师提出评估意见后，总监理工程师就评估情况与施工单位和建设单位进行协商。

② 项目监理机构处理工程变更时应符合：取得建设单位授权时，按施工合同与施工承包单位协商，协商一致后由总监理工程师向建设单位通报，履行签字手续；未取得授权时，总监理工程师应协助建设单位与施工承包单位进行协商，并达成一致；建设单位和施工承包单位未能达成协议时，提出一个暂定价格，作为临时的依据，在总监理工程师签发工程变更单之前，施工单位不得实施工程变更；未经总监理工程师审查同意而实施的工程变更，项目监理机构不得予以计量。

【例5.6】 某工程按《建设工程施工合同(示范文本)》签订了施工合同，工期为20个月，建设单位项目管理师批准的施工总进度计划(早时标网络计划)如图5.13所示，图中括号内数字为工程进度款(单位：万元/月)。该工程各项工作均按匀速施工。

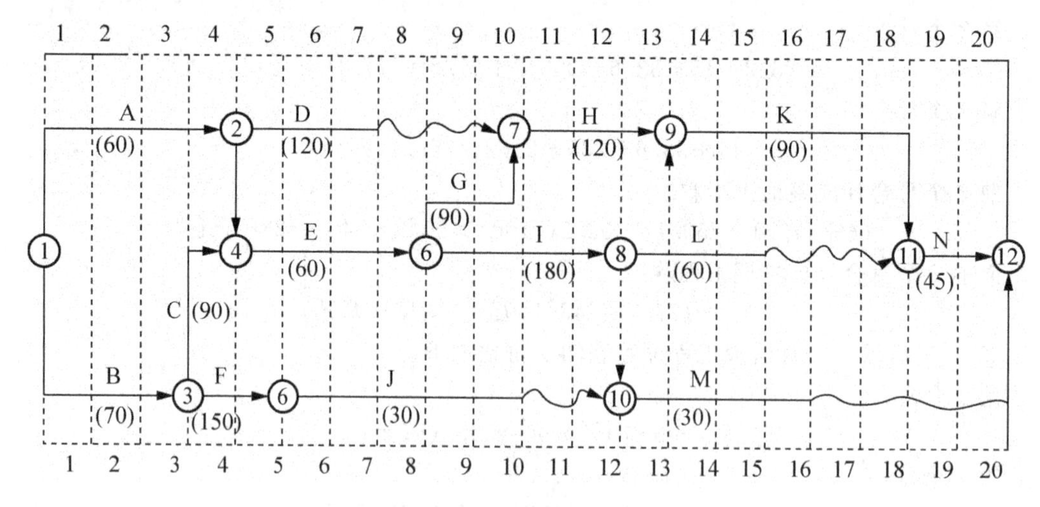

图 5.13　施工总进度计划

施工过程中有如下事件发生。

事件 1：A 工作因建设单位要求调整场地标高，设计图纸做局部修改而推迟施工图的提交时间 0.5 个月，施工单位机械闲置和人工窝工费 1.5 万元。

事件 2：C 工作开始前设计单位修改图纸，导致工程量变化而增加造价 10 万元，施工单位及时调整部署如期完成了 C 工作。

事件 3：G、I 工作在第一个月工作时，遇到异常恶劣的气候，造成施工单位工效降低，实际只完成计划任务的 40%，在施工单位采取经监理核实的赶工措施后，G 工作需延期 0.5 个月；I 工作能按原计划时间完成，但增加赶工费 5000 元。

事件 4：L 工作为隐蔽工程，在验收后专业监理工程师对其质量提出了质疑，总监理工程师由此要求施工单位对该隐蔽工程剥离复验。施工单位以已经监理工程师验收为由拒绝复验，后经建设单位承诺支付复验费后方进行了复验。经复验，质量达不到要求，施工单位进行了整改。

问题：(1)事件 1、事件 3、事件 4 发生后，施工单位均按程序提出了工期顺延和费用索赔的要求，请逐项回答施工单位的要求是否成立，并说明理由。

(2) 针对上述 4 项事件的发生，项目监理机构应批准的工期延期为多少天？为什么？

(3) 该工程实际工期为多少个月？

(4) 事件 4 中，施工单位、监理单位、建设单位的做法是否妥当？为什么？

(5) 计算并在表 5-9 中填出 1～10 月份的拟完工程计划进度款，已完工程计划进度款和已完工程实际进度款。计算 10 月份的进度偏差和投资偏差。

表 5-9　工程进度款　　单位：万元

月　份	1 月	2 月	3 月	4 月	5～7 月	8 月	9 月	10 月	合　计
拟完工程计划进度款		130	130		750		300	300	
已完工程计划进度款		130	130		690				
已完工程实际进度款		130	130		690	150	138		

解：(1)①对事件1的要求成立。因属建设单位负责提交的图纸推延，工期顺延和费用索赔要求成立。

② 对事件3的工期顺延要求成立，费用索赔不成立。因该事件为不可抗力事件，可顺延工期，但赶工费为技术措施费，已包含在施工合同价中，且I工作为非关键工作，不需赶工。

③ 对事件4的要求不成立。因为剥离的原因是施工质量达不到验收要求。

(2) 项目监理机构应批准的工期延期为30天。因为C工作持续时间不变；A、G为关键工作；A可顺延0.5个月，G可顺延0.5个月，故应批准。0.5+0.5=1个月的工期顺延。

(3) L为非关键工作，不影响工期，故该工程实际工期为：20+1=21个月。

(4) ①施工单位的做法不妥，因为按合同约定：施工单位不得拒绝重新检验。

② 监理工程师的做法妥当，因为他有权要求剥离复验。

③ 建设单位承诺支付复验费不妥，只有在复验合格时，建设单位才支付复验所发生的全部费用。

(5) ①根据图5.14计算拟完工程计划进度款，根据图5.14计算已完工程计划进度款和已完工程实际进度款，计算结果列于表5-10中。

表5-10 工程进度款 单位：万元

月 份	1月	2月	3月	4月	5～7月	8月	9月	10月	合 计
拟完工程计划进度款	130	130	130	300	750	90	300	300	2130
已完工程计划进度款	100	130	130	300	690	150	138	342	1980
已完工程实际进度款	101.5	130	130	310	690	150	138	334.2	1991.5

10月份进度偏差=2130－1980=150(万元)

10月份投资偏差=1991.5－2130=－138.5(万元)

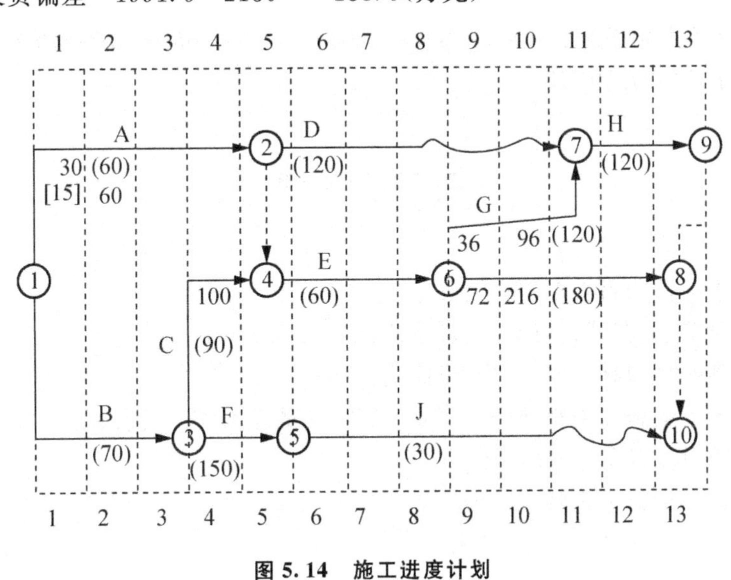

图5.14 施工进度计划

【例5.7】商品混凝土目标成本为443040元，实际成本为473697元，比目标成本增加30657元，资料见表5-11。用因素分析法分析成本增加的原因如下。

（1）分析对象是商品混凝土的成本，实际成本与目标成本的差额为30657元。该指标是由产量、单价、损耗率3个因素组成，其排序见表5-11。

表5-11 商品混凝土目标成本与实际成本对比

项　目	单　位	目　标	实　际	差　额
产量	m^3	600	630	＋30
单价	元	710	730	＋20
损耗率	%	4	3	－1
成本	元	443040	473697	＋30657

（2）以目标数600×710×1.04＝443040(元)为分析替代的基础。

第一次替代产量因素，以630替代600，即

630×710×1.04＝465192(元)

第二次替代单价因素，以730替代710，并保留上次替代后的值

630×730×1.04＝478296(元)

第三次替代损耗率因素，以1.03替代1.04，并保留上两次替代后的值

630×730×1.03＝473692(元)

（3）计算差额

第一次替代与目标数的差额＝465192－443040＝22152(元)

第二次替代与第一次替代的差额＝478296－465192＝13104(元)

第三次替代与第二次替代的差额＝473692－478296＝－4599(元)

（4）产量增加使成本增加了22152元，单价提高使成本增加了13104元，而损耗率下降使成本减少了4599元。

（5）各因素的影响程度之和＝22152＋13104－4599＝30657(元)，即该数值正好等于实际成本与目标成本的总差额。

复习思考题

1. 简述工程项目费用管理的一般程序。
2. 工程项目费用控制的目标与重点是什么？
3. 费用估算的类型有哪些？估算依据是什么？
4. 费用估算的编制方法有哪些？不同编制方法的不同特点是什么？
5. 简述工程项目费用计划的编制方法。
6. 简述工程项目费用的控制方法。
7. 设计阶段与施工阶段费用控制的目标各是什么？对比两个阶段找出控制措施的区别。
8. 如何对工程项目成本控制进行分析与考核？

第6章 工程项目质量管理

教学目标

在工程项目建设各阶段做好工程项目的质量控制，要随时纠正发生的偏差，以便保证项目质量管理的目标。

教学要求

能力目标	知识要点	权重
了解相关知识	(1) 工程项目质量的工作体系和运转方式 (2) 工程竣工后要验收的内容、注意的工程事项	15%
熟练掌握知识点	(1) 几种常用的工程质量管理的分析方法及其应用 (2) 质量控制中要重点控制的几点内容	65%
运用知识分析案例	常见工程质量事故的分析及处理、施工工序质量控制的要点	20%

引例

质量争端案例

某单位(发包方)为建职工宿舍楼，与市建筑公司(承包方)签订一份建筑工程承包合同，合同约定：建筑面积6000m^2，高7层，总价格150万元。由发包方提供建材指标，承包方包工包料，主体工程和内外承重墙一律使用国家标准红机砖，每层由水泥圈梁加固，并约定了竣工日期等其他事项。

承包方按合同约定的时间竣工，在验收时，发包方发现工程2~5层所有内承重墙体裂缝较多，要求承包方修复后再验收；承包方拒绝修复，认为不影响使用。两个月后，发包方发现这些裂缝越来越大，最大的裂缝能透过其看到对面的墙壁，提出工程不合格，系危险房屋，不能使用，要求承包方拆除重新建筑，并拒付剩余款项；承包方提出，裂缝属于砖的质量问题，与施工技术无关。双方协商不成，发包方诉至法院。

经法院审理查明：本案建筑工程实行大包干的形式，发包方提供建材指标；承包方为节省费用，在采购机砖时，只采购了外墙和主体结构的红机砖，而对承重墙则使用了价格较低的烟灰砖；而烟灰砖因为干燥、吸水、伸缩性大，当内装修完毕待干后，导致裂缝出现。经法院委托市建筑工程研究所现场勘察、鉴定，认为：烟灰砖不能适用于高层建筑和内承重墙，强度不够红机砖标准，建议所有内承重墙用钢筋网、加水泥砂浆修复加固后方可使用。经法院调解，双方达成协议，承包方将2~5层所有内承重墙均用钢筋加固后再进行内装修，所需费用由承包方承担，竣工验收合格后，发包方在10日内将工程款一次结清给承包方。

6.1 工程项目质量体系

6.1.1 质量与工程项目质量的定义及其内涵

质量有狭义和广义两种含义。狭义的质量是指产品本身所具有的特性。产品本身特性一般包含5个内容：性能、寿命、可靠性、安全性和经济性。性能是指为达到产品的使用目的所提出的各项功能要求，即产品应达到的设计和使用要求；寿命是指在规定的条件下，能够工作的期限；可靠性是指产品在规定的时间和条件下，完成规定工作的能力；安全性是指产品在使用过程中确保安全的程度；经济性是指产品在建造和使用过程中所支付费用的多少。

广义的质量除包括产品本身所具有的特性外，还包含形成产品过程和使用产品过程中的工作质量。工作质量是指企业的经营管理、技术、组织和服务等各项工作对于提高产品质量的保证程度。工作质量主要由信息工作质量、研究开发设计工作质量、组织生产工作质量、经营管理工作质量、技术工作质量和服务工作质量等组成。

工程项目质量就是工程项目固有特性满足工程项目相关方要求的程度。满足要求就是应满足明示的、隐含的或者必须履行的需要和期望。对工程项目质量的要求来源于项目的各相关方，满足各方要求的程度反映出工程项目质量的好坏。

工程项目作为一种特殊的产品，除具有一般产品所共有的质量特性，如性能、寿命、可靠性、安全性和经济性等满足社会需要的价值及其属性外，还具有其特定的内涵。工程项目质量的特性主要表现在以下6个方面。

1. 适用性

工程项目的适用性是指工程项目满足使用的各种性能。包括：理化性能，如保温、隔热、隔音等物理性能，耐酸、防火等化学性能；结构性能，指地基基础牢固程度，在强度、刚度、稳定性等方面符合国家的强度标准和顾客的具体要求；使用性能，如民用住宅工程要能使居住者安居，工业厂房要能满足生产活动需要等；外观性能，如房屋的造型、室内外的装饰效果等。

2. 耐久性

工程项目的耐久性是指工程项目在规定的条件下，满足规定功能要求使用的年限，也就是工程竣工后的合理使用寿命。由于建筑物本身的结构类型不同、质量要求不同、施工方法不同和使用性能不同等个性特点。目前国家对建设工程的合理使用寿命周期没有统一的规定，仅在少数技术标准中提出了明确的要求。大部分项目由于其一次性的特点，一般没有统一的耐久性指标。

3. 安全性

工程项目的安全性是指工程项目建成后在使用过程中保证结构安全、保证人身和环境免受危害的程度。

4. 可靠性

工程项目的可靠性是指工程项目在规定的时间和规定的条件下实现规定功能的能力。

5. 经济性

工程项目的经济性是指工程项目从规划、勘察、设计、施工到整个产品使用寿命周期内的成本和消耗的费用。可以通过分析比较、判断工程是否符合经济性要求。

6. 与环境的协调性

工程项目与环境的协调性是指工程项目与其周围生态环境协调；与所在地区经济环境协调；与周围已建工程相协调，以适应可持续发展的要求。

对于工程建设项目而言，上述特性都是必须达到的基本要求。但对于不同门类不同专业的工程，如工业建筑、民用建筑、公共建筑、住宅建筑和道路建筑等。可以根据其所处的特定地区环境条件、技术经济条件的差异，有不同的侧重面。

6.1.2 质量管理的工作体系

1. 工作体系

质量管理工作体系是指企业以保证和提高产品质量为目标，动用系统的概念和方法，把企业各部门、各环节的质量管理职能组织起来，形成一个有明确任务、职责、权限，互相协调、互相促进的有机整体。通过质量管理工作体系，可以把分散在企业各部门的质量管理职能组成一个有机整体；可以把企业各环节的工作质量系统地联系起来；可以把企业内部质量活动和产品使用效果的质量反馈联系在一起；可以在个别工作质量发生问题时，及时控制并得到纠正；可以使质量管理工作制度化、标准化。质量管理工作体系大致分为以下3个部分：

(1) 目标方针体系。就是自上而下地层层落实任务，把企业的质量总目标和总方针，分解落实到各部门、各岗位和个人。

(2) 质量保证体系。就是自下而上地在完成任务时，通过每个环节、每项工作的具体措施来保证质量目标的实现。

(3) 信息流通体系。就是上下左右地通报情况，反映问题，根据信息制定改进措施，保证质量目标的实现。

2. 工作体系的运转方式

质量管理工作的运转方式是PDCA循环，即质量管理工作体系按计划(Plan)、实施(Do)、检查(Check)、处理(Action)4个阶段，把企业的管理工作开展起来。PDCA循环是美国质量管理专家W. E. Deming，根据质量管理工作经验总结出来的一种科学的质量管理工作方法和工作程序，因此PDCA循环也称戴明环，如图6.1所示。

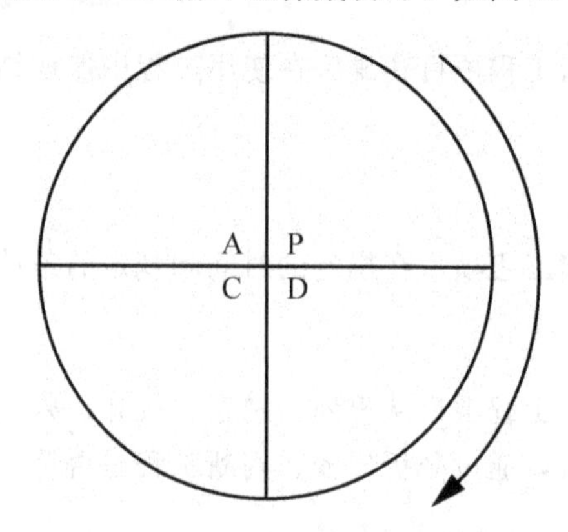

图6.1 质量管理工作运行方式

PDCA循环的内容包括4个阶段、8个步骤。分述如下。

1）计划阶段

明确提出质量管理方针目标、制定出改进措施计划。计划阶段包括4个步骤。

第一步。调查分析质量现状，找出存在的质量问题。

第二步。分析产生质量问题的各种原因或影响因素。

第三步。找出影响质量的主要原因或影响因素。

第四步。针对主要原因或影响因素制定改进措施计划。

2）实施阶段

按制定的改进措施计划组织贯彻执行。实施阶段只有一个步骤，即第五步：按计划组织实施。

3）检查阶段

通过计划要求和实施结果的对比，检查计划是否得以实现。检查阶段只有一个步骤，即第六步：对照计划，检查实施结果。

4）处理阶段

就是对检查结果好的，给以肯定；对检查结果差的，找出原因，准备改进。处理阶段有两个步骤。

第七步：总结成功经验，制定标准。

第八步：将遗留问题转入下一个PDCA循环中去。

作为质量管理工作体系运转方式的PDCA循环，有以下4个特点。

(1) 完整性。4个阶段8个步骤一个不少地做完，才算完成了一件工作，缺少任何一个内容，都不是PDCA循环。

(2) 程序性。4个阶段8个步骤必须按次序进行，既不能颠倒着做，又不能跳跃着做。

(3) 连续性与渐近性。计划、实施、检查、处理不间断地循环进行，这就是PDCA循环的连续性。每经过一个PDCA循环，都会使质量有所提高，即下一个PDCA循环是在上一个PDCA循环已经提高了的质量水平之上进行的。这样，PDCA循环的连续运转，就使质量水平得到提高。这是PDCA循环的渐近性，如图6.2所示。

（4）系统性。PDCA 循环作为一种科学工作程序，可应用于企业各方面的管理工作。企业有 PDCA 循环，项目经理部有 PDCA 循环，施工队、班组以及个人都有 PDCA 循环，并且下面的 PDCA 循环服从上面的 PDCA 循环，上面的 PDCA 循环指导约束下面的 PDCA 循环。企业上下形成一个大环套小环，小环保大环的 PDCA 循环系统，如图 6.2 所示。

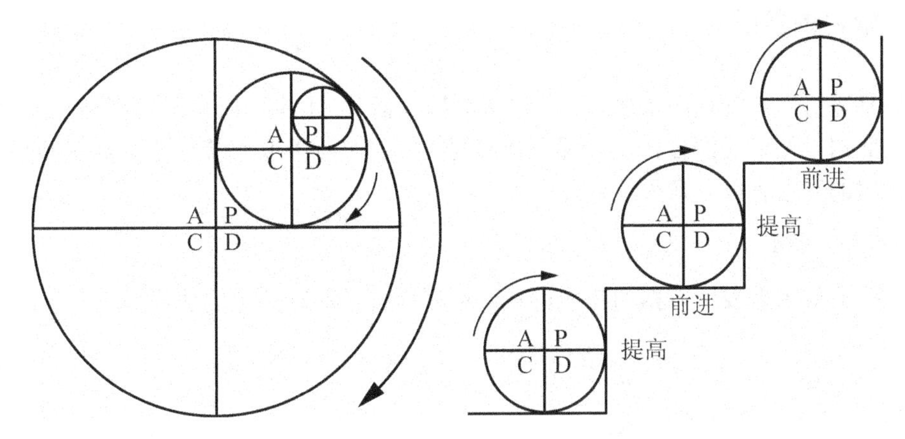

图 6.2 PDCA 循环示意图

知识链接

质量管理小组

质量管理小组(简称 QC 小组)，它是指在生产或工作岗位具体从事各种劳动的职工，围绕企业的质量方针目标和现场存在的问题。运用质量管理的理论和方法，以改进质量、降低消耗、提高经济效益和提高人的素质为目的而组织起来，并开展活动的小组。

QC 小组具有明显的自主性，小组成员以自愿参加为基础，自主学习、自我控制、自我提高；具有明确的目的性，从大处来说是为社会主义现代化建设而搞好质量，从小处来说是为实现企业的方针目标开展质量管理活动；具有严密的科学性，依靠科学管理、科学的方法来实现质量目标，实现组织成员的提高。

知识链接

质量管理体系的产生背景

最近几十年，随着现代科学技术的飞速发展，生产和贸易都已跨越了国界，形成了经济全球化的格局。现代社会中，世界各国之间在加强技术和信息交流的同时，也对产品质量不断提出更新更高的要求。人们为了能持续稳定地获得高质量的产品，不仅更注重产品的自身质量，而且越来越多地关注产品生产组织的质量管理。但是，各国在质量管理中所采用的概念、术语、审核标准等均有较大差别。在开展国际质量认证时，给国际贸易和国际合作带来了许多始料未及的障碍。因此国际上迫切要求将质量管理和质量保证标准统一，ISO 9000 系列标准就这样应运而生了。

6.2 工程项目质量管理分析方法

6.2.1 常用的数据

数据是进行质量管理的基础，“一切用数据说话”，才能作出科学的判断。通过收集、整理质量数据，可以帮助分析、发现质量问题，以便及时采取对策措施，纠正和预防质量事故。常用的数据有以下几种。

1. 子样平均值

子样平均值用来表示数据的集中位置，也称为子样的算术平均值，即

$$\overline{X}=\frac{1}{n}(X_1+X_2+\cdots+X_n)=\frac{1}{n}\sum_{i=1}^{n}X_i \tag{6-1}$$

式中：$\overline{X}$——子样的算术平均值；

X_i——所测得的第 i 个数据；

n——子样的个数。

2. 中位数

中位数是指将收集到的质量数据，按照大小次序排列后处在中间位置的数据值，故又称为中值。它也表示数据的集中位置。当子样数 n 为奇数时，取中间一个数为中位数；n 为偶数时，则取中间 2 个数的平均值作为中位数。

3. 极差

一组数据中最大值与最小值之差，常用 R 表示，它表示数据分散的程度。

4. 子样标准偏差

子样标准偏差反映数据分散的程度，常用 S 表示，即

$$S=\sqrt{\frac{1}{n-1}\sum_{i=1}^{n}(X_i-\overline{X})^2}\ (n<30) \tag{6-2}$$

$$S=\sqrt{\frac{1}{n}\sum_{i=1}^{n}(X_i-\overline{X})^2}\ (n\geqslant 30) \tag{6-3}$$

式中：S——子样标准偏差；

$(X_i-\overline{X})$——第 i 个数据与子样平均值 $\overline{X}$ 之间的离差。

5. 变异系数

变异系数是用平均数的百分率表示标准偏差的一个系数，用以表示相对波动的大小，即

$$C_v=\frac{S}{\overline{X}}\times 100\% \tag{6-4}$$

式中：C_v——变异系数；

S——子样标准偏差；

$\overline{X}$——子样平均值。

6.2.2 排列图

排列图法又叫做巴氏图法或者巴雷特图法，也叫主次因素分析图法。排列图有两个纵坐标，左侧纵坐标表示产品频数，即不合格产品件数；右侧纵坐标表示频率，即不合格产品累计百分数。图中横坐标表示影响产品质量的各个因素或项目，按影响质量程度的大小，从左到右依次排列。每个直方形的高度表示该因素影响的大小，图中曲线称为巴雷特曲线。在排列图上，通常把曲线的累计百分数分为三级，与此相对应的因素分三类。A类因素对应于频率0～80%，它是影响产品质量的主要因素；B类因素对应于频率80%～90%，它是影响产品质量的次要因素；与频率90%～100%相对应的为C类因素，属于一般影响因素。运用排列图，便于找出主次矛盾，使错综复杂的问题一目了然，有利于采取对策，加以改善。

【例6.1】 现以砌砖工程为例，按有关规定对检查项目进行测试，检查结果按不合格的大小次序排列，并计算出各自的频数以及累计频率，见表6-1。试找出影响砌砖工程质量的主要因素。

表6-1 砌砖工程不合格项目及频率汇总

序　　号	实测项目	实测点数	超差点数(频数)	频率/%	累计频率/%
1	门窗洞口	393	36	55.38	55.38
2	墙面垂直	1589	20	30.77	86.15
3	墙面平整	1589	7	10.77	96.92
4	砌砖厚度	36	2	3.08	100
合计		3607	65	100	

解： 依据表6-1中数据绘制排列图，如图6.3所示。

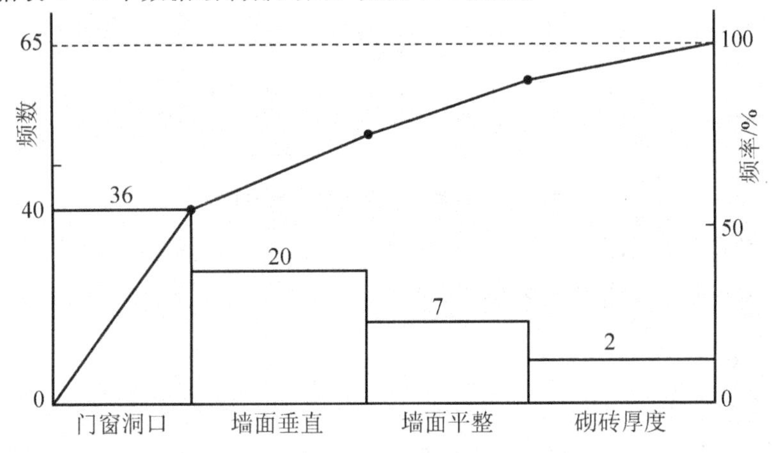

图6.3 不合格项目大小次序排列

由图 6.3 可知，影响砌砖质量的主要因素是门窗孔洞偏差和墙面的垂直度，两者累计频率达到了 86.15%。故应采取措施以确保工程质量。

6.2.3 因果分析图

因果分析图又叫做特性要因图、鱼刺图或者树枝图。这是一种逐步深入研究和讨论质量问题的图示方法。在工程实践中，任何一种质量问题的产生，往往是多种原因造成的。这些原因有大有小，把这些原因依照大小次序分别用主干、大枝、中枝和小枝图形表示出来，便可一目了然地系统观察出产生质量问题的原因。

运用因果分析图可以帮助人们制定对策，解决工程质量上存在的问题，从而达到控制质量的目的。

【例 6.2】现以混凝土强度不足的质量问题为对象来阐明因果分析图的画法。

解：因果分析图的绘制步骤如下。

(1) 确定特性。特性就是需要解决的质量问题，如混凝土强度不足放在主干箭头的前面。

(2) 确定影响质量特性的大枝。如影响混凝土强度不足的因素主要是人、材料、工艺、设备和环境等 5 个方面。

(3) 进一步画出中、小细枝，即找出中、小原因，如图 6.4 所示。

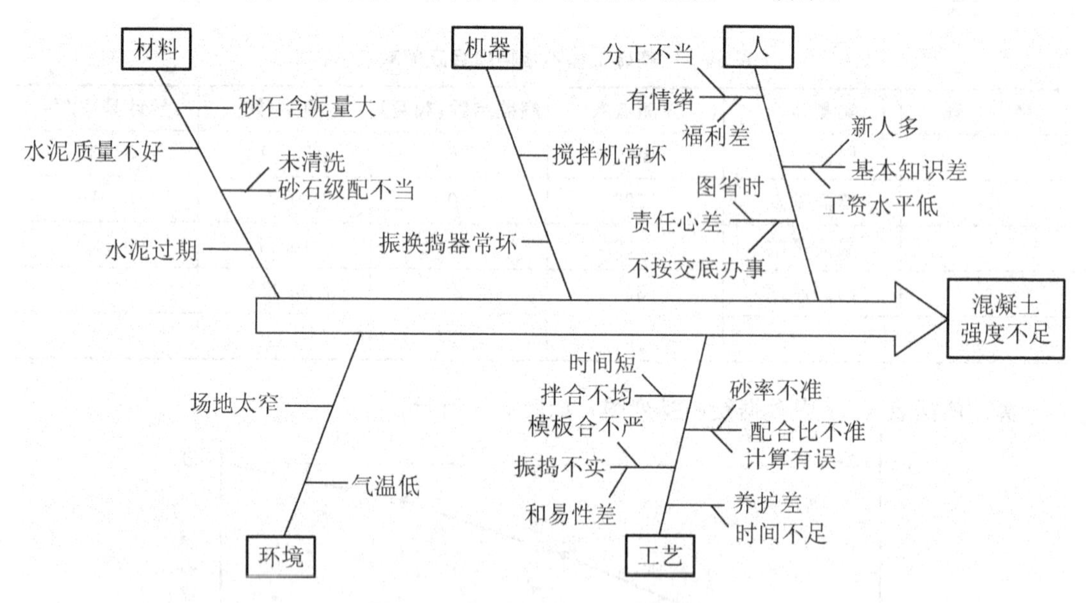

图 6.4 混凝土强度不足因果分析

最后针对影响质量的因素，有的放矢地制定对策，要落实解决问题的人和时间，并以计划表的形式表示，且注明限期改正的时间。

6.2.4 分层法

分层法又称为分类法或分组法，也就是将收集到的质量数据，按统计分析的需要进行分类处理，使之系统化，以便找到产生质量问题的原因，及时采取措施加以预防。

分层方法多种多样，可按班次、日期分类；按操作者(男、女、新、老工人)或其工龄、技术、等级分类；按施工方法分类；按设备型号、生产组织分类；按材料成分、规格、供料单位及时间等分类。

【例 6.3】 现以钢筋焊接质量的调查数据为例，采用分层法进行统计分析。共调查钢筋焊接点 50 个，其中不合格的有 19 个，不合格率为 $\frac{19}{50}\times 100\%=38\%$。为了查清焊接不合格的原因，需要分层收集数据。据查该批钢筋由 3 个焊工操作，并采用两种不同型号的焊条。

解： 分别按操作者分层和按供应焊条的工厂分层进行分析，结果见表 6－2 和表 6－3。

表 6－2 按操作者分层

操作者	不合格	合格	不合格率/%
甲	6	13	32
乙	3	9	35
丙	10	9	53
合计	19	31	38

表 6－3 按供应焊条工厂分层

工厂	不合格	合格	不合格率/%
甲	9	14	39
乙	10	17	37
合计	19	31	38

从表 6－2 和表 6－3 中可以看出，操作工人甲的质量较好，用工厂乙的焊条质量较好。

若进一步分析，可提出综合分层表 6－4。综合分层结论是：用甲厂的焊条，采取工人乙的操作方法较好；用乙厂的焊条，应采用工人甲的操作方法。这样，可提高钢筋焊接的质量。

表 6－4 综合分层焊接质量

操作者	质量	甲厂	乙厂	合计
甲	不合格	6	0	6
	合格	2	11	13
乙	不合格	0	3	3
	合格	5	4	9
丙	不合格	3	7	10
	合格	7	2	9
合计	不合格	9	10	19
	合格	14	17	31

6.2.5 管理图

管理图又叫控制图，它是反映生产工序随时间变化而发生的质量波动的状态，即反映生产过程中各个阶段质量变动状态的图形。质量波动一般有两种情况：一种是偶然性因素引起的波动，称为正常波动；另一种是系统性因素引起的波动，称为异常波动。质量控制的目标就是要查找异常波动的因素并加以排除，使质量只受正常波动因素的影响，符合正态分布的规律。质量管理图就是利用上下控制界限，将产品质量特性控制在正常波动范围之内。质量管理图如图 6.5 所示。一旦有异常原因引起质量波动，通过管理图就可看出，能及时采取措施预防不合格产品的出现。

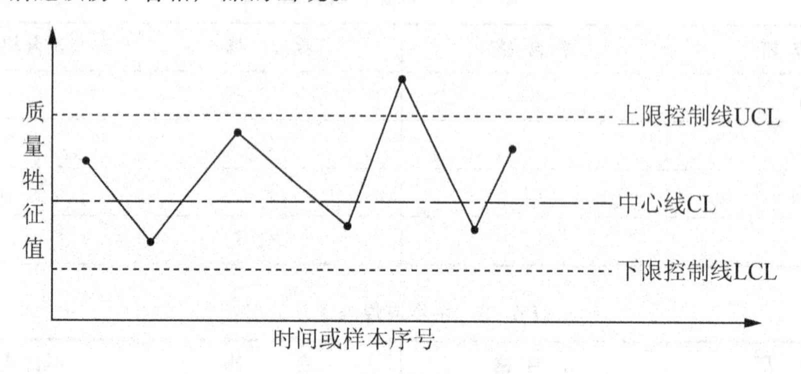

图 6.5 质量管理图

1. 管理图的分类

管理图分为计量值管理图和计数值管理图两大类，如图 6.6 所示。计量值管理图适用于质量管理中的计量数据，如长度、强度、湿度、温度等；计数值管理图则适用于计数数据，如不合格的点数、件数等。

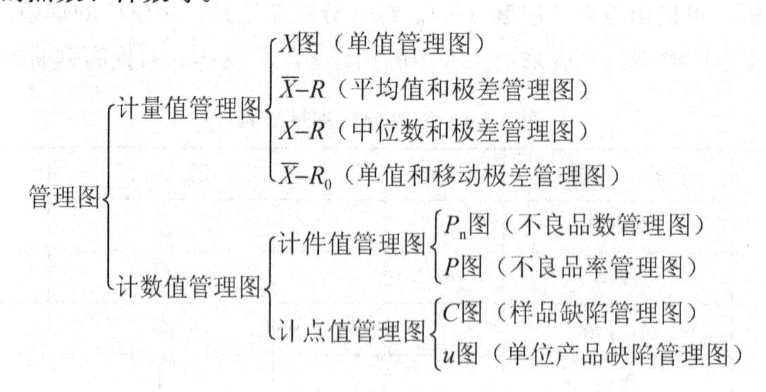

图 6.6 管理图分类

2. 管理图的绘制

管理图的种类虽多，但其基本原理是相同的，现仅以常用的$\overline{X}-R$ 管理图为例，阐明作图的步骤。$\overline{X}-R$ 管理图的作图步骤如下。

1）收集数据归纳列表

例如，每组样本有3个数据分别为X_1、X_2、X_3，见表6-5。

2）计算样本的平均值

$$\overline{X}_j=\frac{1}{n}\sum_{i=1}^{n}X_i$$

例中第一个样本平均值为

$$\overline{X}_1=\frac{155+166+178}{3}=166$$

其余类推，计算值列于表6-5中。

3）计算样本极差值$R=X_{max}-X_{min}$

例中第一个样本极差值为

$$R_1=178-155=23$$

其余类推，计算值列于表6-5中。

表6-5 $\overline{X}-R$管理图数据

样本组数	X_1	X_2	X_3	X	R
1	155	166	178	166	23
2	169	161	164	165	8
3	147	152	135	145	17
4	168	155	151	155	17
⋮	⋮	⋮	⋮	⋮	⋮
24	140	165	167	157	27
25	175	169	175	173	6
26	163	171	171	168	8
合计				4195	407

表6-6 管理系数

N	A_2	M_3A_2	D_3	D_4	E_2	d_3
2	1.880	1.880	—	3.267	2.660	0.853
3	1.023	1.187	—	2.575	1.772	0.888
4	0.729	0.796	—	2.282	1.457	0.880
5	0.577	0.691	—	2.115	1.290	0.864
6	0.483	0.549	—	2.004	1.184	0.848
7	0.419	0.509	0.076	1.924	1.109	0.833
8	0.373	0.342	0.136	1.864	1.054	0.820
9	0.337	0.412	0.184	1.816	1.010	0.080
10	0.308	0.363	0.223	1.727	1.975	0.797

4）计算样本总平均值

$$\overline{X}=\frac{\sum_{j=1}^{N}\overline{X}_j}{N}=\frac{4195}{26}=161$$

式中：N——样本组数。

5）计算极差平均值

$$\overline{R}=\frac{\sum_{j=1}^{N}\overline{R}_j}{N}$$

则

$$\overline{R}=\frac{407}{26}=16$$

6）计算控制界限

① $\overline{X}$管理图控制界限

中心线

$$\mathrm{CL}=\overline{X}$$

上控制界限

$$\mathrm{UCL}=\overline{X}+A_2\overline{R}$$

下控制界限

$$\mathrm{LCL}=\overline{X}-A_2\overline{R}$$

式中：A_2——$\overline{X}$管理图系数，取值见表6-6(表中N为数据个数)。

例中，CL、UCL、LCL分别为

$$\mathrm{CL}=161$$

$$\mathrm{UCL}=161+1.023\times16=177$$

$$\mathrm{LCL}=161-1.023\times16=145$$

② R管理图的控制界限。

中心线

$$\mathrm{CL}=\overline{R}$$

控制界限

$$\mathrm{UCL}=D_4\overline{R}$$

下控制界限

$$\mathrm{LCL}=D_3\overline{R}$$

式中：D_3、D_4——R管理图控制界限系数，取值见表6-6。

例中$D_3=0$，$D_4=2.575$

代入上式得CL、UCL、LCL值分别为16、41、0。

7）绘制$\overline{X}-R$管理图

以横坐标为样本序号或取样时间，纵坐标为所要控制的质量特性值，按计算结果绘出中心线和上下控制界限。

用例题中数据绘制的$\overline{X}-R$管理图如图 6.7 所示。其他各种管理图的作图步骤与$\overline{X}-R$管理图相同，控制界限的计算公式见表 6－7。

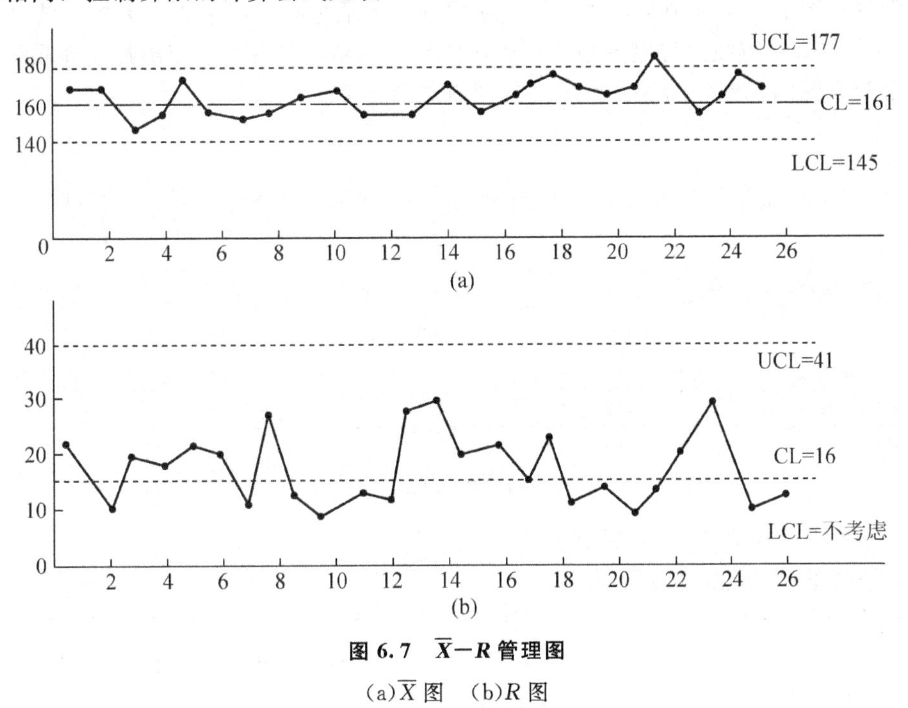

图 6.7 $\overline{X}-R$管理图

(a)$\overline{X}$图 (b)R图

表 6－7 管理控制界计算公式

分 类		图 名	中心线	上下控制界限	管理特征
计算值管理图		$\overline{X}$图	$\overline{\overline{X}}$	$\overline{\overline{X}}\pm A_2\overline{R}$	用于观察分析平均值的变化
		R图	$\overline{R}$	$D_4\overline{R}$ $D_3\overline{R}$	用于观察分析分布的宽度和分散变化的情况
		$\overline{X}$图	$\overline{\overline{X}}$	$\overline{\overline{X}}\pm M_3A_2\overline{R}$	$\overline{\overline{X}}$代$\overline{X}$图，可以不计算平均值
		X图	$\overline{X}$	$\overline{X}\pm E_2\overline{R}$	观察分析单个产品质量特征的变化
		R_0图	$\overline{R_0}$	$D_4\overline{R_0}$	同R图，适用于不能同时取得数据的工序
计算值管理图	计件值管理图	P图	$\overline{P}$	$\overline{P}_n\pm\sqrt{P_n(1-P)}$	用不良品率来管理工序
		P_n图	$\overline{P}_n$	$\overline{P}_n\pm\sqrt{\frac{\overline{P}_n(1-\overline{P})}{n}}$	用不良品数来管理工序
	计点值管理图	C图	$\overline{C}$	$\overline{C}\pm\sqrt{\overline{C}}$	对一个样本的缺陷进行管理
		U图	$\overline{U}$	$\overline{U}\pm\sqrt{\frac{\overline{U}}{n}}$	对每一个给定单位产品中的缺陷数进行控制

3. 管理图的观察分析

正常管理图的判断规则是：图上的点在控制上下限之间围绕中心作无规律波动。连续35个点中，仅有一点超出控制界限线；连续100个点中，仅有两点超出控制界限线。

异常管理图的判断如图6.8所示，其判断规则如下。

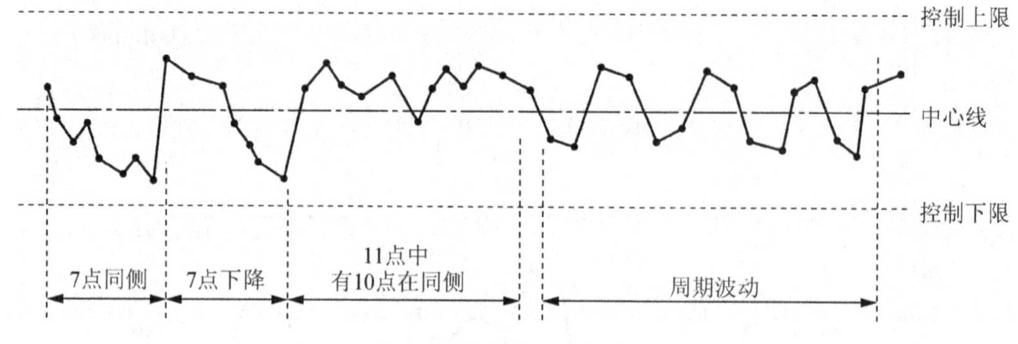

图6.8　异常管理图的判断

（1）连续7个点在中心线的同侧。

（2）有连续7个点上升或下降。

（3）连续11个点中，有10个点在中心线的同一侧；连续14个点中，有12个点在中心线的同一侧；连续17个点中，有14个点在中心线的同一侧；连续20个点中，有16个点在中心线同一侧围绕某一中心线作周期波动。

在观察管理图发生异常后，要分析找出产生问题的原因。然后采取措施，使管理图所控制的工序恢复正常。

6.3 工程项目质量控制

质量控制的工作内容包括了作业技术和活动，即包括专业技术和管理技术两个方面。质量控制应坚持贯彻预防为主与检验把关相结合的原则，在项目形成的每一个阶段和环节，即质量循环的每一阶段，都应对影响其工作质量的人、机、料、法、环(4M1E)因素进行控制。并对质量活动的成功进行分阶段验证，以便及时发现问题，查明原因，采取措施，防止类似问题重复发生；并使问题在早期得到解决，减少经济损失。为使每项质量活动都能有效，质量控制对干什么、为何干、如何干、由谁干、何时干等问题应作出规定，并对实际质量活动进行监控。项目的进行是一个动态过程，所以，围绕项目的质量控制也具有动态性。为了掌握项目随着时间变化而变化的状态，应采用动态控制的方法和技术进行质量控制工作。

6.3.1 工程项目质量影响因素的控制

1. 人的控制

在工程建设中，领导者的素质、人的理论技术水平、人的生理状况、人的心理行为、人的错误行为和人的违纪违章等都属于人对工程质量的影响因素。

工程建设是通过各个项目参加单位的参与进行的，质量控制必须重视对人及对人的工作过程的控制，加强人的质量意识。由于项目参加者来自不同的单位，通过合同确定各自的责任权利关系，各有其不同的经济利益和目标，这会影响质量管理的能力和积极性。所以，应做到如下几点。

(1) 认真选择任务承担者，重视被委托者的能力。无论是选择咨询公司、设计单位、施工单位和供应商，还是招聘管理人员等；都不仅要审查其资质等级，业务范围；还要审查其质量能力及信誉(如企业是否通过ISO贯标认证)，审查其过去工程的质量水平，以及技术水平和装备水平。

(2) 人的问题是质量问题的主要原因。甚至有许多本属于技术、管理、环境等原因造成的质量问题，最终常常还是归结到人的身上。所以，应注意对从业人员资格的要求，加强对人员的培训。对业主来说，自己招聘的各种项目管理人员及为项目运行招聘的各种操作和管理人员，都应进行培训。有时还要对承包商或分包商的人员进行培训，或为其培训提供帮助。对承包商来说，各种操作人员、管理人员的上岗培训是质量保证的前提。通过培训增加项目管理和技术知识，以防止出现施工、操作、保养和维修等方面的问题。

(3) 正确的引导。通过合同、责任制、经济奖罚等手段激发人们对质量控制的积极性。

2. 材料、构配件的质量控制

材料(包括原材料、成品、半成品、构配件)是工程施工的物质条件，没有材料就无法施工；材料质量是工程质量的基础，材料质量不符合要求，工程质量也就不可能符合标准。因此加强材料的质量控制是提高工程质量的重要保证；是创造正常施工条件，实现投资控制和进度控制的前提。

材料质量控制措施如下。

(1) 采购前必须将项目所需材料的质量要求(包括品种、规格、规范、标准等)、用途、投入时间、数量说明清楚，作出材料计划表并在采购合同中明确规定这些内容。

(2) 采购选择。供应商通常是很多的，对各种供应的质量应有深入的了解，多收集一些说明书、产品介绍方面的信息。

(3) 入库和使用前的检查。检查供应的质量，并作出评价，不合格的材料不得进入工地，更不得使用。

3. 机械设备的控制

机械设备的控制包括生产机械设备的控制和施工机械设备的控制。

生产机械设备的控制在工程项目设计阶段，它主要是控制设备的选型和配套；在工程项目施工阶段，主要是控制设备的购置、检查验收、安装质量和试车运转。要求按生产工艺、配套投产、充分发挥效能来确定设备类型；按设计选型购置设备；设备进场时，要按设备的名称、型号、规格、数量的清单逐一检查验收；设备安装要符合有关设备的技术要求和质量标准；试车运行正常，要能配套投产。

施工机械设备的控制在项目施工阶段，必须综合考虑施工现场条件、建筑结构形式、机械设备性能、施工工艺和方法、施工组织与管理、建筑技术经济等各种因素。制定出合理的机械化施工方案，使之合理装备、配套使用、有机联系，以充分发挥建筑机械的效能，力求获得较好的综合经济效益。

施工机械设备是实现施工机械化的重要物质基础；是现代化工程建设中必不可少的设施，对工程项目的施工进度和质量均有直接影响。从保证工程项目施工质量的角度出发，应着重从机械设备的选型、机械设备的主要性能参数和机械设备的使用操作要求等三方面予以控制。

4. 方法的控制

方法控制是指对在工程项目整个建设周期内所采取的技术方案、工艺流程、组织措施、检测手段和施工组织设计等的控制。

施工方案的正确与否，是工程项目的进度控制、质量控制、投资控制三大目标能否顺利实现的关键。往往由于施工方案考虑不周而拖延进度，影响质量，增加投资。因此在制定和审核施工方案时，必须结合工程实际，从技术、组织、管理、工艺、操作、经济等方面进行全面分析。综合考虑，力求方案技术可行、经济合理、工艺先进、措施得力、操作方便，有利于提高质量、加快进度和降低成本等。

5. 环境因素的控制

影响工程项目质量的环境因素较多，有工程技术环境，如工程地质、水文、气象等；工程管理环境，如质量保证体系、质量管理制度等；劳动环境，如劳动组合、劳动工具、工作面等。环境因素对工程质量的影响具有复杂而多变的特点，如气象条件就变化万千，温度、湿度、大风、暴雨、酷暑、严寒都直接影响工程质量。往往前一工序就是后一工序的环境；前一分项、分部工程也就是后一分项、分部工程的环境。因此，根据工程特点和具体条件，应对影响质量的环境因素，采取有效的措施严加控制。对环境因素的控制，与施工方案和技术措施紧密相关。如在寒冬、雨季、风季、炎热季节施工时，应针对工程的特点，尤其是对混凝土工程、土方工程、深基础工程、水下工程及高空作业等，必须拟定季节性施工保证质量和安全的有效措施，以免工程质量受到冻害、干裂、冲刷、坍塌的危害。同时，要不断改善施工现场的环境和作业环境；要加强对自然环境和文物的保护；要尽可能减少施工所产生的危害对环境的污染；要健全施工现场的管理制度，合理地布置，使施工现场秩序化、标准化、规范化，实现文明施工。

6.3.2 项目策划阶段的质量控制

1. 质量成本

质量成本主要包括如下内容。

(1) 实施单位为了保证和提高产品质量，满足用户需要而支出的费用，它包括在技术改进方面的投入(如使用高质量的材料、工艺、设备)和管理方面的投入(即质量管理的成本，包括人员费用、检测费用，以及工程检查验收损失的费用)。

(2) 因未达到质量标准而产生的一切损失费用，如维修费用、赔偿费用等。

2. 质量策划

在进行质量策划时应注意以下一些方面。

(1) 对于工程项目，现在业主一般都要求减少运营费用，增加运营的可靠性、安全性。而对于一些特殊项目必须一次运行成功，如高费用的设备，如高科技的、尖端的设备；保养维修比较困难的，甚至不可能的设备，如航天空间站、大型水电工程；不允许出现质量问题的工程(如果出现会造成极大的损害)，如航天飞机、火箭、核工业工程。人们在决策时通常要求高的可用度，尽管其成本很高。

从另一个方面来说，对一个工程评标，不能一味追求低的报价或将任务委托给报价过低的承包商。工程实践已经证明，报价过低，很难取得高质量的工程。

(2) 要减少重复的质量管理工作。具体的分部工程(工作包的任务)由承包商、实施负责人完成，这些企业或部门中应有专门从事生产和技术管理的人员，他们应有具体的质量管理工作。这些企业有完备的质量管理系统，它属于企业内部的领导、协调、计划、培训和组织工作。这属于合同内的工作，而项目管理者不必再具体地重复这些工作(除了发现重大问题)，但他必须监督各参加单位在他们负责的范围内用适当的措施、工具和方法来解决质量保证问题。当然，也包括对实施中的质量管理工作提供帮助、解答，并积极介入，但如果存在质量问题仍应由实施者负责。实践证明，在许多大项目，特别是多层次承(分)包的项目中，质量管理的重复工作现象是普遍存在的。它会导致管理人员浪费、费用增加、时间延长和信息泛滥。

(3) 不同种类的项目，不同的工程部分，质量控制的深度不一样。例如，对飞机和宇航工程、核工业工程、大型水力发电工程来说，质量重于一切。质量控制对于项目管理者来说比成本控制还重要，项目管理中必须设置专门的质量保证措施和组织。对一些项目中的特殊部分，如超平地面、超洁净车间，则应有细致严密的质量控制。有些项目，特别是国家项目，政府部门要介入质量管理，则项目管理必须提供协调，如安排并协助检查、整理并提交报告等。在这里项目管理常常要为质量保证服务。对一些新的开发型研究项目，没有或很少有现存的质量标准和管理方法，则项目管理者必须寻找新的质量管理方法，自己必须直接参与具体的质量管理工作。

(4) 质量管理是一项综合性的管理工作，除了工程项目的各个管理过程以外，还需要一个良好的社会质量环境，它主要分为：①行业和企业的基础管理工作，如标准化工作、质量管理教育、员工技能培训、质量意识的培养和信息工作等；②整个社会的价值观念、国民素质的影响。在一个浮躁、急功近利、不讲信用的社会里，是不可能产生高质量的工程的。

(5) 注意合同对质量管理的决定作用。工程项目是应业主的要求进行的，不同的业主有着不同的质量要求，它已反映在承包合同中。因此，合同是进行项目质量管理的主要依据。一方面要利用合同达到对质量进行有效的控制；另一方面又要在合同范围内进行质量管理，超过合同范围的质量要求和管理措施，则会导致赔偿问题。

(6) 质量问题大多是技术性的，如设计、实施方案、采购等工作，甚至许多书中介绍的质量统计方法、检测方法、分析方法实质上在很大程度上属于技术和技术管理问题。项目质量管理的技术性很强，但它又不同于技术性工作。长期以来人们过于注重质量技术方面的问题，而忽视管理方面的问题。质量控制应着眼于质量保证体系的建立；质量控制程序的建立，质量、工期、成本目标的协调和平衡；以及工作监督、检查、跟踪、诊断，以保证技术工作的有效性和完备性。

(7) 质量控制的目标不是发现质量问题，而是应提前避免质量问题的发生。在各项工作之前应有明确的质量要求，在工作中应有质量保证体系。

(8) 注意过去同类项目的经验和反面教训。特别是过去的业主、设计单位、施工单位反映出来的对技术、质量有重大影响的关键性问题。

6.3.3 设计过程中的质量控制

1. 设计质量确定

依据工程项目的设计任务书和总体规范，进行设计质量控制。

各部分的详细技术设计工作。项目早期质量的定义是粗略的，只有通过技术设计才能使之具体化、细化。在项目设计阶段，必须根据前期策划阶段确定的质量目标进行分解。

在现代工程中各种专业设计都有相应的技术规范，这些规范作为通用规范，是设计的依据。由于通用规范经常有标准的生产工艺、标准的成品(半成品)，供应商、承包商都熟悉，所以能降低施工和供应的费用。按照工程的特点、环境的特点还必须进行工程的特殊技术设计，作出图纸和特殊的(专用)规范，以及各方面详细的技术说明文件。

对设计质量标准重要的影响因素之一是投资的限额及其分配。项目任务书批准并下达后，就确定了投资总额。人们常将它按各个子功能(分厂、各个建筑或各个工程子项目)进行切块分解，作为各部分设计的依据；则总体的以及各部分的工程质量标准就由这个投资分解确定。

在相应的设计文件中还要指出达到质量目标的途径和方法，同时指明项目竣工验收时质量验收评定的范围、标准与依据。

2. 设计单位的选择

设计单位对设计的质量负责。设计单位的选择对设计质量有根本性的影响，然而许多业主和项目管理者在项目初期对它没有足够重视。有时为了方便、省钱或其他原因(如关系)，将工程委托给不合格的设计单位甚至委托给业余设计者，结果会造成很大经济损失，甚至责任事故。

设计工作属于高智力、技术与艺术相关的工作。其成果评价比较困难。设计方案以及整个设计工作的合理性、经济性、新颖性等，不能从设计文件，如图纸、规范、模型的表面反映出来。所以，设计质量很难控制。这就要对设计单位的选择予以特别的重视。设计单位必须具有与项目相符合的资质等级证书，而且本项目的设计在其业务范围内，有本项目设计所需的成熟技能和成功经验。

6.3.4 施工过程中的质量控制

1. 工程项目施工质量管理人员的选择

为业主提供工程项目质量监督管理工作的人员，在我国被称为监理工程师；在英国等国则被称为咨询工程师。在有些国家建筑师也可以从事工程项目质量监督管理工作。

1）工程项目质量监督管理人员资质规定

合格的工程质量监督管理人员必须具有符合项目所在地规定的相关证书。各个国家和地区对工程质量监督管理人员的从业资格都有严格的规定。

我国《监理工程师资格考试和注册试行办法》规定：经监理工程师资格考试合格者，方能获得由监理工程师注册机关核发的《监理工程师资格证书》。拥有资格证书者还必须通过工程建设监理单位统一向本地区或本部门的监理工程师注册机关提出申请。监理工程师注册机关收到申请后，依照上述试行办法的规定进行审查。对符合条件的，根据全国监理工程师注册管理机关光批注的注册计划择优予以注册，颁发《监理工程师岗位证书》；并在全国监理工程师注册管理机关备案。获得了上述两种证书并被批准注册者，才能正式以监理工程师的名义从事工程建设监理业务。而且已经注册的监理工程师，不得以个人名义私自承接工程建设监理业务。

2）工程质量监督管理人员选择的方法和程序

为了选定符合要求的咨询工程师，业主应采用适当的方法和程序。在美国最常用的资质评审法值得借鉴。

资质评审法实质就是把资质因素作为选定咨询工程师的首要原则。它分为3个阶段进行：第一阶段为选择，根据初步的工作范围，及具体的项目评审原则确定由3～5家公司或个人组成的短名单；第二阶段为确定，邀请第一阶段排名第一的公司进入第二阶段。了解业主的需要和期望，共同确定工程范围、所需要的服务及合同形式；第三阶段为定价，在选定了最具资质的公司并确定了相应的工作范围之后，应开始定价谈判。

2. 施工阶段质量管理过程划分

1）按施工阶段工程实体形成过程中物质形态的转化划分

它可分为对投入的物质、资源质量的管理；施工及安装生产过程质量管理，即在使投入的物质资源转化为工程产品的过程中，对影响产品质量的各因素、各环节及中间产品的质量进行控制；对完成的工程产出品质量的控制与验收。

2）按工程项目施工层次结构划分

工程项目施工质量管理过程为：工序质量管理、分项工程质量管理、分部工程质量管理、单位工程质量管理和单项工程质量管理等。其中单位工程质量管理与单项工程质量管理包括建筑施工质量管理、安装施工质量管理与材料设备质量管理。

3）按工程实体质量形成过程的时间阶段划分

在工程项目实施阶段的不同环节，其质量控制的工作内容不同。根据项目实施的不同时间阶段，可以将工程项目实施阶段的质量控制分为事前控制、事中控制和事后控制。

3. 施工前准备阶段的质量控制

施工合同签订后，项目经理部应建立完善的工程项目管理机构和严密的质量保证体系以及质量责任制。抓住质量计划制订、质量计划实施和质量计划(目标)实现3个环节。要求各部门都应担负起质量管理责任。以及各自的工作质量来保证整体工程质量。

工程测量控制是事前质量控制的一项基础工程，它也是施工准备阶段的一项重要内容。因此要做好基准点、基准线、标高、施工测量控制网复核、复测工作，并填报抄测记录。

进行图纸会审，为了在施工前能发现和减少图纸的差错，能事先消灭图纸中的质量隐患，在项目质量计划编制前，由项目经理、技术负责人主持熟悉图纸，并进行图纸会审工作。审核出图纸中存在问题后，应与设计人和发包人进行讨论、协商解决，并做好图纸会审记录。

项目经理必须使分包工程及采购工作处于受控状态并有计划地进行。为此，项目经理应评价和选择合格的分包人和供应人，可通过招标慎重选择分包人和材料、设备供应人。项目经理部应对全体施工人员进行质量知识、专业知识、管理知识和专业技能的教育和培训。

4. 施工过程中的质量控制

业主委托监理工程师在此阶段主要执行以下质量管理工作。

(1) 对自检系统与工序的质量控制，对施工承包商的质量控制工作的监控。

(2) 在施工过程中对承包商各项工程活动进行质量跟踪监控，严格工序间交接检查，建立施工质量跟踪档案，等等。

(3) 审查并组织有关各方对工程变更或图纸修改进行研究。

(4) 对工序产品的检查和验收，以及对重要工程部位和工序专业工程等进行试验、技术复核等。

(5) 处理已发生的质量问题或质量事故。

(6) 下达停工指令，并控制施工质量等。

堤溪沱江大桥发生坍塌事故

建筑工程质量事故是一种社会警示。在我国经济快速发展的今天，不断发生的土木工程质量事故已经成为全社会不和谐、不安定的因素。下面为湖南凤凰沱江大桥倒塌事故分析。

1. 事故概况

2007年8月13日下午4时40分左右，湖南省湘西土家族苗族自治州凤凰县正在建设的堤溪沱江大桥发生坍塌事故，桥梁将凤凰至山江公路塞断，当时现场正在施工，造成64人死亡，22人受伤，直接经济损失3974.7万元。

相关技术资料显示，堤溪沱江大桥是凤凰县至大兴机场二级路的公路桥梁，桥身设计长328m，跨度为4孔，每孔65m，高度42m。按照交通部的标准，此桥属于大型桥。

堤溪沱江大桥上部构造的主拱圈为等截面悬链空腹式无铰拱，腹拱采用等截面圆弧拱。基础则奠基在弱风化泥灰或白云岩上，混凝土、石块构筑成基础，全桥未设制动墩。

2. 原因分析

湖南凤凰县沱江大桥在竣工前出现了整体坍塌，这是新中国成立以来建桥史上的第一次。沱江大桥突然坍塌存在以下几个原因。

(1) 为了州庆缩短大桥养护期。沱江大桥施工工期过紧，施工中变更了主拱圈砌筑的程序，拱架拆卸过早。据了解，因为湘西自治州要进行50年州庆，所以沱江大桥施工采取了项目倒计时。6月20日主拱圈的砌筑完成，第19天开始卸架，养护期不够，比规定少了9天。按规定，大桥养护期是28天。因为养护期减短，大桥拱圈承载能力减弱。

(2) 桥下地质复杂桥墩严重裂缝。在施工中，就已经发现桥墩的地质构造比较复杂，而且还发现0号桥墩下面有严重裂隙。施工中虽然对此处进行了一些处理，但是没有从根本上解决问题。大桥垮塌的方向从0号桥墩开始，像积木一样顺一个方向垮塌。

(3) 所用沙石含土量过高。主拱圈砌筑质量有问题。砌筑要使用料石，才能够相互咬合。但事故后发现，塌下来的主拱圈中还有片石。而且砌筑的砂浆混凝土不饱和，未填实，有空隙、空洞。另外，沙石含土量比较高。沙石应该用水洗过的沙，含有土份就影响混凝土的凝聚力。

(4) 工程层层分包质量管理混乱。施工中施工单位有变更，却没有及时告知监理单位，监理单位对发现的问题也没有及时向上级工程质量监督管理部门反映，而且中层分包单位多，层层分包。

3. 专家视点

著名桥梁专家黎宝松接受采访时提出以下观点：拱圈下沉对桥造成致命影响。

湖南凤凰沱江大桥骤然坍塌，留下一串问号。媒体和社会各界纷纷质疑大桥在建造过程中是否存在偷工减料？大桥本身是否为“豆腐渣工程”？亦或从一开始选址设计就存在问题？

带着对沱江大桥的种种疑问，记者咨询了广东省政协委员、著名桥梁专家黎宝松教授。

问题一：设计方案是否合理？

据媒体报道，沱江大桥跨度达328m，有网友质疑桥梁跨度这么大，设计者仅设计了4个拱圈，设计方案是否有问题？此外网友反映“大桥东岸是石灰石覆盖黄泥地质，西岸是强风化砂土地质”，认为此地不应该建石拱桥。

黎教授表示，由于自己不在现场，不清楚河流的水文情况，仅就媒体报道的情况来看，桥型的设计看不出有什么错误。

至于地质情况，即使当地的地质像网友说的是“石灰石、强风化砂土地质”，也不能说就完全不能建桥，关键是看设计与施工怎么根据具体情况加以处理。此外，在建桥之前，必须要做的沉降变形检测足以让大桥避开因地质原因可能造成的不利影响。

问题二：大桥是否“豆腐渣”？

不少网友指出，从塌桥照片来看，混凝土中看不见几根钢筋，水泥、沙子、石子不成比例，几乎尽是石头，很像“豆腐渣”工程。

对此，黎教授解释道，沱江大桥是石拱桥，桥墩里可以放钢筋，也可以不放钢筋。假如水泥很少，可能会影响到桥梁的两个方面：一方面是桥墩的牢固度，尽管是石拱桥，桥墩也需要灌注大量的混凝土，才能保证桥墩足够牢固。另一方面，桥身也需要足够的混凝土、砂浆将石块黏合在一起。如果混凝土太少，桥身无法牢固地黏成一个整体，就会出现媒体报道的那样“经常有碎石头掉下来”。

问题三：大桥仅靠脚手架支撑？

大桥是在工人们拆卸脚手架的时候垮掉的，有网友质疑“难道这座桥竟是靠脚手架来支撑的吗？”

对这个问题，黎教授首先纠正了许多媒体以及网友所说的“脚手架”的概念。他说：“工人们拆卸的并不是脚手架，而是拱圈架，也就是承接沱江大桥4个拱圈的架子。在石拱桥的各个部件中，拱圈是大桥的主要承重构件，而拱圈以及桥身上的一些附件(比如小拱圈)的重量，又都要拱圈架一力承受。所以拱圈架的作用十分重要，拱圈架扎得好不好直接关系到石拱桥的质量。如果大桥质量本身有问题，工人在拆卸拱圈架时会垮塌也就不奇怪了”。

塌桥的可能原因如下。

黎宝松教授介绍，沱江大桥是四跨连拱，4个拱圈产生的推力通过桥墩实现相互平衡：这一方面要求桥墩自身有足够的重量；另一方面桥墩要足够牢固。两者是相辅相成的，因此石拱桥的桥墩体积一般都十分庞大。由于拱圈之间互有推力，只要一个拱圈出现问题，大桥就会像多米诺骨牌一样出现“一垮俱垮”的情形。

随后黎教授从石拱桥的建造原理上详细分析了可能导致沱江大桥垮塌的原因。

(1) 混凝土灌注太少。根据媒体报道，沱江大桥一号拱圈在当年5月曾下沉10cm。如果媒体报道准确，说明桥墩没有打牢，这可能跟灌注的混凝土太少有关，也有可能和当地的地质有关。但不管什么原因，拱圈下沉对沱江大桥造成的影响都是致命的。因为石拱桥的特点是不怕压力最怕变位，石头属刚性，承重能力好，但不能承受弯曲和挠曲。桥墩位移会导致拱圈弯曲，对拱圈产生附加力，打破石拱桥各个部位之间的受力均衡，从而导致大桥垮塌。

(2) 修建拱圈石料规格不一。修建石拱桥对石材的质量要求较高，这样形成的拱圈才能确保足够紧密，如果拱圈不紧密，就会像媒体报道的那样，出现漏水的情形。另外有媒体报道，修建拱圈所用的石料规格不统一可能，也是导致事故发生的原因之一。除了比较整齐的石块，大桥还使用了许多碎石。石料不规整，灌注的混凝土又不够饱满，就很容易出现经常掉石头的情况。

(3) 可能存在过早拆除拱圈。另外，拱圈建好后，还要等一段时间让灌注的混凝土将石料凝结成一个整体，时间长短有明确规定，一般是28天。如果时间太短，拱圈还没有形成，整体就拆掉了起支撑作用的拱圈架，也会出现意外事故。此外，为了确保拱圈的安全性，在拆卸拱圈架之前，一般会做一个初步的荷载实验，测试拱圈的承重能力。报道中说沱江大桥月底就要通车，出现问题不知与急于通车是不是有关系。

中国工程院土木水利建筑学部陈肇元院士的观点：是结构设计标准的低要求造成的。

包括桥梁在内的建筑安全问题，早在5年前就引起了专家们的注意。“我国结构设计在安全设置水准上的低要求，在世界上是非常突出的。”从2003年起，就有14位中国工程院院士两次向国家有关部门递交咨询报告，时间分别在2003年和2007年3月。

“公路桥梁的短寿首先源于设计规范对耐久性的低标准要求。”陈肇元院士在咨询报告中写道。他是该咨询项目的负责人和编写人。

报告中说，一方面我国规范规定的车辆荷载安全系数为1.40，低于美国的1.75和英国的1.73。另一方面在估计桥梁构件本身的承载能力时，我国规范规定的材料设计强度又定得较高，因而对车辆荷载来说，我国桥梁的设计承载能力仅为美、英的68%和60%。

桥梁土木工程经常处于干湿交替、反复冻融和盐类侵蚀的环境中，以致一些桥梁包括大型桥梁不需大修的使用寿命仅有一二十年，甚至不到10年大部分就被迫拆除重建。按照交通部以往的桥涵设计规范，室外受雨淋(干湿交替环境)的混凝土构件，钢筋保护层最小设计厚度尚不到国际通用规范规定的一半。

“如果规范上没有确切要求，怎么能追究设计者的责任呢？”中国著名桥梁专家范立础院士在做学术报告时认为，我国的桥梁规范应及时修改。

在报告中，院士们还说，我国已经面临已建工程过早劣化的巨大压力。在今后二三十年的时间内，仍将处于持续大规模建设的高潮期。由于土建工程的耐久性设计标准过低，施工质量较差，如再不采取措施，将会陷入永无休止的大建、大修、大拆与重建的怪圈中。

通过本案例的分析，建设工程在设计、施工、运用管理等方面会出现哪些问题？从中可以获得哪些经验教训？

案例 6.2

重庆綦江虹桥整体垮塌事故

1999年1月4日重庆綦江虹桥整体垮塌事故。綦江县虹桥是一座跨江人行桥，结构为中承式钢管混凝土提篮拱桥，桥长140m，主跨120m，桥面总宽6m，净宽5.5m，设计人群荷载$35kN/m^2$。该工程于1994年11月5日开工，1996年2月15日投入使用，1999年垮塌。事故的直接原因是工程施工存在十分严重的危及结构安全的质量问题，工程设计也存在一定程度的质量问题。该桥建成时就已是一座危桥，使用过程中吊杆锚固又加速失效，使该桥受力情况急剧恶化，更加接近垮塌的边缘。事故的间接原因是严重违反基建程序，不执行国家建筑市场管理规定和办法，违法建设、管理混乱。

案例 6.3

珍珠大桥垮塌事故

2005年11月5日中午1点55分，即将合龙的贵州省遵义市务川县珍珠大桥突然垮塌。珍珠大桥为箱形拱钢筋混凝土结构，全长152m，主跨120m，桥面距水面约170m。事故发生时，大桥正在进行拱架架设，垮塌后只剩下两根钢索孤零零地挂着。该桥于2004年开始动工修建，垮塌事故造成直接经济损失352.1万元。塌桥使19名现场施工人员落入河谷，造成16人死亡，3人重伤。贵州省安监局成立调查组对事故开展专项调查。经调查组多方调查取证和科学分析，此次桥梁垮塌特大事故被认定是一起责任事故。事故发生的直接原因是大桥的施工单位在施工中使用了不符合安全质量的施工器材和违规作业。

6.4 工程项目质量验收

6.4.1 工程项目质量验收的基本知识

1. 质量验收基本知识

1）术语

（1）抽样检验。按照规定的抽样方案，随机地从进场的材料、构配件、设备或建筑工程检验项目中，按检验批抽取一定数量的样本所进行的检验。

（2）抽样方案。根据检验项目的特性所确定的抽样数量和方法。

（3）检验批。按统一的生产条件或按规定的方式汇总起来供检验用的，由一定数量的样本组成的检验体。

（4）检验。对检验项目中的性能进行量测、检查和试验等，并将结果与标准规定进行比较，以确定每项性能是否合格所进行的活动。

（5）见证取样检测。在监理单位或建设单位监督下，由施工单位有关人员现场取样，并送至具备相应资质的检测单位所进行的检测。

（6）交接检验。由施工的承接方与完成方经双方检查，并对可否继续施工作出确认的活动。

（7）主控项目。建筑工程中的对安全、卫生、环境保护和公众利益起决定性作用的检验项目。

（8）一般项目。除主控项目以外的检验项目。

（9）计数检验。在抽样的样本中，记录每一个体有某种属性或计算每一个体中的缺陷数目的检查方法。

（10）计量检验。在抽样检验的样本中，对每一个体测量其某个定量特性的检查方法。

（11）观感质量。通过观察和必要的量测所反映的工程外在质量。

2）抽检特性曲线

应用验收规则去判断具有不合格率 p(%)的检验批的质量，将该检验批判为合格，而接收的可能性称为接收概率 L_p(%)。检验批的不合格率 p 越小，接收概率 L_p 则越大；反之 p 越大，则 L_p 越小，不同的抽样检验方案(对产品进行检查并作出判断的规则)，其 L_p 与 p 具有不同的函数关系。对某一个抽检方案来说，当给定若干个不同的 p，就可算出相应的 L_p，以 L_p 为纵坐标、p 为横坐标所绘得的曲线，称为抽样检验特性曲线(Operating Characteristic Curve)，即 OC 曲线，如图 6.9 所示。

判断产品的质量是否合格，应规定一个质量水平，如规定不合格率 $p \leqslant p_A$，实际质量达到这个水平的为合格产品，否则为不合格产品。一个理想的抽检方案应满足：当 $p \leqslant p_A$，$L_p=1$；当 $p > p_A$ 时，$L_p=0$，如图 6.9 中虚线所示，但实际上这种理想的抽检方案是不存在的，只能选取一个比较接近理想的抽检方案。一个好的抽检方案应满足当产品质量较好时，以高概率接受这批产品；当产品质量变坏时，接受概率迅速减小，当产品质量坏到某一程度时以高概率拒收。因此，必须从工程的要求出发，规定两个质量水平：一个是处于功能要求的最低质量水平，称为拒收质量水平(RQL)或极限质量水平(LQ)；另一个是既符合经济目的，又满足高质量要求的合格质量水平，称为可接受质量水平(AQL)。

3）两种错判概率

达到任何较高质量水平的检验批，都存在着少量的不合格产品，按某个指定的抽样检验方案进行抽检时，如果抽到这些不合格产品，则整批产品将被判为不合格而予以拒收，对一批达到合格质量水平(AQL)的检验批。这个被判为不合格而予以拒收的概率，称为“第一种错判概率”或“错判概率”，用 α 表示，它反映了把质量合格批判为不合格批的可能性的大小。

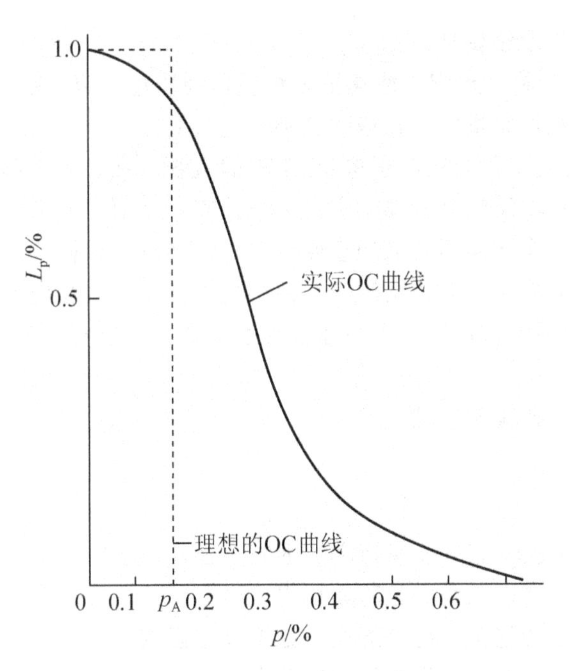

图 6.9 抽样检验特性曲线

错判概率使生产者(厂方)承担着一定的风险，一个合理的抽样检验方案不应使该风险过大，一般应把 α 限于5%～10%以内，有些国家混凝土强度质量验收标准就是根据厂方风险来规定的。例如，日本建设学会JASS就是按生产厂风险 $\alpha=10\%$ 来规定合格条件。同样，在拒收质量水平(RQL)的验收批中，也存在着少量高质量产品，如果检验中抽到这些产品，整批产品将被误判为合格而予以接收，这种错判的概率称为“第二类错判概率”或“漏判概率”，用 β 表示，它反映把质量不合格批错判为合格批的可能性大小。由于 β 的存在，使用者(用户)也承担着一定的风险，显然这种风险随着质量水平的下降而减少。错判概率 α 越大，对生产者方面不利，漏判概率 β 越大，对使用者方面不利。两者越小越使双方有利。但实际的抽检方案中，往往 α 的缩小会带来 β 的增大，反之亦然。若要同时减小 α 和 β，将会带来每批取样数量增大的矛盾。由于取样数量不能盲目增加，因此在相互意义上说，α 与 β 值只能由生产者方面与使用者方面协商规定，不存在绝对合理的标准。

2. 验收要求

(1) 参加工程施工质量验收的各方人员应具备规定的资格工程质量验收的程序按检验批、分项、分部(子分部)、单位(子单位)工程进行，每个程序参加验收的人员，均应具备相应的资格。

(2) 工程质量的验收均应在施工单位自行检查评定的基础上进行。

(3) 隐蔽工程在隐蔽前应由施工单位通知有关单位进行验收，并应形成验收文件。

(4) 涉及结构安全的试块、试件以及有关材料，应按规定进行见证取样检测。

(5) 检验批的质量应按主控项目和一般项目验收：

① 主控项目是对材料、构配件或建筑工程项目的质量起决定性影响的检验项目，也就是这些检验项目。如果不符合规定的质量标准，将会直接影响结构安全或使用功能，影

响到工程的合理使用年限的要求；

② 一般项目是对材料、构配件或建筑工程项目的质量不起决定性作用的检验项目。

(6) 分项工程应在检验批验收合格的基础上进行验收。

(7) 分部(子分部)工程和单位(子单位)工程的验收，在分项工程通过验收的基础上应对涉及结构安全和使用功能的重要部位进行抽样检验，必要时应进行抽样检测。

(8) 对涉及结构安全和使用功能的重要分部工程应进行抽样检测。

(9) 承担见证取样检测及有关结构安全检测的单位应具有相应资质。

(10) 工程的观感质量应由验收人员通过现场检查，并应共同确认。

6.4.2 工程项目质量验收标准

1. 评定验收的依据

(1) 国家和部门颁发的工程质量评定标准。

(2) 国家和部门颁发的工程项目验收规程。

(3) 有关部门颁发的施工规范、规程，施工操作规程。

(4) 工程承包合同中有关质量的规定和要求。

(5) 工程的设计文件、设计变更、施工图纸等。

(6) 施工组织设计、施工技术措施等文件。

(7) 原材料、成品、半成品和构配件的质量验收标准。

(8) 设备制造厂家的产品、安装说明书和有关的技术规定。

2. 验收标准

2002年1月1日起实行的《建筑工程施工质量验收统一标准》(GB 50300—2001)，为加强工程质量管理，统一建筑工程施工质量的验收，保证工程质量提供了标准，其主要内容如下。

1) 基本规定

(1) 施工现场质量管理应有相应的施工技术标准，健全的质量管理体系，施工质量检验制度和综合施工质量水平评定考核制度。

(2) 建筑工程应按下列规定进行施工质量控制。

① 建筑工程采用的主要材料、半成品、成品、建筑构配件、器具和设备应进行现场验收。涉及安全、功能的有关产品，都应按各专业工程质量验收规范规定进行复验，并应经监理工程师(建设单位技术负责人)检查认可。

② 各工序应按施工技术标准进行质量控制，每道工序完成后，应进行检查。

③ 相关各专业工种之间，应进行交接检验，并作记录。未经监理工程师(建设单位技术负责人)检查认可，不得进行下道工序的施工。

(3) 建筑工程施工质量应按下列要求进行验收。

① 建筑工程施工质量应符合本标准和相关专业验收规范的规定。

② 建筑工程施工应符合工程勘察、设计文件的要求。

③ 参加工程施工质量验收的各方人员应具备规定的资格。

④ 工程质量的验收均应在施工单位自行检查评定的基础上进行。

⑤ 隐蔽工程在隐蔽前应由施工单位通知有关单位进行验收，并应形成验收文件。

⑥ 涉及结构安全的试块、试件及有关材料，应按规定进行见证取样检测。

⑦ 检验批的质量应按主控项目和一般项目验收。

⑧ 对涉及结构安全和使用功能的重要分部工程应进行抽样检测。

⑨ 承担见证取样检测及有关结构安全检测的单位应具有相应资质。

⑩ 工程的观感质量应由验收人员通过现场检查共同确认。

(4) 检验批的质量检验，应根据检验项目的特点，在下列抽样方案中进行选择。

① 计量、计数或计量—计数等抽样方案。

② 应采取一次、二次或多次抽样的方案。

③ 根据生产连续性和生产控制稳定性情况，可采用调整型抽样方案。

④ 对重要的检验项目当可采用简易快速的检验方法时，可选用全数检验方案。

⑤ 经实践检验有效的抽样方案。

(5) 在制定检验批的抽样方案时，对生产方风险(或错判概率 α)和使用方风险(或漏判概率 β)可按下列规定采取。

①主控项目。对应于合格质量水平的 α 和 β 均不宜超过 5%。

② 一般项目。对应于合格质量水平的 α 不宜超过 5%，β 不宜超过 10%。

2) 建筑工程质量验收的划分

(1) 建筑工程质量验收应划分为单位工程、分部工程、分项工程和检验批等。

(2) 单位工程的划分应按下列原则确定。

① 具备独立施工条件，并能形成独立使用功能的建筑物及构筑物为一个单位工程。

② 建筑规模较大的单位工程，可将其能形成独立使用功能的部分为一个子单位工程。

(3) 分部工程的划分应按下列原则确定。

① 分部工程的划分应按专业性质、建筑部位确定。

② 当分部工程较大或较复杂时，可按材料种类、施工特点、施工程序、专业系统及类别等划分为若干子分部工程。

(4) 分项工程应按主要工种、材料、施工工艺和设备类别等进行划分。

(5) 分项工程可由一个或若干个检验批组成，检验批可根据施工及质量控制和专业验收需要按楼层、施工段、变形缝等进行划分。

(6) 室外工程可根据专业类别和工程规模划分单位(子单位)工程。

3) 建筑工程质量验收

(1) 检验批合格质量应符合下列规定。

① 主控项目和一般项目的质量经抽样检验合格。

② 具有完整的施工操作依据、质量检查记录。

(2) 分项工程质量验收合格应符合下列规定。

① 分项工程所含的检验批均应符合合格质量的规定。

② 分项工程所含的检验批的质量验收记录应完整。

(3) 分部(子分部)工程质量验收合格应符合下列规定。

① 分部(子分部)工程所含分项工程的质量均应验收合格。

② 质量控制资料完整。

③ 地基与基础、主体结构和设备安装等分部工程有关安全，及功能的检验和抽样检测结果应符合有关规定。

④ 观感质量验收应符合要求。

(4) 单位(子单位)工程质量验收合格应符合下列规定。

① 单位(子单位)工程所含分部(子分部)工程的质量均应验收合格。

② 质量控制资料完整。

③ 单位(子单位)工程所含分部工程有关安全和功能的检测资料应完整。

④ 主要功能项目的抽查结果应符合相关专业质量验收规范的规定。

⑤ 观感质量验收应符合要求。

(5) 建筑工程质量验收进行记录时，检验批质量验收、分项工程质量验收、分部(子分部)工程质量验收、单位(子单位)工程质量验收、质量控制资料核查、安全和功能检验资料核查，及主要功能抽查记录，均应按规定内容和标准进行。

(6) 当建筑工程质量不符合要求时，应按下列规定进行处理。

① 经返工重做或更换器具、设备的检验批，应重新进行验收。

② 经有资质的检测单位检测鉴定能够达到设计要求的检验批，应予以验收。

③ 经有资质的检测单位检测鉴定达不到设计要求，但经原设计单位核算认可能够满足结构安全和使用功能的检验批，可予以验收。

④ 经返修或加固处理的分项、分部工程，虽然改变外形尺寸但仍能满足安全使用要求，可按技术处理方案和协商文件予以验收。

(7) 通过返修或加固处理仍不能满足安全使用要求的分部工程、单位(子单位)工程，严禁验收。

4) 建筑工程质量验收程序和组织

(1) 检验批及分项工程应由监理工程师(建设单位项目技术负责人)组织施工单位项目专业质量(技术)负责人等进行验收。

(2) 分部工程应由总监理工程师(建设单位项目负责人)组织施工单位项目负责人和技术、质量负责人等进行验收；地基与基础、主体结构分部工程应由设计单位工程项目负责人和施工单位技术、质量部门负责人参加验收。

(3) 单位工程完工后，施工单位应自行组织有关人员进行检查评定，并向建设单位提交工程验收报告。

(4) 建设单位收到工程验收报告后，应由建设单位(项目)负责人组织施工(含分包单位)、设计、监理等单位(项目)负责人进行单位(子单位)工程验收。

(5) 单位工程有分包单位施工时，分包单位对所承包的工程项目应按本标准规定的程序检查评定，总包单位应派人参加。分包工程完成后，应将工程有关资料交给总包单位。

(6) 当参加验收各方对工程质量验收意见不一致时，可请当地建设行政主管部门或工程质量监督机构协调处理。

(7) 单位工程质量验收合格后，建设单位应在规定时间内将工程竣工验收报告和有关文件，报建设行政管理部门备案。

6.4.3 工程项目竣工验收

1. 工程项目竣工验收的概念

工程项目按照批准的设计图纸和文件的内容全部建成，达到使用条件或住人的标准，叫做工程竣工。凡是列入固定资产投资计划的建设项目或单项工程，按照批准的设计文件和合同规定的内容建成，具备投产和使用条件。不论新建、改建、扩建或迁建性质，都要及时组织验收，交付使用，并办理固定资产移交手续。对住宅小区的验收还应验收土地使用情况，单项工程、市政、绿化及公用设施等配套设施项目等。

一个工程项目如果已经全部完成，但由于外部原因(如缺少或暂时缺少电力、煤气、燃料等)，不能投产使用或不能全部投产使用，也应该视为竣工，要及时组织竣工验收，因为这些外部原因和条件，不是工程本身的问题。

有的建设项目基本达到竣工验收标准，只有零星土建工程和少数非主要设备未能按设计规定的内容全部完成，但不影响正常生产，也应该办理竣工验收手续。对剩余工程，应按设计留足资金，限期完成。有的项目在投产初期一时不能达到设计能力所规定的产量，不能因此而拖延办理验收和移交固定资产手续。

有些建设项目和单位工程，已形成部分生产能力或实际上生产方面已经使用，近期不能按原设计规模续建。应该从实际出发，可缩小规模，报主管部门批准后，对已完的工程和设备尽快组织验收，移交固定资产。

对引进设备的项目，按合同建成，完成负荷试车，设备考核合格后，组织竣工验收。已建成具备生产能力的项目和工程，一般应在具备竣工验收条件3个月内组织验收。

建筑工程竣工是指单项工程而言。单项工程的含义是：具有独立的设计文件，可以独立施工，建成后能独立发挥使用功能或效益的工程。单项工程的人工费、材料费、各种加工预制品费、管理费、施工机械费以及其他费用，都应该分别进行核算，工程完成后，单独进行工程质量的评定，并专门组织竣工验收。

2. 工程项目竣工验收的主要工作

工程项目竣工验收是基本建设程序的最后一个阶段。工程项目经过竣工验收，由承包单位交付建设单位使用并办理了各项工程移交手续，标志着这个工程项目的结束，也就是建设资金转化为使用价值。

这个阶段工作的特点是：大量的施工任务已经完成，小的修补任务却十分零碎；在人力和物力方面，主要力量已经转移到新的工程项目上去，只保留少量的力量进行工程的扫尾和清理；在业务和技术人员方面，施工技术指导工作已经不多，却有大量的资料综合、整理工作要做。因此，在这个时期，项目经理必须把各项收尾、竣工准备细致地抓好。

1）项目本身的收尾工作

项目经理要组织有关人员逐层、逐段、逐部位、逐房间地进行查项，检查施工中有无丢项、漏项，一旦发现，必须立即确定专人定期解决，并在事后按期进行检查。

有计划地拆除施工现场的各种临时设施和暂设工程，拆除各种临时管线，清扫施工现场，组织清运垃圾和杂物。

有步骤地组织材料、工具以及各种物资的回收、退库，向其他施工现场转移和进行处理工作。

做好电气线路和各种管线的交工前检查，进行电气工程的全负荷试验。

有生产工艺设备的工程项目，要进行设备的单体试车、无负荷联动试车和有负荷联动试车。

2）各项竣工验收的准备工作

组织工程技术人员绘制竣工图，清理和准备各项需向建设单位移交的工程档案资料，并编制工程档案资料移交清单。

组织以预算人员为主，生产、管理、技术、财务、材料、劳资等人员参加或提供资料，编制竣工结算。

准备工程竣工通知书、工程竣工报告、工程竣工验收证明书、工程保修证书等。

组织好工程自验(或自检)，报请上级领导部门进行竣工验收检查，对检查出的问题，及时进行处理和修补。

准备好工程质量评定的各项资料，准备申报建设工程竣工质量核定的有关资料。主要按结构性能、使用功能、外观效果等方面，对工程的地基基础、结构、装修以及水、暖、电、卫、设备安装等各个施工阶段所有质量检查资料，进行系统地整理：它主要包括：分项工程质量检验评定，分部工程质量检验评定、单位工程质量检验评定、隐蔽工程验收记录、生产工艺设备调试及运转记录、吊装及试压记录以及工程质量事故发生情况和处理结果等方面的资料，为正式评定工程质量提供资料和依据，也为技术档案资料移交归档作准备。

3）建筑工程竣工验收的依据

(1）上级主管部门的有关工程竣工的文件和规定。

(2）建设单位同施工单位签订的工程承包合同。

(3）工程设计文件(包括施工图纸、设计说明书、设计变更洽商记录、各种设备说明书)。

(4）国家现行的施工验收规范。

(5）建筑安装工程统计规定。

(6）凡属从国外引进的新技术或成套设备的工程项目，除上述文件外，还应按照双方签订的合同书和国外提供的设计文件进行验收。

4）建设工程竣工质量核定

建设工程竣工质量核定，是政府对竣工工程进行质量监督的一种带有法律性的手段；是保证工程质量、保证工程结构安全和使用功能的一种带有法律性的行为；也是竣工工程验收交付使用必须办理的手续。

竣工工程质量核定的范围包括新建、扩建、改建的工业与民用建筑、设备安装工程、市政工程等。一般由城市建设机关的工程质量监督部门承监，竣工工程的质量等级，以承监工程的质量监督机构核定的结果为准，并发给《建设工程质量合格证书》。

5）工程项目的竣工验收的组织

为了把竣工验收工作做得比较顺利，一般地可分为两个步骤进行：第一步，是由施工单位(房屋承包单位)先进行自验；第二步，是正式验收，即由施工单位同建设单位和监理单位共同验收，有的大工程或重要工程，还要上级领导单位或地方政府派员参加，共同进行验收，验收合格后，即可将工程正式移交建设单位使用。

竣工自验，又称作竣工预验，是施工单位内部先自我检验，为正式验收做好准备。

(1) 自验的标准应与正式验收一样，它的主要依据是：国家(或地方政府主管部门)规定的竣工标准和竣工口径；工程完成情况是否符合施工图纸和设计的使用要求；工程质量是否符合国家和地方政府规定的标准和要求；工程是否达到合同规定的要求和标准等。

(2) 参加自验的人员，应由施工单位项目经理组织生产、技术、质量、合同、预算以及有关的施工工长(或施工员、工号负责人)等共同参加。

(3) 自验的方式，应分层分段、分房间地由上述人员按照自己主管的内容逐一进行检查。在检查中要作好记录。对不符合要求的部位和项目，确定修补措施和标准，并指定专人负责，定期修理完毕。

(4) 复验。在基层施工单位自我检查的基础上，并对查出的问题全部修补完毕以后，项目经理应提请上级(如果项目经理是施工企业的施工队长级或工区主任级者，应提请公司或总公司一级)进行复验(按一般习惯，国家重点工程、省市级重点工程，都应提请总公司级的上级单位复验)。通过复验，要解决全部遗留问题，为正式验收做好充分的准备。

正式验收。在自验的基础上，确认工程全部符合竣工验收标准，具备了交付使用的条件后，即可开始正式竣工验收工作。

(1) 发出《竣工验收通知书》。施工单位应于正式竣工验收之日的前10天，向建设单位和工程监理单位发送《竣工验收通知书》。

(2) 组织验收工作。工程竣工验收工作由建设单位邀请设计单位及有关方面参加，同施工单位一起进行检查验收。列为国家重点工程的大型建设项目，往往由国家有关部委，邀请有关方面参加，组成工程验收委员会进行验收。

(3) 签发《竣工验收证明书》并办理工程移交。在建设单位验收完毕并确认工程符合竣工标准和合同条款规定要求以后，即应向施工单位签发《竣工验收证明书》。

(4) 进行工程质量核定。

(5) 办理工程档案资料移交。

(6) 办理工程移交手续。在对工程检查验收完毕后，施工单位要向建设单位逐项办理工程移交手续和其他固定资产移交手续，并应签认交接验收证书，办理工程结算手续。工程结算由施工单位提出，送建设单位审查无误以后，由双方共同办理结算签认手续。工程结算手续一旦办理完毕，合同双方除施工单位承担工程保修工作(一般保修期为1年)以外，建设单位同施工单位双方(即甲、乙双方)的经济关系和法律责任，即予解除。

6) 建筑工程的回访保修制度

(1) 概念。运行初期的质量保证在很大程度上仍属于承包商的责任，一般工程承包合同都有保修期的规定，为了保证承包商对工程的缺陷责任，常尚有一笔保修金作为维修的保证。建筑工程的回访保修制度是建筑工程在竣工验收交付使用后，在一定的期限内(1年左右的时间)，由施工单位主动定期到建设单位或用户进行回访，对工程发生的确实是由于施工单位施工责任造成的建筑物使用功能不良或无法使用的问题，由施工单位负责修理，直至达到正常使用的标准。

在2000年国务院颁布的《建设工程质量管理条例》中对建设工程的质量责任、保修期年限和保修办法都有明确的规定。

在保修阶段一定要进行工程质量跟踪，及时找出运营中的问题，并且精心描述问题、分析责任。有许多问题的解决和质量问题原因的分析，要重新研究过去的工程资料和文件，有的甚至要请专家进行技术鉴定。

(2) 建筑工程的保修。

① 保修的范围和时间。按照回访保修制度的要求，各种类型的建筑工程以及建筑工程的各个部位，都应该实行保修，主要是指那些由于施工单位的责任，特别是由于施工质量不良而造成的问题。就过去已发生的情况分析，一般应包括以下几个方面。

a. 屋面、地下室、外墙、阳台、厕所、浴室以及厨房等处渗水、漏水者。

b. 各种通水管道(包括自来水、热水、污水、雨水等)漏水者，各种气体管道漏气以及通气孔和烟道不通者。

c. 水泥地面有较大面积的空鼓、裂缝或起砂者。

d. 内墙抹灰有较大面积起泡，甚至空鼓脱落或墙面浆起碱脱皮者；室内墙面地面的瓷砖、马赛克、通体砖，地板等各种饰面在使用保修期内自行脱落者；外墙饰面在保修期内自行脱落者；等等。

e. 暖气管线安装不良，跑漏水、气或局部不热者；燃气管线漏气者；管线接口处及卫生瓷活接口处不严造成漏水者。

f. 电气线路接触不良，错接线路以及跑电漏电等。

g. 其他由于施工不良而造成无法使用，或使用功能不能正常发挥的工程部位。

② 不属于保修的方面。

a. 由于用户在使用过程中损坏或使用不当而造成建筑物功能不良者。

b. 由于设计原因造成建筑物功能不良者。

c. 工业产品项目发生问题者。

以上 3 种情况应由建设单位自行组织修理乃至重新变更设计进行返工。如需原施工单位施工，也应重新签订协议或合同。

③ 工程保修的步骤。发送保修证书(或称《房屋保修卡》)。在工程竣工验收的同时(最迟不应超过 3 天到 1 周)，由施工单位向建设单位发送《建筑安装工程保修证书》。保修证书目前在国内没有统一的格式或规定，应由施工单位拟定并统一印制。例如，北京建工集团总公司即统一印制，并由其所属各个施工企业统一执行。保修证书一般的主要内容包括：工程简况；房屋使用管理要求；保修范围和内容；保修时间；保修说明；保修情况记录。此外，保修证书还应附有保修单位(即施工单位)的名称、详细地址、电话、联系接待部门(如科、室)和联系人，以便于建设单位联系。

(3) 工程回访。

① 回访的方式。回访工程的方式一般有两种，一是季节性回访。大多数是雨季回访屋面、墙面的防水情况，冬季回访锅炉房及采暖系统的情况。发现问题采取有效措施，及时加以解决。二是技术性的回访。主要了解在工程施工过程中所采用的新材料、新技术、新工艺、新设备等的技术性能和使用后的效果，发现问题及时加以补救和解决；同时也便于总结经验，获取科学依据，不断改进与完善，并为进一步推广创造条件。这种回访一般是在保修期即将届满之前，进行回访，既可以解决出现的问题，又标志着保修期即将结

束，使建设单位注意建筑物的维护和使用。

② 回访的方法。应由施工单位的领导组织生产、技术、质量、水电(也可以包括合同、预算)等有关方面的人员进行回访，必要时还可以邀请科研方面的人员参加。回访时，由建设单位组织座谈会或意见听取会，并察看建筑物和设备的运转情况等。回访必须认真，必须解决问题，并应作出回访记录；必要时应写出回访纪要。不能把回访当成形式或走过场。

③ 回访与保修相结合，在成片或城市小区建设地点设立保修站。如北京建工集团总公司的一些施工企业，在承建的规模较大的小区，设立保修站(或房屋维修站)，负责其所建工程的维修任务，既大大方便了用户，可随叫随到，又可向用户介绍房屋使用的知识，密切了施工企业与用户的关系，树立了良好的企业形象，这种做法是可取的。

6.5 质量问题案例分析

案例 6.4

影响质量的因素分析

某安装公司承接一高层住宅楼工程设备安装工程的施工任务，为了降低成本，项目经理通过关系购进廉价暖气管道，并隐瞒了工地甲方和监理人员。工程完工后，通过验收交付使用单位使用，过了保修期后的某一冬季，大批用户暖气漏水。

【讨论】

(1) 为避免出现质量问题，施工单位应事前对哪些因素进行控制？

(2) 该工程出现质量问题的主要原因是项目经理组织使用不合格材料，为了防止质量问题的发生，应如何对参与施工人员进行控制？

(3) 该工程暖气漏水时，已过保修期，施工单位是否对该质量问题负责，为什么？

【解析】

(1) 影响施工项目的质量因素主要有5个方面，即4M1E，指人、材料、机械、方法和环境。

(2) 人作为控制对象，是要避免产生错误；作为控制的动力，是要充分调动人的积极性，发挥人的主导作用。为了避免人的失误，调动人的主观能动性，增强人的责任感和质量观，应从领导者的素质、人的理论和技术水平、人的生理缺陷、人的心理行为、人的错误行为和人的违纪违章6个方面来考虑人对质量的影响。在使用人的问题上，应从政治素质、思想素质、业务素质和身体素质等方面综合考虑，并全面控制。

(3) 虽然已过保修期，但施工单位仍要对该质量问题负责。原因是：该质量问题的发生是由于施工单位采用不合格材料造成的，是施工过程中造成的质量隐患，不属于保修的范围，因此不存在过了保修期的说法。

产品的保修是指生产和销售单位对其生产和销售的产品在使用合格的材料，采用合理的生产工艺，经过规定的检验试验程序，检验试验合格的产品中允许一定比例不合格产品，在使用过程中出现的对消费者的危害的补偿。该案例是由于使用不合格的暖气管道发生的质量事故，在暖气管道的合理使用年限内，都应由该暖气管道的施工单位对质量问题负责。

案例 6.5

施工工序质量控制的要点

某建筑公司承接了该市洪湖娱乐城的工程，该工程地处闹市区，紧邻城市主要干道，施工场地狭窄，主体地上22层，地下3层，建筑面积47800m^2，基础开挖深度11.5m，低于地下水位。为了达到“以预防为主”的目的，施工单位加强了施工工序的质量控制。

【讨论】

(1) 该娱乐城项目工序质量控制的内容有哪些?

(2) 针对该工程的工序质量检验包括哪些内容?

(3) 如何确定该工程的质量控制点?

(4) 简述施工工序质量控制的步骤。

(5) 试针对该工程的模板工程编制质量预控措施。

【解析】

由于施工过程由一系列相互联系和制约的工序构成，工序是人、材料、机械设备、施工方法和环境等因素对工程质量综合起作用的过程，所以对施工过程的质量控制，必须以工序质量控制为基础和核心。

(1) 工序质量控制的内容。

① 严格遵守工艺规程。

② 主动控制工序活动条件的质量，就是要使工序活动能在良好的条件下进行，以确保工序产品的质量。它主要是在工序施工前，对影响工序质量的人、材、机、法和环等因素的准备情况作主动控制。

③ 及时检查工序活动效果的质量，它主要是指对工序活动的产品采取诸如实测、分析、判断、纠正和认可等手段，判断该工序活动的质量(效果)，从而实现对工序质量的控制。

④ 设置工序质量控制点。可作为质量控制点重点控制的对象有：人的行为、物的状态、材料的质量和性能、关键的操作、施工技术参数、施工顺序、技术间歇和质量通病等。

(2) 工序质量检验的内容。内容包括标准具体化、度量、比较、判定、处理和记录等。

(3) 质量控制点设置的原则。它根据工程的重要程度，即质量特性值对整个工程质量的影响程度来确定。设置质量控制点时，首先要对施工的工程对象进行全面的分析、比较，以明确质量控制点；其次进一步分析所设置的质量控制点在施工中可能出现的质量问题，或造成质量隐患的原因，针对隐患的原因，相应的提出对策措施用以预防。质量控制点也就是施工质量控制的重点，主要有：关键工序和环节以及隐蔽工程，施工中的薄弱环节或质量不稳定的工序，对后续工序的质量和安全有重大影响的工序，采用三新的部位和环节，施工无足够把握、施工条件困难或技术难度大的工序和环节。

(4) 施工工序质量控制步骤。步骤包括实测、分析、判断、纠正和认可等。它是指对工序活动的产品采取一定的检测手段进行检验；根据检验的结果进行整理、分析；根据数据分析的结果判断该工序产品是否达到了规定的质量标准；达到则认可，达不到则纠正，从而实现对工序质量的控制。

(5) 质量预控措施。

① 绘制关键性轴线控制图，每层复查轴线标高一次，垂直度以经纬仪检查控制。

② 绘制预留、预埋图，在自检的基础上进行抽查，看预留、预埋是否符合要求。

③ 回填土分层夯实，支撑面下应根据荷载大小进行地基验算、加设垫块。

④ 重要模板要经过设计计算，保证有足够的强度和刚度。

⑤ 模板尺寸偏差按规范要求检查验收。

复习思考题

1. 质量的概念是什么？建设工程质量的特性主要表现在哪几个方面？

2. 影响质量控制的因素是什么？

3. 常用的工程质量分析方法有哪些？

4. 设计阶段的质量控制分几个阶段？

5. 工程质量验收的基本标准的内容是什么？

6. 施工现场制作混凝土预制构件，在检查的项目中发现不合格点 138 个见表 6－8。试利用排列图法确定有影响混凝土预制构件质量的主要因素、次要因素和一般因素。

表 6－8　不合格点数据

不合格项目	不合格构件
表面有麻面	30
局部有漏筋	15
振捣不密实	10
养护不良早期脱水	5
构件强度不足	78
合计	138

第7章 工程项目合同管理

教学目标

在工程项目建设实施阶段做好工程项目的合同管理，随时纠正发生的偏差、避免合同纠纷，以保证项目合同管理的目标。

教学要求

能力目标	知识要点	权重
了解相关知识	(1) 工程项目合同的分类与选择 (2) 业主和承包商进行工程策划的内容 (3) 工程合同签订前审查的要点、合同谈判准备、谈判程序和技巧 (4) 国际常用的FIDIC合同条件，以及NEC合同的主要内容	30%
熟练掌握知识点	(1) 按计价方式分类的固定总价合同、单价合同和成本加酬金合同 (2) 工程合同实施管理要点 (3) 工程变更和索赔的概念、处理程序	55%
运用知识分析案例	合同订立及管理、工程索赔及质量争议	15%

引例

固定总价合同的争端

上海某著名建设集团公司(简称上海公司)通过投标承建了湖南长沙一家韩资企业厂房工程，双方签订了固定总价合同，工程总价6000余万元。在履行合同过程中，由于工程量错算、漏算和材料涨价等因素，导致工程实际成本大大超过预算，公司因此要求追加工程价款，增加支付1000余万元，而业主则以合同是“固定总价”为由不同意增加价款，上海公司遂停工要求谈判，双方形成价款争议。

双方争议的主要问题有3个方面。

(1) 价差争议。因钢材大幅涨价导致的争议。该工程投标截止日为2003年6月，在此之后，全国大部分城市主要建材大幅度涨价，工程所在地长沙的钢材上涨幅度达30%～50%，本案工程用钢量为7000多吨，因钢材大幅度涨价造成的损失高达400多万元。承包人上海公司认为此种涨价是投标人投标时所无法预见的，发包商应当按实补偿。而业主湖南公司认为合同为“固定总价”，材料涨价是承包人应当承担的商业风险，不同意以此为由调整价款。

(2) 量差争议。工程量计算错误导致的量差。上海公司在施工中发现工程量漏算、错算比较多，涉及工程造价近300万元。上海公司认为业主湖南公司在招标时只给了投标人7d的编标时间，在这7d时间内投标人除了要研究招标文件和招标图纸，还要踏勘施工现场、询标、参加答疑会、编制全套投标文件，客观上无法精确计算工程量，因此要求业主湖南公司予以补偿。而湖南公司坚持认为本工程为“固定总价”，所有工程量计算疏漏均应由承包人自己承担后果，不同意补偿价款。

(3) 承包范围的争议。招标人湖南公司招标时既提供了由某电子工程设计院设计的施工图(蓝图)，又同时提供了其委托韩方设计的白图。招标文件规定投标文件的编制依据是“设计图纸”，但未具体明确是哪一种“设计图纸”，在投标截止日前，也未有文件予以澄清。上海公司在报价时依据的是施工蓝图，而非韩方设计的白图。在实际施工过程中，业主湖南公司要求上海公司以韩方设计的白图为依据进行施工，导致工程量差异，涉及工程价款100多万元。上海公司认为凡是超出电子工程设计院设计的施工蓝图范围的工程量，均不属于施工承包范围，不在包干造价范围内，业主应按增加工程量追加合同价款。湖南公司则认为该白图为投标时提供，不同意作为增加工程量追加工程价款。

7.1 工程项目合同体系

工程项目是一个复杂的系统，参建各方由各种合同组合在工程项目上，按照合同约定的目标，行使权力、应尽义务和责任，完成工程任务。因此，工程项目完成的过程也就是一系列工程合同的订立和履行的过程。

工程项目采用的承发包方式不同，相应的工程合同体系不同，采用的工程主合同，在合同的标的物性质、内容、形式上会有很大差别。

7.1.1 工程项目合同分类

工程项目合同的类型很多，按不同的分类方法可归纳为不同的类型。

1. 按合同标的物的类型分

工程项目合同的签订是为了在工程项目建设各阶段完成特定的工程任务，从合同的角度来说，即合同的标的。

(1) 工程施工合同，以完成工程项目的土建、设备安装任务为合同标的，如施工合同、安装合同。

(2) 专业服务合同，以提供某种专业服务为合同标的，如勘察设计合同、工程咨询合同、工程监理合同和工程管理合同等。

(3) 物资供应合同，如原材料、半成品、构配件和设备采购合同等。

(4) 保险合同和担保合同。

(5) 其他合同，如土地使用权转让或者出让合同、城市房屋拆迁合同。

2. 按承发包方式分

(1) 施工总承包合同。

(2) 施工承包合同。

(3) 工程项目总承包合同。

（4）工程项目总承包管理合同。

（5）BOT 承包合同。

3. 按承包合同计价方式分

承包合同计价方式可分为总价合同、单价合同和成本补偿合同 3 大类。每种类型根据具体情况又可分为几种变化的形式。

1）总价合同

总价合同是指对于某个工程项目，承包人完成所有项目内容的价格在合同中是一种规定的总价。根据总价规定的方式和内容不同，具体又可分为固定总价合同、调值总价合同、固定工程量总价合同和管理费总价合同 4 种。

（1）固定总价合同。它是合同总价，不随工程实施调整，只有当工程范围和设计图纸变更，合同总价才相应的进行变更。这种合同适用于风险不大、技术不太复杂、工期较短(一般不超过 1 年)、工程要求非常明确的工程项目。承包商在这种合同中承担一切风险责任，因此在投标中往往考虑许多不可预见因素而报价较高。

（2）调值总价合同。它是一种相对固定的价格，在工程实施中遇到通货膨胀引起工料成本变化，并可按约定的调值条款进行总价调整。因此通货膨胀风险由发包人承担，承包人则承担施工中的有关时间和成本等因素的风险。工期在 1 年以上的项目可采用这种合同。

（3）固定工程量总价合同。固定的是给定的工程量清单和承包商通过投标报价确定的工程单价，在施工中，总价可以根据工程变更而有调整。采用这种合同，投标人在统一基础上计价，发包人可据此对报价进行清楚的分析。但需花费较多时间准备工程清单和计算工程量，对设计深度和招标准备时间要求较高。

（4）管理费总价合同。它是发包单位雇用承包公司(或咨询公司)的管理专家对发包工程项目进行项目管理的合同。合同价格是发包单位支付给承包公司的一笔总的管理费。

由于总价合同的价格固定或相对固定，因此在工程实施过程中承包商不关心成本的降低。虽然发包人在评标时易于迅速选定报价最低的承包商，但对发包人来说，前期必须准备全面详细的设计图纸和各项说明，承包商才有可能准确计算工程量，从而进行合理的报价，否则易因为风险难以准确估计而报价较高。

2）单价合同

单价合同指承包商在投标时按投标文件给定的分部分项工程量表确定报出单价，结算时按已定的单价乘以核定的工程量计算支付工程价款。在单价合同中，承包商承担单价变化的风险，发包人承担工程量增减的风险。使用工程单价合同，有利于缩短招标准备时间，能鼓励承包商节约成本，但发包人对施工中发生的清单未计入的工程量应给予结算，同时双方对工程量的计算规则认识统一是减少分歧的前提。这种合同按项目清单中包含估算工程量与否，又可分为估计工程量单价合同和纯单价合同(无工程量)。

3）成本补偿合同

它又称为成本加酬金合同。当工程内容及其技术经济指标尚未全面确定，而由于种种理由工程又必须向前推进时，宜于采用成本补偿合同。根据酬金计算方法的不同，可分为成本加定比费用合同和成本加固定费用合同两种。这两种合同中，发包人对承包商支付的人工、材料和施工机械使用费、其他直接费、施工管理费等按实际直接成本全部据实补偿。不同的是，前者发包人按实际直接成本的固定百分比支付给承包商一笔酬金，作为承包商的利润；后者发包人支付的酬金是一笔固定的费用。

这种合同模式有两个最明显的缺点：一是发包单位对工程总造价不能实行实际的控制；二则承包商对降低成本不感兴趣。因此，引入“目标成本”的概念后，合同演变成几种形式：一是成本加浮动酬金合同，双方事先商定工程成本及酬金的预期水平，工程实际发生的成本，若等于预期成本，工程价格就是成本加固定酬金；若低于预期成本，则增加酬金；若高于预期成本，则减少酬金。这样能鼓励承包商降低成本和缩短工期，承发包双方都没有太大的风险，但对承发包双方的经验要求较高，当预期成本估算达到70%以上的精度才能达到较为理想的结果。二是目标成本加奖励合同，按照当前的设计精度估算目标成本(随着设计程度加深可以调整目标成本)，另外规定一个百分数作为计算基础酬金的数值。最后结算时，如果实际成本高于目标成本并超过事先商定的界限(例如5%)，则减少酬金；如果实际成本低于目标成本(也有一个幅度界限)，则增加酬金。

7.1.2 工程项目合同策划

合同策划主要应确定以下一些重要问题。

(1) 将工程项目划分成几个独立的合同以及各合同的工程范围？或是采用总包？

(2) 各合同所采取的委托方式和承包方式。

(3) 选用的合同类型。

(4) 重要的合同条款。

(5) 各相关合同在内容、时间、组织和技术等方面的协调。

(6) 合同的签订与实施中的重大问题。

1. 业主的合同策划

业主是工程建设的决策者，业主的合同策划将在很大程度上决定整个工程的合同结构与合同关系，并主导项目的开展、实施。业主的合同策划必须确定以下几个问题。

1) 分标策划及合同协调

招标前，业主须首先确定是采用总包或是将整个工程项目划分成几个标。

在工期长、工程规模大、技术复杂等情况下，业主可以将整个工程项目，特别是工程项目的施工阶段，按项目、专业划分成几个标段，分别招标发包给不同的承包商，或按工程进度分阶段招标。我国传统的工程发包方式就是业主按专业将工程项目的勘察设计、施工、材料和设备供应分别发包给勘察设计承包商、施工承包商、材料和设备供应商，分别签订合同。采用分标方式，有利于业主多方组织强大的施工力量，按专业选择优秀的施工企业；完善的计划安排还有利于缩短建设周期。但是，由于分标，招标次数增多；合同数多；业主直接面对的承包商数量多。对业主来说，管理跨度大，协调工作多，合同争执也较多，索赔较多，管理工作量大而且复杂。要求业主有较强大的管理能力，或委托得力的监理或项目管理单位。

总包(交钥匙工程)则是将项目的勘察设计、施工、供应，甚至项目前期工作及后期运营等全部包给一个承包商，承包商向业主承担全部责任。当然，承包商可将部分项目分包出去。采用总包方式，业主的管理工作量较小，仅需一次招标，项目的责任体系完整，合同争执及索赔较少，协调工作容易，现场管理较简单。但是，对承包商的要求甚高，须选择既有强大的设计、施工、供应能力，又有良好的资信和管理能力，包括很强的财务能力的承包商。对业主来说，承包商资信的风险很大，须加强对承包商的宏观控制，例如业主可以采用联合体投标承包方式，按法律规定联合体成员之间的连带责任，以降低风险。

不论是采用总包还是分标，都要使形成的工程合同体系实现。

(1) 工作内容的完整性，即业主签订的所有合同所确定的工作范围应涵盖项目的全部工作，完成各个合同能实现项目总目标。可采用项目结构分解和合同界面分析来进行。

(2) 技术上的协调，包括技术标准的一致、专业工程的配合、合同界面上的协调、合同从签订到实施的管理上的统一和协调。

2) 选择招标方式

工程项目的招标方式主要有公开招标、邀请招标和议标 3 种。在招标程序、参加竞争的投标人数量等方面各有不同。

(1) 公开招标(无限竞争性招标)。对业主来说，选择范围大，承包商之间公平竞争，有利于降低报价。但公开招标程序较多，如发布招标公告、资格预审、发售招标文件和评标等，所需时间较长，入围的投标人数量大，业主工作量增大。

(2) 邀请招标(有限竞争性招标)。不需要进行资格预审，减少了程序，可以节约招标费用和时间。业主对所邀请的投标人多比较了解，降低了风险。但由于投标人数量较少，可能漏掉一些技术上，报价上有竞争力的承包商，业主获得的报价可能不十分理想。所以一般适合以下几种情况。

① 专业性强，特别是在经验、技术装备、专门技术人员等方面有特殊要求的。

② 工程不大，若公开招标使业主在时间和资金上耗费不必要的精力。

③ 工期紧迫、涉及专利保护或保密工程等。

④ 公开招标后无人投标的。

(3) 议标。即业主直接与一个承包商进行合同谈判，由于没有竞争，承包商报价较高。一般只在以下几种情况下采用。

① 业主对承包商十分信任，可能是老主顾，承包商资信很好。

② 由于工程的特殊性，如军事工程、保密工程、特殊专业工程和仅由一家承包商控制的专利技术工程等。

③ 某些采用成本加酬金合同的情况。

④ 在一些国际工程中，承包商参与了业主项目的前期策划和可行性研究的，甚至做项目的初步设计。当业主决定上马这个项目后，一般都采用全包的形式委托工程，采用议标形式签订合同。

除上述情况外，对工程项目采用何种招标方式，在建筑市场上进行交易，还应符合所在国所在地法律法规方面的规定。

3) 合同类型的选择和重要的合同条款

对于合同在不同计价方式下的各种形式，在使用时应考虑各类合同的适用范围、责权利分配和风险分担等特点。要结合实际情况加以选择，有时在一个项目的不同分项中可以选择两种以上的合同类型。选择时应考虑的因素如下。

(1) 建设项目设计的深度。如果一个工程仅达到可行性研究概念设计阶段，只要求满足项目总造价控制、主要设备材料订货，多采用成本加酬金合同；工程项目达到初步设计深度，已能满足设计方案中的重大技术问题和试验要求及设备制造要求的，可采用单价合同；工程项目达到施工图设计阶段，能满足施工图预算编制、施工组织设计、设备材料安排的，可采用总价合同。

(2) 项目规模和复杂程度。规模大、复杂程度高的项目往往意味着项目风险也就较大。对承包商的技术水平要求较高。在这种情况下，选用总价合同会造成承包商报价较高；可部分采用固定总价合同，而估算不准的部分则采用单价合同或成本加酬金合同。对于规模小、复杂程度低、工期短的项目，合同的选择余地较大。

(3) 项目管理模式和管理水平。业主的管理水平较高的，可按需要考虑分标，合同类型的选择范围也大；若业主自身的管理水平和管理力量不够，而项目规模又比较大，可选用管理费总价合同。并聘请管理公司，对其进行明确的授权，代表业主进行项目的管理。

(4) 项目的准备时间和工程进度的紧迫程度。项目准备时间包括业主的准备工作和承包商的准备工作，不同的合同类型需要不同的准备时间和准备费用，对设计的要求也不同。其中以成本加酬金合同更适宜于时间要求紧急的项目，但由于承包商不承担合同风险，虽能保证获利，但获利较小，同时承包商不关心成本的降低，业主须加强对工程的控制，在应用上也受到较大限制。

(5) 项目外部因素。项目外部因素包括项目竞争情况和项目所在地的风险，如政治局势、通货膨胀和恶劣气候等。项目环境不可测因素多，风险大，承包商很难接受总价合同；若愿意承包的投标人多，则业主拥有较多的主动权，可按总价合同、单价合同、成本加酬金合同的顺序进行选择；若投标人较少，可尽量选用投标人愿意的合同类型。

(6) 承包商的意愿和能力。在选择合同类型时。业主一般占有主动权，在考虑自己的利益和项目综合因素的同时，也应考虑承包商的承受能力，确定双方都能认可的合同类型。

由于业主主持起草招标文件，提供合同以及合同条件的主要内容，应预先考虑下列重要合同条款。

① 适用合同关系的法律、合同争执仲裁的机构和程序等。

② 付款方式。

③ 合同价格调整的条件、范围、方法，特别是由于物价、汇率、法律、关税等的变化对合同价格调整的规定。

④ 对承包商的激励措施。如提前竣工，提出新设计，使用新技术新工艺使业主节省投资，奖励型的成本加酬金合同，质量奖等。

⑤ 合同双方的风险分配。

⑥ 保证业主对工程的控制权力。它主要包括：工程变更签字权，进度计划审批权，实际进度监督权，施工进度加速权，质量的绝对检查权，工程付款的控制权力，承包商不履约时业主的处置权等。

2. 承包商的合同策划

承包商在投标中必须服从招标文件的规定，包括其中选定的合同条件。因而承包商的合同策划主要表现为承包商对业主的招标项目下的应对策略。

1）项目的选择与市场定位

承包商获得许多招标信息，首先应就是否参与某一项目的投标做出决策。这个决策的主要依据是项目所在地的政治文化环境、经济环境和自然环境等情况，还须着重考察业主的状况，如资信、经营状况、支付能力。项目本身的状况，如招标方式、合同类型及主要条款、工程性质、范围、等级、技术难度、执行规范标准和工期要求等，以及竞争对手的状况、数量等，才能依据承包商自身的状况，如技术水平、管理水平、工程经验、在建工程数量、现有施工力量和资金状况等，在符合承包商经营战略的前提下，决定参与或不参与。如果参与投标，还须决定以什么样的市场策略进行竞争，利润目标定位如何等。

2）合同风险评价

在应对策略下，承包商必须对工程的合同风险作出总体评价。如从合同采用的类型上，承包商承担哪方面的风险；合同文本是否为承包商熟悉；在本工程所处的自然环境气候条件和水文地质情况下，可能产生哪些施工方面的困难或不利因素，这些不利因素的处理在合同中是如何约定的；工程所在地的社会和经济环境，对材料采购、成本管理方面会产生哪些影响，变动的风险有多大，合同中有无对此的约定；合同中有无一些业主提出的特殊要求，承包商自身能力满足这些要求有无困难等。另外，在招投标活动中，由于招标人提供的设计图纸深度不能满足投标文件编制和选用合同的要求，在不确定情况下勉强做标，投标日程安排过紧使投标人没有足够时间分析招标文件等，都可能造成投标文件以及后来合同文件的漏洞，造成隐患。

3）合作方式的选择

（1）总包分包。在总包模式下，承包商将一些分项工程分包给技术上、报价上、财务能力上更有优势的分包商，以求增加实力、获取一定经济利益或转移风险。

一般承包商在投标报价前，应先明确分包商的报价，商定分包的主要条件，甚至签订分包意向书。但为了防止总包商中标后分包商抬高报价，总包以选择一至两家分包单位为好。

由于承包商同时向业主承担分包工程的合同责任，所以选择分包商应十分慎重，要选择符合要求的、有能力的、长期合作的分包商。此外，分包不宜过多，以免出现协调和管理的困难，以及引起业主对承包商能力的怀疑。

（2）联营承包。联营承包是指两家或两家以上的承包商联合投标，共同承接工程。承包商通过联合，可以承接工程规模大、技术复杂、风险大、难以独家承揽的工程，扩大经营范围；同时，在投标中可以发挥联营各方的技术、管理、经济和社会优势，使报价更具竞争力；联营各方可取长补短，增强完成合同的能力，业主较欢迎，易于中标。

联营有多种方式，最常见的是联合体方式。联合体方式指各自具有法人资格的施工企业结成合作伙伴联合承包一项工程。一方面，他们以联合体名义与业主签订合同，共同向业主承担责任。组成联合体时，应推举其中一个成员为该联合体的责任方，代表联合体的一方或全体成员承担本合同的责任，负责与业主和工程师联系并接受指令，以及全面负责履行合同。另一方面，联营各方应签订联合体协议和章程，经业主确认的联合体协议和章程应作为合同文件的组成部分。在合同履行过程中，未经业主同意，不得修改联合体协议和章程。

联合体协议属于施工承包合同的从合同。通常联合体协议先于施工承包合同签订，但是，只有施工承包合同签订了，联合体协议才有效；施工承包合同结束，联合体协议也结束，联合体也就解散。

知识链接

中华人民共和国合同法

《中华人民共和国合同法》是于1999年3月15日第九届全国人民代表大会第二次会议通过，并于1999年10月1日起正式施行的。该法实施后，《经济合同法》、《涉外经济合同法》和《技术合同法》同时废止。《中华人民共和国合同法》(以下简称《合同法》)分为总则、分则和附则3大部分，共计第23章429条。总则(第1章到第8章，1～129条)主要内容为：一般规定，合同的订立、效力、履行、变更和转让、合同的权利义务终止、违约责任以及其他规定；分则(第9章～第23章，130～427条)主要内容为："买卖合同、供用水电气热力合同、赠与合同、借款合同、租赁合同、融资租赁合同、承揽合同、建设工程合同、运输合同、技术合同、保管合同、仓储合同、委托合同、行纪合同、居间合同；"附则(第23章，428条)主要内容：关于《合同法》生效和《经济合同法》、《涉外经济合同法》和《技术合同法》废止的规定。

7.2 工程项目合同签订

7.2.1 工程项目合同订立的形式与程序

1. 工程合同订立的形式

根据合同自由原则，除法律另有规定外，当事人可以自由约定合同的形式。合同形式有口头形式、书面形式和其他(如默示、视听形式)形式等。由于工程合同涉及面广、内容复杂、建设周期长、标的金额大，《合同法》规定，建设工程合同应当采用书面形式。即当事人以书面文字有形地表现合同内容的方式。合同书、信件、数据电文等可以记载当事人合同内容的书面文件，都是合同书面形式的具体表现。

2. 工程合同订立的程序

根据我国《合同法》、《招标投标法》的相应规定，工程合同的订立经过以下几个程序。

1）要约邀请

发包人采取招标通知或公告的方式，向不特定人发出的，以吸引或邀请相对人发出要约为目的的意思表示。在通知或公告规定的时间内，潜在投标人报名参加并通过资格预审的，以投标人身份，按照招标文件的要求，参加发包人的招标活动。招标文件一般包括以下内容。

(1) 投标须知。它包括工程概况、工程资金来源或者落实情况、标段划分、工期和质量要求、现场踏勘和答疑安排、投标文件编制提交修改撤回的要求、投标报价的要求、投标有效期、开标的时间地点、评标的方法和标准等。

(2) 招标工程的技术要求和设计文件。

(3) 采用工程量清单招标的，应当提供工程量清单。

(4) 投标函的格式及附录。

(5) 拟签订合同的主要条款。

(6) 要求投标人提供的其他材料。

2) 要约

它是指投标人按照招标人提出的要求，在规定的期间内向招标人发出的，以订立合同为目的的，包括合同的主要条款的意思表示。在投标活动中，投标人应当按照招标文件的要求编制投标文件，对招标文件提出的实质性要求和条件作出响应。投标文件应当包括投标函、施工方案或者施工组织设计、投标报价及招标文件要求提供的其他材料。

3) 承诺

中标通知指由招标人通过评标后，在规定期间内发出的，表示愿意按照投标人所提出的条件与投标人订立合同的意思表示。

4) 签约

根据《合同法》规定，在承诺生效后，即中标通知产生法律效力后，工程合同就已经成立。但是，由于工程建设的特殊性，招标人和中标人在此后还需要按照中标通知书、招标文件和中标人的投标文件等内容经过合同谈判，订立书面合同后，工程合同成立并生效。

需要特别注意的是：《招标投标法》及《房屋建筑和市政基础设施工程施工招标投标管理办法》规定，书面合同的内容必须与中标通知书、招标文件和中标人的投标文件等内容基本一致，招标人和中标人不得再订立背离合同实质性内容的其他协议。

3. 合同签订必须遵循的基本原则

(1) 平等自愿原则。

(2) 公平原则。

(3) 诚实信用原则。

(4) 合法原则。

7.2.2 工程合同的谈判与签约

1. 合同谈判前的审查分析

《招标投标法》规定，合同应在中标通知书发出之日起30日内签订。但是，在双方签订合同法律文本之前，应对招投标文件和合同条款再进行仔细审查，以防“合同漏洞”，并为合同谈判做好准备。

合同审查分析是一项技术性很强的综合性工作，它要求合同管理者必须熟悉与合同相关的法律法规，精通合同条款。有合同管理的实际工作经验，并对工程技术环境、技术经济有全面的了解。

合同审查分析，可以从以下几个方面对工程项目合同进行审查分析。

1）合同效力

(1) 合同当事人资格。即合同主体是否具备相应的民事权利能力和民事行为能力。无论是发包人还是承包人必须具有发包或承包工程和签订合同的资格，如相应的法人地位，获得签约的合法授权，承接工程所需的营业执照、许可证和资质等级等。

(2) 工程项目合法性。一方面，合同内容和工程行为符合法律要求，如环保、资金外汇和规划等；另一方面，审查工程项目是否具备招标投标、签订合同和实施的相应条件，是否具备工程项目的批准文件、建设资金到位情况、建设许可证、合法的招标程序和已批准的设计文件等。

2）合同的完备性

它包括合同文件的完备性和合同条款的完备性。

合同文件指从招标、投标、中标到合同签订一系列签订合同过程中的法律文件，按招标投标形式签订合同的一般应包括合同协议书、中标函、投标书及其附件、工程设计图纸、标准规范及有关技术文件、工程量清单和报价、合同条款等。合同履行中，发包人和承包人有关工程的洽商、变更等书面协议或文本。

合同条款一般应以标准合同文件为准，包括通用条款和针对该特定工程拟订的配套专用条件，没有采用标准合同文件的，可参照标准合同文件的合同条款进行补充完善。若尚无标准合同文本可供参照，如联合体协议，则须收集实践中的同类合同文本，作相互借鉴，尽可能使所签合同更加完备。

有任何一方认为合同条件的漏洞有利于推卸责任或者能带来索赔机会，都是十分危险的。因为双方很容易带着这些想法使问题进入相持或争论不休的状态，破坏合作关系，影响工作的顺利推进。

3）合同的公平性

合同应公平合理地分配双方的责任和权益，责、权、利应一致，承担责任者应得到相应的权益，被授予权利者也须承担相应的责任，防止滥权。如合同规定，工程师可以要求对工程质量进行重新检验，同时也规定，如果重新检验质量合格，由业主支付检查费用，这就是对工程师权利的制约。

合同中规定一方当事人承担一项责任，也规定责任方在履行义务时必备的一定的前提条件，以及相应拥有一定权力，并规定如果对方不履行相应的义务应承担什么责任等。如合同规定承包商必须按时开工，同时合同中也相应规定业主应按时提供现场施工条件，及时支付预付款等。对于显失公平或免责条款，如“在施工期间不论什么原因使邻近地区受到损害的均由承包商承担赔偿责任”，应予以删除或修改。

合同中对双方当事人的责权的描述应具体、详细、明确，以求责权范围尽可能界定清晰。如对不可抗力“大风”的界定，应详细到“风力为多少级”。对气象、水文和地质情况，业主没有提供全面资料的，应补充提供相应条款，或在合同价格中约定对气象、水文和地质条件的估计，如超过该假定条件，则定义为非正常气象或情况，施工中如若碰到，如何进行工期和费用补偿。

4）合同的整体性

工作范围的一致性。承包人所承担的工作范围，在招标文件、投标报价和最后签订的合同价格、正式合同各阶段和各方面的文件中，应保持一致。相应的技术标准、质量要求、工期要求、材料规格和型号等要清楚明确，无法进一步明确的内容应经发包人同意，加以说明并单列，不计入总价，其相应的质量、工期在合同条款中应做相应规定。

合同是一个整体，各条款之间有着一定的内在联系和逻辑关系。如合同价格就涉及预付款的支付与扣回、计量与中间支付、变更、调价、结算、保留金的扣留和支付，履约担保的退回等条款，合同价款支付的程序和时间又与中间工程验收合格、竣工验收合格、工期提前与延误和工程延期密切相关。因此合同条款必须从整体上相互配合、相互支持，共同规范一个事件，不能相互矛盾或有重大缺陷。

5）合同的应变性

合同价格、合同条件、合同实施方案和工程环境等方面，综合组成一个合同状态，在合同履行过程中，经常会出现变化。对这些变化，合同应事先规定处理原则和措施，以此调整合同状态，这就是合同的应变性。合同应变性应包含几个方面。

(1) 合同文件变化。如设计文件的修改、业主对工程有新的要求、合同文件的缺陷等，一般应规定由业主承担责任，相应调整合同价格和延长工期。

(2) 工程环境变化。如工程所在国(或地区)法律和法规变化、物价变动、出现不可预见的外界障碍或条件等，一般也应规定由业主承担此类风险，给予合同价格调整和工期延长。

(3) 实施方案变化。如在实施过程中，工程师下指令修改实施方案，视为工程变更，应调整合同价格；如属于业主不履行或不完全履行义务，或者对方案实施进行干扰，而引起实施方案不得不变化的，则规定业主应承担责任，进行赔偿。

合同审查完毕，应对分析出来的问题提出建议或对策。

2. 发包人和承包人进行合同谈判的目的

招投标双方在招投标活动中经过招标—投标—中标的一系列要约邀请、要约、承诺过程之后，根据《合同法》规定，发包人和承包人的合同法律关系就已经建立，发包人通过进一步谈判，可以争取达到几个目的。

(1) 对于招标文件及合同条款中还存在的缺陷和漏洞，在谈判时给予完善，避免今后实施过程中出现较大的困难。

(2) 评标活动结束，中标单位产生，在总体接受中标人报价和投标方案的情况下，发包人通过评标活动。若发现中标报价不合理部分和中标人未曾提出而其他投标人提出的非常可行的某些建议，可以与中标的承包人商讨，有望通过合同谈判进一步降低商签的正式合同价格。

(3) 讨论某些局部变更，如设计变更、技术条件或合同条件变更对合同价格的影响，并做出合同约定。

对承包人来说，在投标阶段的被动地位，进入合同谈判、签订合同阶段，会有所改变。承包人往往利用这一机会与发包人进行讨价还价，力争改善自己的不利处境，以维护自己的合法利益。承包人可以争取达到的目标如下。

① 澄清标书中某些含糊不清的条款，充分解释自己在投标文件中的某些建议或保留意见。

② 争取改善合同条件，谋求公正和合理的权益，使承包人的权利与义务达到平衡。

③ 利用发包人的某些修改变更进行讨价还价，争取更为有利的合同价格。

3. 谈判的基础与准备

1）组织准备

谈判的成功与否，很大程度上决定于谈判组的成员。谈判组的成员应由有谈判经验的技术人员、财务人员和法律人员组成。从谈判人员的身上首先反映所代表企业的形象，因此必须由业务能力强、基本素质好和经验丰富的人员组成。

2）收集资料，摸清对方情况

谈判准备工作的首要任务就是要收集整理有关合同对方及项目的各种资料。它包括对方的资信状况、履约能力、已有成绩、工程项目背景、土地获得情况、项目目前的进展和资金来源等，并摸清对方的谈判人员情况和谈判目标，做到“知己知彼”。

3）分析和确定谈判目标

谈判的目标直接关系到谈判的态度、动机和诚意，也明确了谈判的基本立场。对于业主而言，有的项目侧重于工期；有的侧重于投资；有的侧重于质量。而不同的侧重点使他在谈判中的立场是不完全一样。对于承包商而言，有的项目是势在必得；有的项目是可得可不得；有的项目是以盈利为目标；有的项目则是以扩大知名度为目标。不同的目标也必然使承包商的谈判态度和坚持的立场各不相同。

4）拟定谈判方案

在上述调查分析的基础上，可总结出该项目的操作风险、双方的共同利益、双方的利益冲突，以及双方在哪些问题上已取得一致，哪些问题上还存在分歧，从而拟定谈判的初步方案，决定谈判的重点，在运用谈判策略和技巧的基础上取得谈判的胜利。

5）谈判事务的具体安排与准备

这是谈判开始前必须的准备工作，包括3方面内容：选择谈判的时机、谈判的地点和谈判议程的安排。尽可能选择有利于己方的时间和地点，同时要兼顾对方能否接受。应根据具体情况安排议程，议程安排应松紧适度。

4. 谈判的策略和技巧

谈判是通过不断的会晤确定各方权利、义务的过程。它直接关系到谈判桌上各方最终利益的得失。因此，谈判绝不是一项简单的机械性工作，而是集合了策略与技巧的艺术。

下面是一些常用的谈判策略和技巧。

1）掌握谈判进程，合理分配各议题的时间

成功的谈判者善于掌握谈判的进程，在充分合作气氛的阶段，展开自己所关注的议题的商讨，从而抓住时机，达成有利于己方的协议。而在气氛紧张时，则引导谈判进入双方具有共识的议题：一方面缓和气氛；另一方面缩小双方差距，推进谈判进程。同时，谈判者应懂得合理分配谈判时间。对于各议题的商讨时间应得当，不要过多拘泥于细节问题。这样可以缩短谈判时间，降低交易成本。

2）高起点战略

谈判的过程是各方妥协的过程。通过谈判，各方都或多或少会放弃部分利益以求得项目的进展。而有经验的谈判者在谈判之初会有意识向对方提出苛求的谈判条件。这样对方会过高估计另一方的谈判底线，从而在谈判中做出更多让步。

3）注意谈判气氛

谈判各方往往存在利益冲突，要兵不血刃即获得谈判成功是不现实的。但有经验的谈判会在各方分歧严重、谈判气氛激烈的时候采取润滑措施，舒缓压力。在我国最常见的方式是饭桌式谈判。通过餐宴，联络谈判双方的感情，拉近双方的心理距离，进而在和谐的氛围中重新回到议题。

4）拖延和休会

当谈判遇到障碍，陷入僵局时，拖延和休会可以使明智的谈判方有时间冷静的思考，在客观分析形势后提出替代方案。在一段时间的冷处理后，各方都可以进一步考虑整个项目的意义，进而弥补分歧，将谈判从低谷引向高潮。

5）避实就虚

谈判双方都有自己的优势和弱点。谈判者应在充分分析形势的情况下，做出正确判断，利用对方的弱点，猛烈攻击，迫其就范，做出妥协。而对于己方的弱点，则要尽量注意回避。

6）分配谈判角色

任何一方的谈判代表组都由众多人员组成，谈判中应利用各人不同的性格特征各自扮演不同的角色。有的唱红脸，积极进攻；有的唱白脸，和颜悦色。这样软硬兼施，可以事半功倍。

7）充分利用专家的作用

工程项目谈判涉及广泛的学科领域，充分发挥各领域专家的作用，既可以在专业问题上获得技术支持，又可以利用专家的权威性给对方以心理压力。

在有限的谈判空间和时限内，合理、有效地利用以上各谈判策略和技巧，将有助于获得谈判的优势。

8）对等让步

当己方准备对某些条件做出让步时，可以要求对方在其他方面，也应做出相应的让步。要争取把对方的让步作为自己让步的前提和条件。同时应分析对方让步与己方做出的让步是否均衡，在未分析研究对方可能做出的让步之前轻易表态让步是不可取的。

5．谈判的程序

谈判开始阶段通常都是先广泛交换意见，各方提出自己的设想方案，探讨各种可能性，经过商讨逐步将双方意见综合并统一起来，形成共同的问题和目标，为下一步详细谈判做好准备。不要一开始就使会谈进入实质性问题的争论，或逐条讨论合同条款。要先搞清基本概念和双方的基本观点，在双方相互了解基本观点之后，再逐条逐项仔细地讨论。

在一般讨论之后，就要进入技术谈判和商务谈判阶段。主要是对原合同中技术方面的条款，如工程范围、技术规范、标准、施工条件、施工方案、施工进度、质量检查和竣工验收等；商务方面的条款，如工程合同价款、支付条件、支付方式、预付款、履约保证、保留金、货币风险的防范和合同价格的调整等，进行讨论。

谈判进行到一定阶段后，在双方都已表明了观点，对原则问题双方意见基本一致的情况下，相互之间就可以交换书面意见或合同稿。然后以书面意见或合同稿进行讨论。

6. 合同的签订

经过合同谈判，双方对新形成的合同条款一致同意并形成合同草案后，即进入合同签订阶段。这是确立承发包双方权利义务关系的最后一步工作，一个符合法律规定的合同一经签订，即对合同当事人双方产生法律约束力。因此，无论发包人还是承包人，应当抓住这最后的机会，再认真审查分析合同草案，检查其合法性、完备性和公正性，争取完善合同草案中的某些内容，以最大限度地维护自己的合法权益。

案例 7.1

合同订立和管理案例

某建设工程，经过施工招投标，业主最终选定甲建筑公司为中标单位。在施工合同中双方约定，甲建筑公司将配套工程分包给乙专业工程公司，业主负责设备的采购。该工程在施工过程中出现如下情况。

(1) 业主负责采购的配套工程设备提前进场，甲建筑公司派人参加开箱清点，并且向监理工程师提交因此增加的保管费支付申请。

(2) 乙专业工程公司在配套设备工程安装过程中发现附属工程设备材料库中部分配件丢失，要求业主重新采购供应货物。

【讨论】

(1) 甲建筑公司向监理工程师提交因工程设备提前进场增加的保管费支付申请，监理工程师是否应该予以签认？为什么？

(2) 乙专业工程公司的要求是否合理？为什么？

【解析】

(1) 监理工程师对于甲公司的增加保管费的支付申请应该予以签认。

因为根据合同规定，业主提供的材料设备提前进场，承包商的保管成本增加，属于业主应该承担的责任，由业主承担因此而发生的保管费用。

(2) 乙专业工程公司的要求不合理。

理由：第一，乙专业工程公司是分包商，无权直接向业主提出采购要求。第二，业主购买的设备虽然提前进场，但是承包商甲建筑公司已经派人参加开箱清点，在保管期间的损害丢失责任，应该由承包商承担。

7.3 工程项目合同的实施管理与索赔

工程项目的实施过程实质上是工程项目的相关合同的实施过程。由于工程项目合同确定了工程项目的价格、工期和质量各目标，项目合同的实施管理涵盖了3大目标的实施管理。是项目实施管理的核心地位。

7.3.1 项目合同实施管理

从整个工程角度而言，一般由业主的项目管理者负责工程项目相关合同的管理和协调，并承担相应责任。对于承包商而言，由于大量材料、设备供应合同及分包合同的存在，也应委派专人负责工程现场各合同的协调和控制。

1. 建立合同实施保证体系

1）设立专门的合同管理机构和人员

依据工程的规模和复杂程度，在工程项目组织中设立合同管理小组或合同管理员，较小的项目，也可交由项目经理完成。承包商的合同管理部门在合同实施阶段的主要工作包括：对项目的合同履行情况进行分析、汇总，协调项目合同的实施；处理重大的合同关系，组织合同的变更及索赔。

2）进行合同履行分析和合同交底

合同履行分析是将合同责任落实到实施的具体问题上和具体工程活动中。它主要分析：承包商的主要合同责任、工程范围和权利；业主的主要责任和权利；合同价格、计价方法和补偿条件；工期要求和补偿条件；工程问题的处理方法和程序，如变更、付款、验收等；争执的解决；违约责任；合同实施中应注意的问题和风险等。

在合同履行分析完后，将合同文件和分析结果下达到项目职能管理人员和工程负责人，进行合同交底。使相关人员熟悉合同的主要内容、各种规定和程序，了解工程范围和合同责任及法律后果，并将合同责任落实到相关实施者。

3）建立合同管理工作程序

对合同目标内的经常性管理工作应建立管理制度，如依据各个材料设备供应合同进行的财物交割(进场、检查验收、付款)、工程验收和计量、支付的程序、竣工验收和结算等；对变更合同目标的非经常性工作，如工程变更、索赔等，也相应的有一套管理工作程序。

4）建立报告和行文制度，建立文档管理系统

涉及合同方面的确认、变更、情况报告、处理、意见和指令等，都应以书面形式建立文件往来，以便各合同主体之间履行相应的手续和进行记载。同时建立起合同文档系统，保存工程实施过程中的有关事件和活动的一切资料和信息，能反映实际情况，以便以后的查阅、分析等，提供原始资料。

2. 合同实施控制

(1) 对合同实施过程进行监督，并对照合同监督各承(分)包商的施工，使各项目组、各承(分)包商、业主、其他协作方的工作都满足合同要求。

(2) 对工程的各种书面文件进行合同法律方面的审查，对项目经理、工程负责人等，在合同关系上给予帮助和工作指导。

(3) 对整体工程项目及具体各项合同活动或事件进行跟踪，向各层次管理人员提供合同实施情况的报告，对合同的实施提出建议、意见，甚至于警告。

(4) 实施合同文档管理，特别注意记录导致成本、进度等合同目标的变更，及其原因的资料。

(5) 调解合同争执，做好协调和管理工作。

(6) 处理索赔与反索赔。

3. 合同评价和判断

在跟踪合同实施情况的基础上，分析工程实施情况与合同文件的差异及其造成的原因，明确和落实责任。对合同实施进行趋向性预测，考虑是否采取调控措施及相应的结果，以此指导后续的管理工作。

7.3.2 工程变更

1. 工程变更的概念

因施工条件的改变、业主的要求、工程师的要求或设计原因使工程或其任何部分的形式、质量或数量发生变更，称为工程变更。因此工程变更是在合同仍然有效的前提下，合同权利义务的部分修改。

工程变更可分为设计变更、进度计划变更、施工条件变更和新增工程(包括价格变更和工期变更)等。工程变更导致合同文件、合同目标的变更，相应的合同责任也发生了变更，工程变更对工程施工影响较大，造成工期的拖延和费用的增加，易引起争执。

2. 工程变更的程序

工程变更可以由承包商提出，也可以由业主方提出或工程师提出，一般业主方提出的工程变更由工程师代为发出。工程师发出工程变更指令的权限，由业主授予，在施工合同中明确约定。工程师就超出其权限的工程变更发出指令时，应附上业主的书面批准文件，否则承包商可拒绝执行。在紧急情况下，工程师可先采取行动再尽快通知业主，对此承包商应立即遵照工程师的变更指示。承包商提出的工程变更须经工程师审批后方可实行。

较为理想的情况是在变更执行前业主(或工程师)，就变更中涉及的费用和工期补偿达成一致。但较为常见的情况是，合同中赋予了工程师直接指令变更工程的权力，承包商接到指令后即执行变更，而变更涉及的价格和工期调整由业主(或工程师)和承包商协商后确定。我国施工合同示范文本所确定的工程变更估价原则如下。

(1) 合同中已有适用于变更工程的价格，按合同已有的价格变更合同价款。

(2) 合同中只有类似于变更工程的价格，可以参照类似价格变更合同价款。

(3) 合同中没有适用或类似于变更工程的价格，由承包人提出适当的变更价格，经工程师确认后执行。

工程变更指令一般应以书面通知下达。对于工程师口头发出的变更指令，事后应补发书面指令。若工程师忘了补发，承包商应在7d内以书面形式证实此项指示，交工程师签字；若工程师在14d内未提出反对意见的，视为认可。

3. 工程变更的管理

(1) 尽量在变更涉及的工程开始前决定变更，以免因变更审批或决策时间过长造成停工等待或继续施工增大返工损失。对于工程师和承包商而言，都有尽早发现工程变更迹象、相互提醒的管理义务。在科学合理、有利于施工和达到合同目标的前提下，各项目管理人员和技术人员，应以尽量减少工程变更为控制目标，特别是随意地修改工程设计，或盲目追求施工速度，而造成不必要的工程浪费。

(2) 对工程师发出的工程变更指令，特别是重大的变更和设计修改，应对照合同规定的工程师权限进行核实。超出权限部分应有业主批准的书面文件。

(3) 承包商应有效落实工程师按合同规定发出的工程变更指令，不论承包商对此是否有异议，也不论是否已就价格和工期调整与业主达成一致。因为即使在争议处理期间，承包商不能免除其进行正常施工和进行变更工程施工的义务，否则可能造成承包商违约。对于先下达变更指令要求执行，而价格和工期谈判又迟迟达不成协议时，承包商可以采取适当措施保护和争取自身利益，如控制施工进度，等待变更谈判结果；争取以实际费用支出或点工计算变更工程的费用补偿，避免价格谈判僵持不下；完整记录变更实施情况，并请业主和工程师签字，收集由变更造成的费用增加和其他损失的证据，在谈判中争取合理补偿，保留索赔的权利。

7.3.3 索赔管理

1. 工程索赔的概念及分类

索赔是在工程承包合同履行过程中，当事人一方由于另一方未履行合同所规定的义务而遭受损失时，向另一方提出给予合理补偿要求的行为。凡是涉及两方(或多方)的合同协议都可能发生索赔问题，索赔是签订合同的双方各自享有的正当权利。一方只有在损害后果已客观存在的情况下，才能向另一方提起索赔，如已造成额外费用支出的经济损失，或恶劣气候造成工程进度的不利影响。索赔是一种未经对方确认的单方行为，在通过确认，如协商、谈判、调解、仲裁和诉讼等之后才能实现。

索赔按照提出方的不同分为业主索赔和施工索赔；按索赔目的分为工期索赔和费用索赔；按合同关系分为承包商同业主之间、总包与分包之间、承包商与供货商之间的索赔等等；按索赔依据可分为合同规定的索赔、非合同规定的索赔和道义索赔。

2. 业主索赔

业主索赔是指由于承包单位不履行或不完全履行约定的义务，或者由于承包单位的行为使业主受到损失时，业主向承包单位提出的索赔。它主要有以下几种形式。

1) 对拖延竣工期限索赔

由于承包商拖延竣工期限，业主要求提出索赔。索赔的费用可按实际损失计算，或按清偿损失计算。

业主按工期延误的实际损失向承包商提出索赔一般考虑的费用包括如下。

(1) 业主盈利和收入损失。

(2) 增大的工程管理费用开支。

(3) 超额筹资的费用。这常是业主遭受的最为严重的延误费用，业主对承包商延期引起的任何利息支付都应作为延期损失提出索赔。

(4) 使用设施机会丧失而导致的可能增加收益的损失。

清偿损失额等于承包单位引起的工期延误日数乘以日清偿损失额。由于日清偿损失额在招标文件中给出，业主一般采用较低的损失额来计算延误损失，以免投标方大幅度提高报价。它的优点在于在使用时业主可以避免确定实际损失需要指出的花费，也可从给付承包商的工程款中陆续扣回。

2) 对不合格的工程拆除和不合格材料运输费用索赔

当承包商未能履行合同规定的质量标准，业主要求运走或调换不合格的材料、拆除或重新做好有缺陷的工程；而承包商拒不执行时，业主有权雇佣他人来完成工作，发生的一切费用由承包商负担，业主可以从任何应付给承包商的款项中扣回。

3) 对承包商未履行的保险费用索赔

如果承包商未能按照合同条款指定的项目投保，并保证保险有效，业主可以投保并保证保险有效，业主所支付的必要的保险费可在应付给承包商的款项中扣回。

4) 对承包商超额利润的索赔

如果工程量增加很多，使承包商预期的收入增大；而工程量增加，承包商并不增加任何固定成本，合同价应由双方讨论调整，收回部分超额利润。由于法规的变化导致承包商在工程实施中降低了成本，产生了超额利润，也应重新调整合同价格，收回部分超额利润。

5) 对指定分包商的付款索赔

当工程总承包商无合理理由扣留应向指定分包商支付的工程款时，业主可以直接按照工程师的证明书，将总承包商未付给指定分包商的款项(扣除保留金)直接支付给该分包商，并从应付给承包商的任何款项中如数扣回。

6) 业主合理终止合同或承包商不正当地放弃工程的索赔

如果业主合理地终止承包商的承包，或者承包商不合理地放弃工程，则业主有权从承包商手中收回由新的承包商完成全部工程所需的工程款与原合同未付部分的差额。

3. 施工索赔及处理

施工索赔系指由于业主或其他有关方面的过失或责任，使承包商在工程施工中增加了额外的费用；承包商根据合同条款的有关规定。以合法的程序要求业主或其他有关方面补偿在施工中所遭受的损失。

1) 施工索赔的内容

(1) 不利的自然条件与人为障碍引起的索赔。不利的自然条件是指施工中遇到的实际自然条件比招标文件中所描述的更为困难和恶劣。这些不利的自然条件或人为障碍增加了施工的难度，导致承包商必须花费更多时间和费用，在这种情况下，承包商可向工程师提出索赔要求。

其中对于不利自然条件和地质条件变化引起的索赔，一般由于招标文件中已经进行了描述或附有相关资料，甚至要求承包商对现场环境先行考察和确认，因而这种索赔经常会引起争议。在施工期间，如果承包商遇到不利的自然条件或不利障碍，应立即通知工程师；如果工程师认可为即使是有经验的承包商，也不能预见的，并给予证明，则业主应给予承包商在该情况下所支出的额外费用补偿。

对于工程中人为障碍引起的索赔，经工程师到现场检查，通常较易成立。由于业主本身负有提供场地相关地下管线资料的义务，因而工程师应和承包商密切配合，预先收集、查证相关文件资料，做好突发情况的应对准备，减少对施工的影响。

(2) 工程变更引起的索赔。承包商应按工程师的指令执行工程变更，有权对这些变更所引起的附加费用进行索赔。

变更工程中，合同双方应以合同中的规定确定变更工程费用。变更工程价格或单价确定是否合理常是引起这类索赔争议的主要原因。

(3) 关于工期延长和延误的索赔。工期延长或延误的索赔通常包括两方面：一方面承包商要求延长工期。另一方面承包商要求偿付由非承包商原因导致工程延误而造成的损失。一般这两方面的索赔报告要求分别编写，因为工期和费用的索赔并不一定同时成立。如由于特殊恶劣气候等原因，承包商可能得不到延长工期的承诺。但是，如果承包商能提出证明其延误造成的损失，就可能有权获得这些损失的赔偿。

(4) 由于业主不正当地终止工程而引起的索赔。由于业主不正当地终止工程，承包商有权要求补偿损失，其数额是承包商在被终止工程上的人工、材料和机械设备的全部支出，以及各项管理费用、保险费、贷款利息和保函费用的支出(减去已结算的工程款)，并有权要求赔偿其盈利损失。

(5) 关于支付方面的索赔。工程付款涉及价格、货币和支付方式 3 个方面的问题。由此引起的索赔也是很常见，如价格调整的索赔、货币贬值导致的索赔、拖延支付工程款的索赔等。

2) 施工索赔的资料

索赔的主要依据是合同文件及工程项目资料，资料不完整，工程师难以正确处理索赔。一般情况下，承包商为便于向业主进行索赔，都保存有一套完整的工程项目资料，而工程师，也应该保存自己的一套有关详细记录。这样，工程师可根据承包商提供的记录，驻地工程师所作的记录做出裁决，避免了各执其词，相互扯皮。

(1) 承包商提供的记录

① 施工方面记录。它包括施工日志、施工检查员的报告、逐月分项记录、施工工长日报、每日工时记录、同工程师的往来通信及文件、施工进度特殊问题照片、会议记录或纪要、施工图纸、同工程师或业主的电话记录、投标时的施工进度计划、修正后的施工进度计划、施工质量检查验收记录、施工设备材料使用记录等。

② 财务方面记录。它包括施工进度款支付申请单、工人劳动计时卡、工人或雇用人员工资单、材料设备和配件等采购单、付款收据、收款收据、标书中财务部分的章节、工地的施工预算、工地开支报告、会议日报表、会计总账、批准的财务报告、会计来往信件及文件、通用货币汇率变化表等。

根据索赔内容，还要准备上述资料范围以外的证据。

(2) 工程师方面的记录。

① 历史记录。它包括工程进度计划及已完工程记录，承包商的机具和人力，气象报

告，与承包商的洽谈记录，工程变更令，以及其他影响工程的重大事项。

② 工程量和财务记录。它包括工程师复核的所有工程量和付款的资料，如工程计量单、付款证书、计日工、变更令和各种费率价格的变化，现场的材料及设备的实验报告等。

③ 质量记录。它包括有关工程质量的所有资料，以及对工程质量有影响的其他资料。

④ 竣工记录。它包括各单项工程、单位工程的竣工图纸和竣工证书等，对竣工部分的鉴定证书等。

3）施工索赔的处理程序

(1) 提出索赔要求，报送索赔资料。承包商根据合同条件的任何条款或其他有关规定(如根据有关合同法)企图索取任何追加付款，都应在引起索赔事件发生的一定时间内将索赔意向通知工程师，同时将另一份副本呈交业主。我国建设工程施工合同示范文本(GF—1999—0201)《通用条款》第36.2条规定："发包人未能按合同约定履行自己的各项义务或发生错误以及应由发包人承担责任的其他情况，造成工期延误和(或)承包人不能及时得到合同价款及承包人的其他经济损失，承包人可按下列程序以书面形式向发包人索赔。"

① 索赔事件发生后28d内，向工程师发出索赔意向通知。

② 发出索赔意向通知后28d内，向工程师提出延长工期和(或)补偿经济损失的索赔报告及有关资料。

③ 工程师在收到承包人送交的索赔报告和有关资料后，于28d内给予答复，或要求承包人进一步补充索赔理由和证据。

④ 工程师在收到承包人送交的索赔报告和有关资料后28d内未予答复，或未对承包人做进一步要求，视为该项已经认可。

⑤ 当索赔事件持续进行时，承包人应当阶段性向工程师发出索赔意向，在索赔事件终了后28d内，向工程师送交索赔的有关资料和最终索赔报告。索赔答复程序与③、④规定相同。

在正式发出索赔意向通知后，承包商应抓紧准备索赔的证据资料，以及计算该项索赔的可能款项，并在索赔意向发出后一定时间内提出索赔报告。索赔报告应包括3项内容，索赔的理由和依据，索赔费用，记录和证据。如果索赔事件的影响继续存在，不断发生成本支出，在规定的时间内不可能算出可能的索赔款项时，则经工程师同意，可以定期陆续报送索赔证据资料和索赔款项；并在该索赔事件影响结束后的一定时间内，提出总的索赔论证资料和索赔款项，报送工程师，并抄送业主。

(2) 工程师对索赔的处理。工程师在接到承包商的正式索赔信件后，应立即研究承包商的索赔资料，在没有确认责任谁负的情况下，要求承包人论证索赔的原因，重温有关合同条款；并同业主协商，对承包商索赔要求及时做出答复。如果对索赔款额一时难以表态，也应原则地通知对方，允诺日后处理。

工程师一般应在接到索赔报告资料后的一定时间内提出自己的意见，连同承包商的索赔报告一并报业主审定。如根据承包商所提供的证据，工程师认为索赔成立，则应作出决定通知承包商并付款，同时将一份副本呈交业主。

(3) 会议协商解决。当索赔要求不能在工地由合同双方及时解决时，要采取会议协商的办法。第一次协商会议一般采取非正式的形式，由业主或工程师出面，同承包商交换意见，了解可能的赔偿款项。双方代表在会前均应做好准备，提出资料及论证根据，明确需要协商的问题，以及可以接受的协商结果。

初次会谈结束时，如问题没有解决，则可商定正式会谈的时间和地点，以便继续讨论确定索赔的结论。对于一个复杂的索赔争论，一次会议很难达成协议，而要经过多次谈判，才能最后达成协议，签署执行。

(4) 邀请中间人调解。如果争议双方的直接会谈没有结果，在提交法庭裁决或仲裁之前，还可由双方协商邀请一至数名中间人进行调解，促进双方索赔争议矛盾的解决。中间人调解工作是争议双方在自愿的基础上进行的，如果任何一方对中间人的工作不满意，或难以达成调整协议时，即可结束调解工作。

(5) 提交仲裁。当工程师对业主和承包商提出的索赔要求做出的决断意见，得不到双方的同意；经过会谈协商和中间人调解也得不到解决时，索赔一方有权要求将此争议提交仲裁机关裁决；仲裁机关做出的决定为最终裁决，索赔双方必须遵照执行。

工程索赔案例

业主与施工单位按《建设工程施工合同文本》对某项工程建设项目签订了工程施工合同，工程未进行投保。在工程施工过程中，遭受暴风雨不可抗力的袭击，造成了相应的损失，施工单位及时向监理工程师提出索赔要求，并附索赔有关的资料和证据。索赔报告的要求如下。

(1) 遭暴风雨袭击是非施工单位原因造成的损失，故应由业主承担赔偿责任。

(2) 给已建分部工程造成破坏，损失计人民币 18 万元，应由业主承担修复的经济责任，施工单位不承担修复的经济责任。

(3) 施工单位人员因此灾害使数人受伤，处理伤病医疗费用和补偿金总计人民币 18 万元，业主应给予赔偿。

(4) 施工单位进场的在使用的机械、设备受到损坏，造成损失人民币 8 万元，以及由于现场停工造成台班费损失人民币 4.2 万元，业主应负担赔偿和修复的经济责任。工人窝工费人民币 3.8 万元，业主应予支付。

(5) 因暴风雨造成现场停工 8d，要求合同工期顺延 8d。

(6) 由于工程破坏，清理现场需费用人民币 2.4 万元，业主应予支付。

【讨论】

(1) 监理工程师接到施工单位提交的索赔申请后，应该进行哪些工作？

(2) 不可抗力发生风险承担的原则是什么？对施工单位提出的要求如何处理？

【解析】

监理工程师接到索赔申请通知后应进行以下主要工作。

(1) 进行调查、取证。

(2) 审查索赔成立条件，确定索赔是否成立。

(3) 分清责任，认可合理索赔。

(4) 与施工单位协商，统一意见。

(5) 签发索赔报告，处理意见报业主核准。

不可抗力风险承担责任的原则。

(1) 工程本身的损害由业主承担。

(2) 人员伤亡由其所属单位负责，并承担相应费用。

(3) 造成施工单位机械、设备的损坏及停工等损失，由施工单位承担。

(4) 所需清理、修复工作的费用，由双方协商承担。

(5) 工期给予顺延。

处理方法按索赔报告的基本要求顺序。

(1) 经济损失由双方分别承担，工期延误应予签证顺延。

(2) 工程修复、重建人民币18万元工程款应由业主支付。

(3) 索赔不予认可，由施工单位承担。

(4) 认可顺延合同工期8d。

(5) 由双方协商承担。

案例 7.3

工程质量争议案例

某建筑公司与某厂签订建筑承包合同，承包方为发包方承担6台400m³煤气罐检查返修的任务，工期6个月，10月开工，合计工程费42万元。临近开工时，因煤气罐仍在运行，施工条件不具备，承包方同意发包方的提议将开工日期变更至次年7月动工。经发包方许可，承包方着手从本公司基地调集机械和人员如期进入施工现场，搭设脚手架，装配排残液管线。工程进展约两个月，发包方以竣工期无法保证和工程质量差为由，同承包商先是协商提前竣工期，继而洽谈解除合同问题，承包方未同意。接着，发包方正式发文："本公司决定解除合同，望予谅解和支持。"同时，限期让承包方拆除脚手架，迫使承包方无法施工，导致原合同无法履行。为此承包方向法院起诉，要求发包方赔偿其实际损失24万元。

在法院审理中，被告方认为：施工方投入施工现场的人员少、素质差，不可能保证工程任务的如期完成和保证工程质量。承包方认为：他们是根据工程进展有计划地调集和加强施工力量，足以保证工期按期完成；对方在工程完工前断言工程质量不可靠，缺乏根据。最后，法院认为：这份建筑施工合同是双方协商一致同意签订的有效合同，是单方毁约行为，应负违约责任。考虑到此案实际情况，继续履行合同有困难，在法院主持下双方达成调解协议，承包合同尚未履行部分由发包方负担终止执行责任，由发包方赔偿承包方工程款、工程器材费和赔偿金等共16万元。

7.4 国际常用的几种工程承包合同条件

7.4.1 FIDIC系列合同文件

FIDIC是"国际咨询工程师联合会"的法语缩写，作为国际上最具有权威性的咨询工程师组织，FIDIC先后发表过很多重要的管理文件和标准化的合同文件范本，目前作为惯例已成为国际工程界公认的标准化合同。这些合同文件不仅被FIDIC成员国广泛采用，而且世界银行、亚洲开发银行、非洲开发银行等金融机构，也要求在其贷款建设的土木工程项目实施过程中，使用该文本为基础签订的合同条件。

1. FIDIC系列合同标准格式

FIDIC于1999年出版了4本新的合同标准格式，《施工合同条件》、《生产设备和设计—施工合同条件》、《设计采购施工(EPC)/交钥匙工程合同条件》和《简明合同格式》。1999版的系列合同标准格式，合同体系完整、严密、明确，责任划分较为公正，风险分担合理，分别适用于不同类型的承发包工程。

2. FIDIC《施工合同条件》

《施工合同条件》推荐用于雇主或其代表——工程师设计的建筑或工程项目。由承包商按照雇主提供的设计进行工程施工，也可包含有承包商设计的土木、机械、电气和(或)构筑物的某些部分。但是本条件不是为大部分工程都由承包商设计的情况下使用的。

《施工合同条件》条款中责任的约定以招标选择承包商为前提，合同履行过程中建立以工程师为核心的管理模式。以单价合同为基础(也允许其中部分工作以总价合同承包)。

《施工合同条件》包括通用条件、专用条件和投标函(及投标书附录)、合同协议书及备选争端裁决协议书3部分。其通用条款分为20条，具体为：一般规定；雇主；工程师；承包商；指定的分包商；员工；生产设备、材料和工艺；开工、延误和暂停；竣工试验；雇主的接受；缺陷责任；测量和估价；变更和调整；合同价格和付款；由雇主终止；由承包商暂停和终止；风险与职责；保险；不可抗力；索赔、争端和仲裁。

对于专用条件，使用者需根据准备实施的工程的专业特点，以及工程所在地的政治、经济、法律、自然条件等地域特点，对专用条件编写指南中给出的各类被选条款的范例措辞，进行必要的核实和修改，以使其完全使用于特定的情况。专用条件是对通用条件的对应条款的修改和补充，由通用条件和专用条件内相同序号的条款共同构成对某一问题的约定责任。

投标函的范例格式文件的主要内容是投标人愿意遵守招标文件规定的承诺表示。投标人只需填写投标报价并签字后，即可与其他材料一起构成法律效力的投标文件。投标书附录列出了通用条件和专用条件内涉及工期、缺陷通知期限等的时间和履约担保金额、预付款、分期付款、保留金等费用内容的明确比率和数值。并与通用条件中的条款序号和具体要求相一致，以供招标人起草合同时予以考虑。这些数据经承包商填写并签字确认后，合同履行过程中作为双方遵照执行的依据。

我国的建筑工程施工合同示范文本编制时就借鉴了FIDIC合同条件的许多条款。相对于我国的建筑工程施工合同示范文本，FIDIC《施工合同条件》还涉及一些重要的合同用词和管理概念。

1）合同工期、施工期与工程移交证书

合同工期是所签合同内注明的完成全部工程或分部移交工程的时间，加上合同履行过程中工程师批准的工程延期的时间总和。得到批准的工程延期是因非承包商原因导致工程变更和索赔事件后，工程给予的工期顺延。而合同内约定的工期仅为承包商投标时在投标书附录中承诺的竣工时间。合同工期的日历天数是承包商是否按合同如期履行施工义务的衡量标准。

从工程师按合同约定发布“开工令”指明的应开工之日起，至工程接收证书载明的竣工日止的日历天数为承包商的施工期，即为工程实际施工时间。

工程或分项工程施工达到了合同规定的“基本竣工”要求后，承包商以书面形式向工程师申请颁发工程接收证书或为每个分项工程颁发接收证书。工程师接到承包商申请后的28d内，如果认为已满足竣工条件，应向承包商颁发相应的接收证书。

工程接收证书在合同管理中有着重要的作用：一是证书中指明的竣工日期，为工程实际施工时间的计算日期，可用于判定承包商是否承担误期损害赔偿责任；二是从颁发证书日起，工程照管责任由承包商转由雇主负责；三是颁发工程移交证书后，可按合同规定进行竣工结算；四是颁发工程接收证书后，业主应释放保留金的一半给承包商。如果颁发了分项工程或部分工程的接收证书，保留金应按一定比例予以确认和支付(此比例应是该分项工程或部分工程估算的合同价值，除以估算的最终合同价格所得比例的40%)。

2）缺陷通知期限、履约证书与合同有效期

承包商在投标书附录中承诺的缺陷通知期限，即国内施工合同文本所指的工程保修期。在缺陷通知期限内，承包商的义务主要表现在两个方面：一是在工程师指示的合理时间内，完成接收证书注明日期时尚未完成的工作；二是按照雇主(或其代表)可能通知的要求，完成修补缺陷或损害所需要的所有工作。

履约证书应由工程师在最后一个缺陷通知期限期满日期后28d内颁发，或者在承包商提供所有承包商文件，完成所有工程的施工和试验，它主要包括修补任何缺陷后立即颁发，履约证书的副本同时发送给雇主。履约证书的颁发可被视为对工程的认可。直到工程师向承包商颁发履约证书和注明承包商完成合同规定的各项义务的日期后，承包商的义务才被认为完成。

颁发履约证书后，各方仍应负责完成当时尚未履行的义务，在此之前，合同仍被视为有效。雇主在收到履约证书副本后21d内，退还承包商的履约保函。

3）合同价格、暂列金额、最终付款证书和结清证明

通用条件中的规定，合同价格指工程师按约定的程序、测量方法及合同规定的费率和价格进行工程估价所确定，合同价格可根据合同进行调整。合同价格可视为完成所有合同范围内的工作、完成，及进行任何缺陷的修补应付给承包商的金额。

某些项目的工程量清单中包括“暂列金额”款项，尽管这笔款额计入合同价格内，但其使用却由工程师控制。只有当承包商按工程师的指示完成暂列金额项内开支的工作任务后，才能从其中获得相应支付。工程师有权依据工程进展的实际需要，用于施工或提供物资、设备以及技术服务等内容的开支；也可以作为供意外用途的开支，他有权全部使用、部分使用或完全不用。由于暂列金额是用于招标文件规定承包商必须完成的承包工作之外的费用，承包商报价时不将承包范围内发生的间接费、利润、税金等摊入其中，所以未获得暂定金额内的支付并不损害其利益。

承包商在收到履约证书后的56d之内，向工程师提交最终报表草案并附证明文件，列明根据合同完成的所有工作的价值和承包商认为根据合同，或其他规定应支付给他的所有其他款项。经工程师和承包商商定的意见承包商进行修改，即称为最终报表，形成最终付

款证书的申请。工程师在收到最终报表和结清证明后28d内，向雇主发出最终付款证书。

承包商在提交最终报表时，应提交一份书面结清证明，确认最终报表上的总额代表了根据合同及与合同有关的事项，应付给的所有款项的全部和最终的结算总额。在承包商收到退回的履约担保和应付清的余额后，结请证明在该日期生效。

承包商完成合同规定的施工任务累计获得的工程款项，以及施工过程中批准的变更和索赔补偿款之和，即为结算金额。但就合同价格加上变更和索赔补偿款项，通常也不等于结算金额，因为在不同合同形式与合同条款约定下，在完成工程施工过程中形成了各类差值。如在单价合同中，合同价格中的给定的工程量，在施工结束时变成了实际完成工程量，形成工程量上的差值；同时若因工程量的增减超过了合同中规定的幅度，可依合同约定对工程单价进行调整，形成了工程单价的差值；在可调价合同中，考虑物价变化，在调价原则下产生的调价费用差值；以及合同内的索赔引起的价格调整等。

4）指定的分包商

通用条件规定雇主有权将部分工程项目的施工任务或涉及提供材料、设备、服务等的工作内容发包给指定的分包商实施。所谓指定的分包商是雇主(或工程师)指定、选定，完成某项特定工作内容并与承包商签订分包合同的特殊分包商。指定分包工作一般属于承包商无力完成，不在承包商合同范围的工作之内；而给指定分包商的付款从暂定金额内开支，承包商的报价没有包括指定分报工作间接费、管理费、利润等，在分包合同内应明确收取分包管理费的标准和方法；而雇主也需指派专职人员负责施工过程中的监督、协调、管理工作。与一般分包商不同，承包商不对指定分包商的过错承担责任，在承包商无合理理由扣留指定分包商的工程款项时，雇主有权从付给承包商的款项中直接拨付给指定分包商。

5）履约担保

为了保证承包商忠实地履行合同规定的义务，并保障雇主在因承包商的严重违约受到损害时能及时获得损失补偿，合同条件规定承包商应提供第三人的履约保证作为合同的担保。

保证方式可以是银行出具的履约保函，也可以是第三方法人提供的保证书。对于银行出具的保函，大多为无条件担保，担保金额在专用条件内约定，通常为合同价的10％。如果不是银行保函，而是其他第三方保证形式，所规定的百分比通常要高得多，可以是合同价的20％～40％。国际承包活动中雇主一般要求承包商提供银行出具的无条件履约保函。

合同条件相应规定，雇主应使承包商免于因雇主凭履约保证对无权索赔情况提出索赔而遭受损害、损失和开支(包括法律费用和开支)等。因此通用条件强调在任何情况下雇主凭履约担保向保证人提出索赔要求前，都应预先通知承包商，说明导致索赔的违约性质，即给承包商一个补救违约行为的机会。因此只有在承包商严重违约使得合同无法正常履行下去的情况下，才可以用履约保证索赔。

3. FIDIC 生产设备和设计-施工合同条件

《生产设备和设计-施工合同条件》适用于电气和(或)机械设备供货以及建筑或工程的设计和施工，用于承包商设计的电器和机械设备以及建筑和工程。

《生产设备和设计-施工合同条件》包括通用条件、专用条件和投标函(及投标书附录)、合同协议书及备选争端裁决协议书3部分。其通用条件分为20条，具体为：一般规定；雇主；工程师；承包商；设计；员工；生产设备、材料和工艺；开工、延误和暂停；竣工试验；雇主的接受；缺陷责任；竣工后试验；变更和调整；合同价格和付款；由雇主终止；由承包商暂停和终止；风险与职责；保险；不可抗力；索赔、争端和仲裁。

相对于《施工合同条件》的通用条件，减少了指定的分包商、测量和估价，增加了设计和竣工后试验。合同价格为总额中标合同金额，可按合同进行调整。这个合同条件一般适用于大型项目中的安装工程。

4. FIDIC设计采购施工(EPC)/交钥匙工程合同条件

《设计采购施工(EPC)/交钥匙工程合同条件》使用于以交钥匙方式提供加工或动力设备、工厂或类似设施、基础设施项目或其他类型的开发项目。这个合同条件是为了适应对要求合同条款确保价格、时间和功能具有更大确定性的私人融资项目和公共部门的要求。为了取得最终价格的更大确定性，承包商被要求承担更大的风险，这改变了FIDIC以往平衡分配风险的传统原则。雇主被要求在描述设计原则和生产设备基础设计要求时，以功能为基础，并在承包商承担项目设计和实施的全部职责过程中，给予承包商按他选择的方式进行工作的自由。只有最终结果能够满足雇主规定的功能标准，因此雇主对承包商的工作只应进行有限的控制，一般不应进行干预。但是，承包商必须证明他的生产设备和装备的可靠性和性能。因此对竣工试验和竣工后试验应给予特别注意，这些试验经常在相当长的期间内进行，而只有在这些试验成功完成后，工程才能接收。

5. FIDIC简明合同格式

《简明合同格式》的目的是编写出一个简明、灵活的文件，它包括所有的主要的商务条款，可用于多种管理方式的各类工程项目和建筑工程。适用于投资金额较小的工程项目和建筑工程；适用于金额较大的合同；适用于不需进行专业分包的相当简单和重复的工程或工期短的工程。

《简明合同格式》包括协议书、通用条件和裁决规则。协议书是一个极简的文件，包括投标人的报价和雇主的接受及附录。通用条件分为20条，具体为：一般规定；雇主；雇主代表；承包商；由承包商设计；雇主的责任；竣工时间；接收；修补缺陷；变更和索赔；合同价格和付款；违约；风险与职责；保险；争端的解决。

在此合同格式中，雇主可以选择估价方法。

7.4.2 NEC合同

由英国土木工程师学会编制的NEC合同于1993年正式出版，1995年再版，可以在英国和其他国家使用。NEC合同可用于包括土木、电气、机械和房屋建筑在内的传统类型的工程或施工，也可用于承包商负有部分设计职责、全部设计职责及没有设计职责的工程，以及承包商将部分，甚至全部工程分包的施工管理模式。NEC通过提供6种主要计价方式和核心条款的选择，可以提供目前所有正常使用的合同类型；通过合同条款次要选项与主要选项的组合，提供对通货膨胀、保留金等的价格调整；合同条件中省略了特殊领域的特别条款和技术性条款，而将这些条款放入工程信息，使得其合同条款数目少且相互独立，由于采用条款编码系统，并提供了程序流程图，因此非常清晰简洁，便于建立合同数据系统；而且NEC合同作为使用通俗语言书写的一份法律文件，非常易于被母语为非英语的人员理解并翻译成其他语言。

NEC引入了“促进良好管理”、“参与各方有远见、相互合作的管理能在工程内部减少风险”的思想；对参与各方的行为有准确的定义，使在由谁做、做什么和如何做等方面的争议减少；对每个程序都专门设计，使其实施有助于工程的有效管理，实施了早期警告程序，承包商和项目经理都负有互相警告和合作的责任，鼓励当事人在合作管理中发挥自己应有的作用。NEC系列合同包括以下几种。

(1) 工程施工合同(The Engineering and Construction Contract)。用于业主和承包商之间的主合同，也被用于总包管理的一揽子合同。

(2) 工程施工分包合同(The Engineering and Construction Sub－contract)。用于总包商与分包商之间的合同。

(3) 专业服务合同(The Professional Services Contract)。用于业主与项目管理、监理人、设计人、测量师、律师、社区关系咨询师等之间的合同。

(4) 裁判者合同(The Adjudicator's Contract)。用于指定裁判者解决任何NEC项下的争议的合同。

其中，工程施工合同包括以下几项内容。

(1) 核心条款。共分为9个部分，是所有合同共有的条款。

(2) 主要选项。针对6种不同的计价方式设置，任一特定的合同应该选择并应选择一个主要选项。

(3) 次要选项。在选定合同中当事人可根据需要选用部分条款或全部条款。

(4) 成本组成表。不随合同变化而变化的对成本组成项目进行全面定义。

(5) 附录。用来完善合同。

而工程资料、场地资料、认可的施工进度计划、履约保函等因上述(1)～(5)部分的引用而成为构成合同的组成部分。这些组成部分和上述(1)～(5)部分共同构成了一份完整的合同，其中(1)、(2)、(3)即通常所称的合同条件。核心条款分成9个部分：①总则；②承包商的义务；③工期；④检测与缺陷；⑤付款；⑥补偿事件；⑦所有权；⑧风险和保险；⑨争端和合同解除。无论选择何种计价方式；NEC的核心条款均是通用的。

NEC工程施工合同规定了6种计价方式。

(1) 含分项工程表的报价合同。分项工程的总价固定，承包商承担价格风险和数量风险。

(2) 含工程量清单的报价合同。分项工程的总价固定，承包商承担价格风险，业主承担数量风险。

(3) 含分项工程表的目标合同。按分项工程总价确定目标总价，价格风险和数量风险由双方按约分担。

(4) 含工程量清单的目标合同。按分项工程单价确定目标总价，数量风险由业主承担，价格风险由双方按约分担。

(5) 成本补偿合同。承包商风险小，获取的是相对固定的间接费而不关心实际成本的控制。

(6) 管理合同。承包商本人不必从事工程的具体施工任务，其风险也小。

以上计价方式的不同主要是因为考虑了设计的深度、工期的紧迫性、业主风险分担的意愿的不同。

FIDIC和NEC都根据整体风险最小原则规定了合同风险的分配：技术风险、经济风险对合同权利的损害责任由业主承担；社会风险、自然风险对财产的损害责任按所有权分担。对人身的损害责任按雇佣关系分担；对合同权利的损害责任、延误由业主承担，费用由承包商承担。

7.4.3　AIA系列合同条件

AIA系列合同条件是由美国建筑师学会制定并发布的，主要用于私营的房屋建筑工程，针对不同的工程项目模式，及不同的合同类型出版了多种形式的合同，在美国影响是很大的。

AIA文件中包括A、B、C、D、F、G等系列。AIA系列标准合同文件见表7-1，其中，A系列，用于业主与承包商的标准合同文件，不仅包括合同条件，还包括资质报审表、各类担保的标准格式等；B系列，用于业主与建筑师之间的标准合同文件，其中包括专门用于建筑设计、装修工程等特定情况的标准合同文件；C系列，用于建筑师与专业咨询人员之间的标准合同文件；D系列，建筑师行业内部使用的文件；F系列，财务管理报表；G系列，建筑师企业及项目管理中使用的文件。

表7—1　AIA系列标准合同文件

A101	业主与承包商协议书格式——总价
A101/CMa	业主与承包商协议书格式——总价——CMa
A105	业主与承包商协议书标准格式——用于小型项目
A205	施工合同一般条件——用于小型项目(与A105配售)
A107	业主与承包商协议书简要格式——总价——用于限定范围项目
A111	业主与承包商协议格式——成本补偿(可采用最大成本保证)
A121/CMc	业主与CM经理协议书格式(CM经理负责施工)，AGC565
A131/CMc	业主与CM经理协议书格式(CM经理负责施工)——成本补偿(无最大成本保证)，AGC566
A171	业主与承包商协议书格式——总价——用于装饰工程
A177	业主与承包商协议书简要格式——总价——用于装饰工程
A181	业主与建筑师协议书标准格式——用于房屋服务
A188	业主与建筑师协议书标准格式——限定在房屋项目的建筑服务
A191	业主与设计——建造承包商协议
A201	施工合同一般条件
A201/CMa	施工合同一般条件——CMa版

续表

A271	施工合同一般条件——用于装饰工程
A401	承包商与分包商协议书标准格式
A491	设计——建造承包商与承包商协议
B141	业主与建筑师协议书标准格式
B151	业主与建筑师协议书简要格式
B155	业主与建筑师协议书标准格式——用于小型项目
B163	业主与建筑师协议书标准格式——用于指定服务
B171	业主与建筑师协议书标准格式——用于室内设计服务
B177	业主与建筑师协议书简要格式——用于室内设计服务
B352	建筑师的项目代表的责任、义务与权限
B727	业主与建筑师协议书标准格式——用于特殊服务
B801/CMa	业主与 CM 经理协议书标准格式——CMa
B901	设计—建造承包商与建筑师协议书标准格式
C141	建筑师与专业咨询人员协议书标准格式
C142	建筑师与专业咨询人员协议书简要格式
C727	建筑师与专业咨询人员协议书标准格式——用于特殊服务

AIA 系列合同文件的核心是通用文件(A201 等)。采用不同的工程项目管理模式、不同的计价方式时，只需选用不同的协议书格式与通用文件。AIA 合同文件的计价方式主要有总价、成本补偿合同及最高限定价格法。由于小型工程情况比较简单，AIA 专门编制了用于小型项目的合同条件。

案例 7.4

合同条件争议案例

新加坡一油码头工程，采用 FIDIC 合同条件。招标文件的工程量表中规定钢筋由业主提供，投标日期 1980 年 6 月 3 日。但在收到标书后，业主发现他的钢筋已用于其他工程，他已无法再提供钢筋。则在 1980 年 6 月 11 日由工程师致信承包商，要求承包商另报出提供工程量表中所需钢材的价格。自然，这封信作为一个询价文件。1980 年 6 月 19 日，承包商作出了答复，提出了各类钢材的单价及总价格。接信后业主于 1980 年 6 月 30 日复信表示接受承包商的报价，并要求承包商准备签署一份由业主提供的正式协议。但此后业主未提供书面协议，双方未作任何新的商谈，也未签订正式协议。而业主认为承包商已经接受了提供钢材的要求，而承包商却认为业主又放弃了由承包商提供钢材的要求。待开工约 3 个月后，1980 年 10 月 20 日，工程需要钢材，承包商向业主提出业主的钢材应该进场，这时候才发现双方都没有准备工程所需要的钢材。由于要重新采购钢材，不仅钢材价格上升、运费增加，而且工期拖延，进一步造成施工现场费用的损失约 6 万元。承包商向业主提出了索赔要求。但由于在本工程中双方缺少沟通，都有责任，故最终解决结果为合同双方各承担一半损失。

【讨论】

本工程应注意哪些问题？

【解析】

本工程有如下几个问题应注意。

(1) 双方就钢材的供应作了许多商讨，但都是表面性的，是询价和报价(或新的要约)文件。由于最终没有确认文件，如签订书面协议，或修改合同协议书，所以没有约束力。

(2) 如果在1980年6月30日的复信中业主接受了承包商的6月19日的报价，并指令由承包人按规定提供钢材，而不提出签署一份书面协议的问题，则可以构成对承包商的一个变更指令。如果承包商不提出反驳意见(一般在一个星期内)，则这个合同文件就形成了，承包商必须承担责任。

(3) 在合同签订和执行过程中，沟通是十分重要的。及早沟通，钢筋问题就可以及早落实，就可以避免损失。本工程合同签订并执行几个月后，双方就如此重大问题不再提及，令人费解。

(4) 在合同的签订和执行中既要讲究诚实信用，又要在合作中要有所戒备，防止被欺诈。在工程中，许多欺诈行为属于对手钻空子、设圈套，而自己疏忽大意，盲目相信对方或对方提供的信息(口头的，小道的或作为“参考”的消息)，所造成的，这些都无法责难对方。

复习思考题

1. 建设工程施工合同条件中为什么在承包商完成合同工作内容后，所得付款不一定等于合同签订时约定的金额？

2. 固定总价合同、单价合同、成本加酬金合同中承发包双方的风险是如何分担的？它们的适用范围如何？

3. 建设工程合同审查的重点是什么？

4. 建设工程合同谈判需要做哪些准备工作？

5. 指定分包商与一般分包商有哪些区别？

6. 交钥匙合同条件采用了何种管理模式？

7. 施工索赔按什么程序进行？索赔文件和资料包括哪些内容？

8. 土木工程施工合同条件的支付程序与我国施工合同范本有哪些差异？

9. 我国工程合同订立须经过哪几个程序？

10. 采用总包和分标，对承包商和业主的项目管理各有什么优缺点？

第8章 工程项目安全与环境管理

教学目标

在工程项目建设实施阶段，尤其是施工阶段预防和控制工作场所内不可接受的损害风险及组织的活动或产品给环境造成的不良影响，以保证项目安全管理和环境管理的目标。

教学要求

能力目标	知识要点	权重
了解相关知识	(1) 工程项目安全与环境管理的基本概念 (2) 工程项目安全管理与环境管理的内容	30%
熟练掌握知识点	(1) 工程项目安全管理的控制要点 (2) 工程项目安全事故分析	50%
运用知识分析案例	工程项目安全管理措施分析、建筑施工事故分析、安全责任及施工环境安全	20%

引例

2010年2月9日，浙江省安监局和省监察厅通报了杭州地铁湘湖站“11·15”坍塌重大事故的调查处理结果。

其中10名事故责任人被立案侦查，目前所有案件已侦查终结，进入审查起诉阶段；另有11名相关责任人被处以政纪处分或行政处分。

1. 施工中存在严重缺陷

2008年11月15日下午3时15分，正在施工的杭州地铁湘湖站北2基坑现场发生大面积坍塌事故，造成21人死亡，24人受伤(截至2009年9月已先后出院)，直接经济损失4961万元。

事故发生后，省政府迅速成立事故调查组，国家安全监管总局、住房和城乡建设部也成立了事故调查指导小组。经过对施工现场反复勘察，查阅、分析大量有关技术资料，对相关人员调查取证，形成了《杭州地铁湘湖站“11·15”基坑坍塌事故技术分析报告》、《岩土工程勘察调查分析》等9项专项调查分析报告。

现已查明，杭州地铁湘湖站北2基坑坍塌是由于参与项目建设及管理的中国中铁股份有限公司所属中铁四局集团第六工程有限公司，安徽中铁四局设计研究院，浙江大合建设工程检测有限公司，浙江省地矿勘察院，北京城建设计研究总院有限责任公司，上海同济工程项目管理咨询有限公司，杭州地铁集团有限公司等有关方面工作中存在一些严重缺陷和问题，没有得到应有的重视和积极防范整改，多方面因素综合作用最终导致了事故的发生，是一起重大责任事故。其直接原因是施工单位(中铁四局集团第六工程有限公司)违规施工、冒险作业、基坑严重超挖；支撑体系存在严重缺陷且钢管支撑架设不及时；垫层未及时浇筑。监测单位(安徽中铁四局设计研究院以浙江大合建设工程检测有限公司名义，实为挂靠)，施工监测失效，施工单位没有采取有效的补救措施。

2. 21名责任人受到处理

公安、检察机关依法对涉嫌犯罪的10名事故责任人立案侦查，所有案件已侦查终结，进入审查起诉阶段。他们分别是杭州地铁湘湖站项目部常务副经理梅小峰、杭州地铁湘湖站项目部总工程师曹七一、湘湖站项目部质检部长卢光伟、监测单位湘湖经理部监测人员洪祥、监测单位湘湖经理部负责人侯学、中铁四局集团第六工程有限公司副总经理兼杭州地铁湘湖站项目部经理方继涛、项目总监代表蒋志浩、杭州地铁集团有限公司驻湘湖站代表金建平、杭州市建筑质量监督总站副站长余建民、杭州市建筑质量监督总站科长包振毅。

经省政府研究并报监察部、国家安全监管总局、国务院国资委同意，杭州市监察局已对事故发生负有责任的5名人员给予政纪处分，分别给予杭州地铁集团有限公司董事长、法定代表人丁狄刚行政记过处分；给予杭州地铁集团有限公司总经理邵剑明行政记过处分；给予杭州地铁集团有限公司副总经理朱春雷行政记大过处分；给予杭州地铁集团有限公司工程部部长李辉煌行政记大过处分；给予杭州市建委副主任裘新谷行政警告处分。按干部管理权限，由国务院国资委责成中国中铁股份有限公司对事故发生负有责任的6名人员，即中铁四局集团董事长、法定代表人张河川，中铁四局集团总经理许宝成，中铁四局集团第六工程有限公司董事长、法定代表人焦杰，中铁四局集团第六工程有限公司总经理王卫，中铁四局集团第六工程有限公司总工程师姚松柏，安徽中铁四局设计研究院院长张文禄，分别给予行政警告、行政记过、行政记大过、行政撤职等处分。

3. 原副市长许迈永监督不力

杭州市原副市长许迈永对杭州地铁一号线没有严格按照基本建设程序组织实施，对杭州地铁集团有限公司安全生产管理监督不力，对事故的发生负有领导责任。鉴于其在另案中涉嫌犯罪，已移送司法机关处理，本案不另作政纪处分。

依据《中华人民共和国安全生产法》和《生产安全事故报告和调查处理条例》等法律法规规定，由省安全生产监管部门和建设主管部门对相关责任单位及责任人给予行政处罚。

由中国中铁股份有限公司向其上级主管部门作出深刻检查；由杭州市政府向省委、省政府作出深刻检查。

8.1 工程项目安全管理

8.1.1 项目组织管理体系

1. 项目组织保证体系

1）企业专职安全生产管理人员配置

企业专职安全生产管理人员人数如下。

(1) 集团公司。1人/1000000m² · 年(生产能力)或10亿施工总产值 · 年，且不少于4人。

(2) 工程公司(分公司、区域公司)。1人/100000m² · 年(生产能力)或1亿施工总产值 · 年，且不少于3人。

(3) 专业公司。1人/100000m² · 年(生产能力)或1亿施工总产值 · 年，且不少于3人。

(4) 劳务公司。1人/50名施工人员，且不少于2人。

2) 施工项目现场管理机构安全生产管理人员配置

施工项目现场管理机构专职安全生产管理人员的配置要求如下。

(1) 建筑工程、装修工程按照建筑面积：10000m^2及以下的工程至少1人；10000～50000m^2的工程至少2人；50000m^2以上的工程至少3人，应当设置安全主管，按土建、机电设备等专业设置专职安全生产管理人员。

(2) 土木工程、线路管道、设备工程按照安装总造价：5000万元以下的工程至少1人；5000万～1亿元的工程至少2人；1亿元以上的工程至少3人。应该设置安全主管，按土建、机电设备等专业设置专职安全生产管理人员。

2. 安全生产责任制

1) 企业各级人员安全生产职责

(1) 企业法人代表。企业法人代表对本企业安全生产负全面领导责任，具体内容如下。

① 贯彻执行国家、地方有关安全生产的方针政策和法规、规范。

② 建立健全企业各项安全生产管理制度和奖惩办法。

③ 主持制定年度、特殊时期安全工作实施计划。

④ 建立健全安全生产保证体系，保证安全技术措施经费的落实。

⑤ 领导并支持安全管理人员或部门的监督检查工作。

⑥ 在事故调查组的指导下，领导、组织本企业有关部门或人员，做好特大、重大伤亡事故上报、调查处理具体工作，监督制定和落实防范措施。

(2) 企业主管生产负责人。企业主管生产负责人对本企业安全生产工作负直接领导责任，具体内容如下。

① 协助法定代表人贯彻执行安全生产的方针政策和法规、规范，落实企业各项安全生产管理制度。

② 组织实施企业中长期、年度、特殊时期安全工作规划、目标及实施计划，组织落实安全生产责任制。

③ 制定施工生产中安全技术措施经费的使用计划。

④ 领导组织企业安全生产宣传教育工作，确定安全生产考核指标。

⑤ 领导企业定期和不定期的安全生产检查，及时解决施工中的安全隐患问题。

⑥ 在事故调查组的指导下，组织特大、重大伤亡事故的调查、分析及处理中的具体工作。

(3) 企业技术负责人。企业技术负责人对企业施工安全生产负技术领导责任，具体内容包括。

① 贯彻执行国家、地方有关安全生产方针、政策，协助法定代表人(总经理)做好安全方面的技术领导工作。

② 组织编制和审批施工组织设计、特殊复杂工程项目或专业性工程项目施工方案时，应严格审查是否具备安全技术措施及其可行性，并提出决定性意见。

③ 领导安全技术攻关活动，并组织鉴定验收。

④ 组织审查“四新”技术使用和实施过程中的安全性，组织编制或审定相应的操作规程。

⑤ 参加重大伤亡事故的调查，从技术上分析事故原因，制定防范措施。

(4) 项目经理。施工项目经理对项目施工生产经营全过程中的安全负全面领导责任，具体内容如下。

① 贯彻落实国家、政府有关安全生产的方针、政策、法规、制度，落实企业安全生产各项规章制度。结合工程项目特点及施工性质，制定有针对性的各项安全生产管理办法和实施细则，并主持监督其实施。

② 认真执行企业安全生产管理目标，确保项目安全管理达标。

③ 负责建立和完善项目安全生产组织保证体系，成立安全生产领导小组，并领导其有效运行。

④ 贯彻落实施工组织设计、施工方案中的安全要求，严格执行安全技术措施审批制度、施工项目安全交底制度及设施设备交接验收使用制度。

⑤ 组织安全施工管理，贯彻落实当地文明安全施工管理标准、国家有关环境保护和卫生防疫工作的规定。

(5) 项目生产经理。施工项目生产经理对项目的安全生产负直接领导责任，具体内容如下。

① 协助项目经理认真贯彻执行国家安全生产方针、政策、法规，落实各项安全生产规范、标准和工程项目的各项安全生产管理制度。

② 组织实施工程项目总体和施工各阶段安全生产工作规划，以及各项安全技术措施、方案，组织落实工程项目各级人员的安全生产责任制。

③ 组织领导工程项目安全生产的宣传教育工作，并制定工程项目安全培训实施办法，确定安全生产考核指标，制定实施措施方案，并负责组织实施，负责外协施工队伍各类人员的安全教育、培训和考核审查的组织领导工作。

④ 配合工程项目经理组织定期安全生产检查，负责工程项目各种形式的安全生产检查的组织、督促工作和安全生产隐患整改“三落实”的实施工作，及时解决施工中的安全生产问题。

⑤ 负责工程项目安全生产管理机构的领导工作，认真听取、采纳安全生产的合理化建议，支持安全生产管理人员的业务工作，保证工程项目安全生产保证体系的正常运转。

⑥ 对工程项目安全生产管理、安全防护的到位率，及由于安全生产管理失控、安全防护不到位而发生的伤亡事故负直接领导责任。

⑦ 工地发生伤亡事故时，负责事故现场保护、职工教育、防范措施落实，并协助做好事故调查分析的具体组织工作。

(6) 项目技术负责人。施工项目技术负责人对工程项目生产经营活动中的安全生产工作负技术领导责任，具体内容如下。

① 参加或组织编制施工组织设计、专项工程施工方案及季节性施工方案时，要制定或审查安全技术措施，保证其有可行性和针对性。对确定后的方案(特别是方案中相应的安全技术措施)，如有变更，应及时修订，并随时检查监督落实，及时解决执行中发现的问题。

② 认真贯彻安全生产方针、政策，严格执行安全技术规程、规范、标准。结合工程特点，主持安全技术方案交底。

③ 应用新材料、新技术、新工艺要及时上报，经批准后方可实施。组织对上岗人员进行安全技术培训、教育，认真执行相应的安全技术措施与安全操作工艺要求，预防施工中因化学药品引起的火灾、中毒或在新工艺实施中可能造成的事故。

④ 主持安全防护设施和设备的验收。严格控制不符合标准要求的防护设备、设施投入使用；使用中的设施、设备要组织定期检查，发现问题及时处理。

⑤ 参加安全生产定期检查，对施工中存在的事故隐患和不安全因素，从技术上提出整改意见和消除办法。

⑥ 参与因工伤亡或重大未遂事故的调查，从技术上分析事故发生的原因、处理措施和整改意见等。

(7) 项目安全总监。施工项目安全总监在项目经理的直接领导下履行项目安全生产工作的管理与监督职责，具体内容如下。

① 宣传贯彻安全生产方针政策、规章制度，推动项目安全生产组织保证体系的运行，并结合工程特点编制项目安全管理策划。

② 制定项目安全生产工作计划，针对工程项目特点，制定安全生产管理办法实施细则，并负责贯彻实施。

③ 对项目各项安全生产管理制度的贯彻与落实情况进行检查与具体指导；及时发现工程薄弱环节或失控部位，及时提出整改意见，并跟踪复查。

④ 组织项目安全员与分包单位专兼职安全人员开展安全监督与检查工作，项目安全生产管理机构及人员的业务领导和组织工作。

⑤ 查处违章指挥、违章操作、违反劳动纪律的行为和人员，对重大事故隐患采取有效的控制措施，必要时可采取局部停产的非常措施。

⑥ 参加施工组织设计、施工方案的会审，参加工程项目生产会，参加企业召开的安全生产例会，建立工程项目安全生产例会制度，并负责组织实施。

⑦ 实施项目安全生产管理评价，促进项目实现安全管理达标。

⑧ 负责监督检查工程项目劳动保护用品的采购、使用和管理。

⑨ 参与因工伤亡事故的调查，对伤亡事故和重大未遂事故进行统计分析，协助项目经理做好“四不放过”的统筹工作。

(8) 班组长。施工班组长的安全生产职责如下。

① 认真执行安全生产规章制度及安全操作规程，在生产中对本班组人员的安全和健康负责，协助项目经理合理安排班组人员工作。

② 经常组织班组人员学习安全操作规程，监督班组人员正确使用个人劳保用品，不断提高自我保护能力。

③ 认真落实安全技术交底，做好班前讲话，不违章指挥、冒险蛮干。

④ 经常检查班组作业现场安全生产状况，发现问题及时解决并上报有关领导，认真做好新工人的岗前教育。

⑤ 发生因工伤亡或未遂事故，保护好现场，立即上报有关领导。

(9) 施工人员。施工人员作为施工生产的直接操作者，其安全生产职责如下。

① 认真学习，严格执行安全操作规程，模范遵守安全生产规章制度。

② 积极参加各项安全生产活动，认真执行安全技术交底要求，不违章作业，虚心服从安全生产管理人员的监督、指导，不违反劳动纪律。

③ 发扬团结友爱精神，在安全生产方面做到互相帮助，互相监督，维护一切安全设施、设备，做到正确使用，不准随意拆改，对新工人有传、带、帮的责任。

④ 对不安全的作业环境和要求要提出意见，有权拒绝违章指令。

⑤ 发生因工伤亡事故，要保护好事故现场并立即上报。

⑥ 在作业时要严格做到“眼观六面、安全定位、措施得当、安全操作”。

2) 企业各职能部门安全生产职责

(1) 企业工程管理部门的安全生产职责。

① 组织均衡生产，保障安全工作与生产任务协调一致。

② 检查生产计划实施情况的同时检查安全措施项目的执行情况。

③ 坚持按合理施工顺序组织生产，在生产任务与安全保障发生矛盾时解决安全工作的实施。

(2) 企业技术部门的安全生产职责。

① 认真贯彻执行国家、行业、地方、企业有关安全技术规程和标准，负责编制本企业的安全技术标准。

② 编制审查施工组织设计和施工方案每个环节中安全技术措施并检查落实。

③ 对“四新”技术制定相应的安全技术措施和安全操作规程。

④ 参加重大事故中技术性问题的调查，分析事故原因，并提出整改和防范事故的技术措施。

(3) 企业人事部门的安全生产职责。

① 根据国家与地方政府有关安全生产的方针、政策、法规，合理配备本企业安全管理人员。

② 组织对新调入职工进行安全生产培训教育工作。

③ 将安全教育纳入职工培训教育计划，负责组织职工的安全技术培训和教育。

④ 参与因工伤亡事故的调查与处理。

3. 安全生产技术保证体系

1) 施工安全技术措施

施工安全技术措施是具体安排和指导工程安全施工的安全管理与技术文件。它是工程施工中安全生产的指令性文件，是施工组织设计的重要组成部分。施工安全技术措施应主要包括以下内容。

(1) 进入施工现场的安全规定。

(2) 地面及深槽作业的防护。

(3) 高处及立体交叉作业的防护。

(4) 施工用电安全。

(5) 施工机械设备的安全使用。

(6) 在采用“四新”技术时，有针对性地专门安全技术措施。

(7) 针对自然灾害预防的安全技术措施，如台风、雷击、冬施、雨施和高温等。

(8) 预防有毒、有害、易燃和易爆等作业造成危害的安全技术措施。

(9) 现场消防措施。

安全技术措施中必须包含施工总平面图，在图中必须对危险的油库、易燃材料库、变电设备、材料和构配件的堆放位置、塔式起重机、物料提升机(井字架、龙门架)、搅拌台的位置等，按照施工需要和安全规程的要求明确定位，并提出具体的要求。

2) 安全技术交底

工程项目必须实行逐级安全技术交底制度。安全技术交底必须具体、明确，针对性强。内容必须针对分部分项工程中施工给作业人员带来的潜在危险因素。各级安全技术交底必须有交底时间、内容、交底人和被交底人签字。安全技术交底的主要内容如下。

(1) 本工程项目施工作业的特点和危险点。

(2) 针对危险点的具体预防措施。

(3) 应注意的安全事项。

(4) 相应的安全操作规程和标准。

(5) 发生事故后的应采取的应急措施。

4. 安全生产教育

1) 建筑企业安全教育的对象、内容和目标

建筑企业安全教育的对象、内容和目标见表8-1。

表8-1 建筑企业安全教育的对象、内容和目标

安全教育对象	安全教育主要内容	安全教育主要目标
企业主要负责人	(1) 安全生产法规、规章和制度 (2) 安全管理能力 (3) 安全思想 (4) 安全道德	在思想意识上树立以下安全生产管理 (1)“安全第一” (2) 尊重人的情感观 (3) 安全就是效益的经济观 (4) 预防为主的科学观
企业管理层	(1) 安全生产法规、规章和制度 (2) 安全技术知识 (3) 安全系统理论、现代安全管理、安全决策技术 (4) 班组长的安全教育主要是安全技术技能和安全操作技能	(1) 树立“安全第一，预防为主”的观念 (2) 安全责任感 (3) 有适应安全工作所需要的组织协调、调查研究能力、分析判断能力、说服教育能力
装置安全管理人员	(1) 安全生产法规、规章和制度 (2) 安全基础科学 (3) 安全技术科学 (4) 安全工程技术 (5) 专业安全知识	(1) 熟知安全法规、规章和制度 (2) 安全相关学科技术 (3) 应用现代安全管理理论和技术处理解答有关安全问题

续表

安全教育对象	安全教育主要内容	安全教育主要目标
普通员工	(1) 安全生产法规、规章和制度 (2) 一般安全生产技术知识 ① 场地内危险源及安全防护基本知识 ② 电气设备、起重机械的基本安全知识 ③ 消防知识 ④ 发生事故时紧急救护、自救技术措施和方法 ⑤ 个人防护用品正确使用等 (3) 专业安全生产技术知识 (4) 安全生产技能	(1) 较高的个人安全需求 (2) 较多的安全技术知识和安全操作规程 (3) 较熟练的安全操作技能 (4) 自觉遵守有关的安全生产法规制度和劳动纪律

2) 建筑企业职工安全培训的基本要求

公司安全培训教育的主要内容是：国家和地方有关安全生产的方针、政策、法规、标准、规范、规程和企业的安全规章制度等。培训教育的时间不得少于15学时。

项目安全培训教育的主要内容是：工地安全制度、施工现场环境、工程施工特点及可能存在的不安全因素等。

班组安全培训教育的主要内容是：本工种的安全操作规程、事故案例剖析、劳动纪律和岗位讲评等。

5. 安全生产检查

安全检查的内容主要包括：查思想、查管理、查隐患、查整改和查伤亡事故处理等。安全检查的重点是检查“三违”和安全责任制的落实。检查后应编写安全检查报告。

对查出的安全隐患，不能立即整改的要制定整改计划，定人、定措施、定经费、定完成日期。在未消除安全隐患前，必须采取可靠的防范措施，如有危及人身安全的紧急险情，应立即停工。应按照“登记—整改—复查—销案”的程序处理安全隐患。

6. 安全生产投入保证体系

安全生产投入是确保施工生产安全的物质基础。建立安全投入保证体系是安全资金支付、安全投入有效发挥作用的重要保证。安全作业环境及安全施工措施所需费用主要用于施工安全防护用具及设施的采购和更新、安全施工措施的落实和安全生产条件的改善。

8.1.2 土木工程施工安全管理

1. 施工现场安全管理的一般规定

(1) 施工现场应当设置施工标志牌、现场平面布置图和安全生产、消防保卫、环境保护、文明施工制度牌。在施工场区有高处坠落、触电、物体打击等危险部位应悬挂安全标志牌。

(2) 施工现场四周用硬质材料进行围挡封闭，施工现场道路、上下水及采暖管道、电气线路、材料堆放、临时和附属设施等的平面布置，都要符合相关安全规定和施工总平面图的布置。

（3）施工现场的孔、洞、口、沟、坎、井，易燃易爆场所，以及变压器的周围，要指定专人设置围栏或盖板和安全标志，夜间要设红灯示意。

（4）脚手架、物料提升机(井字架、龙门架)等应按照标准进行设计，采取符合规定的工具和器具，按专项方案搭设，搭设完成后必须经过验收合格，方可使用。使用期间要指定专人维护。

（5）进入施工现场必须佩戴安全帽；高处作业配挂安全带。

（6）混凝土搅拌站、木工车间、沥青加工点及喷漆作业场所等，要采取措施，使得尘土浓度符合规定要求。

（7）施工现场、木材加工车间和储存易燃易爆器材的仓库，要建立防火制度，备足防火设施和灭火器材。

2. 施工现场安全控制的基本要求

（1）取得安全行政主管部门颁发的“安全生产许可证”后方可施工。

（2）各类人员必须具备相应的执业资格方可上岗。

（3）建立健全安全管理保障制度，确定安全管理目标。

（4）施工现场安全设施齐全，符合国家和地方的有关规定。

（5）特种作业人员持证上岗，并严格按规定定期进行复查。

（6）事故隐患应及时彻底整改。

（7）把好安全生产教育关、措施关、交底关、防护关、文明关、验收关和检查关等。

3. 各施工阶段安全管理重点

（1）基础施工阶段。它包括挖土机械作业安全，边坡防护安全，降水设备与临时用电安全，防水施工时的防火、防毒，人工挖孔桩的安全。

（2）结构施工阶段。它包括临时用电安全，内外架及洞口防护，作业面交叉施工及临边防护，大模板和现场堆料防倒塌，机械设备的使用安全。

（3）装修阶段。它包括室内外多工种、多工序的立体交叉防护，外墙面装饰防坠落，做防水和油漆的防火、防毒；临电、照明及电动工具的使用安全。季节性施工，雨期防雷电、防沉陷坍塌、防大风，临时用电安全；高温季节防中暑、中毒；冬期施工防冻、防滑、防火、防爆、防煤气中毒、防大风雪和防大雾等，临时用电安全。

4. 施工现场安全管理要点

（1）安全管理。它包括安全生产组织管理、安全生产责任制、安全技术管理、安全教育、特种作业管理、奖罚措施、劳动保护管理、工伤事故管理、安全生产检查、资格认证和安全管理资料。

（2）安全防护管理。它包括土方工程安全防护、脚手架工程安全防护、模板工程安全防护，钢筋工程安全防护、混凝土工程安全防护、施工机械安全防护、电器设备安全防护和高处作业安全防护。

（3）临时用电管理。它包括外电防护、接地与防雷、配电室与配电线路、电动机械、照明管理和现场维护。

(4) 机械管理。它包括动力与电气装置、起重吊装机械、钢筋加工机械、装修机械和铆焊设备。

(5) 消防保卫管理。它包括土石方机械、垂直运输机械、混凝土机械、电气机械设备、焊接明火作业、料具仓库、食堂宿舍和季节防火。

5. 项目安全管理程序

项目安全管理程序如图8.1所示。

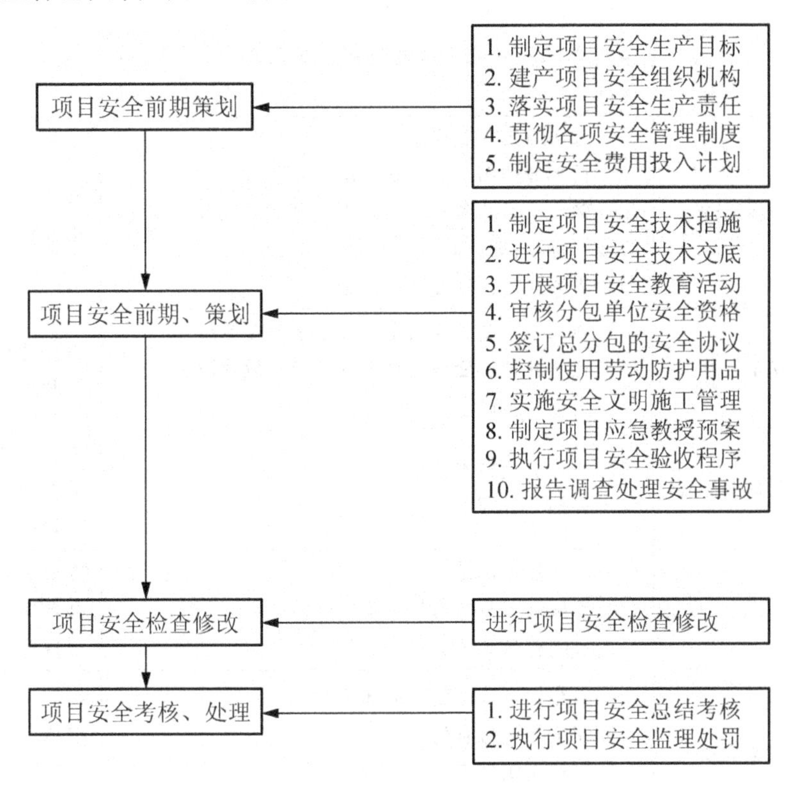

图8.1 项目安全管理程序

6. 项目安全资料管理

项目安全资料是在工程建设过程中形成的有关施工安全的各种形式的信息记录。项目安全资料应随工程进度同步收集、整理，并保存到项目结束。施工总承包单位负责施工单位施工现场安全资料的管理，同时应该督促检查各分包单位编制施工现场安全资料。分包单位应负责其分包范围内施工现场安全资料的编制、收集和整理等，并向总包单位提供备案。施工现场安全资料应保证真实、完整和有效。对施工现场安全管理档案资料的收集、整理和归档。目前国家没有统一的规定，因此存在档案管理不规范的现象，主要表现如下方面。

(1) 档案资料不齐全。

(2) 资料填写不及时，弄虚作假。

这样就造成安全管理档案资料不能真实反映安全生产情况、事故的发生。施工安全管理主要资料清单见表8－2。

表8－2　安全管理主要资料清单

序　号	资料名称	资料目录	备　注
1	安全生产组织机构及责任制	(1) 安全生产保证体系图 (2) 经理及专职安全生产管理人员的岗位证书 (3) 各类人员的安全生产责任制，并逐级签订安全生产责任书 (4) 生产协议书 (5) 单位的素质、营业执照、安全生产许可证复印件	须本人签字
2	目标管理	(1) 文明施工控制措施 (2) 目标分解图、责任落实措施计划分 (3) 确定项目的危险因素，确定项目的重大危险因素及目标指标管理方案 (4) 措施费用计划及使用记录	需定期进行考核(按季或月)
3	安全教育	(1) 新工人入场三级安全教育记录及花名册 (2) 转场教育、变换工种等各项安全教育记录 (3) 安全教育试卷	教育考试要有成绩、答题时间
4	安全技术交底	(1) 各种安全技术方案 (2) 分部、分项安全技术交底	由审批人、交底人、被交底人签字，有针对性
5	施工方案与验收	(1) 施工组织设计 (2) 专项安全技术措施方案 (3) 各类验收及相关实验材料	方案必须有审批表、会签表；验收项目要量化
6	安全检查	(1) 安全检查隐患整改通知单 (2) 安全人员检查记录 (3) 现场文明施工检查评分表 (4) 安全奖励与处罚登记表	检查、复查记录要定人、定措施、定整改时间、落实复查人、复查时间
7	安全活动	(1) 安全例会会议记录 (2) 周安全活动记录 (3) 班组安全活动记录 (4) 项目安全值班记录	
8	特种作业	(1) 按工种登记花名册和证件复印件 (2) 特种作业教育记录、试卷	证件必须有效
9	生产安全事故报告处理及应急响应	(1) 生产安全事故应急救援方案 (2) 演练记录(如灭火演习) (3) 伤亡事故登记表 (4) 工伤事故月报 (5) 意外伤害保险证明	成立应急救援小组；重伤以上事故上报公司

续表

序号	资料名称	资料目录	备注
10	安全标志及重要劳动防护用品	(1) 安全标志平面布置图 (2) 安全标志、标牌登记 (3) 重要劳动防护用品登记表 (4) 重要劳动防护用品使用的证明材料和观测资料报告等	安全标志平面图的分阶段，分部位布置
11	临电安全管理	(1) 项目安全用电管理制度 (2) 临时用电管理协议书 (3) 临时用电施工组织设计及变更资料 (4) 临时用电安全技术交底 (5) 电器设备测试记录 (6) 接地电阻检测记录 (7) 电工操作、维修、控制记录 (8) 临电器材合格证 (9) 电工花名册及操作证复印件 (10) 临电平面布置图(分阶段)	
12	机械安全管理	(1) 各类机械操作规程和岗位责任制 (2) 机械设备租赁合同及安全管理协议书 (3) 机械出租及安装单位资质复印件 (4) 大型机械设备(如塔吊、施工升降机、吊筐)施工方案 (5) 机械设备平面图 (6) 机械设备台账 (7) 各种机械设备验收费 (8) 对机械使用或操作人员进行安全技术交底 (9) 操作人员的登记表及证件复印件 (10) 机械检查评分表和记录	合同、安全管理协议书、安全技术交底、验收均应签字

8.2 工程项目安全事故分析

8.2.1 职业健康安全隐患控制

1. 职业健康安全隐患的概念

职业健康安全事故隐患是指可能导致职业健康安全事故的缺陷和问题。它包括安全设施、过程和行为等诸方面的缺陷问题。因此，对检查和检验中发现的事故隐患，应采取必要的措施及时处理和化解，以确保不合格设施不使用、不合格过程不通过、不安全行为不放过，并通过事故隐患的适当处理，防止职业健康安全事故的发生。

2. 职业健康安全隐患的分类

(1) 按危害程度分类。一般隐患(危险性较低，事故影响或损失较小的隐患)；重大隐患(危险性较大，事故影响或损失较大的隐患)；特别重大隐患(危险性大，事故影响或损失大的隐患)，如发生事故可能造成死亡10人以上，或直接经济损失500万元以上的。

(2) 按危害类型分类。火灾隐患(占32.2%)；爆炸隐患(占30.2%)；危房隐患(占13.1%)；坍塌和倒塌隐患(占5.25%)；滑坡隐患(占2.28%)；交通隐患(占2.71%)；泄漏隐患(占2.01%)；中毒隐患(占1%～0.8%)(以上数据来源于1995年原劳动部安管局组织调查结果)。

(3) 按表现形式分类。人的隐患(认识隐患、行为隐患)；机器的状态隐患；环境隐患；管理隐患。

3. 职业健康安全隐患的控制要求

(1) 项目部对各类事故隐患应确定相应的处理部门和人员，规定其职责和权限，要求一般问题当天解决，重大问题限期解决。

(2) 处理方式。

① 对性质严重的隐患应停止使用、封存。

② 指定专人进行整改，以达到规定的要求。

③ 进行返工，以达到规定的要求。

④ 对有不安全行为的人员先停止其作业或指挥，纠正违章行为，然后进行批评教育，情节严重的给予必要的处罚。

⑤ 对不安全生产的过程重新组织等。

(3) 隐患处理后的复查验证。

① 对存在隐患的职业健康安全设施、职业健康安全防护用品的整改措施落实情况，必要时由项目部职业健康安全部门组织有关专业人员对其进行复查验证，并做好记录。只有当险情排除，采取了可靠措施后方可恢复使用或施工。

② 上级或政府行业主管部门提出的事故隐患通知，由项目部及时报告企业主管部门；同时制定措施、实施整改，自查合格报企业主管部门复查后，再报有关上级或政府行业主管部门消项。

(4) 事故隐患的控制要按规定表式和内容填写并保存有关记录。

4. 职业健康安全隐患的整改和处理

(1) 对检查出来的职业健康安全隐患和问题分门别类地进行登记。登记的目的是积累信息资料，并作为整改的备查依据，以便对施工职业健康安全进行动态管理。

(2) 查清产生职业健康安全隐患的原因。对职业健康安全隐患要进行细致的分析，并对各个项目工程施工存在的问题进行横向和纵向的比较，找出“通病”和个例，发现“顽固症”，具体问题具体对待，分析原因，制定对策。

(3) 发出职业健康安全隐患整改通知单，见表8-3。对各个项目工程存在的职业健康安全隐患发出整改通知单，以便引起整改单位的重视。对容易造成事故重大的职业健康安全隐患，检查人员应责令停工，被查单位必须立即整改。整改时，要做到“四定”，即定整改责任人、定整改措施、定整改完成时间和定整改验收人。

表8－3 职业健康安全检查隐患整改通知单

项目名称				检查时间	年 月 日	
序号	查出的隐患	整改措施	整改人	整改日期	复查人	复查结果及时间
签发部门及签发人： 年 月 日				整改单位及签认人： 年 月 日		

(4) 进行责任处理。对造成隐患的责任人要进行处理，特别是对负有领导责任的经理等要严肃查处。对于违章操作、违章作业行为，必须进行批评指正。

(5) 整改复查。各项目工程施工职业健康安全隐患整改完成后要及时通知有关部门，有关部门应立即派人进行复查，经复查整改合格后，进行销案。

8.2.2 职业健康安全事故的概念与特点

安全事故是指人们在进行有目的的活动过程中，发生了违背人们意愿的不幸事件，使其有目的的行动暂时或永久地停止。对业主来说，安全事故不仅造成业主的经济损失，而且还会因为人员伤亡等意外事故承担相应的法律责任，影响工程的进程。因此，业主也与施工企业一样对安全事故的概念与特点要有详细地了解和认识。

施工项目职业健康安全事故指在建设工程施工现场发生的安全事故，一般会造成人身伤亡或伤害，且伤害造成包括急救在内的医疗救护，或造成财产、设备、工艺等损失。

重大安全事故指在施工过程中由于责任过失造成工程倒塌或废弃，机械设备破坏和安全设施失当造成人身伤亡或重大经济损失的事故。

特别重大事故，也称为特大事故，是指造成特别重大人身伤亡或者巨大经济损失以及性质特别严重，产生重大影响的事故。

施工项目职业健康安全事故具有以下特点。

1. 严重性

建设工程发生安全事故，其影响往往较大，会直接导致人员伤亡或财产的损失，给广大人民生命和财产带来巨大损失，重大安全事故往往会导致群死群伤或巨大财产损失。近年来，安全事故死亡人数和事故起数仅次于交通、矿山，成为人民关注的热点问题之一。因此，对建设工程安全事故隐患决不能掉以轻心，一旦发生安全事故，其造成的损失将无法挽回。

2. 复杂性

建设工程施工生产的特点，决定了影响建设工程安全生产的因素很多，造成工程安全事故的原因错综复杂，即使是同一类安全事故，其发生原因可能多种多样。这样，带来了对安全事故进行分析时，增加了判断其性质、原因(直接原因、间接原因、主要原因)等的复杂性。

3. 可变性

许多建设工程施工中出现安全事故隐患，其安全事故隐患并非静止的，而有可能随着时间而不断地发展和变化。如果不及时整改和处理，就会发展成为严重或重大安全事故。因此，在分析与处理工程安全事故隐患时，要重视安全事故隐患的可变性，应及时采取有效措施，进行纠正、消除，杜绝其发展恶化为安全事故。

4. 多发性

建设工程中的安全事故在建设工程某部位或工序或作业活动经常发生，如物体打击事故、触电事故、高处坠落事故、坍塌事故、起重机械事故和中毒事故等。因此，对多发性安全事故，应注意吸取教训，总结经验，采用有效预防措施，加强事前预控，事中控制。

8.2.3 职业健康安全事故的分类

1. 职业健康安全事故的等级

根据国务院75号令《企业职工伤亡事故报告和处理规定》，按照事故的严重程度，职业健康安全事故分为：轻伤、重伤、死亡、重大死亡事故、急性中毒事故。

(1) 轻伤和轻伤事故。轻伤是指造成职工肢体伤残，或某些器官功能性或器质性轻度损伤，表现为劳动能力轻度或暂时丧失的伤害。一般指受伤职工歇工在一个工作日以上，但够不上重伤者。

轻伤事故是指一次事故中只发生轻伤的事故。

(2) 重伤和重伤事故。重伤是指造成职工肢体残缺或视觉、听觉等器官受到严重损伤，一般能引起人体长期存在功能障碍，或劳动能力有重大损失的伤害。

重伤事故是指一次事故中发生重伤(包括伴有轻伤)、无死亡的事故。

(3) 死亡事故，指一次死亡1～2人的事故。

(4) 重大死亡事故，指一次死亡3人以上(含3人)的事故。

(5) 急性中毒事故。急性中毒事故指生产性毒物一次或短期内通过人的呼吸道、皮肤或消化道大量进入体内，使人体在短时间内发生病变，导致职工立即中断工作，并须进行急救或死亡的事故。

急性中毒的特点是发病快，一般不超过一个工作日，有的毒物因毒性有一定的潜伏期，可在下班后数小时发病。

住房与城乡建设部对工程建设过程中职业健康安全事故伤亡和损失程度的不同，把工程建设重大事故分为4个等级如下。

(1) 一级重大事故。死亡30人以上或直接经济损失1000万元以上的。

(2) 二级重大事故。死亡10人以上，29人以下或直接经济损失100万元以上，1000万元以下的。

(3) 三级重大事故。死亡3人以上，9人以下，重伤10人以上或直接经济损失50万元以上，不满100万元的。

(4) 四级重大事故。死亡1人以上、2人以下，重伤3～9人或直接经济损失10万元以上、50万元以下的。

2. 职业健康安全事故的类别

按照直接致使职工受到伤害的原因(即伤害方式)分类如下。

(1) 物体打击。它是指落物、滚石、锤击、碎裂崩块和碰伤等伤害，它包括因爆炸而引起的物体打击。

(2) 提升、车辆伤害。它包括挤、压、撞和倾覆等。

(3) 机械伤害。它包括绞、碾、碰、割和戳等。

(4) 起重伤害。它是指起重设备或操作过程中所引起的伤害。

(5) 触电。它包括雷击伤害。

(6) 淹溺。

(7) 灼烫。

(8) 火灾。

(9) 高处坠落。它包括从架子、屋顶上坠落以及从平地坠入地坑等。

(10) 坍塌。它包括建筑物、堆置物、土石方倒塌等。

(11) 冒顶片帮。

(12) 透水。

(13) 放炮。

(14) 火药爆炸。是指生产、运输、储藏过程中发生的爆炸。

(15) 瓦斯煤尘爆炸。它包括煤粉爆炸。

(16) 其他爆炸。它包括锅炉爆炸、容器爆炸、化学爆炸，炉膛和钢水包爆炸等。

(17) 煤与瓦斯突出。

(18) 中毒和窒息。它是指煤气、油气、沥青、化学和一氧化碳中毒等。

(19) 其他伤害。如扭伤、跌伤和野兽咬伤等。

8.2.4 职业健康安全事故的现场保护及报告

1. 伤亡事故的急救与保护事故现场

(1) 急救伤员，排除险情，制止事故蔓延扩大。抢救伤员时，要采取正确的救助方法，避免二次伤害；同时遵循救护的科学性和实效性，防止抢救阻碍或事故蔓延；对于伤员救治医院的选择要迅速、准确，减少不必要的转院，以免贻误治疗时机。

(2) 保护好事故现场。由于事故现场是提供有关物证的主要场所，是调查事故原因不可缺少的客观条件，要求现场各种物件的位置、颜色、形状及其物理、化学性质等尽可能保持事故结束时的原来状态。因此，在事故排险、伤员抢救过程中，要保护好事故现场，确因抢救伤员或为防止事故继续扩大而必须移动现场设备、设施时，施工现场项目负责人应组织现场人员查清现场情况，作出标志和记明数据，绘出现场示意图，任何单位和个人不得以抢救伤员等名义，故意破坏或者伪造事故现场。必须采取一切可能的措施，防止人为或自然因素的破坏。

2. 伤亡事故的报告

1）伤亡事故报告程序

施工项目发生伤亡事故，负伤者或者事故现场有关人员应立即直接或逐级报告。

(1) 轻伤事故，立即报告施工现场项目经理，项目经理报告企业主管部门和企业负责人。

(2) 重伤事故、急性中毒事故、死亡事故，立即报告项目经理和企业主管部门、企业负责人，并由企业负责人立即以最快速的方式报告企业上级主管部门、政府安全生产管理部门、政府建设行政主管部门，以及项目所在地的公安部门。

(3) 重大事故由企业上级主管部门逐级上报。

涉及两个以上单位的伤亡事故，由伤亡人员所在单位报告，相关单位也应向其主管部门报告。工程实施总承包的，由施工总承包单位负责上报事故。

事故报告要以最快捷的方式立即报告，报告时限不得超过政府主管部门的规定时限。对于特大事故发生后，按《特别重大事故调查程序暂行规定》(国务院第 34 号)、《企业职工伤亡事故报告和处理规定》(国务院令第 75 号)规定，施工企业必须做到如下内容。

(1) 立即将发生特大事故的情况，报告上级归口管理部门和工程所在地地方政府，并报告所在地的省、自治区、直辖市人民政府和国务院归口管理部门。

(2) 在 24h 内写出事故报告，报上述所列部门。

2）伤亡事故报告内容

伤亡事故的报告内容应包括如下内容：①事故发生(或发现)的时间、详细地点、工程项目名称及所属企业名称；②事故的类别、事故严重程度；③事故的简要经过、伤亡人数和直接经济损失的初步估计；④事故发生原因的初步判断；⑤抢救措施及事故控制情况：⑥报告人情况和联系电话；等等。

8.2.5 职业健康安全事故的调查处理

1. 组织事故调查组

(1) 轻伤事故。由项目经理牵头，项目经理部生产、技术、职业健康安全、人事、保卫、工会等有关部门的成员组成事故调查组。

(2) 重伤事故。由企业负责人或其指定人员牵头，企业生产、技术、职业健康安全、人事、保卫、工会、监察等有关部门的成员，会同上级主管部门负责人组成事故调查组。

(3) 死亡事故。由企业负责人或其指定人员牵头，企业生产、技术、职业健康安全、人事、保卫、工会、监察等有关部门的成员，会同上级主管部门负责人、政府职业健康安全监察部门、行业主管部门、公安部门、工会组织组成事故调查组。

(4) 重大死亡事故。按照企业的隶属关系，由省、自治区、直辖市企业主管部门或者国务院有关主管部门会同同级行政职业健康安全管理部门、公安部门、监察部门、工会组成事故调查组，进行调查。重大死亡事故调查组应邀请人民检察院参加，还可邀请有关专业技术人员参加。

（5）事故调查组成员应符合下列条件：①与所发生事故没有直接利害关系；②具有事故调查所需要的某一方面业务的专长；③满足事故调查中涉及企业管理范围的需要。

2. 现场勘察

1）现场作笔录

（1）发生事故的时间、地点、气象等。

（2）现场勘察人员的姓名、单位、职务。

（3）现场勘察的起止时间、勘察过程。

（4）能量失散所造成的破坏情况、状态、程度等。

（5）设备损坏或异常情况及事故前后的位置。

（6）事故发生前劳动组合、现场人员的位置和行动。

（7）散落情况。

（8）重要物证的特征、位置及检验情况等。

2）现场拍照或摄像

（1）方位拍照。它能反映事故现场在周围环境中的位置。

（2）全面拍照。它能反映事故现场各部分之间的联系。

（3）中心拍照。它反映事故现场中心情况。

（4）细目拍照。它提示事故直接原因的痕迹物、致害物等。

（5）人体拍照。它反映伤亡者主要受伤和造成死亡的伤害部位。

3）现场绘图

据事故类别和规模以及调查工作的需要应绘出下列示意图。

（1）建筑物平面图、剖面图。

（2）事故时人员位置及活动图。

（3）破坏物立体图或展开图。

（4）涉及范围图。

（5）设备或工具、器具构造简图等。

4）收集事故资料

（1）事故单位的营业证照及复印件。

（2）有关经营承包的经济合同。

（3）职业健康安全生产管理制度。

（4）技术标准、职业健康安全操作规程、职业健康安全技术交底。

（5）职业健康安全培训材料及职业健康安全培训教育记录。

（6）项目职业健康安全施工资质和证件。

（7）伤亡人员证件，它包括特种作业证、就业证和身份证等。

（8）劳务用工注册手续。

(9) 事故调查的初步情况(包括伤亡人员的自然情况、事故的初步原因分析等)。

(10) 事故现场示意图。

3. 分析事故原因

1) 事故性质

(1) 责任事故。它是指由于人的过失造成的事故。

(2) 非责任事故。即由于人们不能预见或不可抗力的自然条件变化所造成的事故，或是在技术改造、发明创造、科学试验活动中，由于科学技术条件的限制而发生的无法预料的事故。但是，对于能够预见并可以采取措施加以避免的伤亡事故，或没有经过认真研究解决技术问题而造成的事故，不能包括在内。

(3) 破坏性事故。为达到既定目的而故意制造的事故。对已确定为破坏性事故的，由公安机关认真追查破案，依法处理。

2) 事故原因

(1) 直接原因。根据《企业职工伤亡事故分类标准》(GB 6441—1986)附录A，直接导致伤亡事故发生的机械、物质和环境的不安全状态以及人的不安全行为，是事故的直接原因。

(2) 间接原因。事故中属于技术和设计上的缺陷，教育培训不够、未经培训、缺乏或不懂职业健康安全操作技术知识，劳动组织不合理，对现场工作缺乏检查或指导错误，没有职业健康安全操作规程或不健全，没有或不认真实施事故防范措施，对事故隐患整改不利等原因，是事故的间接原因。

(3) 主要原因。导致事故发生的主要因素，是事故的主要原因。

3) 事故分析的步骤

(1) 整理和阅读调查材料。

(2) 根据《企业职工伤亡事故分类标准》(GB 6441—1986)附录A，按以下7项内容进行分析：受伤部位、受伤性质、起因物、致害物、伤害方法、不安全状态和不安全行为。

(3) 确定事故的直接原因。

(4) 确定事故的间接原因。

4. 处理事故责任者

在分析事故原因时应该根据调查所确认的事实，从直接原因入手，逐步深入到间接原因，从而掌握事故的全部原因。通过对直接原因和间接原因的分析，确定事故中的直接责任者和领导责任者，再根据其在事故发生过程中的作用，确定主要责任者。

在查清伤亡事故原因后，必须对事故进行责任分析，目的在于使事故责任者、单位领导人和广大职工群众吸取教训，接受教育，改进工作。责任分析可以通过事故调查所确认的事实，根据事故发生的直接和间接原因，按有关人员的职责、分工、工作状态和在具体事故中所起的作用，追究其所应负的责任；并按照有关组织管理人员及生产技术因素，追究最初造成不安全状态的责任；按照有关技术规定的性质、明确程度、技术难度，追究属于明显违反技术规定的责任；不追究属于未知领域的责任。根据事故性质、事故后果、情节轻重、认识态度等，提出对事故责任者的处理意见。

确定责任者的原则为：因设计上的错误和缺陷而发生的事故，由设计者负责；因施工、制造、安装和检修上的错误或缺陷而发生的事故，分别由施工、制造、安装、检修及检验者负责；因缺少职业健康安全规章制度而发生的事故，由生产组织者负责；已发生事故未及时采取有效措施，致使类似事故重复发生的，由有关领导负责。

根据对事故应负责任的程度不同，事故责任者分为直接责任者、主要责任者、重要责任者和领导责任者。对事故责任者的处理，在以教育为主的同时，还必须按责任大小、情节轻重等，根据有关规定，分别给予经济处罚、行政处分，直至追究刑事责任。对事故责任者的处理意见形成之后，企业有关部门必须按照人事管理的权限尽快办理报批手续。

5. 提交调查报告

1）事故报告书

事故调查组在查清事实、分析原因的基础上，组织召开事故分析会，按照“四不放过”的原则，对事故原因进行全面调查分析，制定出切实可行的防范措施，提出对事故有关责任人员的处理意见，填写《企业职工因工伤亡事故调查报告书》，经调查组全体人员签字后报批。如调查组内部意见有分歧，应在弄清事实的基础上，对照法律法规进行研究，统一认识。对个别仍持有不同意见的允许保留，并在签字时写明意见。报告书的基本格式见表8-4。

表8-4 企业职工职业健康安全事故调查报告书

企业职工职业健康安全事故调查报告书

一、企业详细名称

地址：

电话：

二、经济类型

国民经济类型：

隶属关系：

直接主管部门：

三、事故发生时间

四、事故发生地点

五、事故类别

六、事故原因

其中直接原因：

七、事故严重级别

八、伤亡人员情况

姓名	性别	年龄	文化程度	用工形式	工种及级别	本工种工龄	职业健康安全教育情况	伤害部位	伤害程度	损失工作日

续表

九、本次事故损失工作日总数	
十、本次事故经济损失	其中直接经济损失：
十一、事故详细经过	
十二、事故原因分析	
1. 直接原因：	
2. 间接原因：	
3. 主要原因：	
十三、预防事故重复发生的措施	
十四、事故责任分析和对事故责任者的处理	
十五、事故调查的有关资料	
十六、事故调查组成员名单	

在报批《企业职工因工伤亡事故调查报告书》时，应将下列资料作为附件，一同上报。

(1) 企业营业执照复印件。

(2) 事故现场示意图。

(3) 反映事故情况的相关照片。

(4) 事故伤亡人员的相关医疗诊断书。

(5) 事故调查处理的政府主管部门要求提供的与本事故有关的其他材料。

2) 事故结案

(1) 事故调查处理结论应经有关机关审批后，方可结案。伤亡事故处理工作一般应当在90d内结案，特殊情况不得超过180d。

(2) 事故案件的审批权限，同企业的隶属关系及人事管理权限一致。

(3) 事故责任者的处理，应根据其情节轻重和损失大小，确定谁有责任，主要责任，次要责任，重要责任，一般责任，还是领导责任等，按规定给予处分。

(4) 到政府机关的结案批复后，进行事故建档，并接受政府主管部门的行政处罚。事故档案登记应包括：员工重伤、死亡事故调查报告书，现场勘察资料(记录、图纸、照片)；技术鉴定和试验报告；物证、人证调查材料；医疗部门对伤亡者的诊断结论及影印件；事故调查组人员的姓名、职务，并签字；企业或其主管部门对该事故所作的结案报告；受处理人员的检查材料；有关部门对事故的结案批复；等等。

8.3 工程项目环境管理

8.3.1 项目环境管理的内容

1. 项目环境管理的程序

(1) 确定项目环境管理目标。

（2）进行项目环境管理策划。

（3）实施项目环境管理策划。

（4）验证并持续改进。

2. 项目环境管理的工作内容

（1）按照分区划块原则，搞好项目的环境管理，进行定期检查，加强协调，及时解决发现的问题，并实施纠正和预防措施，保持现场良好的作业环境、卫生条件和工作秩序，做到污染预防。

（2）对环境因素进行控制，制定应急准备和相应措施，并保证信息通畅，预防可能出现非预期的损害。在出现环境事故时，应消除污染，并应制定相应的措施，防止环境二次污染。

（3）应保存有关环境管理的工作记录。

（4）进行现场节能管理，有条件时应规定能源使用指标。

3. 项目文明施工

文明施工有以下几方面的意义。

（1）文明施工能促进企业综合管理水平的提高。保持良好的作业环境和秩序，对促进安全生产、加快施工进度、保证工程质量、降低工程成本、提高经济和社会效益有较大作用。文明施工涉及人、财、物各个方面，贯穿于施工全过程之中，体现了企业在工程项目施工现场的综合管理水平。

（2）文明施工是适应现代化施工的客观要求。现代化施工更需要采用先进的技术、工艺、材料、设备和科学的施工方案；它需要严密组织、严格要求、标准化管理和较好的职工素质等。文明施工能适应现代化施工的要求，它是实现优质、高效、低耗、安全、清洁和卫生的施工的有效手段。

（3）文明施工代表企业的形象。良好的施工环境与施工秩序，可以得到社会的支持和信赖，提高企业的知名度和市场竞争力。

（4）文明施工有利于员工的身心健康，有利于培养和提高施工队伍的整体素质。文明施工可以提高职工队伍的文化、技术和思想素质，培养尊重科学、遵守纪律和团结协作的大生产意识，促进企业精神文明建设，从而还可以促进施工队伍整体素质的提高。

文明施工的基本条件如下。

（1）有整套的施工组织设计(或施工方案)。

（2）有健全的施工指挥系统和岗位责任制度。

（3）工序衔接交叉合理，交接责任明确。

（4）有严格的成品保护措施和制度。

（5）大小临时设施和各种材料、构件、半成品按平面布置堆放整齐。

（6）施工场地平整，道路畅通，排水设施得当，水电线路整齐。

（7）机具设备状况良好，使用合理，施工作业符合消防和安全要求。

文明施工的基本要求如下。

(1) 工地主要入口要设置简朴规整的大门，门旁必须设立明显的标牌，标明工程名称，施工单位和工程负责人姓名等内容。

(2) 施工现场建立文明施工责任制，划分区域，明确管理负责人，实行挂牌制，做到现场清洁整齐。

(3) 施工现场场地平整，道路坚实畅通，有排水措施，基础、地下管道施工完后要及时回填平整，清除积土。

(4) 现场施工临时水电要有专人管理，不得有长流水、长明灯。

(5) 施工现场的临时设施包括生产、办公、生活用房、仓库、料场、临时上下水管道以及照明、动力线路，要严格按施工组织设计确定的施工平面图布置、搭设或埋设整齐。

(6) 工人操作地点和周围必须清洁整齐，做到活完脚下清，工完场地清，丢弃在楼梯、楼板上的砂浆混凝土要及时清除，落地灰要回收过筛后使用。

(7) 砂浆、混凝土在搅拌、运输、使用过程中，要做到不洒、不漏、不剩。使用地点盛放砂浆、混凝土必须有容器或垫板，如有洒、漏要及时清理。

(8) 要有严格的成品保护措施，严禁损坏污染成品，堵塞管道。高层建筑要设置临时便桶，严禁在建筑物内大小便。

(9) 建筑物内清除的垃圾渣土，要通过临时搭设的竖井或利用电梯井或采取其他措施稳妥下卸，严禁从门窗向外抛掷。

(10) 施工现场不准乱堆垃圾及余物，应在适当地点设置临时堆放点，并定期外运。清运渣土垃圾及流体物品，要采取遮盖防漏措施，运送途中不得遗撒。

(11) 根据工程性质和所在地区的不同情况，采取必要的围护和遮挡措施，并保持外观整洁。

(12) 针对施工现场情况设置宣传标语和黑板报，并适时更换内容，切实起到表扬先进、促进后进的作用。

(13) 施工现场严禁居住家属，严禁居民、家属、小孩在施工现场穿行、玩耍。

(14) 现场使用的机械设备，要按平面布置规划固定点存放，遵守机械安全规程，经常保持机身及周围环境的清洁，机械的标记、编号明显，安全装置可靠。

(15) 清洗机械排出的污水要有排放措施，不得随地流淌。

(16) 在用的搅拌机、砂浆机旁必须设有沉淀池，不得将浆水直接排放至下水道，以及河流等处。

(17) 塔吊轨道按规定铺设整齐稳固，塔边要封闭，道渣不外溢，路基内外排水畅通。

(18) 施工现场应建立不扰民措施，针对施工特点设置防尘和防噪声设施，夜间施工必须有当地主管部门的批准。

文明施工应包括下列工作。

(1) 进行现场文化建设。

(2) 规范场容，保持作业环境整洁卫生。

(3) 创造有序生产的条件。

(4) 减少对居民和环境的不利影响。

8.3.2 项目现场管理措施

1. 组织管理措施

1）健全管理组织

施工现场应成立以项目经理为组长，主管生产副经理、主任工程师、栋号负责人(或承包队长)，生产、技术、质量、安全、消防、保卫、环保、行政卫生等管理人员为成员的施工现场文明施工管理组织。施工现场分包单位应服从总包单位的统一管理，接受总包单位的监督检查，负责本单位的文明施工工作。

2）健全管理制度

(1) 个人岗位责任制。文明施工管理应按专业、岗位和栋号等分片包干，分别建立岗位责任制度。

(2) 经济责任制。把文明施工列入单位经济承包责任制中，一同“包”、“保”检查与考核。

(3) 检查制度。工地每月至少组织两次综合检查。要按照专业、标准全面检查，按规定填写表格，算出结果，制表张榜公布。施工现场文明施工检查是一项经常性的管理工作，可采取综合检查与专业检查相结合、定期检查与随时抽查相结合、集体检查与个人检查相结合等方法。

(4) 奖惩制度。文明施工管理实行奖惩制度，要制定奖、罚细则，坚持奖和惩兑现等。

(5) 持证上岗制度。进入现场作业的所有机械司机、架子工、司炉工、起重工、爆破工、电工、焊工等特殊工种施工人员，都必须持证上岗。

(6) 各项专业管理制度。文明施工是一项综合性的管理工作。因此，除文明施工综合管理制度外，还应建立健全质量、安全、消防、保卫、机械、场容、卫生、料具、环保、民工管理制度。定期安全检查的周期，施工项目自检宜控制在10～15d。班组必须坚持日检、季节性、专业性安全检查，按规定要求确定日程。

3）健全管理资料

(1) 上级关于文明施工的标准、规定、法律法规等资料应齐全。

(2) 施工组织设计。方案中应有质量、安全、保卫、消防、环境保护技术措施和对文明施工、环境卫生、材料节约等管理要求；并有施工各阶段施工现场的平面布置图和季节性施工方案。

(3) 施工现场应有施工日志。施工日志中应有文明施工内容。

(4) 文明施工自检资料应完整，填写内容符合要求，签字手续齐全。

(5) 文明施工教育、培训、考核记录均应有计划、有资料。

(6) 文明施工活动记录，如会议记录、检查记录等。

(7) 施工管理各方面专业资料。

4）积极推广应用新技术、新工艺、新设备和现代化管理方法

2. 现场管理措施

1）开展“5S”活动

“5S”活动是指对施工现场各生产要素（主要是物的要素）所处状态不断地进行整理、整顿、清扫、清洁和保养。由于这5个词语中罗马拼音的第一个字母都是“S”，所以简称为“5S”。

“5S”活动，在日本和西方国家的企业中广泛实行。它是符合现代化大生产特点的一种科学的管理方法，它是提高职工素质，实现文明施工的一项有效措施与手段。开展“5S”活动，要特别注意调动全体职工的积极性，自觉管理，自我实施，自我控制，贯穿施工全过程和全现场，由职工自己动手，创造一个整齐、清洁、方便、安全和标准化的施工环境。开展“5S”活动，必须领导重视，加强组织，严格管理。要将“5S”活动纳入岗位责任制，并按照文明施工标准检查、评比与考核。坚持PDCA循环，不断提高施工现场的“5S”水平。

2）合理定置

合理定置是指把全工地施工期间所需要的物在空间上合理布置，实现人与物、人与场所、物与场所、物与物之间的最佳结合，使施工现场秩序化、标准化、规范化，体现文明施工水平。它是现场管理的一项重要内容；是实现文明施工的一项重要措施；是谋求改善施工现场环境的一种科学的管理办法。

3）目视管理

目视管理是一种符合建筑业现代化施工要求和生理及心理需要的科学管理方式；它是现场管理的一项内容；是搞好文明施工、安全生产的一项重要措施。

4）安全色标管理

（1）安全色是表达信息含义的颜色，用来表示禁止、警告、指令、指示等，其作用在于使人们能迅速发现或分辨职业健康安全标志，提醒人们注意预防事故发生。

① 红色。表示禁止、停止、消防和危险的意思。

② 蓝色。表示指令，必须遵守的规定。

③ 黄色。表示通行、安全和提供信息的意思。

（2）职业健康安全标志。它是指在操作人员容易产生错误，有造成事故危险的场所，为了确保职业健康安全所采取的一种标示。此标示由安全色、几何图形符号构成，是用以表达特定职业健康安全信息的特殊标示，设置职业健康安全标志是为了引起人们对不安全因素的注意，预防事故发生。

① 禁止标志。不准或制止人们的某种行为（图形为黑色，禁止符号与文字底色为红色）。

② 警告标志。使人们注意可能发生的危险（图形警告符号及字体为黑色，图形底色为黄色）。

③ 指令标志。告诉人们必须遵守的意思（图形为白色，指令标志底色均为蓝色）。

④ 提示标志。向人们提示目标的方向，用于消防提示（消防提示标志的底色为红色，文字、图形为白色）。

（3）现场安全色标数量及位置。

施工项目现场安全色标数量及位置见表8-5。

表8-5 施工项目现场安全色标分布表

类别		数量	位置
禁止类（红色）	禁止吸烟	8个	材料库房、成品库、油料堆放处、易燃易爆场所、材料场地、木工棚、施工现场、打字复印室
	禁止通行	7个	外架拆除、坑、沟、洞、槽、吊钩下方、危险部位
	禁止攀登 禁止跨越	6个 6个	外用电梯出口、通道口、马道出入口首层外架四面、栏杆、未验收的外架
指令类（蓝色）	必须戴安全帽	7个	外用电梯出入口、现场大门口、吊钩下方、危险部位、马道出入口、通道口、上下交叉作业
	必须系安全带	5个	现场大门口、马道出入口、外用电梯出入口、高处作业场所、特种作业场所
	必须穿防护服	5个	通道口、马道出入口、外用电梯出入口、电焊作业场所、油漆防水施工场所
	必须戴防护眼镜	12个	通道口、马道出入口、外用电梯出入口、通道出入口、马道出入口、车工操作间、焊工操作场所、抹灰操作场所、机械喷漆场所、修理间、电度车间、钢筋加工场所
警告类（黄色）	当心弧光	1个	焊工操作场所
	当心塌方	2个	坑下作业场所、土方开挖
	机械伤人	6个	机械操作场所、电锯、电钻、电刨、钢筋加工现场、机械修理场所
提示类（绿色）	安全状态通行	5个	安全通道、行人车辆通道、外架施工层防护、人行通道、防护棚

8.3.3 项目现场环境保护

1. 项目现场环境保护的意义

1）保护和改善施工现场环境是保证人们身体健康的需要

工人是企业的主人，是施工生产的主力军。防止粉尘、噪声和水源污染，搞好施工现场的环境卫生，改善作业环境，就能保证职工身体健康，使其积极投入施工生产。若环境污染严重，工人和周围居民均将直接受害。

2）保护和改善施工现场环境是消除外部干扰，保证施工顺利进行的需要

随着人们的法制观念和自我保护意识增强，尤其在城市施工，施工扰民问题突出，向政府主管部门反映的扰民来信来访增多。有的工地时常同周围居民发生冲突，影响施工生产，严重者环保部门罚款停工整治，如果及时采取防治措施，就能防止污染环境，消除外部干扰，使施工生产顺利进行，而且企业的根本宗旨是为人民服务，保护和改善施工环境事关国计民生。

3）保护和改善施工现场环境是现代化大生产的客观要求

现代化施工广泛应用新设备、新技术、新工艺，对环境质量要求很高，如果粉尘、振动超标就可能损坏设备、影响功能发挥，再好的设备，再先进的技术也难于发挥作用。例如，现代化搅拌站各种自动化设备、计算机、电视机、精密仪器等对环境质量有很严格的要求。环境保护是法律和政府的要求，是企业的行为准则。

2. 项目现场环境保护措施

1）实行环保目标责任制

把环保指标以责任书的形式层层分解到有关单位和个人，列入承包合同和岗位责任制，建立一个懂行善管的环保监控体系。项目经理是环保工作的第一责任人，是施工现场环境保护自我监控体系的领导者和责任者，要把环保政绩作为考核项目经理的一项重要内容。

2）加强检查和监控工作

要加强对施工现场粉尘、噪声、废气的检查、监测和控制工作。要与文明施工现场管理一起检查、考核、奖罚。及时采取措施消除粉尘、废气和污水的污染。

3）保护和改善施工现场的环境

一方面施工单位要采取有效措施控制人为噪声、粉尘的污染和采取措施控制烟尘、污水、噪声污染。另一方面，建设单位应该负责协调外部关系，同当地居委会、村委会、办事处、派出所、居民、施工单位、环保部门加强联系。要做好宣传教育工作，认真对待来信来访，凡能解决的问题，立即解决；一时不能解决的扰民问题，也要说明情况，求得谅解并限期解决。

4）要有技术措施，严格执行国家法律、法规

在编制施工组织设计时，必须有环境保护的技术措施。在施工现场平面布置和组织施工过程中都要执行国家、地区、行业和企业有关防治空气污染、水源污染、噪声污染等环境保护的法律、法规和规章制度。

5）采取措施防止大气污染

（1）施工现场垃圾渣土要及时清理。高层建筑物和多层建筑物清理施工垃圾时，要搭设封闭式专用垃圾道，采用容器吊运或将永久性垃圾道随结构安装好以供施工使用，严禁凌空随意抛撒。

（2）施工现场道路采用焦渣、级配砂石、粉煤灰级配砂石、沥青混凝土或水泥混凝土等，有条件的可利用永久性道路，并指定专人定期洒水清扫，形成制度，防止道路扬尘。

（3）袋装水泥、白灰、粉煤灰等易飞扬的细颗散体材料，应库内存放。室外临时露天存放时，必须下垫上盖，严密遮盖防止扬尘。

（4）车辆不带泥沙出现场措施，可在大门口铺一段石子，定期过筛清理；设置一段水沟冲刷车轮。

（5）除设有符合规定的装置外，禁止在施工现场焚烧油毡、橡胶、塑料、皮革、树叶、枯草和各种包皮，以及其他会产生有毒、有害烟尘和恶臭气体的物质。

（6）机动车都要安装 PCV 阀，对那些尾气排放超标的车辆要安装净化消声器，确保不冒黑烟。

(7) 工地茶炉、大灶、锅炉，尽量采用消烟除尘型。

(8) 工地搅拌站除尘是治理的重点。有条件的要修建集中搅拌站，由计算机控制进料、搅拌、输送的全过程，在进料仓上方安装除尘器，可使水泥、砂、石中的粉尘降低99%以上。采用现代化先进设备是解决工地粉尘污染的根本途径。

(9) 拆除旧有建筑物时，应适当洒水，防止扬尘。

6) 防止水源污染的措施

(1) 禁止将有毒有害废弃物作土方回填。

(2) 施工现场搅拌站废水、现制水磨石的污水、电石(碳化钙)的污水须经沉淀池沉淀后再排入城市污水管道或河流。最好将沉淀水用于工地洒水降尘或采取措施回收利用。上述污水未经处理不得直接排入城市污水管道或河流中。

(3) 现场存放油料，必须对库房地面进行防渗处理。如采用防渗混凝土地面，铺油毡等。使用时要采取措施，防止油料跑、冒、滴、漏，污染水体。

(4) 施工现场100人以上的临时食堂，污水排放时可设置简易有效的隔油池，定期掏油和杂物，防止污染。

(5) 工地临时厕所及化粪池应采取防渗漏措施。中心城市施工现场的临时厕所可采取水冲式厕所，蹲坑上加盖，并有防蝇、灭蛆措施，防止污染水体和环境。

(6) 化学药品、外加剂等要妥善保管，库内存放，防止污染环境。

7) 防止噪声污染的措施

(1) 严格控制人为噪声，进入施工现场不得高声喊叫、无故甩打模板、乱吹哨，限制高音喇叭的使用，最大限度地减少噪声扰民。

(2) 凡在人口稠密区进行强噪声作业时，须严格控制作业时间。一般晚10点到次日早6点之间停止强噪声作业。确系特殊情况必须昼夜施工时，尽量采取降低噪音措施，并会同建设单位找当地居委会、村委会或当地居民协调，出安民告示，求得群众谅解。

(3) 在传播途径上控制噪声。采取吸声、隔声、隔振和阻尼等声学处理的方法来降低噪声。

案例 8.1

某改扩建工程安全管理措施分析

某改扩建工程的特点是：施工场地狭窄，且工作点多涉及的面广，为保证企业的正常生产，施工中须采取较多的安全防护措施。

【讨论】

(1) 如何建立安全管理体系的建立？

(2) 施工中兼顾生产，如何进行安全管理教育与训练？

(3) 怎样做到生产技术和安全技术的统一？

【解析】

(1) 安全管理体系建立。

① 鉴于施工企业是以施工生产经营为主业的经济实体，其特定的生产特点决定了组织生产的特殊性。

② 工程建设要实现以经济效益为中心的工期、成本、质量、安全等的综合目标管理，因此需对与实现效益相关的生产因素进行有效的控制。

③ 安全生产是施工项目重要的控制目标之一，也是衡量施工项目管理水平的重要标志。

④ 安全管理应概括为：在进行生产管理的同时，通过采用计划，组织，技术等手段，依据并适应生产中人、物、环境因素的运动规律，使其积极方面充分发挥，而又利于控制事故不致发生的一切管理活动。

⑤ 建立安全管理体系应成立组织机构，制定并通过安全管理体系文件。成立由第一责任人为首的安全组织机构；建立安全检查制度和安全教育培训制度；编制安全操作规程和安全技术标准；组成义务消防组织及事故险情应急队。

(2) 安全管理教育与培训。

① 管理人员、操作人员应具有基本条件与较高的素质。

② 安全教育、训练的目的与方式。

③ 安全教育、训练包括知识、技能、意识3个阶段的教育；安全知识教育；安全技能训练；安全意识教育。

④ 安全教育的内容随实际需要而确定。

⑤ 增强教育管理，增强安全教育效果。

⑥ 进行各种形式、不同内容的安全教育，都应把教育的时间、内容等，清楚的记录在安全教育记录本或记录卡上。

(3) 生产技术与安全技术的统一。

施工生产进行之前，根据现场的综合情况，完成生产因素的合理匹配计划，完成施工设计和现场布置，施工设计和现场布置，经过审查、批准，即成为施工现场中生产因素流动与动态控制的唯一依据。

施工项目中的分部、分项工程，在施工进行之前，针对工程具体情况与生产因素的流动特点，完成作业或操作方案。且要把完成各方案的设计思想，内容与要求，向作业人员进行充分的交底，交底既是安全知识教育的过程，也确定了安全技能训练的时机和目标。

从控制人的不安全行为，物的不安全状态，预防伤害事故，保证生产工艺顺利实施去认识，生产技术工作中应纳入如下的安全管理职责。

① 进行安全知识、安全技能的教育，规范人的行为，使操作者获得完善的、自动化的操作行为，减少操作中人的失误。

② 参加安全检查和事故调查，从中充分了解生产过程中，物的不安全状态存在的环节和部位、发生与发展、危害性质与程度、摸索控制物的不安全状态和规律和方法，并提高对物的不安全状态的控制能力。

③ 严把设备、设施用前验收关，不使用有危险状态的设备、不使设备盲目投入运行，预防人，机运动轨道交叉而发生的伤害事故。

案例 8.2

建筑施工事故分析

2004年，全国共发生建筑施工事故1144起、死亡1324人。伤亡事故类别仍主要是高处坠落、施工坍塌、物体打击、机具伤害和触电等类型，这些类型事故的死亡人数分别占全部事故死亡人数的53.10%，14.43%，10.57%、6.72%和7.18%，总计占全部事故死亡人数的92.0%。

安全问题一直是工作的重点，但是为什么安全形势一直如此严峻呢？就是有些人对安全工作“说起来重要，干起来次要，急起来不要”。下面结合作者多年的安全工作经验，谈一下如何搞好安全工作。

【讨论】

(1) 对工程施工方案编制人员的要求是什么？

(2) 安全技术措施编制的主要内容及注意事项是什么？

(3) 如何做好安全技术交底和检查落实？

【解析】

(1) 施工方案的编制人员就是施工工程的设计师，必须树立“安全第一”的思想，从施工图纸开始就必须认真考虑施工安全问题。尽可能地不给施工和操作人员留下隐患，编制人员应当充分掌握工程概况、施工工期、场地环境条件，要根据工程的特点，科学地选择施工方法、施工机械、变配电设施及临时用电线路架设，合理地布置施工平面。安全施工涉及施工的各个环节，因此工程施工方案编制人员应当了解施工安全的基本规范、标准及施工现场的安全要求，如《农村低压电力技术规程》、《农村低压电气安全工作规程》等，还必须熟悉相应的专业技术知识以后，才能在编制工程施工方案时确立工程施工安全目标，使措施通过现场人员的认真贯彻达到目标要求。

施工方案编制人员还必须了解施工工程内部及外部给施工带来的不利因素，通过综合分析后，制定具有针对性的安全施工措施，使之起到保证施工进度，确保工程质量和安全、科学、合理、有序地指导施工的作用。

(2) 从施工工程和施工技术角度。

① 从施工工程整体考虑。线路架设前首先考虑工程施工期间对周围道路、行人及邻近居民、设施的影响，采取相应的防护措施(如设立安全区域、标示牌)，安全通道及高处作业对下部和地面人员的影响；临时用电线路的整体布置、架设方法；安装工程中的设备、构配件吊运，起重设备的选择和确定，起重以外安全防护范围等。复杂的吊装工程还应考虑视角、信号、步骤等细节。

② 季节性工程施工的安全技术措施。如夏季防暑降温、雨季施工要制定防雷防电，冬季防火和防大风等安全措施。

安全技术措施编制内容不拘一格，按其施工项目的复杂、难易程度及施工环境条件，选择安全防范的重点，但施工方案必须贯彻“安全第一、预防为主”的原则。为了进一步明确编制安全技术措施的重点，应抓住防高空坠落、防触电、防交通事故、防误操作4种伤害的防患，制定相应的措施，内容要充实、有针对性。

③ 技术措施指的是为保证人员安全施工和设备安全运行，从技术上对设备和人员操作采取的措施。制定技术措施时，应视工作对象和内容，以规程为依据，特别是要根据现场实际情况编写。编写技术措施时，应详细了解施工现场的实际情况，掌握电网的运行方式，明确带电设备，对需要检修和处理的设备，从技术上采取安全保证。对施工人员要采用的工作方式，从技术上加以规范，以保证工作的安全进行。

④ 安全措施应从人员教育、危险点预控、措施落实、安全管理等方面进行详细的安排，尤其要进行深入的危险点分析。实行预控就是要根据作业内容、工作方法、作业环境、人员状况(包括人员情绪)和设备实际等去分析。查找可能导致人为失误事故的危险因素，再依据规程、制度，逐一制定防范措施，不得照搬规程或套用其他工程安全措施，并在生产现场实施程序化、规范化作业，以达到防止人为失误事故发生的目的。安全措施应详细体现工程施工过程中逐级监督、逐级管理、层层落实安全责任的思想，责任到人，确保各项措施落到实处。对工程施工过程中涉及较为特殊的作业项目，在安全措施中要加以特别体现。

(3) 安全施工措施。

① 工程开工前，工程负责人应向参加施工的各类人员认真进行安全技术措施交底，使大家明白，工程施工特点及各时期安全施工的要求，这是贯彻施工安全技术措施的关键。施工单位安全负责人，核对

现场安全技术措施是否符合施工方案的要求，若存在漏洞不可开工，应对措施进行完善，直至符合要求方可开工。

② 施工过程中，现场管理人员应按施工安全措施要求，对操作人员进行详细的工作程序中安全技术措施交底，使全体施工人员懂得各自岗位职责和安全操作方法，这是贯彻施工方案中安全措施规范的过程。

③ 安全技术交底要结合规程及安全施工的规范标准进行，避免口号式、无针对性的交底。并认真履行交底签字手续，以提高接受交底人员的责任心。同时要经常检查安全措施的贯彻落实情况，纠正违章，使措施方案始终得到贯彻执行，达到既定的施工安全目标。

只要上述问题做好了，完全可以杜绝大部分安全问题，搞好安全工作。

案例 8.3

施工安全案例——安阳烟囱脚手架倒塌

2004 年 5 月 12 日上午，河南省安阳市发生了一起罕见的施工事故。一个 68m 高的烟囱刚刚竣工，用以进行烟囱施工的 75m 高的脚手架被拆除时，在距离地面 10m 左右处突然折断而轰然倒塌，30 名正在脚手架上作业的民工全部翻下坠落，导致 21 人死亡，9 人受伤，如图 8.2、图 8.3 所示。

据一位当时正在脚手架上作业的工人说，整个架子约 75m 高，事故发生时他正站在 30m 左右高处。当架子倒下去时，他还来不及反应就摔倒在地上，人被夹在了架子中间，不过非常幸运的是，只受了一点轻伤。当时站在最高层的工人基本都遇难了，死因不是摔死就是被砸死，而 10m 以下工人则大多脱险。

从事故现场可以看到，断裂的钢制脚手架是向南部倒去，钢架的最前端砸到了对面一个巨大水泥池的混凝土壁沿上，钢架全部扭曲变形，碎裂的钢管飞到了远处的柏油路面上。因为那些遇险者大多被紧紧夹在变形的脚手架内，抢救人员不得不使用焊枪割开钢管救人。水泥池内随处可见一摊血迹，黄色的安全帽挂在脚手架的钢管上，景象触目惊心。

【解析】

事故后的调查分析认为，该事故发生的原因有以下几点。

(1) 烟囱外井架共有 16 根起支撑作用的缆风绳，事发前，已拆除了北侧两根缆风绳，导致井架失去稳定性；

(2) 进行拆除的工人均在井架内部南侧施工，南侧受力较大，导致架身受力不均，架身发生偏转；

(3) 施工队使用未经培训的民工上岗作业；

(4) 另据警方调查，出事的脚手架不是专用产品，而是自行购买的。

图 8.2 倒塌的脚手架

图 8.3 脚手架在混凝土壁沿上

案例 8.4

安全责任认定

2005年，铁道部某工程公司(以下简称铁道公司)在某大桥施工中与该公司职工罗某签订承包合同，约定由罗某承包大桥行车道板的架设安装。该合同还约定，施工中发生伤、亡、残事故，由罗某负责。合同签订后，罗某曾在开工前召集民工开会强调安全问题，要求民工在安放道板下的胶垫时必须使用铁勾，防止道板坠落伤人。没想到事故还是发生了，10月6日下午，民工刘某在安放道板下的胶垫时未使用铁勾，直接用手放置。由于支撑道板的千斤顶滑落，重达10多吨的道板坠下并将刘某的左手砸伤。罗某立即送刘某到医院住院治疗，21天后出院。其间医疗费、护理费、交通费、伙食费，以及出院后的治疗费用总计5308.91元，已由罗某全部承担。但是经过医生诊断，刘某左手失去了劳动能力。之后，刘某多次要求铁道公司和罗某赔偿误工费等费用。但是都被他们以刘某违反安全操作规定造成工伤为由，拒绝赔偿。2006年3月，无可奈何的刘某只得向法院提起诉讼。

判决结果：罗某和铁道公司都有过错。

很明显，刘某在这起安全事故中是有责任的，但是铁道公司与罗某是否可以就此推脱赔偿责任?

法院在审理中认为如下。

首先，根据我国《宪法》和《劳动法》规定，罗某作为工程承包人和雇主，依法对雇员的劳动保护承担责任。采用人工安装桥梁行车道板本身具有较高的危险性。因此罗某应采取相应的安全措施并临场加以监督和指导，但罗某仅口头强调，而疏于现场管理，以致刘某发生安全事故。虽然刘某在施工中也有违反安全操作规则的过失，但其并非铁道建设专业人员，违章情节较轻，故不能免除罗某应负的民事责任。

其次，法院在调查中发现：该大桥行车道板的架设安装工程，无论从现场环境还是从施工单位的技术与设备看，都允许使用吊车直接起吊道板进行安装。铁道公司作为该大桥的施工企业，在有条件采用危险性较小的工作方法施工的情况下，为了降低费用而将该项工程发包给个人，采用人工安装，增加了劳动者的安全风险。铁道公司显然对这起事故负有责任。

再次，铁道公司与罗某签订的承包合同中约定“施工中发生伤、亡、残事故，由罗某负责”。实际上是把只有企业才有能力承担的安全风险，推给能力有限的自然人承担，该条款损害了劳动者的合法权益，违反了我国《宪法》和《劳动法》的有关规定，因此，该约定属于无效条款。

据此，法院判决：罗某付给刘某医疗、误工、住院生活补助、护理、交通、伤残补助金、伤残就业补助金18679.56元；铁道工程公司对上述费用承担连带责任。

在本案中可以看到，铁道公司在将一部分劳务分包出去的同时，企图将劳动安全责任也“分包”出去，但是本案的判决明确指出：铁道公司的这种行为是“把只有企业才有能力承担的安全风险，推给能力有限的自然人承担”。这不仅对于罗某不公平，而且也是对劳动者的不负责任。我国《宪法》和《劳动法》明确规定用人单位有义务给劳动者提供安全的工作环境，即使是如本案中铁道公司一样将劳务分包出去，也要确保进行分包工作人员的安全，安全责任是推不掉的。

复习思考题

1. 简述安全生产技术的保证体系。
2. 简述施工现场安全管理的要点。
3. 简答工程项目施工现场安全控制的基本要求。
4. 简答工程项目健康、安全隐患的控制要求。
5. 请说明文明施工与现场环境保护的意义。
6. 简述职业健康安全事故的调查处理程序。

第9章 工程项目全面风险管理

教学目标

在项目的整个生命期中对项目的不确定因素进行管理，使其对工程项目的不利影响最小化，以保证项目全面风险管理的目标。

教学要求

能力目标	知识要点	权重
了解相关知识	(1) 全面风险管理的基本概念 (2) 风险因素的分析方法	35%
熟练掌握知识点	(1) 风险评价的常用方法 (2) 常见的风险分配和风险对策措施	50%
运用知识分析案例	施工项目管理成功与失败、融资风险	15%

引例

某国际工程有可能存在以下几种风险：在政治方面，有政局的不稳定性、战争、动乱，国内的民族保护主义倾向等；在社会方面，有宗教信仰的影响、社会风气等。在经济方面，有通货膨胀、银根紧缩、延迟付款和外汇汇率的变化等；在技术方面，有技术能力、设计风险、劳务供应、材料和设备等；在自然方面，有地理环境、地质条件、水源与气候、施工现场条件和不可抗力等。

9.1 概　　述

9.1.1 工程项目中的风险

工程项目的立项、各种分析、研究、设计和计划都是基于对将来情况(政治、经济、社会、自然等方面)的预测之上的。也是基于正常的、理想技术的、管理和组织之上的。而在实际实施以及项目的运行过程中，这些因素都有可能会产生变化，各个方面都存在着不确定性。这些变化会使得原定的计划、方案受到干扰，使原定的目标不能实现。这些事先不能确定的内部和外部的干扰因素，人们将它称之为风险。风险是项目系统中的不确定因素。

风险在任何工程项目中都存在。风险会造成工程项目实施的失控现象，如工期延长、成本增加、计划修改等，最终导致工程经济效益降低，甚至项目失败。而且现代工程项目的特点是规模大、技术新颖、持续时间长、参加单位多、与环境接口复杂，可以说在项目过程中危机四伏。许多项目，由于它的风险大、危害性大，如国际工程承包、国际投资和合作，所以被人们称为风险型项目。

在我国的许多项目中，由风险造成的损失是触目惊心的，许多工程案例说明了这个问题。特别在国际工程承包领域，人们将风险作为项目失败的主要原因之一。

但风险和机会同在，通常只有风险大的项目才能有较高的盈利机会，所以风险又是对管理者的挑战。风险控制能获得非常高的经济效果，同时它有助于竞争能力的提高、素质和管理水平的提高。所以在现代项目管理中，风险的控制问题已成为研究的热点之一。无论在学术领域，还是在应用领域，人们对风险都做了很多研究，甚至有人将风险管理作为项目管目标系统的内容之一。

9.1.2 风险的影响

分析现代工程项目的案例可以看出，工程项目风险具有全面性的特点。

(1) 风险的多样性。即在一个项目中有许多种类的风险存在，如政治风险、经济风险、法律风险、自然风险、合同风险和合作者风险等。这些风险之间有复杂的内在联系。

(2) 风险在整个项目生命期中都存在，而不仅在实施阶段。

① 在目标设计中可能存在构思的错误，重要边界条件的遗漏，目标优化的错误。

② 可行性研究中可能有方案的失误，调查不完全，市场分析错误。

③ 技术设计中存在专业不协调，地质不确定，图纸和规范错误。

④ 施工中物价上涨，实施方案不完备，资金缺乏，气候条件变化。

⑤ 运行中市场变化，产品不受欢迎，运行达不到设计能力，操作失误等。

(3) 风险影响常不是局部的，而是全局的。例如反常的气候条件造成工程的停滞，则会影响整个后期计划，影响后期所有参加者的工作。它不仅会造成工期的延长，而且会造成费用的增加，造成对工程质量的危害。即使局部的风险，其影响也会随着项目的发展逐渐扩大。例如一个活动受到风险干扰，可能影响与它相关的许多活动，所以在项目中风险影响随时间推移有扩大的趋势。有许多人在商海中经过大风大浪，但到最后因不重视风险而可能在阴沟里翻船。

(4) 风险有一定的规律性。工程项目的环境变化、项目的实施有一定的规律性，所以风险的发生和影响，也有一定的规律性，是可以进行预测的。重要的是人们要有风险意识，重视风险，对风险进行全面的控制。

9.1.3 全面风险管理的概念

人们对风险的研究历史悠久。刚开始人们用概率论、数理统计方法来研究风险发生的规律，后来又将风险引入网络，提出不确定型网络；并研究提出决策树方法，在计算机上采用仿真技术研究风险的规律。现在它们仍是风险管理的基本方法。

直到近十几年来，人们才在项目管理系统中提出全面风险管理的概念。它首先是在软件开发项目管理中应用的。全面风险管理是用系统的、动态的方法进行风险控制，以减少项目过程中的不确定性。它不仅使各层次的项目管理者建立风险意识，重视风险问题，防患于未然，而且在各个阶段、各个方面实施有效的风险控制，形成一个前后连贯的管理过程。

1. 项目全过程的风险管理

全面风险管理首先是体现在对项目全过程的风险管理上，即在项目的整个生命期中对项目的不确定因素进行管理。

(1) 在项目目标设计阶段，就应对影响项目目标的重大风险进行预测，寻找实现目标的风险和可能的困难。风险管理强调事前的识别、评价和预防措施。

(2) 在可行性研究中，对风险的分析必须细化，进一步预测风险发生的可能性和规律性，同时必须研究各风险状况对项目目标的影响程度，即项目的敏感性分析。

(3) 随着技术设计的深入，实施方案也逐步细化，项目的结构分析也逐渐清晰。这时风险分析不仅要针对风险的种类，而且必须细化(落实)到各项目结构单元，直到最低层次的工作包上。在设计和计划中，要考虑对风险的防范措施。例如风险准备金的计划、备选技术方案，在招标文件中(合同文件)，应该明确规定工程实施中的风险的分担。

(4) 在工程实施中加强风险的控制。这里包括如下。

① 建立风险监控系统，能够及早地发现风险，及早地做出反应。

② 及早采取预定的措施，控制风险的影响范围和影响量，以减少项目的损失。

③ 在风险状态下，采取有效措施保证工程正常实施，保证施工秩序，及时修改方案，调整计划，以恢复正常的施工状态，减少损失。

④ 在阶段性计划调整过程中，需加强对近期风险的预测，并纳入近期计划中，同时要考虑到计划的调整和修改会带来新的问题和风险。

(5) 项目结束，应对整个项目的风险、风险管理进行评价，作为以后进行同类项目的经验和教训。

2. 对全部风险的管理

在每一阶段进行风险管理都要罗列各种可能的风险，并将它们作为管理对象，不能有遗漏和疏忽。

3. 全方位的管理

(1) 对风险要分析它对各方面的影响，例如对整个项目、对项目的各个方面；如工期、成本、施工过程、合同、技术和计划的影响。

(2) 采用的对策措施也必须考虑综合手段，从合同、经济、组织、技术和管理等各个方面确定解决方法。

(3) 风险管理包括风险分析、风险辨别、风险文档管理、风险评价和风险控制等全过程。

4. 全面的组织措施

对已被确认的有重要影响的风险应落实专人负责风险管理，并赋予相应的职责、权限和资源。在组织上全面落实风险控制责任，建立风险控制体系，将风险管理作为项目各层次管理人员的任务之一。让大家都有风险意识，都作风险的监控工作。

9.1.4 工程项目风险管理的特点

(1) 工程项目风险管理尽管有一些通用的方法，如概率分析方法、模拟方法和专家咨询法等。但要研究具体项目的风险，就必须与该项目的特点相联系。

① 该项目复杂性、系统性、规模、新颖性和工艺的成熟程度等。

② 项目的类型，项目所在的领域。不同领域的项目有不同的风险，有不同风险的规律性、行业性特点。如计算机开发项目与建筑工程项目，就有截然不同的风险。

③ 项目所处的地域，如国度、环境条件。

(2) 风险管理需要大量地占有信息、了解情况，要对项目系统以及系统的环境有十分深入的了解，并要进行预测，所以不熟悉情况是不可能进行有效的风险管理的。

(3) 虽然人们通过全面风险管理，在很大程度上已经将过去凭直觉、凭经验的管理上升到理性的全过程的管理，但风险管理在很大程度上，仍依赖于管理者的经验及管理者过去工程的经历、对环境的了解程度和对项目本身的熟悉程度。在整个风险管理过程中，人的因素影响很大，如人的认识程度、人的精神和创造力。有的人无事忧天倾，有的人天塌下来也不怕。所以风险管理中要注重对专家经验和教训的调查分析，这不仅包括他们对风险范围、规律的认识，而且包括他们对风险的处理方法、工作程序和思维方式。并在此基础上系统化、信息化、知识化，用于对新项目的决策支持。

(4) 风险管理在项目管理中属于一种高层次的综合性管理工作。它涉及企业管理和项目管理的各个阶段和各个方面；涉及项目管理的各个子系统。所以它必须与合同管理、成本管理、工期管理和质量管理连成一体。

(5) 风险管理的目的并不是消灭风险，在工程项目中大多数风险是不可能由项目管理者消灭或排除的，而是有准备地、理性地进行项目实施，减少风险的损失。

9.1.5 风险管理的主要工作

(1) 确定项目的风险的种类，即可能会有哪些风险发生。

(2) 风险评价，即评估风险发生的概率及风险事件对项目的影响。

(3) 制定风险对策措施。

(4) 在实施中的风险控制。

9.2 工程项目风险因素分析

全面风险管理强调事先分析与评价，迫使人们想在前，看到未来可能的不利情况和为此做准备，把来自环境的外部干扰减至最少。风险因素分析是确定一个项目的风险范围，即哪些风险存在，将这些风险因素逐一列出，以作为全面风险管理的对象。在不同的阶段，由于目标设计、项目的技术设计和计划，环境调查的深度不同，人们对风险的认识程度也不相同，经历一个由浅入深逐步细化的过程。但不管在哪个阶段首先都是将对项目的目标系统(总目标、子目标及操作目标)，有影响的各种风险因素罗列出来，作项目风险目录表，再采用系统方法进行分析。

风险因素分析是基于人们对项目系统风险的基本认识上的，通常首先罗列对整个工程建设有影响的风险，然后再注意对自己有重大影响的风险。罗列风险因素通常要从多角度、多方面进行，形成对项目系统风险的多方位的透视。风险因素分析可以采用结构化分析方法，即由总体到细节、由宏观到微观，并要层层分解。通常可以从以下几个角度进行分析。

9.2.1 按项目系统要素进行分析

1. 项目环境要素风险

按照前面系统环境分析的基本思路，分析各环境要素可能存在的不确定性和变化，它常是其他风险的原因，它的分析可以与环境调查相对应，所以环境系统结构的建立和环境调查对风险分析是有很大帮助的。从这个角度，最常见的风险因素如下。

1）政治风险

例如政局的不稳定性，战争状态、动乱、政变的可能性，国家的对外关系，政府信用和政府廉洁程度，政策及政策的稳定性，经济的开放程度或排外性，国有化的可能性，国内的民族矛盾，保护主义倾向等。

2）法律风险

如法律不健全，有法不依、执法不严，相关法律的内容的变化，法律对项目的干预；人们可能对相关法律未能全面、正确理解，工程中可能有触犯法律的行为等。

3）经济风险

国家经济政策的变化，产业结构的调整，银根紧缩，项目的产品的市场变化；项目的工程承包市场、材料供应市场、劳动力市场的变动，工资的提高，物价上涨，通货膨胀速度加快，原材料进口价格和外汇汇率的变化等。

4）自然条件

如地震、风暴、特殊的未预测到的地质条件如泥石流、河塘、垃圾场、流沙、泉眼等，反常的恶劣的雨、雪天气和冰冻天气，恶劣的现场条件，周边存在对项目的干扰源，工程项目的建设可能造成对自然环境的破坏，不良的运输条件可能造成供应的中断。

5）社会风险

包括宗教信仰的影响和冲击、社会治安的稳定性、社会的禁忌、劳动者的文化素质和社会风气等。

2. 项目系统结构风险

它是以项目结构图上项目单元作为对象确定的风险因素，即各个层次的项目单元，直到工作包在实施以及运行过程中可能遇到的技术问题。人工、材料、机械和费用消耗的增加，在实施过程中可能的各种障碍和异常情况等方面。

3. 项目的行为主体产生的风险

它是从项目组织角度进行分析的。

1）业主和投资者

(1) 业主的支付能力差，企业的经营状况恶化，资信不好，企业倒闭，撤走资金，或改变投资方向，改变项目目标。

(2) 业主违约、苛求、刁难、随便改变主意，但又不赔偿，错误的行为和指令，非程序地干预工程。

(3) 业主不能完成他的合同责任，如不及时供应他负责的设备、材料，不及时交付场地，不及时支付工程款。

2）承包商(分包商、供应商)

(1) 技术能力和管理能力不足，没有适合的技术专家和项目经理，不能积极地履行合同，由于管理和技术方面的失误，造成工程中断。

(2) 没有得力的措施来保证进度，安全和质量要求。

(3) 财务状况恶化，无力采购和支付工资，企业处于破产境地。

(4) 他们的工作人员罢工、抗议或软抵抗。

(5) 错误理解业主意图和招标文件，方案错误，报价失误，计划失误。

(6) 设计单位设计错误，工程技术系统之间不协调、设计文件不完备、不能及时交付图纸，或无力完成设计工作。

3）项目管理者(如监理工程师)

(1) 项目管理者的管理能力、组织能力、工作热情和积极性、职业道德、公正性差。

(2) 他的管理风格、文化偏见可能会导致他不正确地执行合同，在工程中苛刻要求。

(3) 在工程中起草错误的招标文件、合同条件，下达错误的指令。

4）其他方面

例如中介人的资信、可靠性差；政府机关工作人员、城市公共供应部门(如水、电等部门)的干预、苛求和个人需求；项目周边要涉及居民、单位的干预、抗议或者苛刻的要求等。

9.2.2 按风险对目标的影响分析

按照项目目标系统的结构进行分析的，是风险作用的结果。由于上层系统的情况和问题存在不确定性，目标的建立是基于对当时情况和对将来的预测之上，则会有许多风险。

(1) 工期风险。即造成局部的(工程活动、分项工程)或整个工程的工期延长，不能及时投入使用。

(2) 费用风险。它包括财务风险、成本超支、投资追加、报价风险、收入减少、投资回收期延长或无法收回、回报率降低。

(3) 质量风险。包括材料、工艺、工程不能通过验收、工程试生产不合格和经过评价工程质量未达标准等。

(4) 生产能力风险。项目建成后达不到设计生产能力，可能是由于设计、设备问题，或者是生产用原材料、能源、水、电供应问题。

(5) 市场风险。工程建成后产品未达到预期的市场份额，如销售不足、没有销路、没有竞争力。

(6) 信誉风险。即造成对企业形象、职业责任和企业信誉的损害。

(7) 人身伤亡、安全、健康以及工程或设备的损坏。

(8) 法律责任。即可能被起诉或承担相应法律的或合同的处罚。

9.2.3 按管理的过程和要素分析

这里包括极其复杂的内容，常常是分析责任的依据。

(1) 高层战略风险，如指导方针、战略思想可能有错误而造成项目目标设计错误。

(2) 环境调查和预测的风险。

(3) 决策风险，如错误的选择、错误的投标决策、报价等。

(4) 项目策划风险。

(5) 技术设计风险。

(6) 计划风险，包括对目标(任务书、合同、招标文件)理解错误，合同条款不准确、不严密、错误、二义性；过于苛刻的单方面约束性的、不完备的条款；方案错误、报价(预算)错误、施工组织措施错误。

(7) 实施控制中的风险。

① 合同风险。合同未履行，合同伙伴争执，责任不明，产生索赔要求。

② 供应风险。如供应拖延、供应商不履行合同、运输中的损坏以及在工地上的损失。

③ 新技术新工艺风险。

④ 由于分包层次太多，造成计划的执行和调整、实施控制的困难。

⑤ 工程管理失误。

(8) 运营管理风险。如准备不足，无法正常营运，销售渠道不畅，宣传不力等。

在风险因素列出后，可以采用系统分析方法，进行归纳整理，即分类、分项、分目及细目；建立项目风险的结构体系，并列出相应的结构表，作为后面风险评价和落实风险责任的依据。风险确定时应充分利用过去项目的经验和历史资料。

知识链接

项目风险管理的发展历程

20世纪50年代发达国家就开始在工程建设领域开展风险管理的研究和实践，伴随着西方社会战后重建，投资大量增加，巨大的投资促使管理者加强对众多的项目不确定因素的管理。风险管理受到欧美各国的普遍重视，其研究内容逐步向系统化、专业化方向发展。70年代，国外学者主要研究业主与承包商在合同中的风险责任问题。80年代，研究内容开始涉及工程保险、地质及环境不确定风险、费用超支风险、工期延误中的责任、技术风险和设计风险等领域。

9.3 风险评价

9.3.1 风险评价的内容和过程

风险评价是对风险的规律性进行研究和量化分析。由于罗列出来的每一个风险都有自身的规律和特点、影响范围和影响量。通过分析可以将它们的影响统一成成本目标的形式，按货币单位来度量，对罗列出来的每一个风险必须作如下分析和评价。

1）风险存在和发生的时间分析

即风险可能在项目的哪个阶段、哪个环节上发生。有许多风险有明显的阶段性，有的风险是直接与具体的工程活动(工作包)相联系的。这个分析对风险的预警有很大的作用。

2）风险的影响和损失分析

风险的影响是个非常复杂的问题，有的风险影响面较小，有的风险影响面很大，可能引起整个工程的中断或报废。而风险之间常是有联系的。如某个工程活动受到干扰而拖延，则可能影响它后面的许多活动。

经济形势的恶化不但会造成物价上涨，而且可能会引起业主支付能力的变化；通货膨胀引起了物价上涨，会影响后期的采购、人工工资及各种费用支出，进而影响整个后期的工程费用。

由于设计图纸提供不及时，不仅会造成工期拖延，而且会造成费用提高(如人工和设备闲置、管理费开支)，还可能在原来本可以避开的冬雨季施工，造成更大的拖延和费用增加。

有的风险的影响可以相互抵消。如反常的气候条件，设计图纸拖延，承包人设备拖延等在同一时间段发生，则它们之间对总工期的影响可能是有重叠的。

由于风险对目标的干扰常常首先表现在对工程实施过程的干扰上，所以风险的影响分析，一般通过以下分析过程。

(1) 考虑正常状况下(没有发生该风险)的工期、费用和收益。

(2) 将风险加入这种状态，分析实施过程、劳动效率、消耗、各个活动有什么变化。

(3) 两者的差异则为风险的影响。所以这实质上是一个新的计划、新的估价。

3）风险发生的可能性分析

它是研究风险自身的规律性，通常可用概率表示。既然被视为风险，则它必然在必然事件(概率=1)和不可能事件(概率=0)之间。它的发生有一定的规律性，但也有不确定性。人们可以通过各种方法研究风险发生的概率。

4）风险级别

风险因素非常多，涉及各个方面，但人们并不是对所有的风险都予以十分重视。否则将大大提高管理费用，而且谨小慎微，会干扰正常的决策过程。

(1) 风险位能的概念。通常对一个具体的风险，它如果发生，则损失为 R_H，发生的可能性为 E_w，则风险的期望值 R_w 为

$$R_w = R_H \cdot E_w$$

例如一种自然环境风险如果发生，则损失达20万元，而发生的可能性为0.1，则损失的期望值

$$R_w = 20 \times 0.1 = 2(\text{万元})$$

引用物理学中位能的概念，损失期望值高的，则风险位能高。

(2) A、B、C分类法：不同位能的风险可分为不同的类别。

① A类。高位能，即损失期望很大的风险。通常发生的可能性很大，而且一旦发生损失也很大。

② B类。中位能，即损失期望值一般的风险。通常发生可能性不大，损失也不大的风险；或发生可能性很大但损失极小；或损失比较大但可能性极小的风险。

③ C类。低位能，即损失期望极小的风险，发生的可能性极小，即使发生损失也很小的风险。

则在风险管理中，A类是重点；B类要顾及到；C类可以不考虑。当然有时不用ABC分类的形式，而用级别的形式划分，如1级、2级、3级等，其意义也是相同的。

5) 风险的起因和可控制性分析

任何风险都有它的根源。实质上在前面的分类中，有的就是从根源上进行分类的。如环境的变化，人为的失误。对风险起因的研究是为风险预测、对策研究(即解决根源问题)和责任分析服务。

风险的可控性是指人对风险影响和控制的可能性。如有的风险是人力(业主、项目管理者或承包商)，可以控制的，而有的却不可以控制的。

可控的，如承包商对招标文件的理解风险、实施方案的安全性和效率风险、报价的正确性风险等；不可控制的，如物价风险、反常的气候风险等。

9.3.2 风险分析说明

风险分析结果必须用文字、图表进行表达说明，作为风险管理的文档，即以文字、表格的形式作风险分析报告。分析结果不仅作为风险分析的成果，而且应作为人们风险管理的基本依据。表的内容可以按照分析的对象进行编制，例如以项目单元(工作包)作为对象见表9-1。这可以作为对工作包说明的补充分析文件。这是对工作包的风险研究。也可以按风险的结构进行分析研究见表9-2。

表9-1 以项目单元(工作包)作为对象建表样式

工作包号	风险名称	风险会产生的影响	原因	损失		可能性	损失期望	预防措施	评价等级 A、B、C
				工期	费用				

表9-2 按风险的结构进行分析研究建表样式

风险编号	风险名称	风险的影响范围	原因导致发生的边界条件	损失		可能性	损失期望	预防措施	评价等级 A、B、C
				工期	费用				

（1）在项目目标设计和可行性研究中分析的风险。

（2）对项目总体产生影响的风险，如通货膨胀影响、产品销路不畅、法律变化和合同风险等。

此外，风险应在各项任务单(工作包说明)、决策文件、研究文件、报告和指令等文件中予以说明。

9.3.3 风险分析方法

风险分析通常是凭经验、靠预测进行，但它有一些基本分析方法可以借助。

1. 列举法

通过对同类已完工程项目的环境、实施过程进行调查分析、研究，以建立该类项目的基本的风险结构体系，进而可以建立该类的风险知识库(经验库)。它包括该类项目常见的风险因素。在对新的决策项目，或在用专家经验法进行风险分析时给出提示，列出所有可能的风险因素，以引起人们的重视，或作为进一步分析的引导。

2. 专家经验法

这不仅用于风险因素的罗列，而且用于对风险影响和发生可能性的分析，一般不要采用提问表的形式，而采用专家会议的方法。

（1）组建专家小组，一组4～8人最好，专家应有实践经验和代表性。

（2）通过专家会议，对风险进行定界、量化。召集人应让专家尽可能多地了解项目目标、项目结构、环境及工程状况，详细地调查并提供信息，有可能领专家进行实地考察。并对项目的实施、措施的构想作出说明，使大家对项目有一个共识，否则容易增加评价的离散程度。

（3）召集人有目标地与专家合作，一起定义风险因素及结构、可能的成本范围，作为讨论的基础和引导。专家对风险进行讨论，按以下次序逐渐深入。

① 引导讨论各个风险的原因。

② 风险对实施过程的影响。

③ 风险的影响范围，如技术、工期和费用等。

④ 将影响统一到对成本的影响上，估计影响量。

（4）风险评价。各个专家对风险的程度(影响量)和出现的可能性，给出评价意见。在这个过程中，如果有不同的意见，可以提出讨论，但不能提出批评。为了获得真正的专家意见，可以采用匿名的形式发表意见，也可以采用会议面对面讨论方式。

（5）统计整理专家意见，得到评价结果。

专家询问得到的风险期望的各单个值，按统计方法作信息处理。总风险期望值 R_v 为各单个风险期望值 R_w 之和

$$R_v = \sum R_w = \sum f(R_H E_w)$$

而各个风险期望值 R_w 与各个风险影响值 R_H 和出现的可能性 E_w 有关。它们分别由各个专家意见结合相加得到。

3. 决策树方法

决策树常常用于不同方案的选择。例如某种产品市场预测，在10年中销路好的概率为0.7，销路不好的概率为0.3。相关工厂的建设有两个方案。

(1) 新建大厂需投入5000万元，如果销路好每年可获得利润1600万元；销路不好，每年亏损500万元。

(2) 新建小厂需投入2000万元，如果销路好每年可获得600万元的利润；销路不好，每年可获得200万元的利润。则可作决策树，如图9.1所示。

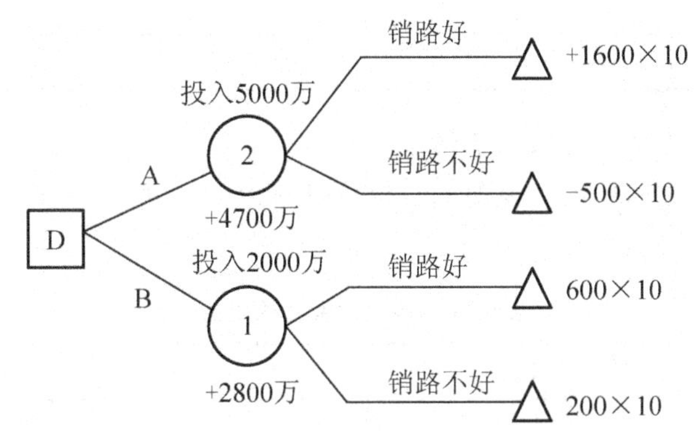

图9.1　决策树

对A方案的收益期望为

$$E_A=1600\times10\times0.7+(-500)\times10\times0.3-5000=4700(万元)$$

对B方案的收益期望为

$$E_B=600\times10\times0.7+200)\times10\times0.3-2000=2800(万元)$$

由于A方案的收益期望比B高，所以A方案是有利的。

这仅是对项目方案的粗略的分析和评价，尚没考虑到收益的时间价值等其他方面的因素。

4. 风险相关性评价

风险之间的关系可以分为3种情况。

(1) 两种风险之间没有必然联系。如国家经济政策变化，不可能引起自然条件的变化。

(2) 一种风险会出现；另一种风险一定会发生。如一个国家政局动荡，必然会导致该国经济形势恶化，而引起通货膨胀物价飞涨。

(3) 如一种风险出现后；另一种风险发生的可能性增加。如自然条件发生变化，有可能会导致承包商技术能力不能满足实际需要。

上述后两种情况的风险是相互关联的，有交互作用。用概率来表示各种风险发生的可能性，设某项目中可能会遇到i个风险，$i=1$，2，……，P_i表示各种风险发生的概率($0\leqslant P_i\leqslant1$)，R_i表示第i个风险一旦发生给项目造成的损失值。其评价步骤如下。

① 找出各种风险之间相关概率P_{ab}。

设P_{ab}表示一旦风险a发生后风险b发生的概率($0\leqslant P_{ab}\leqslant1$)。如$P_{ab}=0$，表示风险$a$、$b$之间无必然联系；当$P_{ab}=1$表示风险$a$出现必然会引起风险$b$发生。根据各种风险之间的关系，我们就可以找出各风险之间的 P_{ab}，见表 9-3。

表 9-3　各风险之间的 P_{ab}

风　险		1	2	3	…	i	…
1	P_1	1	P_{12}	P_{13}	…	P_{1i}	…
2	P_2	P_{21}	1	P_{23}	…	P_{2i}	…
…	…	…	…	…	…	…	…
i	P_i	P_{i1}	P_{i2}	P_{i3}	…	1	…
…	…	…	…	…	…	…	…

② 计算各风险发生的条件概率 $P(b/a)$。

已知风险 a 发生概率为 P_a，风险 b 的相关概率为 P_b，则在 a 发生情况下 b 发生的条件概率 $P(b/a)=P_a \cdot P_{ab}$，见表 9-4。

表 9-4　各风险发生的 $P_{(b/a)}$

风　险	1	2	3	…	i	…
1	P_1	$P(2/1)$	$P(3/1)$	…	$P(i/1)$	…
2	$P(1/2)$	P_2	$P(3/2)$	…	$P(i/2)$	…
…	…	…	…	…	…	…
i	$P(1/i)$	$P(2/i)$	$P(3/i)$	…	P_i	…
…	…	…	…	…	…	…

③ 计算出各种风险损失情况 R_i。

R_i＝风险 i 发生后的工程成本－工程的正常成本

④ 计算各风险损失期望值 W_i。

$$W_i = \sum p\left(\frac{j}{i}\right)R_j$$

⑤ 将损失期望值按从大到小进行当排列，并计算出各期望值在总损失期望值中所占百分率。

⑥ 计算累计百分率并分类。损失期望值累计百分率在 80%以下所对应的风险为 A 类风险，它是主要风险；累计百分率在 80%～90%的那些风险为 B 类风险，它是次要风险；累计百分率在 90%～100%的那些风险为 C 类风险，它是一般风险。

5. 风险状态分析

有的风险有不同的状态、程度，例如某工程中通货膨胀可能为 0、3%、6%、9%、12%、15%6 种状态。由工程估价分析得到相应的风险损失为 0 万元、20 万元、30 万元、45 万元、60 万元、90 万元。现请四位专家进行风险咨询。各位专家估计各种状态发生的概率见表 9-5。对四位专家的估计，可以取平均的方法作为咨询结果(如果专家较多，可以去掉最高值和最低值再平均)。

表 9-5 专家估计各种状态发生的概率

专家	风险状态：通货膨胀(%)						∑
	0	3	6	9	12	15	
	风险损失(万元)						
	0	20	30	45	60	90	
1	20	0	35	15	10	0	100
2	0	10	55	20	15	10	100
3	10	10	40	20	15	5	100
4	10	10	30	25	20	5	100
平均	10	10	40	20	15	5	100

则可以得到通货膨胀风险的影响分析表见表 9-6。

表 9-6 通货膨胀影响分析表

通货膨胀率/%	发生概率	损失预计/万元	概率累计
0	0.1	0	1.0
3	0.1	20	0.9
6	0.4	30	0.80
9	0.2	45	0.40
12	0.15	60	0.20
15	0.05	90	0.05

从表上可见通货膨胀率损失大致的风险状况。如损失预计达 45 万元，即为 9%的通货膨胀率约有 40%的可能性。一个项目不同种类的风险，可以在该图上叠加求和。

6. *其他方法*

人们对风险分析、评价方法作了许多研究，尚有许多种常用的切实可行的分析评价方法，如对历史资料进行统计分析、模拟方法即蒙特·卡罗法、决策树分析法、敏感性分析、因果关系分析法、头脑风暴法、价值分析法和变量分析法等。

这些方法在其他职能管理中也经常使用。

9.4 风险控制

9.4.1 风险的分配

一个工程项目总的风险有一定的范围和规律性，这些风险必须在项目参加者(如投资者、业主、项目管理者、各承包商、供应商等)之间进行分配，每个参加者都必须有一定的风险责任。风险分配通常在任务书、责任证书、合同和招标文件等中定义，在起草这些文件的时候都应对风险作出预计、定义和分配。只有合理地分配风险，才能调动各方面的积极性，才能有项目的高效益。正确对待风险，有如下好处。

(1) 可以最大限度发挥各方风险控制的积极性。任何一方如果不承担风险，他就没有管理的积极性和创造性，项目就不可能优化。

(2) 减少工程中的不确定性，风险分配合理，就可以比较准确地计划和安排工作。

(3) 业主可以得到一个合理的报价，承包商报价中的不可预见风险费较少。

对项目风险的分配，业主起主导作用，因为业主作为买方，起草招标文件、合同条件，确定合同类型，确定管理规范，而承包商、供应商等处于从属的地位。但业主不能随心所欲，不能不顾主客观条件把风险全部推给对方，而对自己免责。风险分配有如下基本原则。

(1) 从工程整体效益的角度出发，最大限度地发挥各方的积极性。项目参加者如果不承担任何风险，则他就没有任何责任；就没有控制的积极性；就不可能做好工作。如对承包商采用成本加酬金合同，承包商没有任何风险责任，则承包商会千方百计提高成本以争取工程利润。

而如果让承包商承担全部风险责任也不行。他会提高报价中的不可预见风险费。如果风险不发生，业主多支付了费用；如果发生了风险，这笔不可预见风险费，又不足以弥补承包商的损失。承包商没有合理利润，或亏本，则他履约的积极性不高；或想方设法降低成本，偷工减料，拖延工期；要求业主多支付，想方设法索赔。

而业主因不承担任何风险，便随便决策，随便干预，不积极地对项目进行战略控制，风险发生时也不积极地提供帮助，则同样也会损害项目整体效益。

从工程的整体效益的角度来分配风险的准则如下。

① 谁能有效地防止和控制风险或将风险转移给其他方面，则应由他承担相应的风险责任。

② 他控制相关风险是经济的、有效的、方便的、可行的，只有通过他的努力才能减少风险的影响。

③ 通过风险分配，加强责任，能更好地进行计划，发挥管理和技术革新的积极性等。

(2) 体现公平合理，责权利平衡。

① 风险责任和权力应是平衡的。风险的承担是一项责任，即进行风险控制以及承担风险产生的损失。但同时要给承担者以控制、处理的权力。如银行为项目提供贷款，由政府作担保，则银行风险很小，它只能取得利息；而如果银行参加 BOT 项目的融资，它承担很大的项目风险，则它有权力参加运营管理及重大的决策，并参与利润的分配；承包商承担施工方案的风险，则它就有权选择更为经济、合理和安全的施工方案。

同样有一项权力，就应该承担相应的风险责任。如业主起草招标文件，就应对它的正确性负责；业主指定工程师，指定分包商，则应承担相应的风险。

如采用成本加酬金合同，业主承担全部风险，则他就有权选择施工方案，干预施工过程；而采用固定总价合同，承包商承担全部风险，则承包商就应有相应的权力，业主不应过多干预施工过程。

② 风险与机会对等。即风险承担者，同时应享受风险控制获得的收益和机会收益。

如承包商承担物价上涨的风险，则物价下跌带来的收益也应归承包商所有。若承担工期风险，拖延要支付误期违约金，则工期提前就应奖励。

③ 承担的可能性和合理性。即给承担者以预测、计划、控制的条件和可能性，给他以迅速采取控制风险措施的时间、信息等，否则对他来说风险管理成了投机。如要承包商承担对招标文件的理解、环境调查、实施方案和报价的风险，则必须给他一个合理的做标时间，业主应向他提供现场调查的机会，提供详细且正确的招标文件，特别是设计文件和合同条件，并及时地回答承包商做标中发现的问题。这样他才能理性地承担风险。

(3) 符合工程惯例，符合通常的处理方法。一方面，惯例一般比较公平合理，较好反映双方的要求；另一方面，合同双方对惯例都很熟悉，工程更容易顺利实施。如果明显的违反国际(或国内)惯例，则常显示出一种不公平、一种危险。

所以风险承担者应具备相应的条件：能最有效地控制导致风险的事件，该风险在其控制范围内；他能通过一些手段(如保险、分包)转移风险；一旦风险发生，他能进行有效的处理；他享有管理该风险所取得的大部分的经济利益；能够通过风险责任发挥计划、工程控制的积极性和创造性；风险的损失能由于他的作用而减少或扩大。

9.4.2 风险对策

对分析出来的风险可以接受，或想办法消除、减小或转移。任何人对自己承担的风险(明确规定的和隐含的)，都应该有所准备和对策，并且应有计划，应充分利用自己的技术、管理、组织的优势和过去经验。当然不同的人对风险有不同的态度，有不同的对策。通常的风险对策如下。

1) 回避风险大的项目，选择风险小或适中的项目

这在项目决策时要注意，放弃明显导致亏损的项目。对于风险超过自己的承受能力，成功把握不大的项目，不参与投标，不参与合资。甚至有时在工程进行到一半时，预测后期风险很大，必然会有更大的亏损，不得不采取中断项目的措施。

2) 技术措施

如选择有弹性的，抗风险能力强的技术方案，而不用新的未经过工程实用的不成熟的施工方案；对地理、地质情况进行详细勘察或鉴定，预先进行技术试验、模拟，准备多套备选方案，采用各种保护措施和安全保障措施。

3) 组织措施

对风险很大的项目加强计划工作，选派最得力的技术和管理人员，特别是项目经理；将风险责任落实到各个组织单元，使大家有风险意识；在资金、材料、设备、人力上对风险大的工程予以保证，在同期项目中提高它优先级别，在实施过程中严密地控制。

4) 保险

对一些无法排除的风险，如常见的工程损坏、第三方责任、人身伤亡、机械设备的损坏等，都可以通过购买保险的办法解决。当风险发生时由保险公司承担(赔偿)损失或部分损失。其代价是必须支付一笔保险金，对任何一种保险要注意它的保险范围、赔偿条件、理赔程序和赔偿额度等。

5) 要求对方提供担保

这主要针对合作伙伴的资信风险。例如由银行出具投标保函、预付款保函、履约保

函，合资项目由政府出具保证。

6）风险准备金

风险准备金是从财务的角度为风险作准备。在计划（或合同报价）中额外增加一笔费用。如在投标报价中，承包商经常根据工程技术、业主的资信、自然环境和合同等方面。它的风险的大小以及发生的可能性（概率），在报价中加上一笔不可预见风险费。

当然风险越大，则风险准备金越高。从理论上说，准备金的数量应与风险损失期望相等，但风险准备金有如下基本矛盾。

（1）在工程项目过程中，经济、自然、政治等方面的风险就像不可捉摸的怪兽。许多风险的发生很突然，规律性难以把握，有时仅5%可能性的风险发生了，而95%可能性的风险却没有发生。

（2）风险如果没有发生，则风险准备金造成一种浪费。如合同风险很大，承包商报出了一笔不可预见风险费，结果风险没有发生，则业主损失了一笔费用。有时项目的风险准备金会在没有风险的情况下被用掉。

（3）如果风险发生，这一笔风险金又不足以弥补损失，因为它是仅按一定的折扣（概率）计算的，则仍然会带来许多问题。

（4）准备金的多少是一个管理决策问题，除了要考虑到理论值的高低外，还应考虑到项目边界条件和项目状态。如对承包商来说，决定报价中的不可预见风险费，要考虑到竞争者的数量，中标的可能性，项目对企业经营的影响等因素。

如果风险准备金高，报价竞争力降低，中标的可能性很小，即不中标的风险大。

7）采取合作方式共同承担风险

任何项目不可能完全由一个企业或部门独立承担，须与其他企业或部门合作。

（1）有合作就有风险的分担。但不同的合作方式，风险就不一样，各方的责权利关系不一样，如借贷、租赁业务、分包、承包、合伙承包、联营和BOT项目。它们有不同的合作紧密程度，有不同的风险分担方式，则有不同的利益分享。

（2）寻找抗风险能力强的可靠的有信誉的合作伙伴。双方合作越紧密，则要求合作者越可靠。如合资者为政府、大的可靠的公司和金融集团等。则双方结合后，项目的抗风险能力会大大增强。

（3）通过合同分配风险。在许多情况下通过合同排除（推卸），风险是最重要的手段。合同规定风险分担的责任及谁对风险负责。如对承包商来说要减少风险，在承包合同中要明确规定。

业主的风险责任，即哪些情况应由业主负责；承包商的索赔权力，即要求调整工期和价格的权力；工程付款方式、付款期，以及对业主不付款的处置权力；对业主违约行为的处理权力；承包商权力的保护性条款；采用符合惯例的通用的合同条件；注意仲裁地点和适用法律的选择。

8）采取其他方式

例如采用多领域、多地域、多项目的投资以分散风险。因为理论和实践都证明：多项目投资，当多个项目的风险之间不相关时，其总风险最小，所以抗风险能力最强。这是目前许多国际投资公司的经营手段，通过参股、合资、合作，既扩大了投资面；扩大了经营范围；扩大了资本的效用，能够进行独自不能承担的项目。同时又能与许多企业共同承担风险，进而降低了总经营风险。

上述风险的预测和对策措施应包括在项目计划中，对特别重大的风险应提出专门的分析报告。对做出的风险对策措施，应考虑是否可能产生新的风险，因为任何措施都可能带来新的问题。

9.4.3 工程实施中的风险控制

工程实施中的风险控制主要贯穿在项目的进度控制、成本控制、质量控制和合同控制等过程中。

(1) 风险监控和预警，风险监控和预警是项目控制的内容之一。在工程中不断地收集和分析各种信息，捕捉风险前奏的信号。

① 天气预测警报。

② 股票信息。

③ 各种市场行情、价格动态。

④ 政治形势和外交动态。

⑤ 各投资者企业状况报告。

⑥ 在工程中通过工期和进度的跟踪、成本的跟踪分析、合同监督、各种质量监控报告和现场情况报告等手段，并了解工程风险。

⑦ 在工程的实施状况报告中应包括风险状况报告。

知识链接

FIDIC 土木工程合同条件中所列风险及保险应用情况见表9-7。

表9-7 FIDIC 土木工程合同条件中所列风险及保险应用情况

风险类型	投保主体		
	业主	工程师	承包商
工程的重要损失或破坏			
(1) 战争等；暴乱、骚乱或混乱	不保险	不保险	不保险
(2) 核装置和压力波、危险爆炸	不保险	不保险	不保险
(3) 不可预见的自然力	建筑工程一切险		
(4) 运输中的损失或损坏			货物运输保险
(5) 不合格的工艺和材料			建筑工程一切险
(6) 工程师的粗心设计		职业责任保险	
(7) 工程师的非疏忽缺陷设计	按业主正常保险计划		
(8) 已被业主使用或占用	风险自留，不保险		
(9) 其他原因			建筑工程一切险
对工程设备的损失或损坏			
(1) 战争等；暴乱、骚乱或混乱	不保险	不保险	不保险
(2) 核装置和压力波、危险爆炸	不保险	不保险	不保险
(3) 运输中的损失和损坏			货物运输保险
(4) 其他原因			建筑工程一切险

续表

风险类型	投保主体		
	业　主	工　程　师	承　包　商
第三方的损失 (1) 执行合同中无法避免的结果 (2) 业主的疏忽 (3) 承包商的疏忽 (4) 工程师的职业疏忽 (5) 工程师的其他疏忽	业主的第三者责任 业主的第三者责任	职业责任保险 工程师的第三者责任	承包商的第三者责任
承包方/分包方的人身伤害 (1) 承包商的疏忽 (2) 业主的疏忽 (3) 工程师的职业疏忽 (4) 工程师的其他疏忽	业主的第三者责任	职业责任保险 工程师的第三者责任	承包商的除外责任

(2) 及时采取措施控制风险的影响。风险一经发生则应积极地采取措施，降低损失，防止风险的蔓延。

(3) 在风险状态，保证工程的顺利实施。

① 控制工程施工，保证完成预定目标，防止工程中断和成本超支。

② 迅速恢复生产，按原计划执行。

③ 有可能修改计划、修改设计，按工程中出现的新的状态进行调整。

④ 争取获得风险的赔偿，如向业主、向保险单位和风险责任者提出索赔等。

案例 9.1

施工项目管理成功与失败原因核对

某承包人制作的施工项目管理成功与失败原因核对情况如下。

工程项目管理成功的原因如下。

(1) 项目目标清楚，对风险采取了现实可行的措施。

(2) 从项目一开始就让参与项目以后各阶段的有关方面参与决策。

(3) 项目各有关方的责任和应当承担的风险划分明确。

(4) 在项目设备订货和施工之前，对所有可能的设计方案都进行细致的分析和比较。

(5) 在项目规划阶段，组织和签约中可能出现的问题都事先预计到了。

(6) 项目经理有献身精神，拥有所有应该有的权限。

(7) 项目班子全体成员工作勤奋，对可能遇到的大风险都集体讨论过。

(8) 对外部环境的变化都采取了及时的应对行动。

(9) 进行了班子建设、表彰、奖励及时、有度。

(10) 对项目班子成员进行了培训。

工程项目管理失败的原因如下。

(1) 项目业主不积极、缺少推动力。

(2) 沟通不够，决策者远离项目现场，项目各有关方责任不明确，合同上未写明。

(3) 规划工作做得不细，或缺少灵活性。

(4) 把工作交给了能力不行的人，又缺少检查、指导。

(5) 仓促进行各种变更，更换负责人，改变责任、项目范围或项目计划。

(6) 决策时不征求各方面意见。

(7) 未能对经验教训进行分析。

(8) 其他错误。

案例 9.2

工程项目融资风险核对

近些年来，项目融资作为建设基础产业和基础设施项目筹集资金的方式越来越受到人们的重视。但是项目融资是风险很大的一种项目活动。因此，项目融资的风险管理也变得越来越重要。某金融机构从以往项目融资业务活动中，总结出了项目融资风险如下。

项目失败的原因(潜在的威胁)如下。

(1) 工程延误，因而利息增加，收益推迟。

(2) 成本、费用超支。

(3) 技术失败。

(4) 承包商财务失败。

(5) 政府过多干涉。

(6) 未向保险公司投保人身伤害险。

(7) 原材料涨价或供应短缺、供应不及时。

(8) 项目技术陈旧。

(9) 项目产品服务在市场上没有竞争力。

(10) 项目管理不善。

(11) 对于担保物，例如油、气储量和价值的估计过于乐观。

(12) 项目所在国政府无财务清偿能力。

项目成功的必要条件如下。

(1) 项目融资只涉及信贷风险，不涉及资本金。

(2) 切实地进行了可行性研究，编制了财务计划。

(3) 项目要用的产品材料的成本要有保障。

(4) 价格合理的能源供应要有保障。

(5) 项目产品或服务要有市场。

(6) 能够以合理的运输成本将项目产品运往市场。

(7) 要有便捷、通畅的通信手段。

(8) 能够以预想的价格买到建筑材料。

(9) 承包商具有经验、诚实可靠。

(10) 项目管理人员富有经验、诚实可靠。

(11) 不需要未经实际考验过的新技术。

(12) 合营各方签有令各方都满意的协议书。

(13) 稳定、友善的政治环境、已办妥有关的执照和许可证。

(14) 不会有被政府没收的风险。
(15) 国家风险令人满意。
(16) 主权风险令人满意。
(17) 对于货币、外汇风险事先已有考虑。
(18) 主要的项目发起者，已经投入足够的资本金。
(19) 项目本身的价值足以充当担保物。
(20) 对资源和资产已进行了满意的评估。
(21) 已向保险公司缴纳了足够的保险费，取得了保险单。
(22) 对不可抗力已采取了措施。
(23) 成本超支的问题已经考虑过。

案例 9.3

某海外工程的风险调查表

某海外工程的风险调查见表9-8。其中$W\times X$叫做风险度，表示一个项目的风险程度。由$W\times X=0.56$，说明该项目的风险属于中等水平。可以投标，报价时风险费也可取中等水平。

表9-8 某海外工程的风险调查

可能发生的风险因素	权数W	风险因素发生的可能性					$W\times X$
		很大1.0	较大0.8	中等0.6	不大0.4	较小0.2	
政局不稳	0.05			√			0.03
物价上涨	0.15		√				0.12
业主支付能力	0.10			√			0.06
技术难度	0.20					√	0.04
工期紧迫	0.15			√			0.09
材料供应	0.15		√				0.12
汇率浮动	0.10			√			0.06
无后继项目	0.10				√		0.04

复习思考题

1. 全面风险管理有哪些内容？
2. 风险分配有哪些基本原则？
3. 通常风险分析有哪几个角度？
4. 在您所从事的工程项目中，影响最大的，又是最常见的风险因素有哪些？通常有哪些对策措施？

第10章 组织协调与信息管理

教学目标

在项目的整个生命期中，做好组织协调和信息管理工作，以保证项目管理目标的实现。

教学要求

能力目标	知识要点	权重
了解相关知识	(1) 以项目经理为中心的几种重要的沟通过程 (2) 建设工程项目中的信息、信息流，现代信息技术带来的问题 (3) 工程项目的报告系统的结构形式和内容	45%
熟练掌握知识点	(1) 项目沟通中经常出现的问题分析 (2) 项目中常见的几种正式和非正式的沟通方式 (3) 项目管理信息系统和文档管理的任务和基本要求	50%
运用知识分析案例	工程项目建设中的沟通与协调	5%

引例

坚持监理例会，做好会议纪要

广东省丰顺县委县政府综合大楼建筑面积23000m^2，虽然只有一个总包单位，但分包单位较多。在这样的情况下，为了更好地贯彻项目监理组的精神，协调总包与分包各工种之间的关系，监理例会就显得更为重要了。

现场监理组要求施工总包方的项目经理、技术负责人、各方负责人以及各分包方的负责人参加每周例会。同时也请业主共同参与监理例会。会议汇总施工现场的实际情况，提出问题、解决问题，并要充分提高会商效率。

现场例会由监理方主持，议程有几个方面。

(1) 由总包方汇报一周完成的工作量及安全、质量情况，提出本周计划完成的工作量。

(2) 各分包方谈在施工过程中需解决的问题。

(3) 监理方着重对在监控过程中发现的进度和质量问题进行分析，对于施工方反映的问题，探讨解决问题的办法。对施工方在安全生产意识上进行宣传和教育。

(4) 业主对施工方提出的问题给予明确答复。

及时整理每次的例会纪要，发送给与会各方。整理会议纪要时要注意以下几点。

(1) 文字简略，用词准确，措词严谨，否则影响对会议纪要的理解。

(2) 要分清问题的性质，脉络清楚，条理分明，避免记“流水账”。

(3) 有关安全问题、安全教育事项都要记录在案，提醒各方将安全问题置于头等重要的地位，这是对监理自身的保护。

开好监理会，做好会议纪要，有助于各方顺利地开展工作。促进工程顺利按要求进行，并有助于树立监理的威信。

10.1 组织协调

10.1.1 概述

1. 协调

协调是项目管理的一项重要工作，要取得一个成功的项目，协调具有重要作用。协调可使矛盾着的各个方面居于统一体中，解决它们的界面问题；解决它们之间的不一致和矛盾，使系统结构均衡；使项目实施和运行过程顺利。在项目实施过程中，项目经理是协调的中心和沟通的桥梁。在整个项目的目标设计、项目定义、设计和计划、实施控制中有着各式各样的协调工作。

(1) 项目目标因素之间的协调。

(2) 项目各子系统内部、子系统之间、子系统与环境之间的协调。

(3) 各专业技术方面的协调。

(4) 项目实施过程的协调。

(5) 各种管理方法、管理过程的协调。

(6) 各种管理职能如成本、合同、工期、质量等的协调。

(7) 项目参加者之间的组织协调等。

所以协调作为一种管理方法已贯穿于整个项目和项目管理过程中。

在各种协调中，组织协调具有独特的地位。它是其他协调有效性的保证，只有通过积极的组织协调，才能实现整个系统全面协调的目的。

现代项目中参加单位非常多，常有几十家、几百家甚至几千家，形成了非常复杂的项目组织系统。由于各单位有不同的任务、目标和利益，它们都企图指导、干预项目实施过程。项目中组织利益的冲突比企业中各部门的利益冲突更为激烈和不可调和，而项目管理者必须使各方面协调一致、齐心协力的工作。这就越发显示出组织协调的重要性。

2. 沟通

沟通是组织协调的手段，解决组织成员间障碍的基本方法。组织协调的程度和效果常常依赖于各项目参加者之间沟通的程度。通过沟通，不但可以解决各种协调的问题，如在技术、过程、逻辑、管理方法和程序中间的矛盾、困难和不一致。而且还可以解决各参加者心理的和行为的障碍和争执。通过沟通可达到如下。

(1) 使总目标明确，项目参加者对项目的总目标达成共识。沟通为总目标服务，以总目标作为群体目标，作为大家行动指南。沟通的目的是要化解组织之间的矛盾和争执，以便在行动上协调一致，共同完成项目的总目标。

项目经理一方面要研究业主的总目标、战略、期望、项目的成功准则；另一方面在作系统分析、计划及控制前，把总目标通报给项目组织成员。

(2) 使各种人、各方面互相理解、了解，建立和保持较好的保持团队精神，使人们积极地为项目工作。组织成员目标不同容易产生组织矛盾和障碍。

(3) 使人们行为一致，减少摩擦、对抗，化解矛盾，达到一个较高的组织效率。

(4) 保持项目的目标、结构、计划、设计和实施状况的透明性，当项目出现困难时，通过沟通使大家有信心、有准备，齐心协力。

沟通是计划、组织、激励、领导和控制等管理职能有效性的保证。工作中产生的误解、摩擦、低效等问题，其中很大一部分可以归咎于沟通的失败。

长期以来，由于认识和行为上的问题，人们不重视项目的组织行为、项目的沟通方式、组织争执和领导方式等问题。常忽视使各项目参加者满意，以及如何使各方面满意的问题。人们仅将沟通看作一个信息过程，而忽视了它又是心理的和组织行为的过程；忽视了项目组织沟通的特殊性。在项目协调与沟通中信息过程是表面的，而心理过程是内在的实质的。

早期的项目管理文献侧重于项目管理工作手段和技术的研究、开发和论述。从 20 世纪 70 年代后期以来，人们已逐渐地认识到项目组织行为和组织协调的重要性。人们研究的重点逐步放在项目管理概念中的行为尺度和组织尺度方面。这些领域包括如下。

(1) 领导类型/人际关系技巧。

(2) 冲突管理。

(3) 决策方式和建立项目组的技巧。

(4) 组织设计和项目经理的权威关系。

(5) 项目管理中的信息沟通。

(6) 项目组与母公司、顾客和其他外部组织的关系。

20 世纪 90 年代初，人们研究并提出现代项目管理尚未解决的问题，其中涉及这一方面的问题如下。

(1) 最好的沟通方式是什么？

(2) 从哪里获得信息？应相信正规报告还是更注重个人交谈？

(3) 如何解决争执和危机？

(4) 部门之间在行为上有什么区别？

(5) 管理者的行为与所选用的组织形式有什么关系？

人们曾总结项目成功的十大规则，其中涉及这方面的问题就有“小组工作”、“各方良好的合作”、“沟通”、“争执的处理”、“公开的信息政策”和“激励”等。

3. 项目沟通的困难

由于项目组织和项目组织行为的特殊性，使得在现代工程项目中沟通是十分困难的。尽管有现代化的通讯工具和信息收集、储存和处理工具，减小了沟通技术上的和时间上的障碍，使得信息沟通非常方便和快捷，但仍然不能解决人们许多心理上的障碍。组织沟通的困难如下。

(1) 现代工程项目规模大，参加单位多，造成每个参加者沟通面大，各人都存在着复杂的联系，需要复杂的沟通网络。

(2) 现代工程项目技术复杂、新工艺的使用、专业化和社会化的分工，以及项目管理的综合性和人们的专业化的矛盾增加了交流和沟通难度。特别是项目经理和各职能部门之间经常难以做到协调配合。

(3) 由于各参加者(如业主、项目经理、技术人员、承包商)，有不同的利益、动机和兴趣，则有不同的出发点，对项目有不同的期望和要求；对目标和目的性的认识不同，则项目目标与他们的关联性各不相同，造成行为动机的不一致。作为项目管理者在沟通过程中，他不仅应强调总目标，而且要照顾各方面的利益，使各方面都满意。这就有很大的难度。

(4) 由于项目是一次性的，项目组织都是新的成员、新的对象、新的任务，则项目的组织摩擦大。一个组织从新成立到正常运行都需要一个过程，都有许多不适应和摩擦。所以项目刚成立或一个单位刚进入项目，都会有沟通上的困难，容易产生争执。

(5) 反对变革的态度。项目是建立一个新的系统，它会对上层企业组织、外部周边组织(如政府机关、周边居民等)、其他参加者组织产生影响。需要他们改变行为方式和习惯，适应并接受新的结构和过程。这必然对他们的行为、心理产生影响，容易产生对抗。这种对抗常会影响他们应提供的对项目的支持，甚至会造成对项目实施的干扰和障碍。

(6) 人们的社会心理、文化、习惯、专业、语言对沟通产生影响，特别在国际合作项目中，参加者来自不同的国家，他们适应不同的社会制度、文化、法律背景、不同的语言，产生了沟通的障碍。

(7) 在项目实施过程中企业和项目的战略方针和政策应保持其稳定性，否则会造成协调的困难，造成人们行为的不一致，而在项目生命期中这种稳定性是无法保证的。

10.1.2 项目中几种重要的沟通

在项目实施过程中，项目组织系统的单元之间都有界面沟通问题。项目经理和项目经理部是整个项目组织沟通的中心。围绕着项目经理和项目经理部有几种最重要的界面沟通。

1. 项目经理与业主的沟通

业主代表项目的所有者，对项目具有特殊的权力，而项目经理为业主管理项目，必须服从业主的决策、指令和对工程项目的干预。项目经理的最重要的职责是保证业主满意。要取得项目的成功，必须获得业主的支持。

(1) 项目经理首先要理解总目标、理解业主的意图、反复阅读合同或项目任务文件。对于未能参加项目决策过程的项目经理，必须了解项目构思的基础、起因、出发点，了解目标设计和决策背景。否则可能对目标及完成任务有不完整的，甚至无效的理解，会给他的工作造成很大的困难。如果项目管理和实施状况与最高管理层或业主的预期要求不同，业主将会干预，将要改正这种状态。所以项目经理必须花很大气力来研究业主，研究项目目标。

(2) 让业主一起投入项目全过程，而不仅是给他一个结果(竣工的工程)。尽管有预定的目标，但项目实施必须执行业主的指令，使业主满意。而业主通常是其他专业或领域的人，可能对项目懂得很少。许多项目管理者常嗟叹“业主什么也不懂，还要乱指挥、乱干预。”这是事实，这确实是令项目管理者十分痛苦的事。但这并不完全是业主的责任，很大一部分是项目管理者的责任。解决这个问题比较好的办法如下。

① 使业主理解项目、项目过程，向他解释说明，使他成为专家，减少他的非程序的干预和越级指挥。特别应防止业主的企业内部其他部门人员随便干预和指令项目，或将企业内部矛盾、冲突带入到项目中。培养业主成为工程管理专家，让他一起投入项目实施过程，使他理解项目和项目的实施过程，学会项目管理方法，以减少他的非程序干预和越级指挥。

许多人不希望业主过多地介入项目，实质上这是不可能的。一方面项目管理者无法，也无权拒绝业主的干预；另一方面业主介入，也并非是一件坏事。业主对项目过程的参与能加深对项目过程和困难的认识，使决策更为科学和符合实际；同时能使他有成就感，他能积极地为项目提供帮助，特别当项目与上层系统产生矛盾和争执时，应充分利用业主去解决问题。

② 项目经理作出决策安排时要考虑到业主的期望、习惯和价值观念，说出他想要说的话，经常了解业主所面临的压力，以及业主对项目关注焦点。

③ 尊重业主，随时向业主报告情况。在业主作决策时，向他提供充分的信息，让他了解项目的全貌、项目实施状况、方案的利弊得失及对目标的影响。

④ 加强计划性和预见性，让业主了解承包商、了解他自己非程序干预的后果。

业主和项目管理者双方理解得越深，双方期望越清楚，则争执越少。否则业主就会成为一个干扰因素，而业主一旦成为一个干扰因素，则项目管理者必然失败，尽管他很辛苦，项目也可能比较完美。

(3) 业主在委托项目管理任务后，应将项目前期策划和决策过程向项目经理作全面的说明和解释，提供详细的资料。

国际项目管理经验证明，在项目过程中，项目管理者越早进入项目，项目实施越顺利，最好能让他参与目标设计和决策过程；在项目整个过程中应保持项目经理的稳定性和连续性。

(4) 项目经理有时会遇到业主所属企业的其他部门，或合资者各方都想来指导项目的实施，这是非常棘手的。项目经理应很好的倾听这些人的忠告，对他们作耐心的解释和说明，但不应当让他们直接指导实施和指挥项目组织成员。否则，会有严重损害整个工程的巨大危险。

2. 项目管理者与承包商的沟通

这里的承包商是指工程的承包商、设计单位、供应商。他们与项目经理没有直接的合同关系，但他们必须接受项目管理者的领导、组织、协调和监督。

(1) 应让各承包商理解总目标、阶段目标以及各自的目标、项目的实施方案、各自的工作任务及职责等。并应向他们解释清楚，作详细说明，增加项目的透明度。这不仅在技术交底中，而且应该贯穿在整个项目实施过程中。

在实际工程项目中，许多技术型的项目经理常将精力放在追求完美的解决方案上，进行各种优化。但实践证明，只有承包商最佳的理解，才能发挥他们的创新精神和创造性，否则即使有最优化的方案，也不可能取得最佳的效果。所以国际项目专家告诫：应把精力放在参加者最佳的理解和接受上。

(2) 指导和培训各参加者和基层管理者适应项目工作，向他们解释项目管理程序、沟通渠道与方法，指导他们并与他们一齐商量如何工作，如何把事情做得更好。经常地解释目标、解释合同和解释计划；发布指令后要作出具体说明，防止产生对抗。

(3) 业主将具体的工程项目管理事务委托给项目管理者，赋予他很大的处置权力(例如 FIDIC 合同)。但项目管理者在观念上应该认为自己是提供管理服务，不能随便对承包商动用处罚权(例如合同处罚)，或经常以处罚相威胁(当然有时不得已必须动用处罚权)。应经常强调自己是提供服务、帮助，强调各方面利益的一致性和项目的总目标。

(4) 在招标、商签合同、工程施工中应让承包商掌握信息、了解情况，以做出正确的决策。

(5) 为了减少对抗、消除争执，取得更好的激励效果，项目管理者应欢迎并鼓励承包商将项目实施状况的信息、实施结果和遇到的困难；自己心中的不平和意见向他作汇报，这样寻找和发现对计划、对控制有误解；或有对立情绪的承包商和可能的干扰。各方面了解得越多、越深刻，项目中的争执就越少。

3. 项目经理部内部的沟通

项目经理所领导的项目经理部是项目组织的领导核心。通常项目经理不直接控制资源和具体工作，而是由项目经理部中的职能人员具体实施控制，则项目经理和职能人员之间及各职能人员之间就有界面和协调。他们之间应有良好的工作关系，应当经常协商。

在项目经理部内部的沟通中项目经理起着核心作用，如何协调各职能工作，激励项目经理部成员，是项目经理的重要课题。

项目经理部的成员的来源与角色是复杂的，有不同的专业目标和兴趣。有的专职为本项目工作，有的以原职能部门工作为主；他们有不同的专业，承担着不同的管理工作。

(1) 项目经理与技术专家的沟通是十分重要的，他们之间也存在许多沟通障碍。技术专家常对基层的具体施工了解较少，只注意技术方案的优化，对技术的可行性过于乐观。而不注重社会和心理方面，而项目经理应积极引导，发挥技术人员的作用；同时注重全局、综合和方案实施的可行性。

(2) 建立完备的项目管理系统，明确划分各自的工作职责，设计比较完备的管理工作流程。明确规定项目中正式沟通方式、渠道和时间，使大家按程序，按规则办事。

许多项目经理(特别是西方的)，对管理程序寄予很大的希望，认为只要建立科学的管理程序。要求大家按程序工作，职责明确，就可以比较好地解决组织沟通问题，实践证明，这是不全面的。

① 管理程序过细，并过于依赖它容易使组织僵化。

② 项目具有特殊性，实际情况千变万化，项目管理工作很难定量评价，它的成就还

主要依靠管理者的能力、职业道德、工作热情和积极性。

③ 过于程序化造成组织效率低下，组织摩擦大，管理成本高，工期长。

另外，国外有人主张不应将项目管理系统设计好了在项目组织中推广，而应该与项目组织成员一起投入建立管理系统。让他们参与全过程，这样的系统更有实用性。

(3) 由于项目的特点，项目经理更应注意从心理学，行为科学的角度激励各个成员的积极性。虽然项目工作富有创造性，有吸引力，但由于项目经理一般没有对项目组成员提升职位。甚至提薪的权力，这会影响他的权威和吸引力，但他也有自己的激励措施。

① 采用民主的工作作风，不独断专行。在项目经理部内放权，让组织成员独立工作，充分发挥他们积极性和创造性，使他们对工作有成就感。通过让员工估计自己的工期制方案，使项目组成员密切地参与到计划进程中。因为他们是最了解的人，参与决策的程度和集体精神。项目经理应少用正式权威，多用他的专门知识、品格、忠诚和工作挑战精神影响成员。

过分依靠处罚和权威的项目经理也会造成与职能部门的冲突，对互相支持、合作、尊重产生消极的影响。

② 改进工作关系，关心各个成员，礼貌待人。鼓励大家参与和协作，与他们一起研究目标、制订计划；多倾听他们的意见、建议；鼓励他们提出建议、质疑、设想；建立互相信任、和谐的工作气氛。

③ 公开、公平、公正地处理事务。

合理地分配资源；公平地进行奖励；客观、公正地接受反馈意见；对上层的指令、决策应清楚地、快速地通知项目成员和相关职能部门；应该经常召开会议，让大家了解项目情况。遇到的问题或危机，鼓励大家同舟共济。

(4) 在向上级和职能部门提交报告中应包括对项目组成员好的评价和鉴定意见，项目结束时应对成绩显著的成员进行表彰，使他们有成就感。

(5) 由于项目组织是一次性的、暂时的，在项目中，项目小组的沟通一般经过 3 个过程。

① 项目开始后组建项目经理部，大家从各部门、各单位来，彼此生疏，对项目管理系统的运作不熟悉。所以沟通障碍很大，难免有组织摩擦，成员之间有一个互相适应的过程。

但另一方面，由于项目工作有明显的挑战性，能够独立决策，项目成果显著，也可能增加职能人员的动力。

② 随着项目的进展，大家互相适应，管理效率逐渐提高，各项工程比较顺利，这时整个项目的工作进度也最快。

③ 项目结束前，由于项目小组成员要寻找新的工作岗位，或已参与其他项目工作；则有不安、不稳定情绪，对留下来的工作失掉兴趣，对项目失去激情，工作效率低下。

对以项目作为经营对象的企业，如承包公司、监理公司等，应形成比较稳定的项目管理队伍，这样尽管项目是一次性的、常新的，但项目小组却是相对稳定，各成员之间为老搭档，彼此了解，可大大减小组织摩擦。

(6) 职能人员的双重忠诚问题。项目经理部是个临时性的管理工作组。特别在矩阵式的组织中，项目成员在原职能部门保持其专业职位，他可能同时为许多项目提供管理服务。

有人认为，项目组织成员同他所属的职能部门紧密联系会不利于项目经理部开展工作，这是不对的。应鼓励项目组织成员对项目和对职能部门都忠诚，这是项目成功的必要条件。

(7) 建立公平、公正的考评工作业绩的方法、标准，可核实的目标管理的标准。对成员进行业绩考评，在其中剔除运气、不可控制、不可预期的因素。

4. 项目经理与职能部门的沟通

项目经理与企业职能部门经理之间的界面沟通是十分重要的，特别在矩阵式组织中。职能部门必须对项目提供持续的资源和管理工作支持，他们之间有高度的相互依存性。

(1) 在项目经理与职能经理之间自然会产生矛盾，在组织设置中他们间的权力和利益平衡存在着许多内在的矛盾性。项目的每个决策和行动都必须跨过此界面来协调，而项目的许多目标与职能管理差别很大。项目经理本身能完成的事极少，他必须依靠职能经理的合作和支持，所以在此界面上的协调是项目成功的关键。

(2) 项目经理必须发展与职能经理的良好工作关系，这是他的工作顺利进行的保证。两个经理间有时会有不同意见，会出现矛盾。职能经理常不了解或不同情项目经理的紧迫感，职能部门都会扩大各自的作用。它自己的观点来管理项目，有可能使项目经理陷入的困境，受强有力的职能部门所左右。

当与部门经理不协调时，有的项目经理可能被迫到企业最高管理层处寻求解决。将矛盾上交，但这样常更会激化他们之间的矛盾，使以后的工作更难协调。

项目经理应该把计划和预期向项目提供职能人员，或职能服务，或与项目供应资源的关键职能部门经理交换意见，以取得他们的赞同。

同样职能经理在给项目上分配人员与资源时应与项目经理商量。如果在选择过程中不让项目经理参与意见，必然会导致组织争执。

(3) 与职能经理之间有一个清楚的便于接近的信息沟通渠道。项目经理和职能经理不能发出相互矛盾的命令，两种经理必须每日互相交流。

(4) 项目经理与职能经理的基本矛盾其根源大部分是经理间的权力和地位的斗争。职能经理变成项目经理的任务接受者，他的作用和任务是由项目经理来规定和评价的。同时还对组织职能的全面业务和他的正式上级负责。所以职能经理感到项目经理潜在的“侵权”或“扩张”动机，感到他们固有的价值被忽视了，由项目工作组派作任务的“杂活”和零活，自主地位被降级，不愿意对实施活动承担责任。

职能经理对目标的理解一般有局限性。

(5) 项目管理给原组织带来变化，必然要干扰已建立的管理规则和组织结构，机构模式是双重的。人们倾向于对变化进行抵制。项目经理的设立对职能经理增加了一个压力来源。

(6) 职能管理是企业管理等级的一部分，他被认为是“常任的”，代表“归宿”。他可直接接通公司的总裁，因此有强大高层的支持。

(7) 主要的信息沟通工具是项目计划，项目经理制订项目的总体计划后应取得职能部门资源支持的承诺。这个职权说明应通报给整个组织，没有这样一个说明，项目管理就很可能在资源分配、人力利用和进度方面与其他业务部门作持续的斗争。

10.1.3 项目沟通中的问题

1. 常见的沟通问题

在项目实施中出现的问题常起源于沟通的障碍。

(1) 项目组织或项目经理部中出现混乱，总体目标不明，不同部门和单位兴趣与目标不同，各人有各人的打算和做法，尖锐对立，并且项目经理无法调解争执或无法解释。

(2) 项目经理部经常讨论不重要的非事务性主题，协调会议经常被一些能说会道的职能部门领导打断，干扰或偏离了议题。

(3) 信息未能在正确的时间内，以正确的内容和详细程度传达到正确位置，人们抱怨信息不够、太多、不及时或者不着要领。

(4) 项目经理部中没有应有的争执，但它在潜意识中存在，人们不敢或不习惯将争执提出来公开讨论，而转入地下。

(5) 项目经理部中存在或散布着不安全、气愤、绝望的气氛，特别在项目遇到危机，上层系统准备对项目作重大变更。或据说项目不再进行；或对项目组织作调整；或项目即将结束时。

(6) 实施中出现混乱，人们对合同、对指令、对责任书理解不一或不能理解。特别在国际工程以及国际合作项目中，由于不同语言的翻译造成理解的混乱。

(7) 项目得不到职能部门的支持，无法获得资源和管理服务，项目经理花大量的时间和精力周旋于职能部门之间。与外界不能进行正常的信息流通。

2. 原因分析

上述问题在许多项目中都普遍存在，其原因可能如下。

(1) 开始项目时或当某些参加者介入项目组织时，缺少对目标、对责任、对组织规则和过程统一的认识和理解。在项目制订计划方案、作决策时未听取基层实施者意见，项目经理自负经验丰富、武断决策。不了解实施者的具体能力和情况等，致使计划不符合实际。在制订计划时，以及计划后，项目经理没有和相关职能部门协商，就指令技术人员执行。

此外项目经理与业主之间缺乏了解，对目标，对项目任务有不完整的，甚至无效的理解。

项目前期沟通太少，如在招标阶段给承包商的做标期太短。

(2) 目标之间存在矛盾或表达上有矛盾，而各参加者又从自己的利益出发解释，导致混乱。项目管理者没能及时作出解释，使目标透明。

项目存在许多投资者，他们进行非程序干预，形成实质上的多业主状况。

参与者来自不同的国家；不同的专业领域；不同的部门；有不同的习惯；不同的概念理解，甚至不同的法律参照，而在项目初期没有统一解释文本。

(3) 缺乏对项目组织成员工作的明确的结构划分和定义，人们不清楚他们的职责范围。项目经理部内工作含混不清，职责冲突，缺乏授权。

在企业中，同期的项目之间优先级不明确，导致项目之间资源争执。

(4) 管理信息系统设计功能不全，信息渠道，信息处理有故障，没有按层次、分级、分专业进行信息优化和浓缩，当然也可能有信息分析评价问题和不同的观察方式问题。

(5) 项目经理的领导风格和项目组织的运行风气不正。

① 业主或项目经理独裁，不允许提出不同意见和批评，内部言路堵塞。

② 由于信息封锁，信息不畅，上级部门人员故弄玄虚或存在幕后问题。

③ 项目经理部内有强烈的人际关系冲突，项目经理和职能经理之间互不信任，互不买账。

④ 不愿意向上司汇报坏消息；不愿意听那些与自己事先形成的观点不同的意见，采用封锁的办法处理争执和问题，相信问题会自行解决。

⑤ 项目成员兴趣转移，不愿承担义务。

⑥ 将项目管理看做是办公室的工作，作计划和决策仅依靠报表和数据，不注重与实施者直接面对面的沟通。

⑦ 经常以领导者的居高临下的姿态出现在成员面前，不愿多作说明和解释，喜欢强迫命令。对承包商经常动用合同处罚权或以合同处罚相威胁。

(6) 协调会议主题不明，项目经理权威性不强，或不能正确引导，与会者不守纪律。由于项目经理一直忍受着对协调会议的干扰，使协调会议成为聊天会，或部门领导过强(年龄过大、工龄长、经验丰富、老资格、有后台)、或个性上的毛病。或者存在不守纪律、没有组织观念的现象，甚至像宠坏的孩子，拒绝任何批评和干预，而项目经理无力指责和干预。

(7) 有人滥用分权和计划的灵活性原则，下层单位随便扩大它的自由处置权，过于注重发挥自己的创造性。这些努力违背或不符合总体目标，并与其他同级部门造成摩擦，与上级领导产生权力争执。

(8) 使用矩阵式组织，但人们并没有从直线式组织的运作方式上转变过来。组织运作规则上没设计好，项目经理与企业职能经理的权力、责任界限不明确。一个新的项目经理要很长时间才能为企业、企业部门和项目组织接受和认可。

(9) 项目经理缺乏管理技能、技术判断力或缺少与项目相应的经验，没有威信。

(10) 高级管理层不断改变项目的范围、目标、资源条件和项目的优先级。

3. 组织争执

1) 项目中的争执

沟通的障碍常会导致组织争执。项目组织是多争执的组织，这是由项目和项目组织的特殊性决定的。争执在项目中普遍存在，常见的争执有：

(1) 目标争执。项目组织成员各有自己的目标和打算，对项目的总目标缺乏了解或共识，项目的目标系统存在矛盾，例如同时过度要求压缩工期，降低成本，提高质量标准。

(2) 专业争执。如对工艺方案、设备方案、施工方案存在不一致，建筑造型与结构之间的矛盾。

(3) 角色争执。如企业任命总工程师作为项目经理，他既有项目工作，又有原部门的工作，常以总工程师的立场和观点看待项目，解决问题。

(4) 过程的争执。如决策、计划、控制之间的信息、方式方法的矛盾性。

(5) 项目组织间的争执。如组织间利益争执、行为的不协调、合同中存在矛盾和漏洞，以及权力的争执和互相推诿责任。项目经理部与职能部门之间的界面争执。

2) 正确对待争执

在实际工程中，组织争执普遍存在、不可避免，而且丰富多彩。在项目的整个过程中，项目经理必须要花大量的时间处理争执并给出解决，这已成为项目经理的日常工作。

组织争执是一个复杂的现象，它会导致关系紧张和意见分歧。通常争吵是争执的表现形式。若产生激烈的争执，以致形成尖锐的对立，这就会造成组织摩擦、能量的损耗和低效率。

在现代管理中，人们发现，没有争执不代表没有矛盾。有时表面上没有争吵，但问题却潜藏着，转入地下。如果没有正确的引导就会导致更激烈的冲突。一个组织适度的争执是有利的，没有争执，过于融洽，则没有生气和活力，可能导致没有竞争，没有优化。

正确的方法不是宣布不许争执或让争执自己消亡；而是通过争执发现问题，讲出心里话，暴露矛盾，获得新的信息；然后通过积极的引导和沟通达成一致，化解矛盾。

对争执的处理首先决定于项目管理者的性格及对争执的认识程度。领导者要有效地管理争执，有意识引起争执，通过争执引起讨论和沟通，通过详细的协商，以求照顾到各方面的利益，达到项目目标的最优解决。

3) 解决争执的措施

对争执有多种处理策略。

(1) 回避、妥协、和稀泥的方法。

(2) 以双方合作的方法解决问题。

(3) 通过协商或调停的方式解决。

(4) 由企业领导裁决。

(5) 采用对抗的方式解决，如进行仲裁或诉讼。

10.1.4 项目沟通方式

1. 沟通方式

项目中的沟通的方式是丰富多彩的，可以从许多角度进行分类。

(1) 双向沟通(有反馈)和单向沟通(不需反馈)。

(2) 按流向分为：垂直沟通，即按照组织层次上下之间沟通；横向沟通，即同层次的组织单元之间的沟通；网络状沟通。

(3) 正式沟通和非正式沟通。

(4) 语言沟通和非语言沟通。

语言沟通，即通过口头面对面沟通，如交谈、会谈、报告和演讲等。面对面的语言沟通是最客观的，也是最有效的沟通。因为它可以进行即时讨论、澄清问题、理解和反馈信息。人们可以更准确、便捷地获得信息，特别是软信息。

非语言沟通，即书面沟通，包括项目手册、建议、报告、计划、政策、信件、备忘录以及其他形式的表达。

在现代社会沟通的媒介很多，如电话、电子邮件、书信、备忘录和互联网系统等。

2. 正式沟通

1） 正式沟通的概念

正式沟通是通过正式的组织过程来实现或形成的。它由项目的组织结构图、项目流程、项目管理流程、信息流程和确定的运行规则构成，并且采用正式的沟通方式。正式沟通方式和过程必须经过专门的设计，有专门的定义。这种沟通有如下特点。

(1) 有固定的沟通方式、方法和过程，它一般在合同中或在项目手册中被规定，作为大家的行为准则。

(2) 大家一致认可，统一遵守，作为组织的规则，以保证行动一致。组织的各个子系统必须遵守同一个运作模式，必须是透明的。

(3) 这种沟通结果常有法律效力，它不仅包括沟通的文件，而且包括沟通的过程。如会议纪要若超过答复期不作反驳，则形成一个合同文件，具有法律约束力；对业主下达的指令，承包商必须执行，但业主要承担相应的责任。

2） 正式沟通的方式

(1) 项目手册。项目手册包括极其丰富的内容，它是项目和项目管理基本情况的集成，它的基本作用就是为了项目参加者之间的沟通。一本好的项目手册，会给各方面带来方便。它包括以下内容。

项目的概况、规模、业主、工程目标和主要工作量；各项目参加者；项目结构；项目管理工作规则等。

在其中应说明项目的沟通方法，管理的程序，文档和信息应有统一的定义和说明，统一的 WBS 编码体系；统一的组织编码；统一的信息编码；统一的工程成本细目划分方法和编码；统一的报告系统等。

它是项目的工作指南。在项目初期，项目管理者应就项目目标、项目手册的内容向各参加者作介绍，使大家了解项目目标、状况、参加者和沟通机制。使大家明了遇到什么事应该找谁，应按什么程序处理以及向谁提交什么文件。

(2) 各种书面文件。它包括各种计划、政策、过程、目标、任务、战略、组织结构图、组织责任图、报告、请示、指令和协议等。

在实际工程中要形成文本交往的风气，尽管大家天天见面，经常在一起商谈，但对工程项目问题的各种磋商结果。或指令，或要求都应落实在文本上，项目参加者各方都应以书面文件作为沟通的最终依据，这是经济法律的要求；也可避免出现争执、遗忘和推诿责任。

定期报告制度，建立报告系统，及时通报工程的基本状况。

对工程中的各种特殊情况及其处理，应作记录，并提出报告。特别对一些重大的事件，特别的困难或自己无法解决的问题，应呈具报告，使各方面了解。

工程过程中涉及各方面的工程活动，如场地交接、图纸交接、材料、设备验收等都应有相应的手续和签收的证据。

(3) 协调会议。协调会议是正规的沟通方式。

① 协调会议的种类。

a. 常规的协调会议，一般在项目手册中规定每周、每半月或每一月举办一次，在规定的时间和地点举行，由规定的人员参加。

b. 非常规的协调会议。即在特殊情况下根据项目需要举行的，一般有：信息发布会；解决专门问题的会议，即发生特殊的困难、事故、紧急情况时进行磋商；决策会议，即业主或项目管理者对一些问题进行决策、讨论或磋商。

② 协调会议的作用。

a. 项目经理对协调会议要有足够的重视，亲自组织和筹划，因为协调会议是一个沟通的极好机会。

b. 可以获得大量的信息，以便对现状进行了解和分析，它比通过报告文件能更好、更快、更直接地获得有价值的信息。特别是软信息，如各方面的工作态度、积极性和工作秩序等。

c. 检查任务、澄清问题、了解各子系统完成情况，存在问题及影响因素，评价项目进展情况，及时跟踪。

d. 布置下阶段的工作，调整计划，研究问题的解决措施，选择方案，分配资源。在这个过程中可以集思广益，听取各方面的意见。同时又贯彻自己计划和思路。

e. 造成新的激励，动员并鼓励备参加者努力工作。

③ 协调会议的组织。

会议也是一项目管理活动，也应当进行计划、组织和控制。组织好一个协调会议，使它富有成果，达到预定的目标，需要有相当的管理知识、艺术性和权威。

a. 事前筹划。在开会之前，项目经理必须做好准备。它包括应分析召开会议的必要性，确定会议目的，确定谁需要参加会议；信息准备，了解项目状况、困难，各方面的基本情况，准备展示的材料，收集数据；议题，准备在会上让大家讨论什么，想了解什么，达到什么效果，设计解决方案或意见；应考虑，大家会有什么反应，能不能够接受自己的意见；如果有矛盾，应有什么备选的方案或措施，如何达成一致；准备工作，如时间安排、会场布置、人员通知，有时需要准备直观教具、分发的材料、仪器或其他物品。有时对一些重大问题为了达到更好的共识，避免在会议上的冲突或僵局。或为了更快地达成一致，可以先将议程打印发给各个参加者，并可以就议程与一些主要人员进行预先磋商。进行非正式沟通，听取修改意见。有时一些重大问题的处理和解决，要经过许多回合，许多次协调会议，最后才能得出结论，这都需要进行很好的计划。

b. 会中的控制。会议应按时开始，指定记录员，简要介绍会议的目的和议程表。驾驭整个过程，防止不正常的干扰，如跑题、谈笑，讲一些题外话，干扰主题，或者有些人提出非正式议题进行纠缠，或发生争吵，影响会议的正常秩序。项目管理者必须不失时机地提醒进入主题或过渡到新的主题。善于发现和抓住有价值的问题，集思广益，补充解决方案。鼓励参加者讲出自己的观点，讲心里话，反映实际情况、问题和困难、诉苦，一起研究解决方法。通过沟通、协调甚至妥协，或劝说，使大家意见达到一致，使会议富有成果。当出现争执、不一致甚至冲突时，项目经理必须把握项目的总体目标和整体利益，并不断的解释(宣传)项目的利益和意义。宣传共同的合作关系，以争取共识，不仅使大家取得协调一致而且要争取各方面心悦诚服地的接受协调，并以积极的态度完成工作。项目经理在必要时应适当动用权威。如果项目参加者各执己见，互不让步，在总目标的基点上不能协调或没人响应。他不能为避免争执而放弃工作，必须动用权威作出决定，但这必须向业主作解释。在会议结束时总结会议成果，并确保所有参加者对所有决策和行动有一个清楚的理解。

c. 会后处理。会后应尽快整理并起草会议纪要。协调会议的结果通常以会议纪要的形式作为决议。在会上只能作会议记录，会后才整理起草纪要，送达各方认可。一般各参加者在收到纪要后，如有反对意见应在一个星期内提出反驳，否则便作为同意会议纪要内容处理。则该会议纪要即成为有约束力的协议文件。

当然，对重大问题的协议常要在新的协调会议上签署。

(4) 通过各种工作检查，特别是工程成果的检查验收进行沟通。

各种工作检查，成果(如工程)的验收是非常好的沟通方法，它们由项目过程或项目管理过程规定。通过这些工作不仅可以检查工作成果、了解实际情况，而且还可以沟通各方面、各层次的关系。检查过程常又是解决存在问题，使上下之间，左右之间互相了解的过程，同时又常是新的工作协调的起点，所以它不仅是技术性工作，而且是一个重要的管理工作。

(5) 其他沟通方法，如指挥系统、建议制度、申诉和请求程序、申诉制度和离职交谈等。有些沟通方式位于正式和非正式之间。

3. 非正式沟通

1) 非正式沟通的形式

非正式沟通是通过项目中的非正式组织关系形成的。一个项目参加者，项目小组成员在正式的项目组织中承担着一个角色，另外他同时又处于复杂的人事关系网络中，如非正式团体、由爱好、兴趣组成的小组、人们之间的非职务性联系等。在这些组织中人们建立起各种关系来沟通信息、了解情况，影响着人们的行为。

(1) 通过聊天、一起喝茶等传播小道消息，了解信息、沟通感情。

(2) 在正式沟通前后和过程中，在重大问题处理和解决过程中进行非正式磋商。其形式可以是多样的，如聊天、喝茶、吃饭和小组会议。

(3) 现场观察，通过到现场进行非正式巡视，与各种人接触、聊天、旁听会议。直接了解情况，这通常能直接获得项目中的软信息。

(4) 通过大量的非正式的横向交叉沟通，能够加速信息的流动，促进理解、协调。

2) 非正式沟通的作用

非正式沟通反映人们的态度，折射出项目的文化氛围，支持组织目标的实现。非正式沟通的作用有正面的，也有负面的。管理者可以利用非正式沟通方式，来达到更好管理效果。

(1) 管理者可以利用非正式沟通了解参加者的真实思想、意图和观察方式。了解事情内情，传播小道消息，以获得软信息；通过闲谈可以了解人们在想什么，对项目有什么意见，有什么看法。在非正式场合人们比较自由和放松，容易讲真话。

(2) 通过非正式沟通可以解决各种矛盾，协调好各方面的关系。如事前的磋商和协调可避免矛盾激化，解决心理障碍；通过小道消息透风，可以使大家对项目的决策有精神准备。

(3) 可以产生激励作用。由于项目组织的暂时性和一次性，大家普遍没有归属感、没有安全感、孤独。而通过非正式沟通，人们能够打成一片，会使大家对组织有认同感，对管理者有亲近感，有社交上的满足感。这会加强凝聚力，所以这方面工作项目经理一定要重视。

(4) 非正式沟通获得的信息有参考价值，可以辅助决策。但这些信息没有法律效力，而且有时有人会利用它来误导他人，所以在决策时应正确对待，特别谨慎。

(5) 承认非正式组织的存在，有意识的利用非正式组织，可缩短管理层次之间的鸿沟，使大家亲近。

(6) 在做出重大决策前后采用非正式沟通方式，集思广益、通报情况、传递信息，以平缓矛盾，而且能及早地发现问题，将管理工作做得更完美。

(7) 不少小道消息的传播会使人心惶惶，特别当出现项目危机，或项目要结束的时候。这样会加剧人心的不稳定、困难和危机。对此可采用公开的信息政策，使项目过程、方针、政策透明，就会减弱小道消息的负面影响。

案例 10.1

东深供水改造工程的沟通与协调

东深供水改造工程在建设管理中充分采用会议沟通协调方式来消除工程参建各方分歧，从而保证建设“安全、优质、文明、高效的一流供水工程”的项目总体目标得以实现。东深供水改造工程主要采用了3种会议类型，它主要包括首次现场调度会议、例行现场会议和现场总调度会议。

1) 首次现场调度会议

首次现场调度会议是承包人进入工地后的首次工作交底会议。主要议程包括下列内容。

(1) 主要管理机构和管理人员介绍。在会上，各方分别介绍自己的主要技术、管理人员及其岗位取责。

(2) 监理机构说明对承包人提交的施工进度计划的审批意见。

(3) 承包人介绍施工的准备情况，如承包人的主要人员到场情况，现场组织机构的建立，劳务的准备和组织。主要施工机械和材料的到动情况，临时工程的进展情况，是否有需要发包人协助解决的问题等。

(4) 商定日常工作管理程序。

(5) 商定施工用地的提供、通道占有权问题、移交施工测量基准点、公用设施的防护与拆迁情况等。

2) 例行现场会议

例行现场会议是工程开工后定期在现场召开的工作协调会议，由指定的人员参加的会议。其目的在于协调发包人、承包人和监理人等各方的日常工作。如对在施工中发现的工程质量安全问题的处理，工程进度情况通报、有关工程技术问题、征地、变更等有关事项的讨论。例行现场会议一般为每周一次。

3) 现场总调度会议

现场总调度会议是针对影响工程的质量、安全、进度及费用等方面的重要问题召开的协调会。这些问题一般与发包人、监理人、承包人和设计单位等多方均有关系。

(1) 现场调度会议的组织机构和工作原则。东改工程具有线路长，工作面广，工期紧，建筑物形式多样，施工和监理队伍多等特点。为确保对工程实施有效的管理及时进行工作衔接，发包人建立了工程现场总调度中心，组成人员包括指挥部各相关部门主要负责人，下设调度办公室。现场调控的工作原则是因地制宜，实事求是，及时协调解决，确保问题处理在工地现场之中。

(2) 现场总调度会议的主要工作内容。它包括协调处理工地现场的设计、施工和监理方面的关系以及处理现场突发事件。在施工准备阶段，该会议定期召开，集中解决施工准备和开工阶段的重点难点问题；进入大规模全面施工后，该会议的主题是工程质量和施工安全，及时协调解决施工中的质量、安全和进度问题。对于施工中的技术问题开展现场技术专题讨论会；对于工程变更，实行“现场办公，集体决定，分责办理，按职审核，依法批准”的原则，做到依法申报，依法审核，及时解决。

10.2 信息管理

10.2.1 概述

1. 项目中的信息流

在项目的实施过程中，产生以下几种主要流动过程。

1) 工作流

由项目的结构分解得到项目的所有工作，任务书(委托书或合同)则确定了这些工作的实施者，再通过项目计划具体安排它们的实施方法、实施顺序、实施时间以及实施过程中的协调。这些工作在一定时间和空间上实施，便形成项目的工作流。工作流即构成项目的实施过程和管理过程，主体是劳动力和管理者。

2) 物流

工作的实施需要各种材料、设备、资源。它们由外界输入，经过处理转换成工程实体，最终得到项目产品。则由工作流引起物流，表现出项目的物资生产过程。

3) 资金流

资金流是工程过程中价值的运动，如从资金变为库存的材料和设备，支付工资和工程款，再转变为已完工程，投入运营后作为固定资产，通过项目的运营取得收益。

4) 信息流

工程项目的实施过程需要同时，又不断产生大量的信息。这些信息伴随着上述几种流动过程按一定的规律产生、转换、变化和被使用，并被传送到相关部门(单位)，形成项目实施过程中的信息流。项目管理者设置目标、作决策、作各种计划、组织资源供应、领导、指导、激励、协调各项目参加者的工作，控制项目的实施过程都靠信息来实施的；他靠信息了解项目实施情况，发布各种指令，计划并协调各方面的工作。

这 4 种流动过程之间相互联系，相互依赖，又相互影响，共同构成了项目实施和管理的总过程。

在这 4 种流动过程中，信息流对项目管理的有特别重要的意义。信息流将项目的工作流、物流、资金流，将各个管理职能、项目组织，将项目与环境结合在一起。它不仅反映，而且还控制着，指挥着工作流、物流和资金流。如在项目实施过程中，各种工程文件，报告；报表反映了工程项目的实施情况；反映了工程实物进度、费用、工期状况、各种指令、计划、协调方案又控制和指挥着项目的实施。所以它是项目的神经系统。只有信息流通畅，有效率，才会有顺利的、有效率的项目实施过程。

项目中的信息流包括两个最主要的信息交换过程。

（1）项目与外界的信息交换。项目作为一个开放系统，它与外界有大量的信息交换。它包括如下。

① 由外界输入的信息。如环境信息、物价变动的信息，市场状况信息，以及外部系统（如企业、政府机关）给项目的指令、对项目的干预等。

② 项目向外界输出的信息，如项目状况的报告、请示、要求等。

（2）项目内部的信息交换。即项目实施过程中项目组织者因进行沟通而产生的大量的信息。项目内部的信息交换主要包括。

① 正式的信息渠道。信息通常在组织机构内按组织程序流通，它属于正式的沟通。一般有 3 种信息流。

a. 自上而下的信息流，通常决策、指令、通知、计划是由上向下传递。但这个传递过程并不是一般的翻印；而是进行逐渐细化，具体化；一直细化到基层成为可执行的操作指令。

b. 由下而上的信息流。通常各种实际工程的情况信息，由下逐渐向上传递，这个传递不是一般的叠合（装订），而是经过逐渐归纳整理形成的逐渐浓缩的报告。而项目管理者就是做这个浓缩工作，以保证信息浓缩而不失真。通常信息太详细会造成处理量大、没有重点，且容易遗漏重要说明；而太浓缩又会存在对信息的曲解，或解释出错的问题。在实际工程项目中常有这种情况，上级管理人员，如业主、项目经理，一方面哀叹信息太多，桌子上一大堆报告没有时间看；另一方面他又不了解情况，决策时又缺乏应有的可用的信息。这就是信息浓缩存在的问题。

c. 横向或网络状信息流。按照项目管理工作流程设计的各职能部门之间存在的大量的信息交换。如技术人员与成本员，成本员与计划师，财务部门与计划部门，与合同部门等之间存在的信息流。在矩阵式组织中以及在现代高科技状态下，人们已越来越多地通过横向和网络状的沟通渠道获得信息。

② 非正式的信息渠道。如闲谈、小道消息、非组织渠道了解的情况等，属于非正式的沟通。

2. 项目中的信息

1）信息的种类

项目中的信息很多，一个稍大的项目结束后，作为信息载体的资料就汗牛充栋，许多项目管理人员整天就是与纸张，与电子文件打交道。项目中的信息大致有如下几种。

（1）项目基本状况的信息。它主要在项目的目标设计文件、项目手册、各种合同、设计文件和计划文件中等。

（2）现场实际工程信息，如实际工期、成本和质量信息等；它主要在各种报告，如日报、月报、重大事件报告、设备、劳动力、材料使用报告及质量报告中。

这里还包括问题的分析，计划和实际对比以及趋势预测的信息。

(3) 各种指令、决策方面的信息。

(4) 其他信息。外部进入项目的环境信息，如市场情况、气候、外汇波动和政治动态等。

2) 信息的基本要求

信息必须符合管理的需要，要有助于项目系统和管理系统的运行，不能造成信息泛滥和污染。一般它必须符合如下基本要求。

(1) 专业对口。不同的项目管理职能人员、不同专业的项目参加者，在不同的时间，对不同的事件，就有不同的信息要求。首先信息要专业对口，按专业的需要提供和流动。

(2) 反映实际情况。信息必须符合实际应用的需要，符合目标，而且简单有效。这是正确的有效的管理的前提，否则会产生一个无用的废纸堆。这里有两个方面的含义。

① 各种工程文件、报表、报告要实事求是，反映客观。

② 各种计划、指令、决策，要以实际情况为基础。

不反映实际情况的信息容易造成决策、计划、控制的失误，进而损害项目成果。

(3) 及时提供。只有及时提供信息，才能有及时的反馈，管理者才能及时地控制项目的实施过程。信息一经过时，会使决策失去时机，造成不应有的损失。

简单，便于理解。信息要让使用者不费气力地了解情况，并分析问题。所以信息的表达形式应符合人们日常接收信息的习惯，而且对于不同人，应有不同的表达形式。如对于不懂专业，不懂项目管理的业主，则要采用更直观明了的表达形式，如模型、表格、图形和文字描述等。

3) 信息的基本特征

项目管理过程中的信息数量大，形式丰富多彩。通常它们有如下基本特征。

(1) 信息载体通常分为。

纸张，如各种图纸、各种说明书、合同、信件、表格等；磁盘、磁带，以及其他电子文件；照片，微型胶片，X光片；其他，如录像带、电视唱片和光盘等；

(2) 选用信息载体，受如下几方面因素的影响。

科学技术的发展，不断提供新的信息载体，不同的载体有不同的介质技术和信息存取技术要求。

项目信息系统运行成本的限制。不同的信息载体需要不同的投资，有不同的运行成本。在符合管理要求的前提下，尽可能降低信息系统运行成本，是信息系统设计的目标之一。

信息系统运行速度要求。如气象、地震预防、国防、宇航之类的工程项目要求信息系统运行速度快，则必须采取相应的信息载体和处理、传输手段。

特殊要求。如合同、备忘录、工程项目变更指令、会谈纪要等必须以书面形式，由双方或一方签署才有法律证明效力。

信息处理和传递技术和费用的限制。

(3) 信息的使用有如下说明。

① 有效期。暂时有效，整个项目期有效，无效信息。

② 使用的目的。

③ 决策。各种计划、批准文件、修改指令，运行执行指令等。

④ 证明。表示质量、工期、成本实际情况的各种信息。

⑤ 信息的权限。对不同的项目参加者和项目管理职能人员规定不同的信息使用和修改权限，混淆这种权限容易造成混乱。通常须具体规定，有某一方面(专业)的信息权限和综合(全部)信息权限，以及查询权、使用权和修改权等。

4) 信息的存档方式

(1) 文档组织形式。集中管理和分散管理。

(2) 监督要求。封闭、公开。

(3) 保存期。长期保存、非长期保存。

3. 项目信息管理的任务

项目管理者承担着项目信息管理的任务，他是整个项目的信息中心，负责收集项目实施情况的信息。作各种信息处理工作，并向上级、向外界提供各种信息，它的信息管理的主要包括以下任务。

(1) 组织项目基本情况的信息，并系统化，编制项目手册。它是按照项目的任务，按照项目的实施要求设计项目实施和项目管理中的信息和信息流，确定它们的基本要求和特征，并保证在实施过程中信息流通顺利。

(2) 项目报告及各种资料的规定，如资料的格式、内容和数据结构要求等。

(3) 按照项目实施、项目组织、项目管理工作过程建立项目管理信息系统流程，在实际工作中保证这个系统正常运行，并控制信息流。

(4) 文档管理工作。有效的项目管理需要更多地依靠信息系统的结构和维护。信息管理影响组织和整个项目管理系统的运行效率，是人们沟通的桥梁。项目管理者应对它有足够的重视。

4. 现代信息科学带来的问题

现代信息技术正突飞猛进地发展，给项目管理带来许多新的问题，特别是计算机联网、电子信箱、Intenet网的使用，造成了信息高度网络化的流通。一个网状的决策与交流中心。这不仅表现在项目内部，而且还表现在项目和企业及企业各职能部门之间。

企业财务部门直接可以通过计算机查阅项目的成本和支出，查阅项目采购订货单。

子项目负责人可直接查阅库存材料状况。

子项目或工作包负责人，还可以查阅业主，已经作出的但尚未推行(详细安排)的信息，如图10.1所示信息流通图。

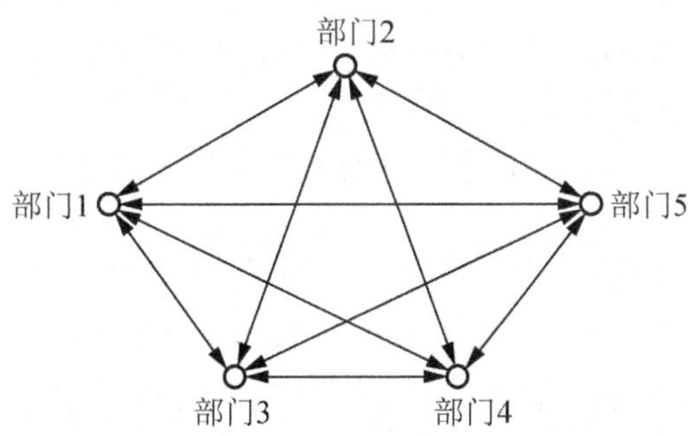

图10.1 信息流通图

现代信息技术对现代项目管理有很大的促进作用，同时它又会带来很大的冲击。对它的影响人们必须作全面的研究，特别对它可能产生的方面影响。以使人们的管理理念、管理方法、管理手段，更适应现代工程的特殊性。这虽然加快了沟通的速度，但并未能解决心理和行为问题，甚至有时还可能引起反作用。

按照组织原则，这不能算作为正式的沟通，只能算非正式的沟通，而这种沟通对项目管理有着非常大的影响。

(1) 现代信息技术加快了项目管理系统中的信息反馈速度和系统的反应速度，人们能够及时查询工程的进展情况的信息，进而能及时地发现问题，及时作出决策。

(2) 信息的可靠性、项目的透明度增加，人们能够了解企业和项目的全貌。

(3) 总目标容易贯彻，项目经理和上层领导容易发现问题。下层管理人员和执行人员也更快、更容易了解和领会上层的意图，使得各方面协调更为容易。

(4) 信息的可靠性增加。人们可以直接查询和使用其他部门的信息，这样不仅可以减少信息的加工和处理工作，而且在传输过程中信息不失真。

(5) 比较传统的信息处理和传输方法，现代信息技术有更大的信息容量。人们使用信息的宽度和广度大大增加。如项目管理职能人员可以从互联网上直接查询到最新的工程招标信息、原材料市场行情。而在过去却是不可能的。

(6) 使项目风险管理的能力和水平大为提高。由于现代市场经济的特点，工程项目的风险越来越大。现代信息技术使人们能够对风险进行有效的迅速的预测、分析、防范和控制。因为风险管理需要大量的信息，而且要迅速获得这些信息，需要十分复杂的信息处理过程。现代信息给风险管理提供了很好的方法、手段和工具。

(7) 现代信息技术使人们更科学、更方便地进行如下类型的项目的管理。

① 大型的，特大型的，特别复杂的项目。

② 多项目的管理，即一个企业同时管理许多项目。

③ 远程项目，如国际投资项目，国际工程等。

这些好处显示出现代信息技术的生命力。它推动了整个项目管理的发展，提高了项目管理的效率，降低了项目管理成本。

5. 现代信息技术在项目管理中应用带来的问题

现代信息技术虽然加快了工程项目中信息的传输速度，但并未能解决心理和行为问题，甚至有时还可能引起反作用。

(1) 按照传统的组织原则，许多网络状的信息流通，(例如对其他部门信息的查询)不能算作为正式的沟通，只能算非正式的沟通。而这种沟通对项目管理有着非常大的影响，会削弱正式信息沟通方式的效用。

(2) 在一些特殊情况下，这种信息沟通容易造成各个部门各行其是，造成总体协调的困难和行为的离散。

(3) 容易造成信息污染。

① 由于现代通信技术的发展，人们可以获得的信息量增多，使得人们在建立管理系统时容易忽视，或不重视传统的信息加工和传输手段。例如由下向上的浓缩和概括工作似乎不必了，上级领导可以直接查看资料，实质上造成了上级领导被无用的琐碎的信息包围

的状态，实质上导致领导者没有决策所需要的信息。在工程项目组织中的每个角色，在项目过程中的信息处理的工作量增加，要对所收到的信息进行处理。人们以惊人的速度提供和获得信息，被埋在一大堆打印输出件、报告、规划以及各种预测数据，造成信息超负荷和信息消化不良。

② 如果项目中发现问题、危机或风险，随着信息的传递会漫延开来，造成恐慌，各个方面可能各自采取措施，会造成行为的离散，而项目管理者原可以采取措施解决的。

③ 人们通过非正式的沟通获得信息，会干扰对上层指令、方针、政策、意图的理解，结果造成执行上的不协调。

④ 由于现代通信技术的发展，使人们忽视面对面的沟通，而依赖计算机在办公室获取信息，较少获得软信息的可能性。

(4) 容易造成信息在传递过程中的失真和变形。

10.2.2 工程项目报告系统

1. 工程项目中报告的种类

在工程中报告的形式和内容丰富多彩，它是人们沟通的主要工具。报告的种类如下。

(1) 按时间可分为日报、周报、月报和年报。

(2) 针对项目结构的报告，如工作包、单位工程、单项工程和整个项目报告。

(3) 专门的内容的报告，如质量报告、成本报告和工期报告。

(4) 特殊情况的报告，如风险分析报告、总结报告和特别事件报告等。

(5) 状态报告，比较报告等。

2. 报告的作用

(1) 作为决策的依据。通过报告可以使人们对项目计划和实施状况，目标完成程度十分清楚，这样可以预见未来，使决策简单化而且准确。报告首先是为决策服务的，特别是上层的决策。但报告的内容仅反映过去的情况，要滞后很多。

(2) 用来评价项目，评价过去的工作以及阶段成果。

(3) 总结经验，分析项目中的问题，特别在每个项目结束时都应有一个内容详细的分析报告。

(4) 通过报告去激励各参加者，让大家了解项目成就。

(5) 提出问题，解决问题，安排后期的计划。

(6) 预测将来情况，提供预警信息。

(7) 作为证据和工程资料。报告便于保存，因而能提供工程的永久记录。

不同的参加者需要不同的信息内容、频率、描述和浓缩程度。必须确定报告的形式、结构、内容和采撷处理，为项目的后期工作服务。

3. 报告的要求

为了达到项目组织间顺利的沟通，起到报告的作用，报告必须符合如下要求。

(1) 与目标一致。报告的内容和描述必须与项目目标一致，主要说明目标的完成程度和围绕目标存在的问题。

(2) 符合特定的要求。这里包括各个层次的管理人员对项目信息需要了解的程度，以及各个职能人员对专业技术工作和管理工作的需要。

(3) 规范化、系统化。即在管理信息系统中应完整地定义报告系统结构和内容，对报告的格式、数据结构进行标准化。在项目中要求各参加者采用统一形式的报告。

(4) 处理简单化，内容清楚。各种人都能理解，避免造成理解和传输过程中的错误。

(5) 报告的侧重点要求。报告通常包括概况说明和重大的差异说明，主要的活动和事件的说明，而不是面面俱到。它的内容较多地是考虑到实际效用，如可信度，方便理解，而较少地考虑到信息的完整性。

4. 报告系统

在项目初期，在建立项目管理系统中必须包括项目的报告系统。它要解决两个问题。

(1) 罗列项目过程中应有的各种报告，并系统化。

(2) 确定各种报告的形式、结构、内容、数据、采撷和处理等方式，并标准化。

报告的设计事先应给各层次的人们列表提问：需要什么信息？应从何处来？怎样传递？怎样标记它的内容？

最终，建立报告目录表。

在编制工程计划时，就应当考虑需要的各种报告及其性质、范围和频次，可以在合同或项目手册中确定。

原始资料应一次性收集，以保证相同的信息，相同的来源。资料在纳入报告前应进行可信度检查，并将计划值引入以便对比。

原则上，报告从最低层开始，它的资料最基础的来源是工程活动。它包括工程活动的完成程度、工期、质量、人力、材料消耗和费用等情况的记录，以及试验验收，检查记录。上层的报告应由上述职能总结归纳，按照项目结构和组织结构层层归纳、浓缩，作出分析和比较，形成金字塔形的报告系统如图 10.2 所示。这些报告是由下而上内容不断浓缩的，如图 10.3 所示。

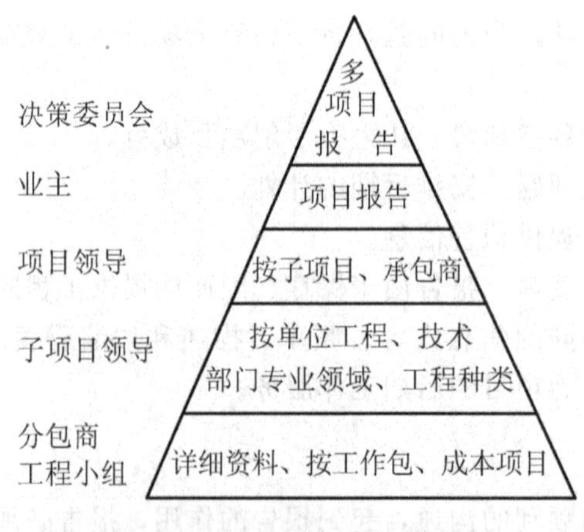

图 10.2　金字塔形的报告系统

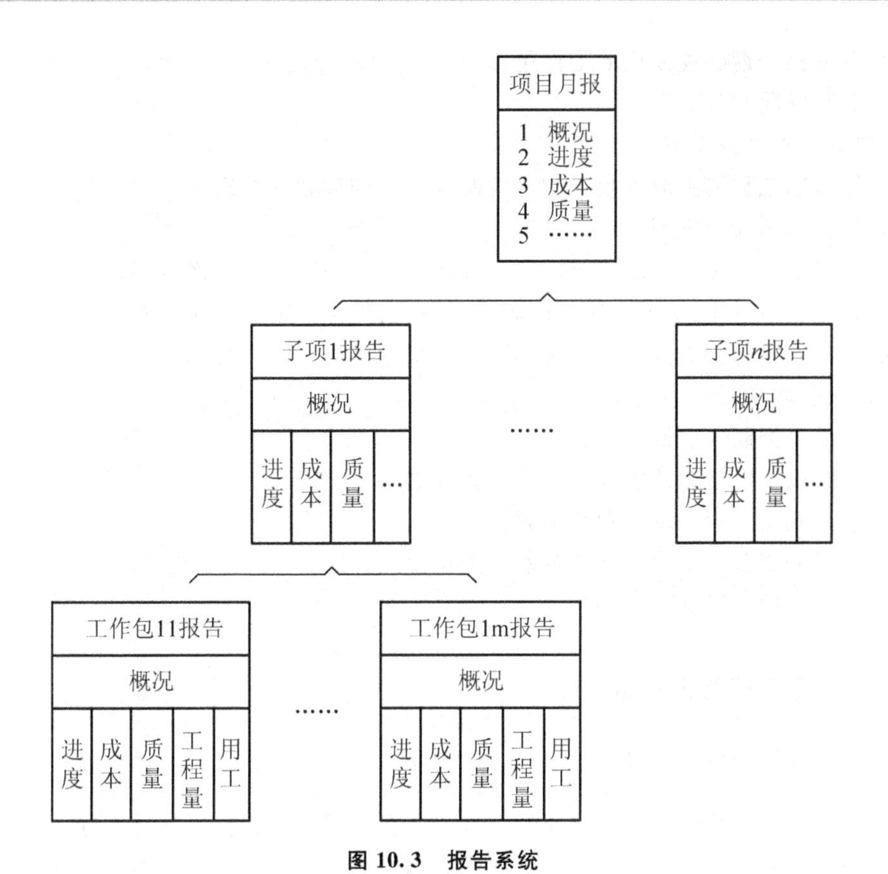

图 10.3 报告系统

项目月报是最重要的项目总体情况报告，它的形式可以按要求设计，但内容比较固定。通常包括以下内容。

1）概况

（1）简要说明在本报告期中项目及主要活动的状况，如设计工作、批准过程、招标、施工和验收状况。

（2）计划—实际总工期的对比，一般可以用不同颜色和图例对比，或采用前锋线方法。

（3）总的趋向分析。

（4）成本状况和成本曲线，包括以下几个层次。

① 整个项目总结报告。

② 各专业范围或各合同。

③ 各主要部门。

分别说明：原预算成本；工程量调整的结算成本；预计最终总成本；偏差原因及责任；工程量完成状况；支出。

可以采用如下形式描述：对比分析表；柱形图；直方图；累计曲线。

（5）项目形象进度。用图描述建筑和安装的进度。

（6）对质量问题工程量偏差、成本偏差、工期偏差的主要原因作说明。

（7）说明下一报告期的关键活动。

(8) 下一报告期必须完成的工作包。

(9) 工程状况照片。

2) 项目进度详细说明

(1) 按分部工程列出成本状况和进度曲线实际和计划的对比。

(2) 按每个单项工程列出。

控制性工期实际和计划对比(最近一次修改以来的)，形式：横道图；其中关键性活动的实际和计划工期对比(最近一次修改以来的)；实际和计划成本状况对比，工程状态；各种界面的状态；目前关键问题及解决的建议；特别事件说明；其他。

3) 预计工期计划

(1) 下阶段控制性工期计划。

(2) 下阶段关键活动范围内详细的工期计划。

(3) 以后几个月内关键工程活动表。

(4) 按部分工程罗列出各个负责的施工单位。

4) 项目组织状况说明

10.2.3 项目管理信息系统

1. 概述

在项目管理中，信息、信息流通和信息处理各方面的总和称为项目管理信息系统。管理信息系统是将各种管理职能和管理组织沟通起来并协调一致的神经系统。建立管理信息系统，并使它顺利地运行，是项目管理者的责任，也是他完成项目管理任务的前提。项目管理者作为一个信息中心，他不仅与每个参加者有信息交流，而且他自己也有复杂的信息处理过程。不正常的项目管理信息系统常会使项目管理者得不到有用的信息，同时又被大量无效信息所纠缠，而损失大量的时间和精力，也容易使工作出现错误，损失时间和费用。

项目管理信息系统有一般信息系统所具有的特性。它的总体模式如图 10.4 所示。项目管理信息系统必须经过专门的策划和设计，在项目实施中控制它的运行。

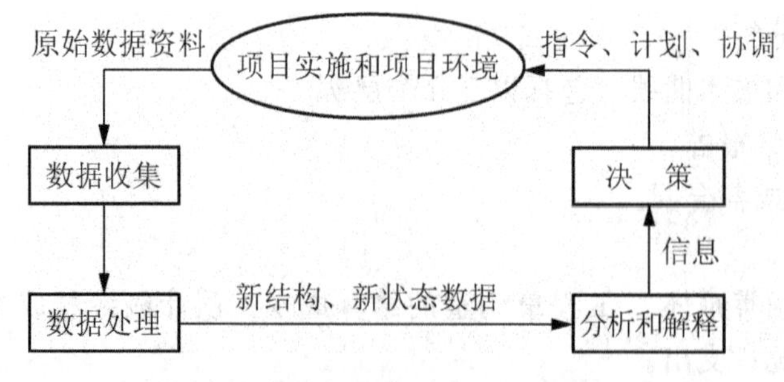

图 10.4 项目管理信息系统总体模式

2. 项目管理信息系统的建立过程

信息系统是在项目组织模式、项目管理流程和项目实施流程基础上建立的。它们之间互相联系，又互相影响。

项目管理信息系统的建立要确定如下几个基本问题。

1）信息的需要

项目管理者为了决策、计划和控制需要哪些信息？以什么形式？何时？以什么渠道供应？

上层系统和周边组织在项目过程中需要什么信息？

这是调查确定信息系统的输出。不同层次的管理者对信息的内容、精度、综合性有不同的要求。上述报告系统主要解决这个问题。

管理者的信息需求是按照他在组织系统中的职责、权力、任务、目标设计的，即他要完成他的工作行使他的权力应需要哪些信息。当然他的职责还包括他对其他方面提供信息。

2）信息的收集和加工

在项目实施过程中，每天都要产生大量的数据，如记工单、领料单、任务单、图纸、报告、指令和信件等。必须确定收集什么样的资料，确定这些资料的结构，收集方式及手续，并具体落实到责任人。由责任人对原始资料的收集、整理，对它们的正确性和及时性负责。通常由专业班级的班组长、记工员、核算员、材料管理员、分包商和秘书等承担这个任务。

(1) 信息的收集。项目管理者所需要的信息是由哪些原始资料？数据加工得来的？由谁负责这些原始数据的收集？这些资料、数据的内容、结构、准确程度怎样？由什么渠道(从谁处)获得这些原始数据、资料？

(2) 信息的加工。这些原始资料面广、量大，形式丰富多彩，必须经过信息加工才能得到符合管理需要的信息，才能符合不同层次项目管理的不同要求。信息加工的概念很广，一般的信息处理方法，如排序、分类、合并、插入和删除等。

数学处理方法。如数学计算、数值分析和数理统计等。

逻辑判断方法。包括评价原始资料的置信度、来源的可靠性、数值的准确性，进行项目诊断和风险分析等。

3）编制索引和存贮

为了查询、调用的方便，建立项目文档系统，将所有信息分解、编目。许多信息作为工程项目的历史资料和实施情况的证明，它们必须被妥善保存。一般的工程资料要保存到项目结束，而有些则要作长期保存。按不同的使用和储存要求，数据和资料储存于一定的信息载体上。这要做到既安全可靠，又使用方便。

4）信息的使用和传递渠道

信息的传递(流通)是信息系统的最主要特征之一，即指信息流通到需要的地方，或由使用者享用的过程。信息传递的特点是仅传输信息的内容，而保持信息结构不变。在项目管理中，要设计好信息的传递路径，按不同的要求选择快速的、误差小的、成本低的传输方式。

3. 项目管理信息系统总体描述

项目管理信息系统是在项目管理组织、项目工作流程和项目管理工作流程基础上设计、并全面反映在它们之中的信息流。所以对项目管理组织、项目工作流程和项目管理流程的研究是建立管理信息系统的基础，而信息标准化、工作程序化、规范化是它的前提。

项目管理信息系统可以从如下几个角度进行总体描述。

1）项目参加者之间的信息流通

项目的信息流就是信息在项目参加者之间的流通。它通常与项目的组织模式相似。在信息系统中，每个参加者为信息系统网络上的一个节点。他们都负责具体信息的收集(输入)，传递(输出)和信息处理工作。项目管理者要具体设计这些信息的内容、结构、传递时间、精确程序和其他要求。

例如，在项目实施过程中，业主需要如下信息。

(1) 项目实施情况月报，包括工程质量、成本、进度总报告。

(2) 项目成本和支出报表，一般按分部工程和承包商作成本和支出报表。

(3) 供审批用的各种设计方案、计划、施工方案、施工图纸、建筑模型等。

(4) 决策前所需要的专门信息、建议等。

(5) 各种法律、规定、规范，以及其他与项目实施有关的资料等。

例如，业主提出。

(1) 各种指令，如变更工程、修改设计、变更施工顺序、选择分包商等。

(2) 审批各种计划、设计方案、施工方案等。

(3) 向董事会提交工程项目实施情况报告。

而项目经理通常需要：

(1) 各项目管理职能人员的工作情况报表、汇报、报告、工程问题请示。

(2) 业主的各种口头和书面的指令，各种批准文件。

(3) 项目环境的各种信息。

(4) 工程各承包商，监理人员的各种工程情况报告、汇报、工程问题的请示。

例如，项目经理通常作出。

(1) 向业主提交各种工程报表、报告。

(2) 向业主提出决策用的信息和建议。

(3) 向社会其他方面提交工程文件。这些通常是按法律必须提供的，或为审批用的。

(4) 向项目管理职能人员和专业承包商下达各种指令，答复各种请示，落实项目计划，协调各方面工作等。

2）项目管理职能之间的信息流通

项目管理系统是一个非常复杂的系统。它由许多子系统构成，如计划子系统、合同子系统、成本子系统，质量和技术子系统等。它们共同构成项目管理系统。如在前面图 10.4 的管理工作流程中，可以认为它不仅是一个工作流程，而且反映了一个管理信息的流程；反映了各个管理职能之间的信息关系。

按照管理职能划分，可以建立各个项目管理信息子系统。例如成本管理信息系统，合同管理信息系统，质量管理信息系统，材料管理信息系统等。它是为专门的职能工作服务的，用来解决专门信息的流通问题。

每个节点不仅表示各个项目管理职能工作，而且代表着一定的信息处理过程，每一个箭头不仅表示管理职能工作顺序，而且表示一定的信息流通过程。

成本计划信息流程如图 10.5 所示。

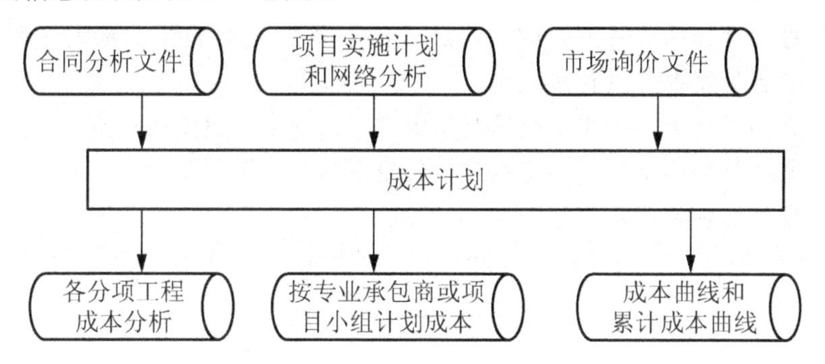

图 10.5　成本计划信息流程

合同分析的信息流程如图 10.6 所示。

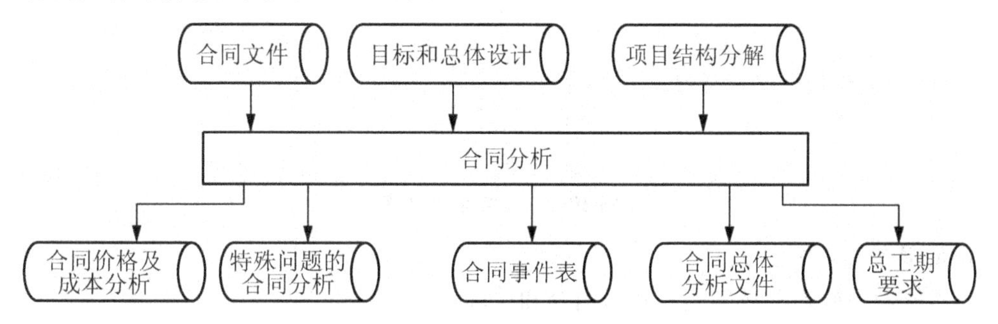

图 10.6　合同分析信息流程图

这里对各种信息的结构、内容、负责人、载体，完成时间等要作专门的设计和规定。

3）项目实施过程的信息流通

项目过程中的工作程序既可表示项目的工作流，又可以从一个侧面表示项目的信息流。如项目计划阶段的每一环节上都需要和产生信息，这样便构成了项目计划管理系统的信息流。按照过程，项目还可以划分为可行性研究子系统、计划管理信息子系统和控制管理信息子系统。

10.2.4　工程项目文档管理

1. 文档管理的任务和基本要求

在实际工程中，许多信息由文档系统给出。文档管理指的是对作为信息载体的资料进行有序地收集、加工、分解、编目和存档，并为项目各参加者提供专用的和常用的信息的过程。文档系统是管理信息系统的基础，是管理信息系统有效率运行的前提条件。

许多项目经理经常哀叹在项目中资料太多、太复杂。办公室到处都是文件，太零乱，没有秩序，要找到一份自己想要的文件却要花很多时间，不知道从哪里找起。这就是项目管理中缺乏有效的文档系统的表现。实质上，一个项目的文件再多，也没有图书馆的资料多，但为什么人们到图书馆却可以在几分钟内找到自己要找的一本书呢？这就是由于图书馆有一个功能很强的文档系统。所以在项目中也要建立像图书馆一样的文档系统。

文档系统有要求如下。

(1) 系统性，即包括项目相关的，应进入信息系统运行的所有资料并限制它们的范围。事先要罗列各种资料并进行系统化。

(2) 各个文档要有单一标志，能够互相区别，这通常通过编码区别。

(3) 落实文档管理的责任，即有专门人员或部门负责资料工作。

对具体的项目资料要确定，如图 10.7 所示。

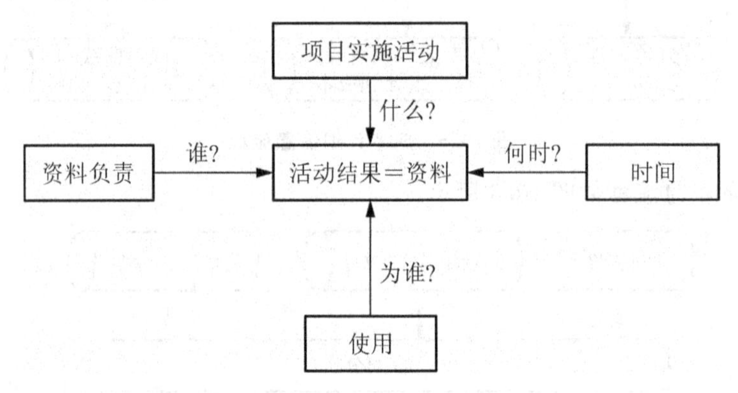

图 10.7　文档系统要求

谁负责资料工作？

什么资料？针对什么问题？什么内容和要求？

何时收集、处理？

向谁提供？

通常文件和资料是集中处理、保存和提供的。在项目过程中文档可能有 3 种形式如下。

① 企业保存的关于项目的资料，这是在企业文档系统中。例如项目经理提交给企业的各种报告、报表，这是上层系统需要的信息。

② 项目集中的文档，这是关于全项目的相关文件。这必须有专门的地方并由专门人员负责。

③ 各部门专用的文档，它仅保存本部门专门的资料。

④ 当然这些文档在内容上可能有重复，如一份重要的合同文件可能复制 3 份，部门保存一份；项目文档一份；企业一份。

(4) 内容正确、实用，在文档处理过程中不失真。

2. 项目文件资料的特点

资料是数据或信息的载体。在项目实施过程中资料上的数据有两种，如图 10.8 所示。

1) 内容性数据

它为资料的实质性内容，如施工图纸上的图，信件的正文等。它的内容丰富，形式多样，通常有一定的专业意义，其内容在项目过程中可能有变更。

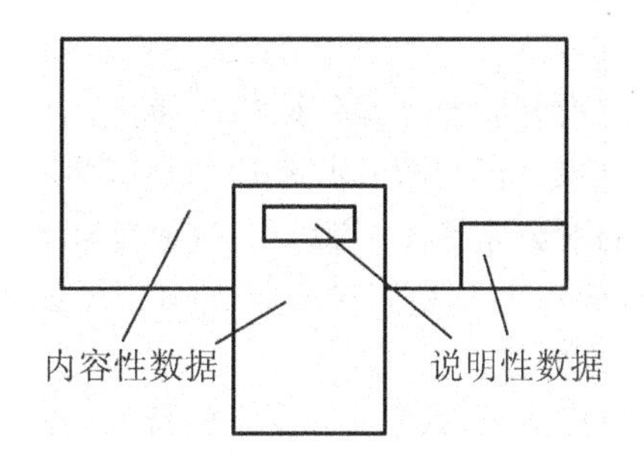

图 10.8 两种数据资料

2）说明性数据

为了方便资料的编目、分解、存档、查询，对各种资料必须作出说明和解释，用一些特征以互相区别。它的内容一般在项目管理中不改变，由文档管理者设计。如图标，各种文件说明和文件的索引目录等。

通常文档按内容性数据的性质分类；而具体的文档管理，如生成、编目、分解、存档等以说明性数据为基础。

在项目实施过程中，文档资料面广量大，形式丰富多彩。为了便于进行文档管理，首先得将它们分类。通常的分类方法如下。

(1) 重要性。必须建立文档；值得建立文档；不必存档。

(2) 资料的提供者。外部；内部。

(3) 登记责任。必须登记、存档；不必登记。

(4) 特征。书信；报告；图纸等。

(5) 产生方式。原件；复制。

(6) 内容范围。单项资料；资料包(综合性资料)，如综合索赔报告，招标文件等。

3. 文档系统的建立

资料通常按它的内容性数据的性质进行划分。工程项目中常常要建立一些重要的资料的文档。如合同文本及其附件，合同分析资料，信件，会谈纪要，各种原始工程文件(如工程日记，备忘录)，记工单、用料单，各种工程报表(如月报，成本报表，进度报告)，索赔文件，工程的检查验收、技术鉴定报告等。

1）资料特征标志(编码)

有效的文档管理是以与用户友好和较强表达能力的资料特征(编码)为前提的。在项目实施前，就应专门研究，建立该项目的文档编码体系。最简单的编码形式是用序数，但它没有较强的表达能力，不能表示资料的特征。一般项目编码体系有如下要求。

(1) 统一的对所有资料适用的编码系统。

(2) 能区分资料的种类和特征。

(3) 能“随便扩展”。

(4) 对人工处理和计算机处理有同样效果。

通常，项目管理中的资料编码有如下几个部分。

(1) 有效范围。说明资料的有效/使用范围，如属某子项目，功能或要素。

(2) 资料种类。外部形态不同的资料，如图纸、书信、备忘录等；资料的特点，如技术的、商务的、行政的等。

(3) 内容和对象。资料的内容和对象是编码的着重点。对一般项目，可用项目结构分解的结果作为资料的内容和对象。但有时它并不适用，因为项目结构分解是按功能、要素和活动进行的，与资料说明的对象常常不一致。在这时就要专门设计文档结构。

(4) 日期/序号。相同有效范围、相同种类、相同对象的资料可通过日期或序号来表达，如对书信可用日期/序号来标志。

这几个部分对于不同规模的工程要求不一样。如对一个小工程，仅一个单位工程的则有效范围可以省略。

这里必须对每部分的编码进行设计和定义。如某工程用11个数码作资料代码如图10.9所示。

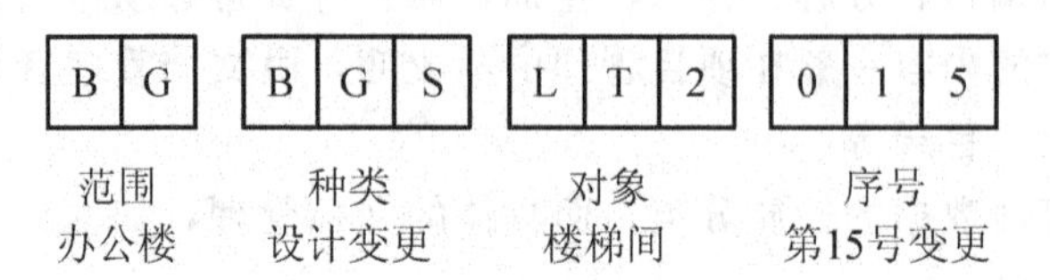

图10.9　某工程资料编码结构

2) 索引系统

为了资料使用的方便，必须建立资料的索引系统，它类似于图书馆的书刊索引。

项目相关资料的索引一般可采用表格形式。在项目实施前，它就应被专门设计。表中的栏目应能反映资料的各种特征信息。不同类别的资料可以采用不同的索引表，如果需要查询或调用某种资料，即可按图索骥。

如信件索引可以包括如下栏目：信件编码、来(回)信人、来(回)信日期、主要内容、文档号和备注等。

这里要考虑到来信和回信之间的对应关系，收到来信或回信后即可在索引表上登记，并将信件存入对应的文档中。

索引和文档的对应关系如图10.10所示。

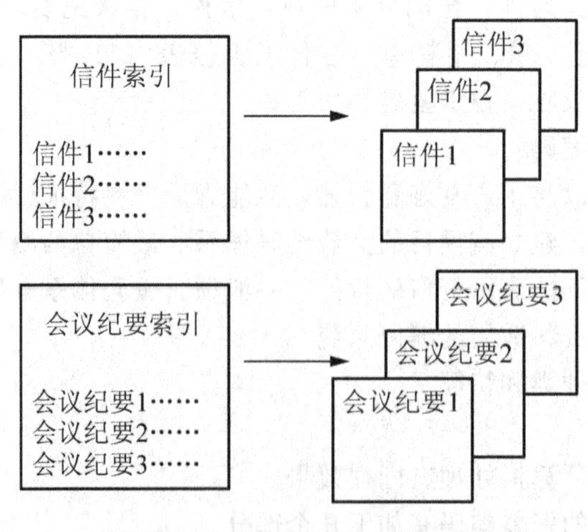

图10.10　索引和文档的关系

10.2.5 项目管理中的软信息

1. 软信息的概念

前面所述的在项目系统中运行的一般都为可定量化的，可量度的信息，如工期、成本、质量、人员投入、材料消耗和工程完成程度等。它们可以用数据表示，可以写入报告中，通过报告和数据人们，即可获得信息，了解情况。

但另有许多信息是很难用上述信息形式表达和通过正规的信息渠道沟通的。这主要是反映项目参加者的心理行为，项目组织状况的信息。

参加者的心理动机、期望和管理者的工作作风、爱好、习惯、对项目工作的兴趣、责任心。

各工作人员的积极性，特别是项目组织成员之间的冷漠甚至分裂状态。

项目的软环境状况。

项目的组织程度及组织效率。

项目组织与环境，项目小组与其他参加者，项目小组内部的关系融洽程度：友好或紧张、软抵抗；项目领导的有效性。

业主或上层领导对项目的态度、信心和重视程度。

项目小组精神，如敬业、互相信任；组织约束程度(项目文化通常比较难建立，但应有一种工作精神)。

项目实施的秩序程度等。许多项目经理对软信息不重视，认为不能定量化，不精确。1989年在国际项目管理学术会议上，曾对653位国际项目管理专家调查，94%的专家认为在项目管理中很需要那些不能在信息系统中储存和处理的软信息。

2. 软信息的作用

软信息在管理决策和控制中起着很大的作用，这是管理系统的特点。它能更快、更直接地反映深层次的，带根本性的问题。它也有表达能力，主要是对项目组织、项目参加者行为状况的反映，能够预见项目的危机，可以说它对项目未来的影响比硬信息更大。

如果工程项目实施中出现问题，例如工程质量不好、工期延长和工作效率低下等，则软信息对于分析现存的问题是很有帮助的。它能够直接揭示问题的实质，这是根本原因。而通常的硬信息只能说明现象。

在项目管理的决策支持系统和专家系统中，必须考虑软信息的作用和影响，通过项目的整体信息体系来研究、评价项目问题，做出决策。否则这些系统是不科学的，也是不适用的。

软信息还可以更好地帮助项目管理者研究和把握项目组织，造成对项目组织的激励。在趋向分析中应考虑硬信息和软信息，描述必须与目标系统一致，符合特定的要求。

3. 软信息的特点

(1) 软信息尚不能在报告中反映或完全正确的反映(尽管现在人们强调在报告中应包括软信息)，缺少表达方式和正常的沟通渠道。所以只有管理人员亲临现场，参与实际操作和小组会议时才能发现并收集到。

(2) 由于它无法准确地描述和传递，所以它的状况只能由各自领会，仁者见仁，智者见智，不确定性很大，这便会导致决策的不确定性。

(3) 由于很难表达，不能传递，很难进入信息系统沟通，则软信息的使用是局部的。真正有决策权的上层管理者(如业主、投资者)，由于不具备条件(不参与实际操作)，所以无法获得和使用软信息，因而容易造成决策失误。

(4) 软信息目前主要通过非正式沟通来影响人们的行为。如人们对项目经理的专制作风的意见和不满，互相诉说，以软抵抗对待项目经理的指令、安排。

(5) 软信息必须通过人们的模糊判断，通过人们的思考来做信息处理，常规的信息处理方式是不适用的。

4. 软信息的获取

目前由于在正规的报告中比较少地涉及软信息，它又不能通过正常的信息流通过程取得，而且即使获得也很难说是准确的，全面的。它的获取方式通常有如下。

(1) 观察。通过观察现场以及人们的举止、行为、态度，分析他们的动机，分析组织状况。

(2) 正规地询问，并征求意见。

(3) 闲谈、非正式沟通。

(4) 要求下层提交的报告中必须包括软信息内容并定义说明范围。这样上层管理者能获得软信息，同时让各级管理人员有软信息的概念并重视它。

5. 现在要解决的问题

项目管理中的软信息对决策有很大的影响。但目前人们对它的研究尚远远不够，有许多问题尚未解决。

(1) 项目管理中软信息的范围和结构，即有哪些软信息因素？它们之间有什么联系？可以进一步将它们结构化，建立项目软信息系统结构。

(2) 软信息的表达、评价和沟通等。

(3) 软信息的影响和作用机理。

(4) 如何使用软信息，特别在决策支持系统和专家系统中软信息的处理方法和规则，以及如何对软信息量化，如何将软信息由非正式沟通转变为正式沟通等。

10.3 项目管理软件简介

10.3.1 项目管理软件的发展过程

大型项目的增多及其复杂性致使人们开始研究大型、特大型项目的项目管理方法。在这一背景下，出现了新的项目管理方法体系，被称为第二代项目管理方法——企业级项目管理(Enterprise Project Management，EPM)和多项目管理(Program Management)。管理方法的演进也催生了新型的项目管理软件——面向企业级的项目管理软件(以下简称EPM软件)。

项目管理中心网站(The Project Management Center)，列出了300多种正在使用的商业性项目管理软件。在工程项目领域内以Primavera公司的系列软件最为著名。Primavera公司的企业级项目管理(EPM)软件P3E/C(P3E for Construction)，它是吸取了P3系列软件近20年的应用经验，结合项目管理的最新发展而面向工程领域开发的。

项目管理软件是随着项目管理理论和实践的发展、计算机技术和信息技术的变革而不断发展。项目管理软件有30多年的历史，早期的项目管理软件运行在大型机上，后来转向中小型机，然后是个人计算机，这些项目管理软件具有有限的功能，并且独立地用于单个项目以及由分散的用户使用(Enterprise Project Management，2000)(Trends in Project-Management Systems，2003)。一直到最近，虽然其功能和性能得到了很大提高，并发展到了多用户操作以及交流与协同功能。但项目管理软件仍然没有从根本上改变这种模式，即解决单个项目的项目管理问题，Wideman Comparative Glossary of Project Management TermsV3.1(2003)这样定义项目管理软件。用来辅助规划和控制一个项目的资源、成本和进度的计算机应用程序，项目管理知识体系PMBOK(Project Management Body ofKnowledge)(PMBOK，2003)也给了类似的定义。

项目管理的应用逐步超过了单个项目，出现了多个项目的项目管理(Program Management)、面向企业的项目管理(Enterprise Project Management)，甚至项目组合管理(Portfolio Management)。这要求软件的功能范围扩大，能提供基于多项目的灵活的项目报告，便于沟通和交流，有更强的风险管理功能。除此之外，软件应使用企业数据库以及与其他系统更强的兼容性和可集成性，传统的项目管理软件显然无法解决这些问题。于是出现了新的项目管理软件——EPM软件(Enterprise Project Management Software)、EPMS(Enterprise Project Management System)以及项目组合管理工具(Project Portfolio Management Tools)，而在很大程度上，两者都属于面向企业级的项目管理软件，即EPM软件。

10.3.2 常见的项目管理软件

根据项目管理软件的功能和价格水平，大致可以划分为两个档次：一种是供专业项目管理人士使用的高档项目管理软件，这类软件功能强大，如Primavera公司的P3、Gores技术公司的Artemis、ABT公司的WorkBench、Welcom公司的OpenPlan等；另一类是低档项目管理软件，应用于一些中小型项目，这类软件虽功能不很齐全，但价格较便宜，如TimeLine公司的TimeLine、Scitor公司的Project Scheduler、Primavera公司的SureTrak、Microsoft公司的Project 2000等。

1. Microsoft Project 2000

Microsoft Project 2000可用于控制简单或复杂的项目。Microsoft Project 2000的界面标准、易于使用，具有项目管理所需的各种功能。它包括项目计划、资源的定义和分配、实时的项目跟踪、多种直观易懂的报表及图形、用Web页面方式发布项目信息、通过Excel、Access 或各种 ODBC 兼容数据库，来存取项目文件等。

2. Primavera Project Planner

P3 软件是 Primavera Project Planner 的简称，它是由美国 Primavera Systems Inc 开发的一个基于计算机技术和网络计划技术的工程项目管理软件，在国际上有着极高的知名度和普及程度。P3 作为专业的工程项目管理软件，能满足工程项目管理的许多要求，特别是该软件可以将进度、资源、资源限量和资源平衡很好地结合起来。网络版 P3 软件使得工程的众多参建各方如业主、监理、施工承包商，可以同时在同一个工程组的不同子工程内按授予的不同权限进行读操作，共享同一个数据库。

3. Sure Trak Project Manager

Primavera 公司除了有针对大型、复杂项目的 P3 项目管理软件以外，还有管理中小型项目的 SureTrak。SureTrak 是一个高度视觉导向的程序，利用 Sure Trak 的图形处理方式，项目经理能够简便、快速地建立工程进度，并实施跟踪。它支持多工程进度计算和资源计划，并用颜色区分不同的任务。

4. CA - Super Project

Computer Associates International 公司的 CA - Super Project 是一个很常用的软件，适合于多种平台，它主要包括 Windows、OS/2、Unix/Solaris、DOS 和 VAX/VMS 等。大量的视图有助于用户了解、分析和管理项目的各方面。容易发现和有效解决资源冲突，并提供各种工具，使用户在多个项目之间调整进度表和资源。

5. Project Management Workbench(PMW)

PMW 项目管理软件是应用商业技术公司(ABT)的产品，该软件可以管理复杂的项目。它运行在 Windows 操作系统下，提供了对项目建模、分析和控制的图形化手段，具有项目管理所需的各种功能，深受广大工程人员的欢迎。

6. Project Scheduler

Project Scheduler 是 Scitor 公司的产品，它可以帮助用户管理项目中的各种活动。Project Scheduler 的资源优先设置和资源平衡算法是非常实用的。利用项目分组，可以观察到多项目中的一个主进度计划，并可以分析更新。数据可以通过工作分解结构、组织分解结构、资源分解结构进行调整和汇总。

7. Time Line

Time Line 是 Symantec 公司的产品，尽管该软件对初学者来说使用稍感困难，但仍是有经验的项目管理经理的首选。它除了具有项目管理的所有功能外，还具有报表功能和极强的与 SQL 数据库连接的功能。

10.3.3 目前主流的企业级项目管理软件

由于项目管理软件的变化始终伴随着项目管理的发展和计算机技术的变革，因此只有同时适应这两方面变化的软件供应商，才能长久的生存下来。项目管理软件30多年的应用历史正说明了这一点，在这段时间内诞生了很多项目管理软件供应商。同时也有一些被淘汰。目前主流的EPM软件供应商大多有较长时间的项目管理软件开发、应用和研究的历史，如Microsoft和Primavera公司都是从20世纪80年代开始的。在EPM软件的开发方面，也处于领先地位。

复习思考题

1. 组织一个协调会议应有哪些准备工作？
2. 正式沟通有哪些形式？
3. 列举项目管理中可能有的各种沟通过程。
4. 简述信息流的作用。
5. 试起草一个索赔文件的索引文件结构。
6. 简述项目报告的主要内容。
7. 项目信息的基本要求是什么？

第11章 工程项目验收与后评价

教学目标

在工程项目收尾阶段，要通过工程项目验收检验工程项目目标的实现程度，并通过后评价进行经验教训的总结等。

教学要求

能力目标	知识要点	权重
了解相关知识	工程项目后评价的基本概念和工作内容	35%
熟练掌握知识点	工程项目验收的基本概念和工作内容	55%
运用知识分析案例	工程验收及后评价	10%

引例

小浪底工程竣工验收

历经11年艰难施工、9年运行考验，黄河小浪底工程于2009年4月7日通过国家竣工验收。

2009年4月6日至7日，国家发展和改革委员会、水利部在河南郑州主持召开了黄河小浪底水利枢纽工程(以下简称小浪底工程)竣工验收会议，通过了小浪底工程竣工验收。

由国家发展和改革委员会、水利部、财政部、科学技术部、环境保护部、农业部、国家林业局、中国地震局、国家档案局、国家开发银行、中国建设银行、河南、山西两省人民政府及相关部门代表和有关专家组成的小浪底工程竣工验收委员会，现场考察了小浪底工程和移民项目，查阅了相关资料，观看了工程建设声像资料，听取了工程建设管理工作报告、移民管理工作报告、竣工验收技术鉴定报告和技术预验收工作报告。竣工验收委员会经过充分讨论，形成了《黄河小浪底水利枢纽工程竣工验收鉴定书》，同意小浪底工程通过竣工验收。

竣工验收委员会认为：小浪底工程已按照批准的设计内容按期建设完成，工程质量合格；投资控制有效，财务管理制度健全，会计核算规范，竣工财务决算已通过审计；征地补偿到位、移民得到妥善安置；征地移民、水土保持、环境保护、工程档案、消防、劳动安全卫生等已通过专项验收；运行管理单位落实，制度完善，具备工程运行管理的条件；工程经受了初期运用的考验，运行正常，发挥了显著的防洪、防凌、减淤、供水、灌溉、发电等社会效益、生态效益和经济效益。竣工验收委员会同意黄河小浪底水利枢纽工程通过竣工验收。

小浪底工程是黄河治理开发的关键性控制工程，战略地位重要，建设规模宏大。工程坝址位于黄河干流最后一个峡谷出口处，上距三门峡水利枢纽130km，下距黄河花园口128km，控制黄河92.3%的流域面积、90%的水量和近100%的泥沙。小浪底工程由拦河大坝、泄洪排沙系统和引水发电系统组成，工程概算总投资人民币352.34亿元，其中内资260.07亿元，外资11.09亿美元。水库正常运用水位275m，总库容126.5亿立方米，其中淤沙库容75.5亿立方米，长期有效库容51亿立方米，最大坝高160m，电站装机容量1800MW。工程开发目标以防洪(防凌)、减淤为主，兼顾供水、灌溉和发电等，蓄清排浑，除害兴利，综合利用。

小浪底工程是全方位与国际惯例接轨的大型水利枢纽工程，创造了具有中国特色的国际工程管理模式。工程建设以“建设一流工程、总结一流经验、培养一流人才”为目标，全面实行项目法人责任制、招标投标制、建设监理制和合同管理制。引入了国外的资金、技术、人才和先进的管理经验，为我国水利工程建设积累了宝贵经验，为推进水利建设管理体制改革发挥了重要作用。1991年9月1日小浪底工程前期准备工作开工；1994年9月12日主体工程开工；1997年10月28日大河截流；1999年10月25日下闸蓄水；2001年12月31日最后一台机组并网发电。经过参建各方艰苦卓绝的共同努力，取得了工期提前、投资节约、质量优良的优异成绩，在国内外赢得广泛赞誉。

小浪底工程地质条件复杂、水沙条件特殊、技术难题众多和运用要求严格，被国内外水利专家称为世界上最具挑战性的工程之一。在项目实施过程中，小浪底工程的建设者尊重科学，严格管理，大胆创新，积极采用新技术、新工艺、新材料和新设备，成功解决了进出口高边坡加固处理；主坝基础深覆盖层防渗墙施工；在复杂地质条件的单薄山体中建造规模宏大、数量众多的地下洞室群，满足了严格的水沙条件运行的设计、施工等技术难题。并取得了多项科学技术创新成果，开创了在多沙河流上建设高坝大库的成功先例，使小浪底工程的建设水平步入世界先进行列。

小浪底移民工程被世界银行称为其与发展中国家合作的典范。移民搬迁安置涉及河南、山西两省4个市、10个县(市、区)19.96万人。移民工作实行“水利部领导、业主管理、两省包干负责、县为基础”的管理体制，按照国际惯例引入监理机制。保证了搬得出、稳得住，并且具备一定的发展潜力，移民安置区生产生活条件和移民生活水平较迁出前明显改善。

小浪底工程在初期运行期就发挥了巨大的社会效益、经济效益和生态效益，为保障黄河中下游人民生命财产安全、促进经济社会发展、保护生态与环境、维持黄河健康生命作出了重大贡献：与三门峡等水库联合运用，将黄河下游防洪标准由60年一遇提高到千年一遇，有效缓解了黄河下游的洪水威胁，黄河下游连续9年实现安全度汛；充足的防凌库容，基本解除了黄河下游的凌汛威胁；作为黄河水沙调控的“龙头”，8次调水调沙，5亿多吨泥沙被冲入大海，黄河下游主河槽最小平滩流量由1800m^3/s提高到约4000m^3/s，黄河下游“二级悬河”形势开始缓解；通过科学调度，实现黄河下游连续9年不断流，自1999年10月下闸蓄水至2008年底，累计向下游供水1873亿立方米，并一次次实现跨流域向青岛、天津、白洋淀供水，有效改善了下游供水条件和生态环境；截至2008年底，累计发电370余亿度，为河南电网提供了优质绿色能源，促进了河南电网的安全稳定运行，促进了国家节能减排政策的落实。

竣工验收是国家基本建设的重要程序；是确保工程质量和安全的重要环节；是对工程建设管理、投资及效益的全面总结。2002—2008年，小浪底工程先后通过了安全技术鉴定、工程及移民部分竣工初步验收和水土保持、工程档案、消防设施、环境保护和劳动安全卫生等专项验收。2008年12月，通过了由国家发展和改革委员会、水利部共同主持的竣工技术预验收。

小浪底工程是治黄事业新的里程碑；是绿色、环保、生态和民生工程；是我国改革开放的精品力作；是新时期治水方针和可持续发展治水思路的成功实践。竣工后的小浪底工程，必将为黄河安澜和河流健康、国家经济社会发展以及和谐社会、小康社会建设，发挥出更加突出的战略作用。

11.1 工程项目验收概述

1. 施工项目竣工验收

工程项目按照批准的设计图纸和文件的内容全部建成，达到使用条件的标准叫做工程竣工。

一个工程项目如果已经全部完成，但由于外部原因(如缺少或暂时缺少电力、煤气、燃料等)，不能投产使用或不能全部投产使用。也应该视为竣工，要及时组织竣工验收，因为这些外部原因和条件，不是工程本身的问题。

施工项目竣工验收是建设项目竣工验收的第一阶段，可称为初步验收或交工验收。其含义是建筑施工企业完成其承建的单项工程后，接受建设单位的检验，合格后向建设单位交工。

施工项目竣工验收的验收过程是：建设项目的某个单项工程已按设计要求建完，能满足生产要求或具备使用条件，施工单位就可以向建设单位发出交工通知。建设单位接到施工单位的交工通知后，在做好验收准备的基础上，组织施工、设计及建设等单位共同进行交工验收。在验收中应按试车规程进行单机试车、无负荷联动试车及负荷联动试车。验收合格后，建设单位与施工单位签订《交工验收证书》。施工单位应在此同时向建设单位移交档案材料。

建设项目竣工验收是动用验收，是指建设单位在建设项目按批准的设计文件所规定的内容全部建成后，向使用单位(国有资金建设的工程向国家)交工的过程。它的验收程序是：整个建设项目按设计要求全部建成，经过第一阶段的交工验收，符合设计要求，并具备竣工图、竣工结算、竣工决算等必要的文件资料后，由建设项目主管部门或建设单位向负责验收的单位提出竣工验收申请报告，按现行验收组织规定，接受由银行、物资、环保、劳动、统计、消防及其他有关部门组成的验收委员会或验收组验收，办理固定资产移交手续。验收委员会或验收组负责审查建设的各个环节，听取各有关单位的工作报告，审阅工程技术档案资料，并实地查验建筑工程和设备安装情况，对工程设计、施工和设备质量等方面提出全面评价。

当建设项目规模较小、较简单时，可以把施工项目竣工验收与建设项目竣工验收合为一次进行。

施工项目竣工验收的意义有以下几点。

(1) 竣工验收是施工阶段的最后环节也是项目管理的重要环节，是保证合同任务完成、提高质量水平的最后一个关口。通过竣工验收，全面综合考察工程质量，保证交工项目符合设计、标准、规范，达到国家规定的质量标准要求。

(2) 做好施工项目竣工验收，可以促进建设项目及时投产，对发挥投资效益和积累、总结投资经验具有重要作用。

(3) 施工项目的竣工验收，标志着施工项目经理部的一项任务的完成，可以接受新的项目施工任务。

(4) 通过施工项目竣工验收整理档案资料，既能总结建设过程和施工过程，有利于提高施工项目管理水平，又能对使用单位提供使用、维修和扩建的根据，具有长久的意义。

2. 施工项目竣工验收的管理程序

单独签订施工合同的单位工程，竣工后可单独进行竣工验收。在一个单位工程中满足规定交工要求的专业工程，可征得发包人同意，分阶段进行竣工验收。

单项工程竣工验收应符合设计文件和施工图纸要求，满足生产需要或具备使用条件，并符合其他竣工验收条件要求。

整个建设项目已按设计要求全部建设完成，符合规定的建设项目竣工验收标准，可由发包人组织设计、施工、监理等单位进行建设项目竣工验收。中间竣工并已办理移交手续的单项工程，不再重复进行竣工验收。

竣工验收阶段管理应按下列程序依次进行。

(1) 竣工验收准备。

(2) 编制竣工验收计划。

(3) 组织现场验收。

(4) 进行竣工结算。

(5) 移交竣工资料。

(6) 办理交工手续。

3. 施工项目竣工验收条件

施工单位承建的工程项目，达到下列条件者，可报请竣工验收。

(1) 生产性工程和辅助公用设施已按设计建成，能满足生产要求。如生产科研类建设项目、土建、给水排水、暖气通风和工艺管线等工程和属于厂房组成部分的生活间、控制室、操作室、烟囱、设备基础等土建工程均已完成，并且有关工艺或科研设备也已安装完毕。

(2) 主要工艺设备已安装配套，经联动负荷试车合格，安全生产和环境保护符合要求，已形成生产能力，能生产出设计文件所规定的产品。

(3) 生产性建设项目中的职工宿舍和其他必要的生活福利设施以及生产准备工作，能适应投产的需要。

(4) 非生产性建设的项目，土建工程及房屋建筑附属的给水排水、采暖通风、电气、煤气及电梯已安装完毕、室外的各管线已施工完毕。可以向用户供水、供电、供暖气和供煤气，具备正常的使用条件。如因建设条件和施工顺序所限，正式热源、水源、电源没有建成，则须由建设单位和施工单位共同采取临时措施解决。使之达到使用要求，这样也可报请竣工验收。

工程项目达到下列条件者，也可报请竣工验收。工程项目(包括单项工程)符合上述基本条件，但实际上有少数非主要设备及某些特殊材料短期内不能解决；或工程虽未按设计规定的内容全部建完，但对投产、使用影响不大，也可报请竣工验收。如非生产性项目中的房屋已经建成，电梯未到货或晚到货，因而不能安装，或虽已安装，但不能同时交付使用；如住宅小区中房屋及室外管线均已竣工，但个别的市政设施没有配套完成，允许房屋建筑施工企业将承建的建设项目报请竣工验收。

工程项目有下列情况之一者，施工企业不能报请竣工验收。

(1) 生产、科研性建设项目，因工艺或科研设备、工艺管道尚未安装，地面和主要装修未完成者。

(2) 生产、科研性建设项目的主体工程已经完成，但附属配套主程未完成，影响投产使用。

(3) 非生产性建设项目的房屋建筑已经竣工，但由本施工企业承担的室外管线没有完成，锅炉房、变电室和冷冻机房等配套工程的设备安装尚未完成，不具备使用条件。

(4) 各类工程的最后一道喷浆、表面油漆未做。

(5) 房屋建筑工程已基本完成，但被施工企业临时占用，尚未完全腾出。

(6) 房屋建筑工程已完成，但其周围的环境未清扫，仍有建筑垃圾。

4. 施工项目竣工验收的依据

(1) 经批准的设计文件、施工图纸和说明书。

(2) 设备技术说明书。

(3) 现行的施工质量验收规范。

(4) 主管部门有关项目建设的审批、修改、调整文件。

(5) 项目承包合同和施工图纸会审记录。

(6) 项目设计变更签证和技术核定书。

(7) 主管部门有关竣工验收的规定和文件。

5. 施工项目竣工验收的收尾工作

(1) 项目经理要组织有关人员逐层、逐段、逐部位和逐房间地进行查项。检查施工中有无丢项、漏项，一旦发现，必须立即确定专人限期解决，并在事后按期进行检查。

(2) 保护成品和进行封闭。对已经全部完成的部位或查项后修补完成的部位，要立即组织清理，保护好成品；依可能和需要，按房间或层段锁门封闭；严禁无关人员进入，防止损坏成品或丢失零件。尤其是高标准、高级装修的建筑工程(如高级宾馆、饭店、医院、使馆、公共建筑等)，每一个房间的装修和设备安装一旦完毕，就要立即严加封闭，派专人按层段加以看管。

(3) 计划地拆除施工现场的各种临时设施和暂设工程，拆除各种临时管线，清扫施工现场，组织清运垃圾和杂物。

(4) 有步骤地组织材料、工具以及各种物资的回收、退库、向其他施工现场转移和进行处理工作。

(5) 做好电气线路和各种管线的交工前检查，进行电气工程的全负荷试验。

(6) 有生产工艺设备的工程项目，要进行设备的单体试车、无负荷联动试车和有负荷联动试车。

6. 施工项目竣工验收准备工作

(1) 编制项目竣工收尾计划，做好工程收尾工作。

(2) 组织工程技术人员绘制竣工图，清理和准备各项需向建设单位移交的工程档案资料，并编制工程档案资料移交清单。

(3) 以预算人员为主，生产、管理、技术、财务、材料和劳资等人员参加或提供资料，编制竣工结算表。

(4) 准备工程竣工通知书、工程竣工报告、工程竣工验收证明书和工程保修证书等。

(5) 组织好工程自验(或自检)，报请上级领导部门进行竣工验收检查，对检查出的问题，及时进行处理和修补。

(6) 准备好工程质量评定的各项资料。主要按结构性能、使用功能和外观效果等方面，对工程的地基基础、结构、装修，以及水、暖、电、卫、设备安装等各个施工阶段所有质量检查资料进行系统的整理，为正式评定工程质量提供资料和依据，也为技术档案资料移交归档做准备。

7. 施工项目竣工资料

施工项目竣工验收前应抓紧竣工资料的整理、分类归档和装订成册等，并严格按照规范化、标准化的要求进行竣工资料的准备。

竣工资料的内容包括：工程施工技术资料、工程质量保证资料、工程检验评定资料和竣工图，规定的其他应交资料。

(1) 工程技术档案资料主要内容是：开工报告、竣工报告；项目经理、技术人员聘任文件；施工组织设计；图纸会审记录；技术交底记录；设计变更通知；技术核定单；地质勘察报告；定位测量记录；基础处理记录；沉降观测记录；防水工程抗渗试验记录；混凝土浇灌令；商品混凝土供应记录；工程复核记录；质量事故处理记录；施工日志；建设工程施工合同补充协议；工程质量保修书；工程预(结)算书；竣工项目一览表；施工项目总结；等等。

(2) 工程质量保证资料包括原材料、构配件、器具及设备等的质量证明和进场材料试验报告等，这些资料全面反映了施工全过程中质量的保证和控制情况。各专业工程质量保证资料的主要内容如下。

土建工程主要质量保证资料：钢材出厂合格证、试验报告；焊接试(检)验报告，焊条(剂)合格证；水泥出厂合格证或报告；砖出厂合格证或试验报告；防水材料合格证或试验报告；构件合格证；混凝土试块试验报告；砂浆试块试验报告；土壤试验、打(试)桩记录；地基验槽记录；结构吊装、结构验收记录；隐蔽工程验收记录；中间交接验收记录；等等。

建筑采暖卫生与煤气工程主要质量保证资料：材料、设备出厂合格证；管道、设备强度、焊口检查和严密性试验记录；系统清洗记录；排水管灌水、通水、通气试验记录；卫生洁具盛水试验记录；锅炉烘炉、煮炉、设备试运转记录；等等。

建筑电气安装主要质量保证资料：主要电气设备、材料合格证；电气设备试验、调整记录；绝缘、接地电阻测试记录；隐蔽工程验收记录；等等。

通风与空调工程主要质量保证资料：材料、设备出厂合格证；空调调试报告；制冷系统检验、试验记录；隐蔽工程验收记录；等等。

电梯安装工程主要质量保证资料：电梯及附件、材料合格证；绝缘、接地电阻测试记录；空、满、超载运行记录；调整、试验报告；等等。

(3) 工程检验评定资料包括以下内容：质量管理体系检查记录；分项工程质量验收记录；分部工程质量验收记录；单位工程竣工质量验收记录；质量控制资料检查记录；安全和功能检验资料核查及抽查记录；观感质量综合检查记录；等等。

8. 工程竣工资料整理

竣工资料的整理应符合以下要求。

(1) 工程施工技术资料的整理应始于工程开工，终于工程竣工，真实记录施工全过程，按形成规律收集，采用表格方式分类组卷。

(2) 工程质量保证资料的整理应按专业特点，根据工程的内在要求，进行分类组卷。

(3) 工程检验评定资料的整理应按单位工程、分部工程和分项工程划分的顺序，进行分类组卷。

(4) 竣工图的整理应区别情况按竣工验收的要求组卷。

9. 工程竣工图准备及绘制竣工图的要求

绘制竣工图的主要依据是原设计图、施工期间的补充设计图、工程变更协商记录、质量事故分析处理记录和地基基础验收时的隐蔽工程验收记录。所以绘制竣工图前必须将上述资料搜集齐全。

工程竣工图应逐张加盖“竣工图”章。“竣工图”章的内容应包括：发包人、承包人、监理等单位名称、图纸编号、编制人、审核人、负责人和编制时间等。编制时间应区别以下情况。

(1) 没有变更的施工图，由承包人在原施工图(必须是新图纸)上加盖“竣工图”章标志作为竣工图。

(2) 在施工中虽有一般性设计变更，但设计的变更和幅度都不大，能将原施工图加以修改补充作为竣工图的，可不重新绘制，承包人在原施工图上注明修改部分，附以设计变更通知单和施工说明，加盖“竣工图”章标志作为竣工图。

(3) 如果设计变更的内容很多，如改变平面布置、工艺、结构形式等，就必须重新绘制竣工图：由设计原因造成的，则由建设单位负责重新绘制；由施工原因造成的，则承包人负责绘制；由其他原因造成的，则由建设单位自行绘制或委托设计单位绘制。承包人负责在新图上加盖“竣工图”标志，并附以记录和说明，作为竣工图。

(4) 改建或扩建的工程，如果涉及原有建设项目，并使原有工程的某些部分发生工程变更者，应把与原有工程有关的竣工图资料加以整理，并在原有工程档案的竣工图上增补变更情况和必要的说明。

11.2 工程项目验收要求

1. 建筑工程质量验收的基本要求

(1) 建筑工程施工质量应符合《建筑工程施工质量验收统一标准》和相关专业验收规范的规定。

(2) 建筑工程施工应符合工程勘察、设计文件的要求。

(3) 参加工程施工质量验收的各方人员应具备规定的资格。

(4) 工程质量的验收均应在施工单位自行检查评定的基础上进行。

(5) 隐蔽工程在隐蔽前应由施工单位通知有关单位进行验收，并应形成验收文件。

(6) 对涉及结构安全的试块、试件以及有关材料，应按规定进行见证取样检测。

(7) 检验批的质量应按主控项目和一般项目验收。

(8) 对涉及结构安全和使用功能的重要分部工程应进行抽样检测。

(9) 承担见证取样检测及有关结构安全检测的单位应具有相应资质。

(10) 工程的观感质量应由验收人员通过现场检查，并应共同确认。

2. 检验批的质量验收

检验批是按统一的生产条件或按规定的方法汇总起来供检验用的，是由一定数量的样本组成的检验体。检验批是工程验收的最小单位，是分项工程乃至整个建筑工程质量验收的基础。检验批是施工过程中条件相同并有一定数量的材料、构配件或安装项目，由于其质量基本均匀一致，因此可以作为检验的基础单位，并按批验收。

检验批可根据施工及质量控制和专业验收需要按楼层、施工段、变形缝等进行划分。

检验批质量合格的条件，共有3个方面：资料检查、主控项目检验和一般项目检验。

质量控制资料反映了检验批从原材料到最终验收的各施工工序的操作依据，检查情况以及保证质量所必需的管理制度等。对其完整性的检查，实际是对过程控制的确认，是检验批合格的前提。

主控项目是建筑工程中对安全、卫生、环境保护和公众利益起决定性作用的检验项目。主控项目对检验批的基本质量起决定性影响，因此必须全部符合有关专业工程验收规范的规定。这意味着主控项目不允许有不符合要求的检验结果。

一般项目是除主控项目以外的检验项目。

检验批质量检验应根据项目的特点在下列抽样方案中进行选择。

(1) 计量、计数或计量—计数等抽样方案。

(2) 一次、两次或多次抽样方案。

(3) 根据生产连续性和生产控制稳定性情况，可以采用调整型抽样方案。

(4) 重要的检验项目当可采用简易快速的检验方法时，可以选用全数检验方案。

(5) 经实践检验有效的抽样方案。

在制定检验批的抽样方案时，对生产方风险(或错判概率α)和使用方风险(或漏判概率β)控制的规定如下。

(1) 主控项目。对应于合格质量水平的α和β均不宜超过5%。

(2) 一般项目。对应于合格质量水平的α不宜超过5%，β不宜超过10%。

合格质量水平的生产方风险α是指合格批被判为不合格的概率，即合格批被拒收的概率；使用方风险β为不合格批被判为合格批的概率，即不合格批被误收的概率。

检验批合格质量应符合下列规定。

(1) 主控项目和一般项目的质量经抽样检验合格。

(2) 具有完整的施工操作依据、质量检查记录。

3. 分项工程的质量验收

分项工程由一个或若干个检验批组成。建筑工程的分项工程，一般按主要工种工程划分，但也可按施工程序的先后和使用的材料以及设备类别来划分，如砌砖工程、钢筋工程、玻璃工程和木门窗安装工程等。

分项工程的验收在检验批的基础上进行。一般情况下，两者具有相同或相近的性质，只是批量的大小不同而已。因此，将有关的检验批汇集构成分项工程。分项工程合格质量的条件比较简单，只要构成分项工程的各检验批的验收资料文件完整，并且均已验收合格，则分项工程验收合格。

分项工程质量验收合格应符合下列规定。

(1) 分项工程所含的检验批均应符合合格质量的规定。

(2) 分项工程所含的检验批的质量验收记录应完整。

4. 分部工程质量验收

每个分部工程由有关分项工程组成。分部工程的划分应按下列原则确定。

(1) 分部工程的划分应按专业性质、建筑部位确定。

(2) 当分部工程较大或较复杂时，可按材料种类、施工特点、施工程序、专业系统及类别等将其划分为若干子分部工程。

分部工程的验收在其所含各分项工程验收的基础上进行。分部(子分部)工程质量验收合格应符合下列规定。

(1) 分部(子分部)工程所含分项工程的质量均应验收合格。

(2) 质量控制资料应完整。

(3) 地基与基础、主体结构和设备安装等分部工程有关安全及功能的检验和抽样检测结果应符合有关规定。

(4) 观感质量验收应符合要求。

5. 单位工程的质量验收

单位工程由若干分部工程组成。单位工程的划分应按下列原则确定。

(1) 具备独立施工条件，并能形成独立使用功能的建筑物及构筑物为一个单位工程。

(2) 规模较大的单位工程，可将其能形成独立使用功能的部分分为一个子单位工程。

单位工程质量验收也称作质量竣工验收；是建筑工程投入使用前的最后一次验收；也是最重要的一次验收。单位工程质量验收是在分部工程质量验收的基础上进行的验收。

单位(子单位)工程质量验收合格应符合下列规定。

(1) 单位(子单位)工程所含分部(子分部)工程的质量均应验收合格。

(2) 质量控制资料应完整。

(3) 单位(子单位)工程所含分部工程有关安全和功能的检测资料应完整。

(4) 主要功能项目的抽查结果应符合相关专业质量验收规范的规定。

(5) 观感质量验收应符合要求。

11.3 工程项目验收组织

1. 建筑工程质量验收组织

1）检验批及分项工程

检验批及分项工程应由监理工程师(建设单位项目技术负责人)，组织施工单位项目专业质量(技术)负责人等进行验收。

检验批和分项工程是建筑工程质量的基础，因此，所有检验批和分项工程均应由监理工程师或建设单位项目技术负责人组织验收。验收前，施工单位先填好“检验批和分项工程的质量验收记录”(有关监理记录和结论不填)，并由项目专业质量检验员和项目专业技术负责人分别在检验批和分项工程质量检验记录中相关栏目签字，然后由监理工程师组织，严格按规定程序进行验收。

2）分部工程

分部工程应由总监理工程师(建设单位项目负责人)组织施工单位项目负责人和技术、质量负责人等进行验收；地基与基础、主体结构分部工程的勘察、设计单位工程项目负责人和施工单位技术、质量部门负责人也应参加相关分部工程的验收。

3）单位工程

(1) 单位工程完工后，施工单位应自行组织有关人员进行检查评定，并向建设单位提交工程验收报告。单位工程完成后，施工单位首先要依据质量标准、设计图纸等组织有关人员进行自检，并对检查结果进行评定，符合要求后向建设单位提交工程验收报告和完整的质量资料，报请建设单位组织验收。

(2) 建设单位收到工程验收报告后，应由建设单位(项目)负责人组织施工(含分包单位)、设计、监理等单位(项目)负责人进行单位(子单位)工程验收。

(3) 单位工程有分包单位施工时，分包单位对所承包的工程项目应按标准规定的程序检查评定，总包单位应派人参加。分包工程完成后，应将工程有关资料交总包单位。

(4) 当参加验收各方对工程质量验收意见不一致时，可请当地建设行政主管部门或工程质量监督机构协调处理，也可以是各方认可的咨询单位。

(5) 单位工程质量验收合格后，建设单位应在规定时间内将工程竣工验收报告和有关文件，报建设行政管理部门备案。

2. 施工单位竣工预验收

施工单位竣工预验收是指工程项目完工后正式验收前，由施工单位自行组织的内部模拟验收。内部预验收是顺利通过正式验收的可靠保证。为了不致使验收工作遇到麻烦，最好邀请监理工程师参加。

竣工预验收工作一般可视工程重要程度及工程情况分层次进行验收。通常有以下3个层次。

1）基层施工单位自验

由施工队长组织施工队的有关职能人员对拟报竣工程的情况和条件，根据施工图要求、合同规定和验收标准，进行检查验收。它主要包括竣工项目是否符合有关规定；工程质量是否符合质量验收规范；工程资料是否齐全；工程完成情况是否符合施工图及使用要求；等等。如有不足之处，应及时组织力量，限期修理完成。

2）项目经理组织自验

项目经理部根据施工队的报告，由项目经理组织生产、技术、质量、预算等部门进行自检，自检内容及要求参照前条。经严格检验并确认符合施工图设计要求，达到竣工标准后，可填报竣工验收通知单。

3）公司级预验收

根据项目经理部的申请，竣工工程可视其重要程度和性质，由公司组织检查验收，也可分部门(生产、技术、质量)分别检查预验。对不符合要求的项目，提出整改措施，由施工队限期完成，再进行检查，以决定是否提请正式验收。

3. 建筑工程质量不符合要求的处理

(1) 当建筑工程质量不符合要求时，应按下列规定进行处理。

① 经返工重做或更换器具、设备的检验批，应重新进行验收。

② 经有资质的检测单位检测鉴定能够达到设计要求的检验批，应予以验收。

③ 经有资质的检测单位检测鉴定达不到设计要求，但经原设计单位核算认可能够满足结构安全和使用功能的检验批，可予以验收。

④ 经返修或加固处理的分项、分部工程，虽然改变外形尺寸，但仍能满足安全使用要求的，可按技术处理方案和协商文件进行验收。

(2) 通过返修或加固处理仍不能满足安全使用要求的分部工程、单位(子单位)工程，严禁验收。一般情况下，不合格现象在最基层的验收单位——检验批时就应发现并及时处理，否则将影响后续检验批和相关的分项工程、分部工程的验收。因此所有质量隐患必须尽快在萌芽状态时消灭，这也是以强化验收促进过程控制原则的体现。非正常情况的处理分以下 4 种情况。

① 第一种情况是指在检验批验收时，其主控项目不能满足验收规范规定或一般项目超过偏差限值的子项不符合检验规定的要求时，应及时进行处理的检验批。其中严重的缺陷应推倒重来；一般的缺陷通过翻修或更换器具、设备予以解决，应允许施工单位在采取相应的措施后重新验收。如能够符合相应的专业工程质量验收规范，则应认为该检验批合格。

② 第二种情况是指个别检验批发现试块强度等不满足要求等问题，难以确定是否验收时，应请具备资质的法定检测单位检测。当鉴定结果能够达到设计要求时，该检验批仍应认为通过验收。

③ 第三种情况是指如经检测鉴定达不到设计要求，但经原设计单位核算，仍能满足结构安全和使用功能的情况，该检验批可以予以验收。一般情况下，规范标准给出了满足安全和功能的最低限度要求，而设计往往在此基础上留有一些余量。不满足设计要求和符

合相应规范标准的要求，两者并不一定矛盾。

④ 第四种情况是指更为严重的缺陷或者超过检验批的更大范围内的缺陷，可能影响结构安全性和使用功能。若经法定检测单位检测鉴定以后认为达不到规范标准的相应要求，即不能满足最低限度的安全储备和使用功能，则必须按一定的技术方案进行加固处理，使之能保证其满足安全使用的基本要求。这样会造成一些永久性的缺陷，如改变结构外形尺寸，影响一些次要的使用功能等。为了避免社会财富更大的损失，在不影响安全和主要使用功能的条件下，可按处理技术方案和协商文件进行验收，责任方应承担经济责任，但不能作为轻视质量而回避责任的一种出路。

4. 编制竣工结算、竣工结算报告

编制竣工结算应依据下列资料。

(1) 施工合同。

(2) 中标投标书的报价单。

(3) 施工图及设计变更通知单、施工变更记录、技术经济签证。

(4) 工程预算定额、取费定额及调价规定。

(5) 有关施工技术资料。

(6) 工程竣工验收报告。

(7) 工程质量保修书。

(8) 其他有关资料。

在编制竣工结算报告和结算资料时，应遵循下列原则。

(1) 以单位工程或合同约定的专业项目为基础，应对原报价单的主要内容进行检查和核对。

(2) 发现有漏算、多算或计算误差的，应及时进行调整。

(3) 多个单位工程构成的施工项目，应将各单位工程竣工结算书汇总，并编制单项工程竣工综合结算书。

(4) 多个单项工程构成的建设项目，应将各单项工程综合结算书汇总编制建设项目总结算书，并撰写编制说明。

5. 项目考核评价

项目考核评价的目的是规范项目管理行为，鉴定项目管理水平，确认项目管理成果，对项目管理进行全面考核和评价。

项目考核评价的主体是派出项目经理的单位。项目考核评价的对象是项目经理部，其中应突出对项目经理的管理工作进行考核评价。

考核评价的依据是施工项目经理与承包人签订的《项目管理目标责任书》，内容应包括完成工程施工合同、经济效益、回收工程款、执行承包人各项管理制度、各种资料归档等情况，以及《项目管理目标责任书》中其他要求内容的完成情况。

项目考核评价可按下列程序进行。

(1) 制定考核评价方案，经企业法定代表人审批后施行。

(2) 听取项目经理部汇报，查看项目经理部的有关资料，对项目管理层和劳务作业层

进行调查。

(3) 考察已完工程。

(4) 对项目管理的实际运作水平进行考核评价。

(5) 提出考核评价报告。

(6) 向被考核评价的项目经理部公布评价意见。

项目经理部应向考核评价委员会提供下列资料。

(1) “项目管理实施规划”、各种计划、方案及其完成情况。

(2) 项目所发生的全部来往文件、函件、签证、记录、鉴定和证明等。

(3) 各项技术经济指标的完成情况及分析资料。

(4) 项目管理的总结报告包括技术、质量、成本、安全、分配、物资、设备、合同履约及思想工作等各项管理的总结。

(5) 使用的各种合同，管理制度，工资发放标准。

项目考核评价委员会应向项目经理部提供项目考核评价资料。资料应包括下列内容。

(1) 考核评价方案与程序。

(2) 考核评价指标、计分办法及有关说明。

(3) 考核评价依据。

(4) 考核评价结果。

6. 项目考核评价指标

项目考核评价指标包括定量指标和定性指标。考核指标的具体计算方法由考核评价委员会选择和确定。

考核评价的定量指标宜包括下列内容。

(1) 工程质量等级。

(2) 工程成本降低率。

(3) 工期及提前工期率。

(4) 安全考核指标。

考核评价的定性指标宜包括下列内容。

(1) 执行企业各项制度的情况。

(2) 项目管理资料的收集、整理情况。

(3) 思想工作方法与效果。

(4) 发包人及用户的评价。

(5) 在项目管理中应用的新技术、新材料、新设备和新工艺等。

(6) 在项目管理中采用的现代化管理方法和手段。

(7) 环境保护。

案例 11.1

某工程隐蔽工程验收计划见表 11－1。

表 11－1 某工程隐蔽工程验收计划

序号	验收项目	验收单位	备注
1	建筑物定位放线	规划部门、建设单位	
2	基础钢筋	建设单位	
3	基础结构	主管部门、质监站	设计、建设单位参加
4	各层砌体	建设单位	
5	各层钢筋	建设单位	设计单位参加
6	各层模板	建设单位	
7	各层埋件、预留洞口	建设单位	
8	各层防雷引下线	建设单位	
9	各层管线预埋	建设单位	
10	各层砌体拉结筋	建设单位	
11	门窗框锚固	建设单位	
12	中间结构验收	主管部门、质监站	设计、建设单位参加
13	屋面防水层	建设单位	
14	排水管道	建设单位	

注：以上项目验收均必须邀请监理人员参加。

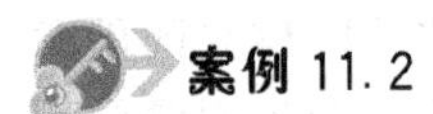

案例 11.2

某工程分项工程技术复核计划见表 11－2。

表 11－2 某工程分项工程技术复核计划

序号	复核项目	复核人	序号	复核项目	复核人
1	水准点高程引测	公司技质科、甲方代表	14	各层钢筋	施工员
2	定位轴线	公司技质科、甲方代表	15	各层模板	施工员
3	基坑标高	项目工程师	16	各层砌体	施工员
4	基础轴线	项目工程师	17	综合布线	专业队、项目工程师
5	基础钢筋配料单	钢筋工长	18	屋面保护层	施工员
6	基础钢筋	施工员	19	屋面防水施工	项目工程师
7	基础柱、梁钢筋配料单	钢筋工长	20	门窗框安装锚固	施工员
8	基础柱、梁钢筋	施工员	21	脚手架	公司安全科
9	商品混凝土配合比	项目工程师	22	塔吊井架安装	公司安全科
10	砂浆配合比	项目工程师	23	排水管坡度	安装施工员

续表

序号	复核项目	复核人	序号	复核项目	复核人
11	各层轴线、标高	项目工程师	24	上水管灌水通球试验	项目工程师
12	各层皮数杆	项目工程师	25	电气绝缘测试	项目工程师
13	各层钢筋配料单	钢筋工长	26	防雷接地电阻测试	项目工程师

11.4 项目后评价

1981年，我国开始对利用外资建设和成套引进国外设备的项目采用可行性研究方法来进行投资方案的比较和选择；从1984年起，可行性研究、项目前评估等工作开始应用于国内投资建设项目；1987年10月国家计划委员会发布《建设项目经济评价的方法和参数》规定，并在大中型建设项目的经济评价中推广使用后，基本上形成了一套比较完整的评价方法，使投资决策的水平与过去相比有了很大程度的提高。尽管如此，我国在这一领域内同科学的决策水平以及国外先进的决策水平之间仍然存在着很大的差距，它主要表现为：在实际应用时，可行性研究并没有发挥应有的作用；虚假可行性研究现象普遍存在；决策中存在随意性；前评估阶段只注重技术方案的比较；经济分析评价比较粗糙；导致决策失误较多，投资效益水平低下。

如能建立起完善的后评价制度，对前评估进行比较全面客观地检测和衡量，并建立起相应的奖惩制度，相信可以促使项目前评估人员和有关部门，在进行前评估时树立高度的责任感，确保项目前评估的客观性和公正性，能够做到及时了解项目实施过程出现的问题和目前还存在的不足，及早纠正计划决策和实施中的失误；还可以避免以后遇到类似的情况时重复以往的错误，从而减少资源的浪费。

11.4.1 后评价的概念

后评价是指对已实施或完成的项目(或规划)的目标、执行过程、效益和影响进行系统、客观的分析、检查和总结，以确定目标是否达到，检验项目或规划是否合理和有效率，并通过可靠、有用的信息资料，为未来的决策提供经验和教训。具体地说，后评价是一种活动，它从未来的、正在进行的或过去的一个或一组活动中评价出结果，并吸取经验。从微观角度看，它与单个或多个项目，或者一个规划有关；从宏观角度看，它可以是对整个经济、某一部门的经济或经济中某一方面的活动情况进行审查；从空间的含义看，后评价还可以是对某一地区发展趋势的评价。在项目级，后评价在项目进行一定时期后，对其进行全面综合地评价，分析项目实施的实际经济效果和影响力，以论证项目的持续能力，判断最初的决策是否合理，为以后的决策提供经验和教训。

11.4.2　后评价的方法

1. 有无对比

“有无对比”是指将项目实际发生的情况与若无项目可能发生的情况进行对比，以度量项目的真实影响和作用。对比的重点是要分清项目作用的影响与项目以外的作用的影响。这种对比用于项目的效益评价和影响评价中。

“有无对比”中的“有”和“无”是指评价的对象，即项目。评价是通过项目的实施所付出的资源代价与项目实施后产生的效果进行对比以得出项目业绩是好还是坏的结论。比较的关键是要求投入的代价与产出的效果口径一致。也就是说，所度量的效果要真正归因于所评价的项目。按照有无项目情况的不同假定，可以划分为以下 4 种对比方法。

1）项目实施前与实施后的数据对比

它只是将项目实施前的情况与项目实施一段时间之后的情况加以对比。这样做有一个隐含的假设，即在没有项目的情况下，项目实施之前的情况将保持不变并一直持续下去。而事实上，由于本身的发展趋势和其他项目的影响，即使没有项目，评价对象，也可能变好或变差。该方法对实施前就有后评价计划的项目最有效，因为这样可以收集到特殊数据来提供足够的评价判据。

这种简单的前后数据的比较简单易行，成本低。不足之处是很有可能高估或低估项目的作用，准确性较差。所以通常只适用于在实践中时间和人力都受到限制的情形。

2）项目实施前的时间序列数据进行的预测结果与项目实施后的结果对比

这种方法根据评价标准将项目实施后的实际数据与根据项目实施前的时间序列数据进行的预测结果进行比较。这种方法适用于历史数据充足，而且预计无项目时，数据具有并保持较为明显的趋势(上升或下降)的情况。如果实施前的数据不稳定，那么预测结果意义不大。如果有充分的理由相信实施前几年的数据发生了变化，则再早的历史数据就不能再使用。

3）准随机实验设计

这种方法将受项目直接影响的地区的数据与其他地区的数据进行对比，具体包括如下内容。

(1) 受项目影响的地区与一个类似的地区或没有项目影响的一些地区进行同类指标比较。

(2) 受项目影响区域内受益于项目的人群和没有受益的人群进行对比。

由于很难确定一个可比较的类似的对象，因此在确定比较对象和解释对比结果时须十分谨慎；同样，由于没有进行随机抽样，对象群可能不平均，如被比较对象的动机和个性不同很难被鉴别出来，这是这种方法的最大缺陷。

这种方法在可以找到一个与项目对象具有可比性的比较对象时适用。当随机实验方法不可行时，可考虑采用这种方法。另外，尽管本方法有助于控制一些较重要的外部因素，但由于上述局限，它不能作为项目结果评价的一种完全可靠的方法，最好与其他方法一起使用。

4）随机实验设计

这种方法是最有效的，同时也是最困难和成本最高的。它通过比较事先选好的两组对象，其中一组是受益于被评价项目的，而另外一组没有从中受益。最关键的是比较对象是科学地随机抽取的，除了受项目影响这一点外，两组对象之间应尽可能地相似。这种方法也可用来评价项目的某个变量变化时所引起的整体上的变化，可据此确定哪些变量最有效，所以主要用于规划和政策的后评价。这种比较方法较适用于衡量政策(如扶贫政策)、计划等的实施效果。它能准确地衡量项目的效果，但成本也相对其他方法高。

选择一种评价的方法主要取决于评价开始的时间、可获得的以及期望的精确度。这些方法并不一定单独使用，前3种方法中的一种或几种通常一起使用。在实际应用时，尽量使用最精确的评价方法，如果是衡量使个人受益的项目，最好采用方法四。当不能使用方法四时，应结合方法一、方法二、方法三一起使用。即评价应比较指标的前后值，根据项目实施之前的时间序列数据作出预测，寻找没有从实施该项目中受益的对象，综合4种方法的结果可以得出比较完整的结论。另外，尽量避免单独使用方法一，因为评价方法一不是一个有效的工具。但无论开始选择了哪种方法，如果以后的情况证明有更好的方法时都应及时修正。

2. 逻辑框架矩阵法

逻辑框架矩阵法(以下简称L-F方法)是由美国国际发展署于1970年提出的一种开发项目的工具，用于项目的规划、实施、监督和评价。它可以帮助对关键因素进行系统地选择和分析。L-F方法可以用来总结一个项目的诸多因素(包括投入、产出、目的和宏观目标)之间的因果关系(如资源、活动、产出)；评价发展方向(如目的、宏观目标)。该方法有助于评价者“思考和策划”，侧重于分析项目的运作(如项目的对象、目的、进行时间和方式等)。

L-F方法不是一种机械的方法程序，而是一种综合、系统地研究和分析问题的思维框架。因此，不能把这种方法看成是机械的程式化的公式。在后评价中采用这种方法有助于对关键因素或关键问题作出系统的合乎逻辑的分析，找出项目成功或失败的主客观原因。

1）逻辑框架的模式

逻辑框架的模式见表11-3，它由4×4的矩阵组成，横行代表项目目标的层次，包括达到这些目标所需要的方法(垂直逻辑)；竖行代表如何验证这些目标是否达到(水平逻辑)。

表11-3　逻辑框架的模式

概　述	客观验证指标	验证方法	重要假设条件
目　标	实现目标的衡量标准	资料来源采用的方法	目的和目标间的假设条件
目　的	项目最终状况	资料来源采用的方法	产出和目的间的假设条件
产　出	计划完成日期产出的定量	资料来源采用的方法	投入与产出间的假设条件
投　入	资源特性与等级、成本计划投入日期	资料来源	项目的原始假设条件

2）垂直逻辑

垂直逻辑关系可划分为如下 4 个层次。

(1) 目标。通常是指高层次的目标，该目标可由数个项目来实现，如提高农业产出、扩大就业、改善老年人的生活状况和生态保护等。

(2) 目的。确定“为什么”要实施这个项目，也就是说项目将为受益目标带来什么？如某项目的实施可以使某一地区的就业率提高百分之多少？

(3) 产出。通常用它描述项目要取得“什么”？即项目提供可计量的直接结果。如水利灌溉项目的产出是建立供水和灌溉网络。项目的产出并不直接实现上一层次的目标(增加稻米产出)，它只是提供实现目标的手段和条件。

(4) 投入与活动。描述项目是“怎样”被执行的，包括资源投入的量和时间。

以上 4 个层次由自下至上的 3 个逻辑关系相连接。第一级是如果保证一定的资源投入，并加以很好地管理，预计有怎样的产出；第二级是项目的产出与社会或经济变化之间的关系；第三级是项目的目的对整个地区，甚至整个国家更高层次目标的贡献的关联性。

3）水平逻辑

每个层次的目标应该有验证指标、验证方法和重要的假设前提，这些构成水平方向的逻辑关系。

(1) 客观的验证指标。各层次目标应尽可能地有客观的可度量的验证指标，它包括数量、质量、实现(或提供)的时间以及负责实施的人员。

(2) 重要的假定条件。重要的假设条件是指可能对项目的进展或结果产生影响，而项目管理者又无法控制的那些条件。这种失控的发生有多方面的原因，首要的是项目所在地的特定自然环境及自然变化。如农业项目，管理者无法控制的一个主要因素是气候，变化无常的天气可能使庄稼颗粒无收，计划彻底失败。这类自然风险还包括地震、干旱、洪水、台风和病虫害等。

4）结果分析

L－F 方法主要致力于不同层次目标的关系及其与相应假设条件的存在性的分析，主要结论如下。

(1) 效率性。这主要反映项目投入与产出间的关系。因此，这种效率性的估计反映项目把投入转换为产出的成功程度，也反映项目管理的水平。项目的监控系统就是主要为改进效率性提供信息反馈而建立的。项目完成报告主要反映的是项目实现产出的管理业绩，因此，可以说它关心的主要是效率性。

(2) 效果性。效果性主要反映的是项目的产出对目的贡献的程度。关于这种层次的关联性主要是后评价的任务。效果性主要取决于对象群对项目活动的反应。关于对象群的行为的假设条件是关键因素。

(3) 项目的影响。项目的影响估计主要反映项目的目的与最终目标间的关系。它可度量出项目对对象群提供的效益(和费用)。后评价一般在项目完成后两年内进行，但重要的社会经济影响，可能要在完成后的 5～10 年才变得清晰。

(4) 持续性分析。项目的效果或影响是否能持续下去是后评价要作出的重要结论。这方面的问题有：缺少资金的维护设施，缺少技术、设备配件，运输管理不善，社会经济环境的变化使资源无法提供。

持续性分析的逻辑框架部分是基于后评价的实际结果分析，更重要的是基于新情况下对各种逻辑关系的重新预测，在原有框架基础上加以修正。

11.4.3 后评价的内容

1. 效益评价

效益评价是对后评价时点以前各年度中项目实际发生的效益与费用加以核实，并对后评价时点以后的效益与费用进行重新预测，并在此基础上计算评价指标，对项目的实施效果加以评价，从中找出项目中存在的问题及产生问题的根源。效益评价是项目后评价的核心内容，效益评价包括财务评价和国民经济评价。

1）后评价的效益评价与前评估中的区别

后评价中财务与国民经济评价的原则与方法与前评估的相似，其大部分内容可参照国家计委和建设部颁布的《建设项目国民经济评价方法与参数》。但也有一些不同之处，主要有以下几点。

(1) 前评估采用的是预测值，后评价则对已发生的财务现金流量和经济流量采用实际值，并对后评价时点以后的流量作出新的预测。

(2) 实际发生的财务会计数据都含有物价总水平上涨(通货膨胀)的因素。通常采用的盈利能力指标是不含通货膨胀成分的。因此对后评价采用的财务数据要剔除物价上涨因素，以实现前后的一致性和可比性。当财务现金流量来自会计财务报表(账本)时，对以权责发生制下应收而实际未收到的债权和非货币资金都不可计为现金流入，只有当实际收到时才作为现金流入；同理，应付而实际未付的债务资金不能计为现金流出，只有当实际支付时才作为现金流出。必要时，对实际的财务数据要作出调整。

(3) 国民经济后评价在财务后评价基础上调整时，效益费用流量发生的时间要以资源实际耗用和效益实际产生的时间为准。如销售(或服务)已发生，款项未收(应收款)，在财务评价中不作为现金流入，但从国家和社会角度来看，效益已发生，应计为国民经济评价的效益流入；同理，已发生的资源投入和耗用，款项未付(应付款)，在财务评价时不作为现金流出，但从国家和社会角度来看，资源已投入与耗用，应作为国民经济评价的费用流出。

(4) 实际发生的财务会计数据一般都含有物价总水平上涨(通货膨胀)的因素。通常采用的盈利能力指标是不含通货膨胀成分，因此对后评价中采用的财务数据要剔除物价上涨因素，以实现前后对比基础的一致性和可比性。

2）效益评价中使用的价格

导致价格变化的因素有相对价格变动因素和物价总水平上涨因素。前者指因价格政策变化引起的国家定价和市场价比例的变化，以及因商品供求关系变化引起的供求均衡价格的变化等。后者指因货币贬值(又称通货膨胀)而引起的所有商品的价格以相同比例向上浮动。为了消除通货膨胀引起的“浮肿”盈利，计算“实际值”的内部收益率等盈利能力指标，使项目与项目之间、项目评价指标与基准评价参数之间，以及项目后评价与项目前评估之间具有可比性，财务评价原则上应采用基价，即只考虑计算期内相对价格变化，不考虑物价总水平上涨因素的价格计算项目的盈利性指标。与前评估的不同之处在于，前评估以建设初期的物价水平为基准，而后评价以建设期末的物价水平为基准，这种区别对内部收益率的计算结果没有影响。价格调整的步骤如下。

（1）区分建设期内各年的各项基础数据(包括固定资产投资、流动资金)中的本币部分和外币部分。

（2）以建设期末国内价格指数为 100，利用建设期内各年国家颁布的生产资料价格上涨指数逐年倒推得出以建设期末为基准表示的以前各年的国内价格指数(离后评价时点越远，价格指数越小)。用各年的国内价格指数调整基础数据中的本币部分。

（3）以建设期末的国外价格指数为 100，利用世界银行颁布的生产资料价格指数逐年倒推得出以建设期末为基准表示的以前各年的国外价格指数，用各年的国外价格指数调整基础数据中的外币部分。

（4）用建设期末的汇率将以前各年的外币投资数据基价换算为以本币表示的外币投资数据基价。

（5）加总本币投资数据基价和以本币表示的外币投资数据基价得到建设期内各年以基价表示的各项投资数据。

（6）生产经营期内各年的投入物、产出物价格的选择。如果在后评价时点之前发生，应调整为建设期末的价格水平表示的基价，否则由项目后评价人员根据有关资料以建设期末的价格水平为基准，不考虑物价总水平上涨因素，只考虑相对价格变化预测得出。

《建设项目经济评价方法与参数》中规定，对于建设期较短的项目，在项目前评估中可以采用如下简化处理：建设期内各年采用时价，生产经营期内各年均采用以建设期末物价总水平为基础并考虑生产经营期内相对价格变化的价格。当实际价格总水平与预测值相差不大时，为了与前评估具有可比性，对于这一类项目在后评价中对建设期内各年的基础数据可采用实际发生的价格，生产经营期内各年采用以建设期末为基准的实际(或预测)价格。

3）效益评价中项目的计算期

在后评价中进行效益评价时采用的项目的计算期应与前评估中采用的计算期一致，否则会改变评价指标的值。如果计算期太短，会低估效益评价中的一个最重要的指标——内部收益率；而计算期太长时，既费时又对提高精度没有太大的帮助，因为由于货币的时间价值的作用，越往后产生的效益对内部收益率的影响度越小。

4）效益评价的指标

评价指标是项目效益的重要标志，同一评价指标在不同的时间和地点可能会有不同的含义，这意味着要花费一定的精力来解释某一指标的值。所以在选择评价指标时应非常慎重，它既要能准确反映项目的实际情况，又要具有项目与项目之间的可比性，而且还要便于数据资料的收集。指标体系并不是越复杂越好，大而全的指标体系既耗费人力、财力，也不利于准确反映项目的实际情况。

效益评价的主要指标是财务内部收益率(FIRR)和经济内部收益率(ETRR)。由于后评价和前评估中采用的价格基准不同，所以两者的净现值不具有可比性，因此不作为后评价中效益评价的指标。

2. 影响评价

影响评价是评价项目对于其周围地区在经济、环境和社会3个方面所产生的作用和影响。影响评价站在国家的宏观立场，重点分析项目与整个社会发展的关系。

影响评价包括经济影响评价、环境影响评价和社会影响评价。由于国民经济评价中已采用影子价格、影子工资和影子汇率等经济参数，并且可以衡量项目的部分外部效果和无形效果，所以项目的某些影响已经反映在国民经济评价中。

影响评价要严格区分项目的影响和其他非项目因素的影响。

1）经济影响评价

项目的经济影响评价主要分析和评价项目对所在地区(区域)及国家的环境经济发展的作用和影响。它包括对分配效果和技术进步和产业结构的影响等。

(1) 分配效果。分配效果主要指项目效益在各个利益主体(中央、地方、公众和外商)之间的分配比例是否合理。在过去的20年中，很多经济学家尝试用数量的方法来区别不同收入水平的群体的收入效果，但由于理论上的争议和数据收集上的困难，一直未能在实践中加以应用。在我国，宏观上难以通过财政手段(税收)来调控财富的分配，所以有必要在项目层次上加以分析。衡量分配效果的方法是在效益评价的基础上，将财务评价进一步从各出资者(包括中央各部门、地方各部门、企业、银行、公众等)角度出发的财务分配效果，将国民经济评价进一步细化，分别以中央、地方、公众和外商为主体的经济效果评价。前者的现金流入部分建议采用出资者的股利收入和盈余资金之和。现金流出部分采用出资者的自有资本投入。评价指标为各利益主体分配的比例 α_i，即

$$\alpha_i = \frac{ENPI_i}{\sum ENPI_i}$$

式中：α_i——某分配主体的利益分享比例；

$ENPK_i$——某分配主体的经济净现值。

此外，分配效果分析中还应包括项目对于不同地区的收入分配的影响。对于相对富裕地区和贫困地区的收入分配可设立不同的权重系数，鼓励项目对经济不发达地区的投资。

(2) 技术进步。根据国家计委、科委和经贸委等部门颁布的技术政策、产业政策等，并参照同行业国际技术发展水平，进行项目对技术进步的影响分析。主要用于衡量项目所选用的技术的先进和适用程度，项目对技术开发、技术创新、技术改造和技术引进的作用，项目对高新技术产业化、商品化和国际化的作用，以及项目对国家部门和地方技术进步的推动作用。

(3) 产业结构。由于历史的影响，我国的产业结构不尽合理。生产力发展受一些瓶颈部门的严重制约，如农业、基础设施和基础工业等。此外，新型的产业结构要求提高第三产业的比例。所以，评价项目建立对国家、地方的生产力布局、结构调整和产业结构合理化的影响，也是经济影响评价的一个主要内容。

2）环境影响评价

项目的环境影响评价是指对照项目前评估时批准的《环境影响报告书》，重新审查项目环境影响的实际结果，审查项目环境管理的决策、规定规范、参数的可靠性和实际效

果。环境影响评价包括污染控制、对地区环境质量的影响、自然资源的保护与利用、对生态平衡的影响和环境管理等。

(1) 污染控制。检查和评价项目的废气、废水、废渣和噪声是否在总量和浓度上达到了国家和地方政府颁布的标准；项目选用的设备和装置在经济和环境保护效益方面是否合理，项目的环保治理装置是否做到了“三同时”并运转正常；项目环保的管理和监测是否有效；等等。

(2) 对地区环境质量的影响。分析对当地环境影响较大的若干种污染物，分析这些物质与环境背景值的关系，以及与项目的废气、废水和废渣排放的关系。

(3) 自然资源的保护与利用。它主要包括水、海洋、土地、森林、草原、矿产、渔业、野生动植物等自然界中对人类有用的一切物质和能量的合理开发、综合利用、保护和再生。重点是节约能源、节约水资源、土地利用和资源的综合利用等。

(4) 对生态平衡的影响。它主要指人类活动对自然环境的影响，内容包括人类对植物和动物种群，特别是珍稀濒危的野生动植物、重要水源涵养区，具有重要科教文化价值的地质构造以及其相互依存关系的影响对可能引起或加剧的自然灾害和危害的影响，如土壤退化、植被破坏、洪水和地震等。

(5) 环境管理。它包括环境监测管理、“三同时”和其他环保法令和条例的执行；环保资金设备及仪器仪表的管理；环保制度和机构、政策和规定的评价；环保的技术管理和人员培训；等等。

3) 社会影响评价

分析项目对国家或地区社会发展目标的贡献和影响，包括项目本身和对周围地区社会的影响，其内容包括如下。

(1) 就业效果。就业效果在国民经济评价中以通过影子工资给予综合考虑。对于非熟练劳动力投入(如建设期民工和劳动力投入)给予较低的影子工资率，就是部分地考虑了就业的效果。但是，对有些项目有必要对就业效果给予特别注意，分析单位投资的就业人数以及就业的机构等。除此以外，亚洲开发银行还要求对特别贫穷的地区(或部门)和妇女给予特殊的注意。

(2) 居民的生活条件和生活质量。它包括居民收入的变化、人口和计划生育、住房条件和服务设施、教育和卫生、营养和体育活动、文化历史和娱乐等。

(3) 受益者范围及其反应。对照原有的受益者，分析谁是真正的受益者；投入和服务是否到达了原定的对象；实际项目受益者的人数占原定目标的比例，受益组人群的受益程度，受益者范围和水平是否合理；等等。

(4) 参与。它包括当地政府和居民对项目的态度，他们对项目计划、实施和运行的参与程度，正式或非正式的项目参与的机构及其机构是否健全等。

(5) 地方社区的发展。项目对当地城镇和地区基础设施建设和未来发展的影响，包括社区的社会定安、社区福利、社区的组织机构和管理机制等。

(6) 妇女、民族和宗教信仰。它包括妇女的社会地位、少数民族和民族团结，当地人民的风俗习惯和宗教信仰等。

3. 持续性评价

持续性评价是在项目建成投入运行之后，对项目的既定目标是否能按期实现，项目是否可以持续保持产出较好的效益，接受投资的项目业主是否愿意并可以依靠自己的能力继续实现既定的目标，项目是否具有可重复性等方面作出评价。

评价项目的持续性应分析下列6个因素。

1）政府政策因素

从政府政策因素分析持续性条件，应重点解决以下几个问题。

(1) 哪些政府部门参与了该项目？

(2) 这些部门的作用和各自的目的是什么？

(3) 对项目的目标各部门是怎样理解表述的？

(4) 根据这些目的所提出的条件和各部门的政策是否符合实际？如果不实际，需要做哪些修改？政策的多变是否影响到该项目的持续性？

2）管理、组织和参与因素

从项目各个机构的能力和效率来分析持续性的条件，如项目的管理人员的素质和能力，管理机构和制度，组织形式和作用，人员培训，地方政府和群众的参与和作用等。

3）经济财务因素

在持续性分析中要强调如下内容。

(1) 评价时点之前的所有项目投资都应作为沉没成本不再考虑。项目是否继续的决策应在对未来费用和收益的合理预测以及项目投资的机会成本(重估值)的基础上作出。

(2) 通过项目的资产负债表等来反映项目的投资偿还能力，并分析和计算项目是否可以如期偿还贷款及其实际偿还期。

(3) 通过项目未来的不确定性分析来确定项目持续性的条件。

4）技术因素

包括引进技术装备、开发新技术和新产品等硬件问题。包括其效果对于项目管理和财务持续性的影响，在技术领域的成果是否可以被接受并推广应用；技术装备的掌握和人员技术素质等问题；技术持续性分析应对照前评估来确定关键技术的内容和条件，从技术培训和当地装备维修条件分析当地实际条件是否满足所选择技术装备的需求，并要分析技术选择与运转操作费用(包括与汇率的关系)，新产品的开发能力和使用新技术的潜力等方面的内容。

5）社会文化因素

6）环境和生态因素

这两部分的内容与项目影响评价的有关内容类似，但是持续性分析应特别注意这两方面可能出现的反面作用和影响，以及可能导致项目的终止和值得今后借鉴的经验和教训。

4. 过程评价

过程评价是根据项目的结果和作用，对项目周期内的各个环节进行回顾和检查，对项目的实施效率作出的评价。

1）建设必要性评价(立项决策评价)

在这一阶段，首先要对确定的项目方案进行分析，分析在同样的资金投入前提下，有无其他替代方案也可以达到同样的项目效果，甚至更好的效果。其次，检查立项决策是否正确，这要根据当前国内外社会经济环境来验证项目前评估时所做的预测是否正确。如分析产品生产销售量，占领市场范围，项目实施的时机，产品价格和产品市场竞争能力等方面的变化情况；并作出新的趋势预测，如果项目实施结果信息预测离目标较远，要提出对策建议。

2）勘测设计评价

勘测设计的程序、依据是否正确，它包括标准、规范、定额等是否严格执行，是否符合国家现行有关政策与法规；引进工艺和设备是否采用了现行国家标准，或发达国家的工业先进标准；勘测工作质量包括水文地质和资源勘探的可靠性。

3）施工评价

评价施工单位组织、机构和人员素质，总承包、总分包的施工组织方式，施工技术准备，施工组织设计的编制，施工技术组织措施的落实情况，施工技术人员的培训，施工质量和施工技术管理，施工过程监理和施工技术管理，施工过程监理活动等；也包括设备采购方式与效果的评价。

4）生产运营评价

生产、销售、原材料和燃料供应和消耗情况，资源综合利用情况以及生产能力的利用情况等。

知识链接

世界银行项目后评价体系

世界银行在 20 世纪 70 年代初就开始项目后评价工作，迄今为止已建立了独立的后评价机构——业务评价局，形成了一套完善的制度、程序和方法。主管后评价工作的业务评价局是执行董事会主席的助手，一切工作向执行董事会主席报告，保证了它的独立性、可靠性和透明性。

1. 世界银行业务评价局的任务

世界银行业务评价局的主要任务包括：衡量由世界银行贷款的已竣工项目目标实现的程度、效应和效率，总结经验教训，并反馈应用于世界银行政策及程序之中；帮助世界银行成员国提高后评价工作的能力；定期评价世界银行内部其他部门的工作情况，并将评价结果向执行董事和行长报告。

2. 世界银行项目后评价的内容

世界银行的后评价一般分两阶段进行。首先，在贷款发放完毕后的 6～12 个月内由贷款项目世界银行的主管人员和借款国政府共同编制一份《项目完成报告》或《项目竣工报告》，借款国政府主要是从借款人的角度对世界银行、项目管理机构及个人的工作情况作出评价；其次，由执行董事会主席指定“业务评价局”对项目进行内容比较全面地总结评价。业务评价局评价人员在审阅《项目完成报告》的基础上，通过查阅档案、实地调查、与借款国政府和项目实施机构讨论等多种评价方法，独立地对项目进行全面、系统的评价；并写出《项目执行情况审核备忘录》或《项目审计报告》；连同《项目完成报告》一并递交董事会和银行行长。业务评价局每个年度还在上述工作的基础上，把各个项目中指出的经验和教训综合起来，得出对世界银行项目贷款工作具有普遍意义的结论，形成《年度报告》。《年度报告》着重按行业研究各类项目的情况，研究某一行业的项目在世界不同地区的效果，指明哪一类项目在哪个地区效果好，有哪些经验教训，指导世界银行将来的贷款方向和贷款重点。

世界银行项目后评价的基础是《项目完成报告》，项目完成报告主要包括以下内容。

（1）项目背景。包括项目的提出、项目准备和进行的依据、项目目标的范围和内容等。

(2) 借款国政府、项目管理机构的设置、项目工作人员、咨询专家的聘用、所有项目工作人员的工作业绩评价。

(3) 项目实施的时间进度情况及其出现偏差的原因。

(4) 物资、财务管理方面的问题及原因，以及产生的影响或后果，采取的纠正措施和实际效果等。

(5) 项目重大变更情况及原因。

(6) 发放贷款出现的不正常情况，这些不正常情况与贷款条件、贷款协议或程序的关系。

(7) 违约事件的发生及所采取的措施。

(8) 采购、供应商及承包商的表现。

(9) 财务评价、经济分析与社会评价。

(10) 机构体制方面的实绩。它包括组织方面的成长、组织管理措施及其经验教训。

(11) 为使项目获得最大经济效益而需要或建议采取的措施，如延续项目监督、追加培训、完成应补充的投资、改善辅助服务和优化维修标准等。

《项目审计报告》的内容如下。

(1) 对项目背景、目标、实施过程和结果作简单描述。

(2) 对项目目标完成情况作出评价，重点回答项目目标是否正确合理、目标是否达到，若没有达到，其原因是什么？

(3) 在项目选定和准备阶段预计到的不利条件是否消除、减轻或改变，若没有，其原因是什么？

(4) 列出主要结论、主要经验教训和有特殊意义的问题，它包括改动建议和补救措施。

(5) 表明审核报告单位有多大程度接受项目完成报告的观点和结论，并提出审核报告和完成报告有分歧的地方。

(6) 重点简明阐述项目完成报告中没有提及或含糊的有关项目问题。

案例 11.3

某港口二期工程后评价报告(摘要)

1. 项目概况

某港口二期工程位于××市深水港区，港口自然条件良好。建设该港口二期工程的目的是建设现代化集装箱泊位，为开发国际中转港创造条件；同时建设其他几个泊位，为接卸中转大宗散货运输和区域外向型经济发展服务。工程于1985年10月申请立项，1987年国家计委正式行文予以批复。

工程建设港口泊位6个，实际形成总吞吐能力1035万吨，比原方案增加吞吐能力685万吨。其中，集装箱泊位1个，能力10万标箱；多用途泊位2个，能力130万吨；煤炭泊位2个，能力800万吨(原方案为2个木材泊位，能力115万吨)；杂货泊位1个，能力45万吨。

工程分为一阶段、二阶段和技改工程3个阶段实施。1989年5月开工，实际工期5年，工程按期完成，工程质量优良。工程国内部分的投资概算没有突破并略有节余。一、二阶段工程分别于1991年9月和1992年12月经国家正式竣工验收并投入运行。

2. 项目实施过程评价

略。

3. 项目效益评价

工程总投资5.49亿元，其中固定资产投资5.42亿元，流动资金0.07亿元。工程利用世界银行货款2895万美元，国家和地方拨款0.53亿元，国内银行货款2亿元，企业自筹和设备租赁1.03亿元。

工程投产以来运营良好，预计1995年实际完成吞吐量可达1000万吨，基本达到设计能力；预计

1995 年营业收入 1.3 亿元，按当年价格计算，比原设计预计的年收入增加约 4500 万元。

工程财务内部收益率税前 8%(税后 6%)，高于设计时原测算指标 4.86%，也高于工程投资的实际贷款利率 5.31%，财务效益良好；投资偿还期 15 年，比原测算缩短 2 年，抗风险能力较强。国民经济效益良好，最后评价测算，工程经济内部收益率为 30%，比原测算提高 2 个百分点。工程社会效益明显。

工程效益好的原因有 3 个方面。一是项目建设单位千方百计节约开支，严格控制住了工程投资。初步估算，二期工程共节约开支 3400 万元用于抵消物价的上涨。二是根据市场变化，及时将无货源的 2 个木材泊位改造为煤炭泊位，既满足了国家需要，又扩大了吞吐能力，增加了营业收入，使财务内部收益率提高了 6 个百分点。三是由于国家和地方的拨款及企业自筹部分的投资达到总投资的 22%，资本构成基本合理，增强了企业的清偿能力。

4. 结论和主要经验教训

评价结论：工程实现并超过了原定的目标，符合该港口的长远发展目标，经济和社会效益良好。项目是成功的。

主要经验：在严格控制工程造价方面的成功措施包括建立专门的管理机构进行规范化管理；重视项目前期的资料分析研究；学习世界银行经验实行采购公开招标和施工监理，抓好合同条款研究和管理；注重建设物质和材料的储备和管理；建立按月结算的财务制度。另一方面，国家对工程注入了适当的资本金，为港口运营和发展创造了条件；对重大基础设施项目，政府保持一定比例的投入是必要、正确的。

主要教训：汇率风险是项目利用外资的主要风险之一。本工程前评价时美元对人民币的汇率为 1:3.7，竣工时为 1:5.23，后评价时为 1:8.3，工程造价因汇率变化上升了 30%，财务内部收益率下降了 3 个百分点。由于国际公开招标经验不足，对投标者的资信重视不够，造成两台进口设备不能按期达到合同要求。工程前期对市场预测和风险分析不足，决策不当，造成木材泊位未建成投产就发生重大货源变化，不得不着手改造为煤炭泊位。

5. 建议

加强项目前期工作中的市场预测和风险分析。目前我国正处在改革的进程中，机构和政策的变化较大，现行可研报告和评估内容要求不能满足对这类变化分析的需要。因此，增强风险分析的力度和规范是必要的、紧迫的。

进一步强调国民经济评价在国家重点建设项目评价中的重要性。重点基础设施项目，国家投资的重点包括交通、能源和通信等，这类项目对社会经济的真实贡献只能在国民经济分析中反映出来。加强国家重点基础设施项目前期评估和后评价国民经济分析至关重要。

在大型港口项目立项时，对建设专业性强的泊位应持慎重态度。在货源不稳定时，不应建设专业化泊位，宜建通用性泊位，以提高码头的适应能力。

复习思考题

1. 简述建筑工程质量不符合要求的处理原则。
2. 简述建筑工程质量验收的基本要求。
3. 简述工程项目后评价的内容。

附　录
综合案例分析

英吉利海峡隧道工程

英吉利海峡隧道(The Channel Tunnel)又称欧洲隧道(Euro-tunnel)，由3条长51km的平行隧洞组成，总长度153km，其中海底段的隧洞长度为3km×38km，是目前世界上最长的海底隧道。两条铁路洞衬砌后的直径为7.6m，开挖洞径为8.36～8.78m；中间一条后勤服务洞衬砌后的直径为4.8m，开挖洞径为5.38～5.77m。从1986年2月12日英法两国签订关于隧道连接的坎特布利条约(Treaty of Canterbury)至1994年5月7日正式通车，历时8年多，耗资约100亿英镑(约150亿美元)，也是世界上规模最大的利用私人资本建造的成功工程项目。

隧道的开通填补了欧洲铁路网中短缺的一环，大大方便了欧洲各大城市之间的来往。人们称誉这项工程“一梦200年，海峡变通途”。下面简单分析案例成功的经验。

1. 项目需求——欧洲一体化进程的要求

在英法两国之间穿过海峡建立固定通道的想法，可以追溯到19世纪初的拿破仑一世时代。今天欧洲隧道竣工，尽管在工程技术上取得了重大的成功，然而200年来对是否建造英吉利海峡隧道的决策始终不是取决于科技方面，而是取决于围绕这个计划的政治环境。长期以来英国方面反对建设海峡隧道的主要原因是考虑到军事上的风险，他们希望利用海峡作为抵御来自欧洲大陆军事入侵的天然屏障。随着国际局势的变化，上述顾虑逐渐消退。后来，英国加入了欧洲共同体，预期会有一个统一的欧洲市场，因而在英国和欧洲大陆之间建立更方便、更快捷的通道成了显而易见的需求。在1972—1992年的20年间，跨越英吉利海峡的客、货运交通量实际上增长了1倍。1992年英国与欧洲大陆的贸易占全部对外贸易的60%。

20世纪70年代以来，建设英吉利海峡隧道的决策主要受到欧洲一体化进程的影响。1987年12月，隧道工程得以破土动工，是由于当时英、法两国政府对欧洲一体化都持比较积极的态度。英国首相、保守党领袖撒切尔夫人，支持把1975年曾被工党政府下令停止的隧道工程重新提上议事日程。法国总统密特朗则把这项工程视为“国家强大的象征”。这次欧洲隧道得以竣工建成，两国首脑的推动及其对各种障碍的排除，起了至关重要的作用。也就在欧洲隧道举行正式通车仪式的前一年(1993年秋)，包括英法在内的欧共体12国签订了马斯切克条约，并将欧共体改名为欧洲联盟。

从欧盟有关国家政府的观点来看，还有两个因素与隧道建设有关：一是运输政策，即通过建设高速铁路网，以利于节约能源和保护环境。这将大大扩展海峡隧道的影响范围，并增加了它的长期效益。二是地区政策，英法两国希望通过隧道带动海峡两岸地区的繁荣。现在隧道连接地区已成为一个专门名称，包括英国的 Kent 和法国的 Nord - Pasde Calais 地区；后来把比利时的一些地区也包括进来，称作为欧洲专区。通过地区性的合作，一个称做 TDP(Tranfrontier Development Program)的金融发展计划已经启动。这些"从政治角度看显然有重大意义，对欧盟的发展、欧洲单一市场的形成和国际经济、文化合作交流，都会有重大促进"。但近期还不大可能对经济产生直接的重大影响。

实际上，近 20 年来欧洲隧道项目的演变既是欧洲一体化进程的产物，又是它的一个推动力，两者相辅相成，几乎是平行发展的。

2. 项目"构思"是项目成败的一个关键

项目构思是指从提出项目设想到论证、立项和组建主办机构的过程。欧洲隧道经历和面临的危机，其原因可追溯到它的构思期。

项目在论证阶段曾聘请多方面的独立咨询的交通专家进行预测。普遍认为 1992 年之后的 15～20 年内跨海峡的交通需求可能会翻一番。1991 年英国、法国、比利时之间的跨海峡旅客市场已达到 3130 万人次(包括飞机、水路和火车轮渡)。预测 2003 年会达到 5830 万人次，其中 3930 万将通过隧道旅行。但实际情况表明当初对效益的预测偏于乐观。

欧洲隧道在组织结构上有明显缺陷。参加过隧道建设的人也认为：如果现在开始干的话，不能让发起人(英法隧道集团 CTG - FM)又称为建设方，允许自己的合作伙伴(指总承包商 TML 和牵头银行)与他们自己(指欧洲隧道公司)签订合同。隧道公司财务主任说："财务上最致命的教训是必须有一个强硬的、独立的业主，来对建设和贷款问题进行谈判。"

承包商 TML 是一个庞大的集团，一家总包，削弱了投标的竞争性，也是导致造价高的一个因素。

捕捉立项时机是项目构思的核心内容。欧洲隧道立项在过去至少被放弃或中断了 26 次，这次是不是最佳的时机呢？有人说：如果 20 世纪 70 年代隧道工程不中断，造价不会像现在那样高，财务上的困难会小很多。这种说法有待推敲。不过欧洲隧道几起几伏的演变至少说明重要项目的论证不能只进行一次；昨天不可行的，今天也许变成可行，错过机遇，明天又可能成为不可行；这需要保持一个小组，进行长期的可行性预测和跟踪，捕捉立项的最佳时机。

尽管欧洲隧道在构思期带来某些先天不足，目前项目业主又负债累累，但它的银行财团负责人摩登仍宣称："这个赌注的结果要看 20 世纪末欧洲隧道的所有权掌握在谁的手里。"他认为能够在 21 世纪初度过平衡点，开始盈利。

对英吉利海峡隧道工程做全面评价，目前还为时过早。不过回顾一下世界上以往一些大型土木工程的建造历史，也许不无好处。苏伊士和巴拿马运河的实际费用都超过预算 50 倍以上。再近一点，连接日本本土和北部岛屿北海道的 Seikan 单洞铁路隧道 24 年才建成，比原计划整整超过了 14 年。相比之下欧洲隧道的命运就算不错的了。无论如何，这些伟大的工程都在地球上发挥着重大的作用。

3. 项目冲突管理——通过合作和协调克服分歧和对抗

隧道公司高层管理人员认为："工程技术问题相对来说解决得比较顺利，主要教训来自组织结构、合同和财务方面。”该项目涉及众多的“干系人”和“当事人”，包括英法两国和当地政府的有关部门，欧、美、日本等220家贷款银行，70多万个股东，许多建筑公司和供货厂商，管理的复杂性给合作和协调带来了困难。

合同是合作的基础。掘进工程采用的目标费用合同是比较合理的，因而掘进工程基本上按计划完成。隧道列车的采购采用成本加酬金合同，由于无激励因素带来较多延误和超支。固定设备工程采用总价合同并不是一个好办法。由于欧洲隧道是以设计、施工总包方式和快速推进方式建设的，在签订合同时还没有详细的设计，这就在合同执行过程中潜伏了分歧、争议和索赔。因而，总价合同决不意味着固定价。

合同各方的对抗曾经引起欧洲隧道的多次危机。例如：1989年总承包商(TML)的费用增加，导致了1990年初业主(欧洲隧道公司)的资金紧张。于是银行财团、业主和承包商各方产生了尖锐的矛盾，几乎到了项目吹台的边缘，经过艰难的谈判，各方才接受了一个折中办法，英法两国以政府机构名义参与贷款来代替政府的直接支持，从而暂时度过了这次危机。

4. 采用成熟的先进技术降低工程风险

欧洲隧道被西方传媒和学术著作称为人类工程史上的一个伟业，因为它的总长度居世界之冠，投入资金巨大，工程量宏大，更重要的是它成功地解决了许多工程技术上的难题。它在技术上的方针是要求可靠、先进。可靠与先进之间不总是统一的，所以它没有为隧道工程进行专门的创新设计，而是采取经过试验的成熟技术，在各个部分精心选取欧美不同国家的标准设计，以确保其高质量和可靠性。将成熟的先进技术在复杂的工程中成功地加以综合应用，这样大大降低了工程风险。

5. 项目建设中较突出的工程技术成就

在欧洲隧道的建设中比较突出的工程技术成就，举例如下。

1）充分的地质工作和正确的判断

地质钻探工作从1958—1987年，重要的钻孔达94个。浅层勘探在海底以下150m之内，考虑隧道布置的范围；深层勘探在海底以下800m之内，主要为评价地震风险提供依据。

2）精心、合理的安全设计

海底隧道的规划设计把施工和运行安全放在极重要的地位。之所以不采用一条大跨度双线铁路共用隧洞，是为了减少海底施工的风险和提高运行、维护的可靠性。在两条单线铁路洞之间是后勤服务洞，每间距375m设置直径为3.3m的横向通道与两个主洞连接，连接处有防火撤离门。后勤服务洞用来在隧道全长范围内提供正常维护和紧急撤离的通道，向主洞提供新鲜空气的通道，并保持其气压始终高于主洞，使主洞中的烟气在任何情况下都不能侵入后勤服务洞。此外，隧道的运输、供电、照明、供水、冷却、排水、通风、通讯、防火等系统都充分考虑了紧急备用的要求。

3）较好地解决了某些特殊的工程技术问题

隧道沿线每250m设一个2m直径的冷压管，从后勤服务洞的顶上跨过，把两个铁路主洞连接起来，使其有较好的空气动力效应，并避免在管中产生气流冲击。

铁路路轨采用的“松那飞”(Stoneville)的系统，一系列连续焊接的铁轨下面设弹性减振装置，使车辆在轨道上行驶非常平稳。该系统的部件要经过多种性能测试，包括经历1000万次荷载周期的疲劳试验，以确保系统的可靠性。

该隧道还采用一种由铁路控制中心操纵的“司机台信号系统”(Cab Signal)。这种信号不是在机车外面或轨道旁边，而是显示在司机台的屏幕上。一旦司机对信号没有作出反应，自动列车保护装置就会使列车减速，直到停止，保证列车安全行驶。

长隧洞掘进时的通风往往是施工中的一个难题。欧洲隧道对空气循环的途径和风机的布置都作了详细的规划和研究。不仅设置通风管，而且也利用隧洞本身作为通风隧道，使开挖面的风量达到13.5m^2/s，符合社会保障与安全组织和地下工程协会规定的通风标准。

4）掘进机发挥重要作用

隧道施工的主要设备是隧道掘进机，具有不同的型号、尺寸和性能，出自欧洲、北美和日本的不同厂家。它们从英国海岸的撒士比亚崖和法国海岸的桑洁滩两个掘进基地开始，分别沿3条隧洞的2个方向开挖，共有12个开挖面，其中6个面向陆地方向掘进，另6个面向海峡方向掘进。开敞式掘进机适用于透水性较小的地层；封闭式掘进机适用于透水性较强的地层，其掘进机能承受11bar的静水压力。最大的一台掘进机直径8.78m，全长约250m，重达1200t，价值超过1000万英镑。它能完成掘进、钢筋混凝土衬砌块的安装、灌浆以及施工轨道敷设等一连串工序，实际就像一条自动化作业线。最高掘进记录为428m/周，英国一边的6台掘进机平均掘进速度为150m/周。整个掘进工作按计划完成，只用了三年半时间。由于欧洲隧道工程每延误工期1d，仅贷款利息就要支付约200万英镑，因而施工速度至关重要。当工期对经济效益有重大影响而掘进工作面，又受限制的情况下，采用隧道掘进机能发挥很好的作用。

参考文献

[1] 成虎．工程项目管理[M]. 北京：中国建筑工业出版社，2007.

[2] 中华人民共和国建设部．建设工程项目管理规范(GB/T 50326—2006)[M]. 北京：中国建筑工业出版社，2006.

[3] 邓铁军．工程建设项目管理[M]. 武汉：武汉理工大学出版社，2009.

[4] 仲景冰，王红兵．工程项目管理[M]. 北京：北京大学出版社，2006.

[5] 李慧民．土木工程项目管理[M]. 北京：科学出版社，2009.

[6] 陆惠民，苏振民，王延树．工程项目管理[M]. 南京：东南大学出版社，2002.

[7] 丛培经．建设工程项目管理规范培训讲座[M]. 北京：中国建筑工业出版社，2003.

[8] 全国一级建造师执业资格考试用书编写委员会．建设工程项目管理[M]. 北京：中国建筑工业出版社，2005.

[9] 丛培经．工程项目管理[M]. 北京：中国建筑工业出版社，2005.

[10] 田金信．建设项目管理[M]. 北京：高等教育出版社，2002.

[11] 白思俊．现代项目管理[M]. 北京：机械工业出版社，2005.

[12] 张金锁．工程项目管理学[M]. 北京：科学出版社，2002.

[13] 丛培经．实用工程项目管理手册[M]. 北京：中国建筑工业出版社，2005.

[14] 桑培东．建筑工程项目管理[M]. 北京：中国电力出版社，2004.

[15] 祝惠青．全国一级建造师执业资格考试[M]. 北京：中国电力出版社，2005.

[16] 丁士昭．建设工程项目管理[M]. 北京：中国建筑工业出版社，2004.

[17] 蒲建明．建筑工程施工项目管理[M]. 北京：机械工业出版社，2003.

[18] 注册咨询工程师(投资)考试教材编写委员会．工程项目组织与管理[M]. 北京：中国计划出版社，2003.

[19] 全国造价工程师执业资格考试培训教材编审委员会．工程造价计价与控制[M]. 北京：中国计划出版社，2003.

[20] 王要武．工程项目管理百问[M]. 北京：中国建筑工业出版社，2002.

[21] 中国建筑学会建筑统筹管理分会．工程网络计划技术规程[S]. 北京：中国建筑工业出版社，2000.

[22] 戚振强．建设工程项目质量管理[M]. 北京：机械工业出版社，2004.

[23] 顾慰慈．建设项目质量监控[M]. 北京：中国建筑工业出版社，2004.

[24] 张毅．工程建设质量监督[M]. 上海：同济大学出版社，2003.

[25] 王祖和．项目质量管理[M]. 北京：机械工业出版社，2004.

[26] 韩福荣．现代质量管理学[M]. 北京：机械工业出版社，2004.

[27] 赵涛，潘欣鹏．项目质量管理[M]. 北京：中国纺织出版社，2005.

[28] 顾勇新，吴荻，刘宾．施工项目质量控制[M]. 北京：中国建筑工业出版社，2003.

[29] 李三民．建筑工程施工项目质量与安全管理[M]. 北京：机械工业出版社，2003.

[30] 吴涛，丛培经．中国工程项目管理知识体系[M]. 北京：中国建筑工业出版社，2003.

[31] 梁世连．工程项目管理[M]. 北京：中国建材工业出版社，2004.

[32] 全国监理工程师培训教材编写和审定委员会．工程建筑合同管理[M]. 北京：知识产权出版社，2002.

[33] 陈乃佑．建筑施工组织[M]. 北京：机械工业出版社，2004.
[34] 何佰森．工程招投标与监理[M]. 北京：人民交通出版社，1999.
[35] 许元龙等．业主委托的工程项目管理[M]. 北京：中国建筑工业出版社，2005.
[36] 郑海航．企业组织论[M]. 北京：经济管理出版社，2004.
[37] 杜嘉伟，郑煌，梁兴国．哈佛模式——项目管理[M]. 北京：人民出版社，2001.
[38] 石振英．建设项目管理[M]. 北京：科学出版社，2005.
[39] 田元福．建设工程项目管理[M]. 北京：清华大学出版社，2005.
[40] 王卓甫，杨高升．工程项目管理原理与案例[M]. 北京：中国水利水电出版社，2005.
[41] 周建国．工程项目管理基础[M]. 北京：人民交通出版社，2007.
[42] 张世廉，董勇，潘承仕．建筑安全管理[M]. 北京：中国建筑工业出版社，2005.
[43] 任强，陈乃新．施工项目资源管理[M]. 北京：中国建筑工业出版社，2003.
[44] 泛华建设集团．建筑工程施工项目管理指南[M]. 北京：中国建筑工业出版社，2007.
[45] 方东平等．工程建设安全管理[M]. 北京：中国水利水电出版社，2001.
[46] 顾慰慈．工程项目职业健康安全与环境管理[M]. 北京：中国建材工业出版社，2007.
[47] 中华人民共和国建设部．建筑工程施工质量验收统一标准(GB 50300—2001)[S]. 北京：中国建筑工业出版社，2001.
[48] 中国工程咨询协会编译．施工合同条件[M]. 北京：机械工业出版社，2002.
[49] 中国工程咨询协会编译．生产设备和设计——施工合同条件[M]. 北京：机械工业出版社，2002.
[50] 中国工程咨询协会编译．设计采购施工(EPC)/交钥匙工程合同条件[M]. 北京：机械工业出版社，2002.
[51] 中国工程咨询协会编译．简明合同格式[M]. 北京：机械工业出版社，2002.
[52] 郑文新．建筑工程资料管理[M]. 上海：上海交通大学出版社，2007.
[53] 郑文新．工程项目管理[M]. 北京：中国计划出版社，2007.